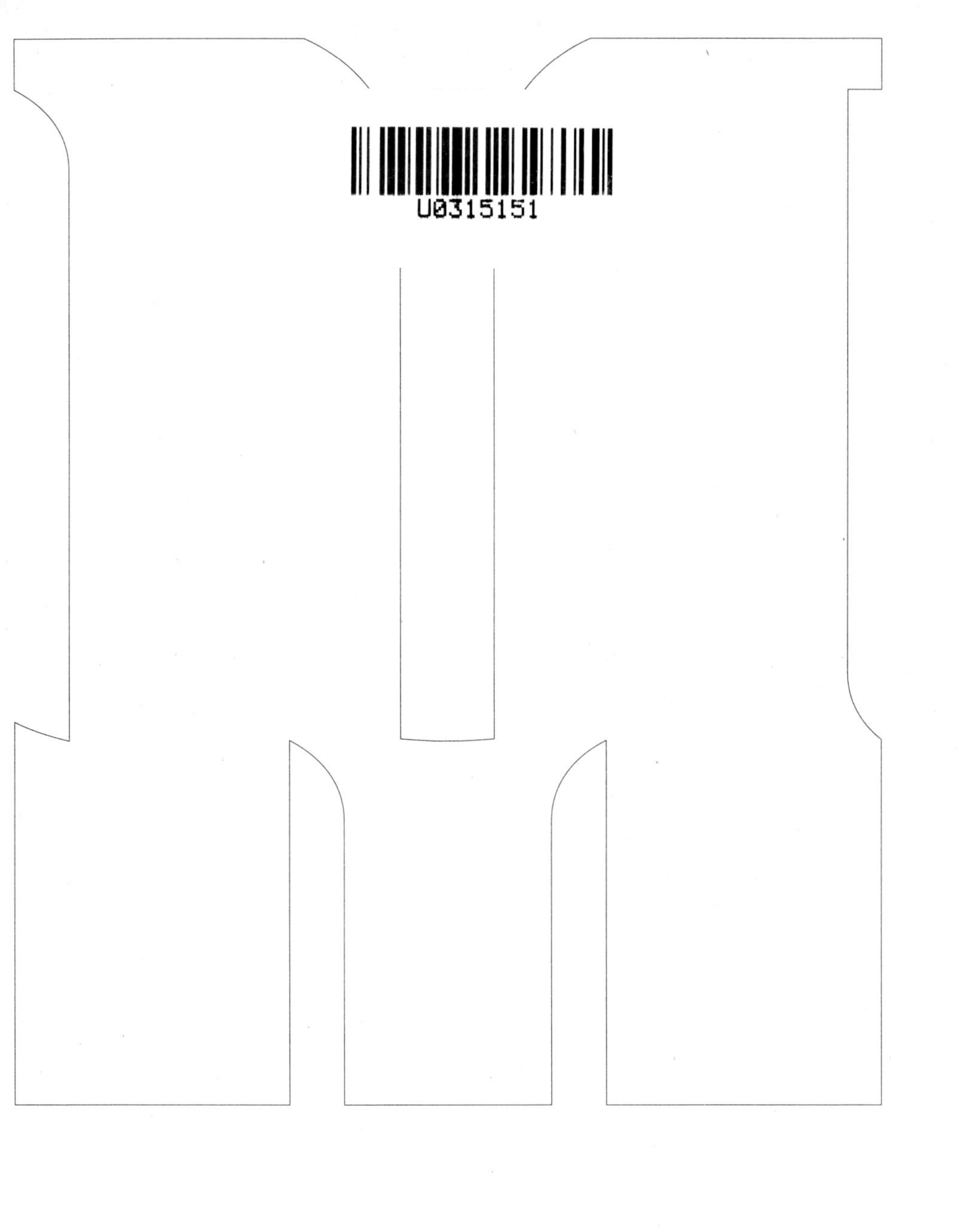

年代四部曲 · 帝国的年代

1875—1914

THE AGE OF EMPIRE

1875-1914

[英] 艾瑞克 · 霍布斯鲍姆
著

贾士蘅
译

中信出版集团 | 北京

目录

序言

本书虽然出自一位职业历史学家之手，却不是为其他学者而写。它是为所有希望了解这个世界，并认为历史对于了解世界大有裨益的人而写的。虽然我希望本书能使读者对第一次世界大战之前的40年有一些了解，但它的目的却不是告诉他们这段时期到底发生了些什么。如果读者想对史实有更多了解，只需查阅数量庞大且通常相当有价值的文献资料。

我在本书中设法要做到的，和之前的两册——《革命的年代：1789—1848》（*The Age of Revolution:1789-1848*）和《资本的年代：1848—1875》（*The Age of Capital: 1848-1875*）一样，是要了解和解释19世纪及其在历史上的地位，了解和解释一个处于革命性转型过程中的世界，在过去的土壤上追溯我们现代的根源；或者更重要的，视过去为一个凝聚的整体，而非许多单独题目的集合，例如国别史、政治史、经济史、文化史等的集合（历史研究的专门化往往会将这种看法强加于我们）。自从我对历史开始感兴趣以来，我便始终想知道过去（或现在）生活的这些方面是如何连在一起的，又是为什么连在一起的。

因而，本书（除了偶尔的例外情形）不是叙述性或系统化的说明，更不是在炫耀学问。读者最好视它为一种理论的展现，或者更确切地说，通过各章来追踪同一个主题。虽然我已尽力让非历史学家了解它，可是这个企图是否成功，读者必须自己判断。

我没有办法向许多作者致谢，虽然我往往不同意他们的说法，我却参考了他们的著作。我更没有办法向这些年来我从同事和学生的谈话中所得到的许多构想表示谢意。如果他们在本书中认出自己的构想和言论，他们至少可以责备我误解了他们或误解了事实，或许我也确实如此。然而，我还是向那些使我得以将对这个漫长时期的全神贯注浓缩到这一本书中的人致谢。1982 年，我在法兰西学院（Collège de France）开了一门为期 13 次的演讲课，完成了本书的草稿。我对于这个令人敬畏的机构以及发出这一邀请的埃马纽埃尔·勒华拉杜里（Emmanuel Le Roy Ladurie）都非常感激。1983—1985 年，利华休姆信托基金会（Leverhulme Trust）给了我一个荣誉研究员的职位，使我可以得到研究上的协助。巴黎的“人文科学研究所”（Maison des Sciences de l’Homme）和克莱门斯·赫勒（Clemens Heller），以及联合国大学世界发展经济学研究所（World Institute for Development Economics Research of the UN University）和麦克唐纳基金会（Macdonnell Foundation），使我在 1986 年有几个安静的星期完成本书的正文。在协助我做研究的人当中，我尤其感谢苏珊·哈斯金斯（Susan Haskins）、瓦妮莎·马歇尔（Vanessa Marshall）和詹娜·帕克博士（Dr. Jenna Park）。弗朗西斯·哈斯克尔（Francis Haskell）校读了有关文艺的章节，艾伦·麦凯（Alan Mackay）校读了有关科学的章节，帕特·塞恩（Pat Thane）校读了有关妇女解放的章节，使我少犯了一些错误，不过我怕错处仍在所难免。安德烈·希福林（André Schiffrin）以一位朋友和典型的受过教育的非专家身份阅读了整本手稿——本书乃是为这样的非专家而写。我为伦敦大学伯贝克学院（Birbeck College）的学生讲述欧洲历史有许多年，如果没有这一经验，我怀疑我是否会产生撰写19世纪世界史的构想。因此，此书也是献给那些学生的。

序曲

回忆就是人生。由于总是一群活人在回忆，它遂成为永恒的演进。它受限于记忆和遗忘的辩证法，觉察不出自己连续的变化，它可以有各种用途，也可以做各种控制。有时它可以潜伏很长的时间，然后突然复苏。历史永远是为已不存在的事物所做的片面和有问题的复原。记忆永远是属于我们的时代，并与无穷的现在依偎相连。历史是过去的再现。

——**皮埃尔·诺拉**（Pierre Nora），1984 年[1]

除非我们同时也明白基本结构上的变化，否则只描述事件的经过，即使是以全世界为范围，也不大可能使我们对今日世界上的各种力量有较好的了解。今天我们最需要的是一种新构架，一种新的回溯方式。这些也就是本书所想要呈现的。

——**杰弗里·巴勒克拉夫**

（Geoffrey Barraclough），1964 年[2]

1

1913年夏天，有一个年轻女孩从奥匈帝国首都维也纳的一所中学毕业。对那时的中欧女孩来说，这是相当不寻常的成就。为了庆贺她毕业，她的父母决定送她出国旅行。不过在当时，让一个富裕人家的18岁女子单独暴露于危险和诱惑之下，是件不可思议的事，因此他们想找一位适当的亲戚来照顾她。幸运的是，在过去几代由波兰和匈牙利西迁致富而且接受过良好教育的亲戚中，有一家过得特别好。奥尔贝特（Albert）叔叔在地中海东部各地——君士坦丁堡、士麦那（Smyrna）、阿勒颇（Aleppo）和亚历山大港（Alexandria）开了一家连锁商店。在20世纪早期，奥斯曼帝国和中东有许多生意可做，而奥地利长久以来便是中欧对东方贸易的窗口。埃及既是一个适合文化自修的活博物馆，又是一个国际性的欧洲中产阶级高级聚居地。在当地用法语很容易沟通，而这位小姐和她的姐妹在布鲁塞尔附近的一家寄宿学校已学会流利的法语。当然，埃及有许多阿拉伯人。奥尔贝特叔叔欣然欢迎他的亲戚。于是这位小姐乘坐一艘轮船由的里雅斯特港（Trieste）前往埃及。该港是奥匈帝国的主要港口，碰巧也是詹姆斯·乔伊斯（James Joyce）的寄居地。这位小姐便是作者未来的母亲。

若干年以前，一个年轻男子也旅行到埃及，但他是从伦敦去的。他的家庭背景普通得多。他的父亲在19世纪70年代由俄属波兰移民到英国，以制造家具为业。他在伦敦东区和曼彻斯特（Manchester）过着不稳定的生活，尽量设法养育他原配所生的一个女儿和继室所生的8个儿女（其中大多数是在英国出生）。除了一个儿子以外，其他的孩子都没有经商的天分或意愿。只有最小的孩子有机会受到一点儿教育，日后成为南美的采矿工程师，当时南美尚是大英帝国一个非正式的部分。然而，所有的孩子都热衷于学习英文和英国文化，并且积极地英国化。其中一个后来成为演员，一个继承了家中的家具制造业，一个成为小学教师，另外两个进入当时正在发展中的邮政服务业。那个时候，英国刚占领埃及不久（1882 年），因此，其中一个兄弟便到尼罗河三角洲上代表大英帝国的一小部分——埃及从事邮政和电信工作（Egyptian Post and Telegraph Service）。他认为埃及很适合他的另外一个兄弟，这个兄弟非常聪明、和气，有音乐天分，体育运动样样精通，并且具有轻量级拳赛冠军的水准，如果不需要靠自己谋生，他的特质可让他的生活过得十分惬意。事实上，他正是那种在殖民地的货运事务所工作远比在任何其他地方工作更容易的英国人。

这个年轻人便是作者未来的父亲。因此，他是在帝国年代的经济和政治活动使他们相聚的地方遇见未来的妻子的。这个地方便是亚历山大港郊外的体育运动俱乐部，后来他们的第一个家便在这个俱乐部附近。在本书所谈的时代之前，在这样的地方发生这样的邂逅，并使这样的两个人缔结姻缘，都是极端不可能的事。读者应该知道原因何在。

然而，我以一件自传式的逸事作为本书的开始，有更严肃的理由。对于我们所有人来说，在历史和记忆之间都有一块不太明确的过渡区。这块过渡区是介于两种过去之间，其一是可相对不带感情予以研究的过去，其二是掺杂了自身的记忆与背景的过去。对于个人来说，这块过渡区是由现存的家庭传统或记忆开始的那一点起，一直到婴儿时代结束——也就是，比方说，从最老的一位家人可以指认或解说的最早的一幅家庭照片起，到当公众和私人的命运被认为是不可分开而且互相决定的时候止［“我在战争结束前不久遇见他”；“肯尼迪（Kennedy）总统一定是在 1963 年死的，因为我那个时候还在波士顿”］。这块过渡区在时间上可长可短，它特有的模糊和朦胧也有不同程度的差异。但是，永远会有这么一块时间上的无人之地。对于历史学家来说，或对于任何人来说，它绝对是历史最难把握的一部分。对于作者本人而言，由于作者在接近第一次世界大战结束的时候出生，而父母在 1914 年时分别是 33 岁和 19 岁，帝国的年代正好处于这个不太明确的区域。

但是，不仅个人如此，社会也是这样。我们今日所生活的世界，其男男女女大致是在本书所讨论的这个时代成长，或在其直接的影响下成长。或许在 20 世纪将要结束的此刻，情形已不复如此（谁又能确知），但在 20 世纪的前 2/3，情形确实是这样。

比方说，让我们来看一看对 20 世纪最具影响力的政治人物名单：1914 年时，列宁［Vladimir Ilyich Ulyanov（Lenin）］44 岁，斯大林［Joseph Vissarionovich Dzhugashvili（Stalin）］35 岁，小罗斯福总统（Franklin Delano Roosevelt）30 岁，凯恩斯（J. Maynard Keynes）32 岁，希特勒（Adolf Hitler）25 岁，阿登纳（Konrad Adenauer，1945 年后德意志联邦共和国的缔造者）38 岁，丘吉尔（Winston Churchill）40 岁，甘地（Mahatma Gandhi）45 岁，尼赫鲁（Jawaharlal Nehru）25 岁，毛泽东 21 岁，胡志明、铁托［Josip Broz（Tito）］与佛朗哥（Francisco Franco Bahamonde）均为 22 岁，也就是比戴高乐（Charles de Gaulle）小两岁，比墨索里尼（Benito

Mussolini）小 9 岁。再看一看文化领域内的重要人物。比如根据 1977 年出版的《现代思想辞典》（*Dictionary of Modern Thought*）所收录的文化人物为抽样标本，其结果如下：

1914 年或之后出生者	23%
活跃于 1880—1914 年间，或在 1914 年已是成人者	45%
出生于 1900—1914 年间者	17%
活跃于 1880 年前的	15%

由此我们可明显看出，即使到了 20 世纪 70 年代，人们仍认为帝国的年代对这个时代的思想形成具有举足轻重的作用。不论我们同不同意这个观点，它在历史上都是具有重要意义的。

因此，不仅是少数与 1914 年前直接有关的在世者，面临着如何看待他们的私人过渡区的问题，而且，在比较非个人的层次上，每一个活在 1980 年的人，也面临着同样的问题，因为 1980 年乃是由导致第一次世界大战的那个时代所塑造的。我不是说较远的过去对我们而言较不重要，但是它与我们的关系是不一样的。在处理遥远的时代时，我们知道自己基本上是以陌生人和外来者的身份面对它们，很像西方的人类学家着手调查巴布亚（Papuan）的山居民族一样，如果它们在地理上、纪年上或感情上是足够遥远的，这样的时期，便可以完全通过死者的无生命遗物——书写、印刷或雕刻、物品和形象而存在到今日。再者，如果我们是历史学家，则我们知道我们所写的，只能由其他的陌生人来判断和纠正——对于这样的陌生人而言，“过去也是另一个国度”。我们的确是借由我们自己的时代、地点和形势来假设过去，也倾向于以我们自己的方式重新塑造过去，去看待那些我们的目光可以洞悉的事物，以及那些我们的看法允许我们认出的事物。不过，我们在工作的时候也带着我们这一行惯用的工具和材料，研究档案和其他第一手资料，阅读数量庞大的二手文献，一路走过我们前辈学者许多代以来所积累的辩论和异议，走过不断变化的风尚和不同的解释与重要的阶段，永远好奇，（也希望能）不停地问问题。但是，除了那些以陌生人身份争论一个我们不复记忆的过去的其他当代人以外，我们的工作也不会遭遇什么阻力。因为，甚至我们以为我们所知道的 1789 年的法国或乔治三世时期的英国，也是我们通过官方或民间学究所学得的二手或五手知识。

当历史学家想要努力钻研仍有见证者存活的时代时，两种相当不同的历史概念便互相冲突，或者，在最好的情形下，互相补充：学术性的和实际存在的、档案的和个人记忆的。由于每个人都已在心中与自己的一生达成妥协，因此每一个人都是他们所处时代的历史学家。如同冒险进入“口述历史”领域的人所知道的，从绝大多数人的观点来看，这样的历史学家都是不可靠的，但是他们的贡献却有基本的重要性。对那些采访老兵和政客的学者而言，从印刷品上所得到的资料，比受访者的记忆更多也更可靠，但是他们却可能误解这些文字上的资料。而且，不像研究十字军东征的历史学家那样，研究第二次世界大战的历史学家，可能会被那些曾经经历过这场战争的人加以纠正。这些人回忆往事，摇摇头说：“但是事情根本不是这样。”不过，彼此对峙的这两种历史观点，在不同的意义上都是对于过去的合乎逻辑的重建。历史学家有意识地以为它们是如此，这样至少可以予以说明。

但是，不明确区域的历史则不同。其本身是有关过去的自相矛盾未能完全理解的形象。它有时比较模糊，有时显然精确，永远由学术与公众和私人的二手记忆所传达。它仍是我们的一部分，但不再是我们个人所能影响的。它所形成的，类似那些斑驳的古代地图——充满了不可靠的轮廓和空白，搭配着怪物和符号。这些怪物和符号被现代的大众媒体所夸大。正因为这个不明确的区域对我们而言很重要，遂使媒体也对它全神贯注。多谢媒体的恩赐，这种片段和象征的形象至少在西方世界已成为持久记忆的一部分："泰坦尼克"（Titanic）号邮轮便是一个显著的例子。它在沉没后的75年，还具有最初的冲击力，不断出现在报纸杂志的大标题中。而当我们为了某种原因想起第一次世界大战爆发的那一时期，我们心头闪过的这些形象，比起以往那些常使非历史学家联想起过去的形象和逸事［当无敌舰队接近英国时，德雷克（Drake）在玩滚木球游戏，玛丽-安托瓦内特（Marie-Antoinette）的钻石项链或"让他们吃蛋糕"，华盛顿正在横渡特拉华河（Delaware River）］，与时代的联系更密切。后面这些形象和逸事没有一件会片刻影响到严肃的历史学家。它们超出了我们的领域。但是，即使我们是专业人士，我们能保证以同样冷静的态度，看待帝国时代那些已成为神话的形象，如"泰坦尼克"号邮轮、旧金山大地震和德雷福斯案件（Dreyfus）吗？

与历史上的任何时期相比较，帝国的时代都更大声疾呼要求摘下神秘面纱，正因为我们（包括历史学家在内）已不再置身其中，但是又不知道它有多少尚在我们里面。这并不意味着它要求揭露或揭发贪污腐败（它所肇始的一项活动）。

2

我们之所以迫切需要某种历史透视法，是因为20世纪后期的人们，事实上还牵扯在止于1914年的那个时期之中。这也许是由于1914年8月是历史上最不可否认的“转折点”之一。当时人认为它是一个时代的终结，现代人也一样。我们当然可以说这种感觉是不对的，并且坚信在第一次世界大战的那些年间确有一贯的连续性和转折处。毕竟，历史不是公共汽车——当车子抵达终点时，便换下所有的乘客、司机及乘务人员。不过，如果有一些日期不只是为了划分时代的方便，那么1914年8月便是其中之一。在当时人的感觉中，它代表了资产阶级所治所享的世界的终止，也标志着“漫长的19世纪”的终止。历史学家已学会谈论这个“漫长的19世纪”，它也是我们这一套三册书的主题——本书是最后一册。

无疑，这就是它能吸引这么多业余和专业史家，与文化、文学和艺术题目有关的作家、传记作家、电影和电视节目制作人，以及同样多的时装设计师的原因。我猜想：在过去的15年间，仅在英语世界每个月至少有一本关于1889—1914年的重要书籍或论文出现。它们大多数是写给历史学家或其他专家看的，因为如前所写，这段时期不但对于现代文化的发展非常重要，也为大量而且激烈的历史辩论提供了框架。这些国际或国内的辩论大多始于1914年的前几年。它们的主题非常广泛，举几个例子来说，有帝国主义、劳工和社会主义的发展、英国的经济衰退、俄国革命的性质和起源等。在所有的辩论主题中，最著名的显然是第一次世界大战的起源。有关这个问题的著作到现在已有好几千册，而且继续以可观的速度争相推出。它是一个活的主题，因为不幸的是，自 1914 年后，世界大战起源的问题便挥之不去。事实上，在人类的历史中，帝国年代所关心的事物显然与现代的重叠性最大。

将纯粹专论性的文献放在一旁不谈，这个时期大多数的作家可分为两类：回顾类与前瞻类。每一类往往都将注意力集中于本时期一两个最明显的要点上。在某种意义上，由 1914 年 8 月这个不能通过的峡谷的这一头望向那一头，它似乎是异常遥远且无法回归的。而同时，矛盾的是，许多仍旧是 20 世纪晚期特色的事物，均是源于第一次世界大战以前的最后 30 年。巴巴拉·塔奇曼（Barbara Tuchman）的《骄傲之塔》(*The Proud Tower*)，是描写战前（1890—1914 年）世界的畅销书。它是前一类最为人所熟悉的例子。阿尔弗雷德·钱德勒（Alfred Chandler）对于现代法人组织管理的研究——《看得见的手》(*The Visible Hand*）可代表第二类。

就产量及销路而言，回顾类几乎一定占优势。一去不返的过去，对于优秀的历史学家来说是一种挑战。他们知道就时代已经不同这一点来说，它是不可了解的，但是它也具有使人产生怀古思想的极大诱惑力。最不具理解力和最易动感情的人，也会不断尝试去重新捕捉那个时代：一个上等和中产阶级倾向于赋予它黄金色彩的时代，一个“美好时代”(belle époque)。当然，这种办法非常合乎娱乐业者和其他传媒制作人、时装设计家的口味。在电影和电视的推波助澜下，它恐怕已成为公众最熟悉的版本。这种视点当然是令人不满的，虽然它无疑捕捉到了这个时期的一个高度可见面，毕竟是这一方面将“财阀政治”和“有闲阶级”这样的词语引入公众的谈话之中。这种版本是否比那些思想成熟但情感更为恋旧的作家版本更不切实际，恐怕尚有争论余地。这些作家希望证明：如果没有那些可以避免的错误或不可预测的事件，失去的乐园当年也不会失去；没有这些错误和事件，当年更不会有世界大战、俄国革命，或任何应对 1914 年前的世界的失落负责的事物。

另一些历史学家比较注意与大断裂相反的事物，也就是说，许许多多具有我们当代特色的事物，乃是起源于 1914 年以前的几十年，有些起源是非常突然的。他们致力于寻找那些明显的根苗和前例。在政治上，构成大多数西欧国家政府或主要反对势力的劳工和社会主义政党，都是 1875—1914 年的衍生物，而其家族的另一支——统治东欧的共产党亦然（统治非欧洲世界的共产党，也是仿效东欧共产党组织，不过在时代上晚于这一时期）。事实上，民选政府、现代民众政党、全国性有组织的工会，以及现代福利法，也都是衍生自 1875—1914 年年间。

在“现代主义”（modernism）的名目下，这一时期的“先锋”（avant garde）风格接掌了 20 世纪大半的高尚文化产品。甚至到今天，虽然有一些先锋派或其他学派不再接受这种传统，他们却仍使用他们所拒绝的说法来形容自己（后现代主义）。同时，我们的日常生活仍然受到这一时期三项创举的支配：现代形式的广告业、现代报纸杂志的倾销，以及（直接或通过电视的）电影。科学和工业技术在 1875—1914 年后显然有长足进步，但是，普朗克（Planck）、爱因斯坦和尼尔·玻尔（Niels Bohr）那个时代的科学与现代科学之间，还是有明显的连续性存在。至于工业技术方面，石油动力的汽车、飞机，都是帝国年代的发明，直到今天仍主宰着我们的自然风景和都市面貌。我们已改进了帝国时期所发明的电话和无线电通信，但未能予以更换。回顾历史，20 世纪的最后几十年或许已不再符合 1914 年以前所建立的构架，但绝大多数的定向指标仍是有用的。

然而，以这样的方式介绍过去是不够的。帝国年代与现在是否连续的问题无疑仍然十分重要，因为我们的感情仍然直接牵扯在这段历史之中。不过，从历史学家的观点来看，在孤立的情形下，连续和不连续是无足轻重的事。那么，我们该如何为这个时期定位？过去与现代的关系毕竟是写史者与读史者最关心的所在。他们都想要，也应该想要了解过去如何变为现在，他们也都想要了解过去，但主要的阻碍是过去不似现在。

《帝国的年代》虽然可以独立成册，但主要是作为“19 世纪世界历史全盘考察系列”的第三册和最后一册。这里所谓的“19 世纪”是指“漫长的 19 世纪”，也就是大约从 1776 年至 1914 年。作者最初无意着手这么一项具有疯狂野心的计划。这些年，我断断续续写成这三册书，除了第三册外，其他两册最初都不是这三部曲的一部分。它们之所以可以连贯，是因为它们对 19 世纪有一个统一的看法。由于这个共同看法已能连贯《革命的年代》和《资本的年代》，并且延伸到《帝国的年代》（我希望如此），它当然有助于连贯帝国的年代与其后的年代。

我用以组织 19 世纪的中轴，是自由主义资产阶级特有的资本主义的胜利和转型。这三部曲是由富有决定性的“双元突破”开始的：英国的第一次工业革命与法国和美国的政治革命。前者在资本主义不断追求经济增长与全球扩张的带动下，创造了具有无限潜力的生产制度；后者则在互有关联的古典政治经济和功利主义哲学的补充下，建立了资本主义社会公共制度的主要模型。三部曲的第一册——《革命的年代》便是以这种“双元革命”的概念为主轴。

“双元革命”赋予资本主义经济十足的信心来进行其全球征服。完成这项征服的是它的代表阶级——资产阶级，而他们所打的旗号，则是其典型的思想表现——自由主义的思想方式。这是第二册的主题。这一册涵盖了革命充斥的1848年到大萧条的19世纪70年代。在这段时期，资本主义社会的前景和经济似乎没有什么问题，因为它们的实际胜利非常明显。法国大革命所针对的“旧制度”，其政治阻力已被克服，而这些旧制度本身，看上去也正在接受一个凯歌高奏的资产阶级领导权，接受它所代表的经济、制度和文化进步。在经济上，原先受限于腹地狭隘所导致的各种工业化和经济增长的困难，这时已获克服，这主要得归功于工业转型的扩散以及世界市场的大幅度拓展。在社会上，革命年代贫民爆炸性的不满情绪此时也逐渐平息。简而言之，持续而无限制的资产阶级进步的主要障碍似乎均已铲除，因而其内部矛盾所造成的可能困难，一时间似乎还不致引起忧虑。在欧洲，这个时期的社会主义者和社会革命分子，似乎较任何其他时期都少。

可是，资本年代的矛盾却渗透并支配了帝国的年代。在西方世界，这是一个无与伦比的和平时代，然而，它也造成了一个同样无与伦比的世界战争时代。不论它所展现的外貌如何，在发达工业经济体中，它是一个社会日益稳定的时代。这个时代提供了一小群不费吹灰之力便可征服并统治庞大帝国的能人，但它也不可避免地在其旁边激起反叛和革命的联合力量，这些力量终将吞噬这个时代。自1914年起，世界已笼罩在对全球战争的恐惧与事实之下，笼罩在对革命的恐惧（或希望）之下。而这两种恐惧都是直接根源于帝国年代所表现的历史形势。

由工业资本主义所创造，也为工业资本主义所特有的工人阶级，其大规模的有组织的运动已在这期间突然出现，并且要求推翻资本主义。他们出现在高度繁荣和扩张的经济中，出现在那些他们拥有最强大势力的国家中，并出现在资本主义带给他们的境遇不像以前那么悲惨的时刻。在这个时代，资产阶级自由主义的政治和文化制度，已经延伸到（或行将延伸到）资本主义社会的劳苦大众，甚至有史以来第一次涵盖了妇女。但是这个延伸的代价，却是迫使其中坚阶级（自由主义资产阶级）退守到政权边缘。因为选举式的民主政治，亦是自由主义进步不可避免的产物，已在大多数国家扫除了资产阶级自由主义的政治力量。对于资产阶级而言，这是一个可深刻感受到身份危机而且必须转型的时代。他们传统的道德基础，正在他们自己所累积的财富、舒适和压力下崩溃。连它作为一个统治阶级的存在，都逐渐受到其经济制度转型的危害。为股东共有而且雇用经理和行政人员的大企业机构或法人，开始取代拥有和管理其本人企业的真正个人和家族。

这样的矛盾无穷无尽，充满了整个帝国年代。事实上，如本书所记，这个时代的基本模式，是资产阶级自由主义的社会和世界逐渐向其“离奇死亡”迈进。它在到达最高点的时刻死去，成为所有矛盾的最大牺牲者，而这些矛盾都是因其前进而产生的。

尤有甚者，这一时期的文化和知识生活，竟充分意识到这个逆转模式，充分意识到这个世界行将死亡，意识到它们需要另一个世界。然而，真正符合这个时代特征的是，对于即将到来的剧变，人们既早有预期，又始终误解和不信。世界战争即将来临，但是没有任何人，甚至最棒的先知，能确切知道它会是什么样的战争。而当世界真正处于地狱边缘之际，决策者却完全不相信他们正在冲向地狱。伟大的新社会主义运动是具有革命性的，但是对他们的多数而言，在某种意义上，革命是资产阶级民主政治顺理成章的必然结果，不断增加的多数自然会凌驾于日渐消减的少数之上。然而，对那些期望真正造反的人而言，它却是一场战斗，这场战斗的首要目标便是创立资产阶级民主政治，以此作为迈向下一阶段的必要前奏。因而，革命分子即使想要超越帝国年代，也还得先留在里面。

在科学和艺术方面，19 世纪的正统被推翻，但是从来没有这么多新近受过教育的学识之士，更坚信那些在当时甚至连先锋派都拒绝的事物。如果发达世界的民意测验家 1914 年前曾经计算持希望乐观态度与失望悲观态度的人数，那么他将发现持希望乐观态度的人占了大多数。矛盾的是，他们的比例在新的一个世纪（也就是当西方世界接近 1914 年时）竟会比在 19 世纪最后几十年来得更高。当然，这份乐观不但包括那些相信资本主义未来的人，也包括那些希望它会被废弃的人。

与其他时期相比，帝国年代的不凡和特殊之处在于：在这个时代内部，不存在其他逆转的历史模式，或可逐渐破坏其时代基础的历史模式。它是一个全然内化的历史转型过程。直到今天，它仍在持续发展。这个漫长的 19 世纪的特异之处，在于这个世纪将世界变得面目全非的巨大革命力量，竟是倚靠在一种特定的、有其历史性的脆弱工具之上。就像世界经济的转型，在一段非常重要的短暂时期，与英国这个中型国家的命运认同一样，当代世界的发展也与 19 世纪自由主义资产阶级的社会认同一样。与它有关的构想、价值、假设和制度，它们在资本年代似乎获得的胜利程度，正显示出这个胜利在历史上的短暂性质。

在本书所涵盖的这段历史时期，西方自由主义资产阶级所创造和享有的社会与文明，显然并不代表现代工业世界的永恒形式，只是代表其早期发展的一个阶段。支撑20世纪世界经济的结构，即使当它们还是资本主义形式的时候，也不再是商人在19世纪70年代会接受的“私人企业”式经济结构。自第一次世界大战之后，支配世界革命的记忆，已不复是1789年的法国大革命。渗透它的文化，已不再是1914年前所了解的那种资产阶级文化。当时完全掌握世界经济、思想和军事主力的大陆，如今已不再是世界经济、思想和军事的主力。不管是一般的历史或特殊的资本主义历史，都不曾在1914年告终，不过世界的极大部分，都已经通过革命进入一个基本上不同类型的经济形式。帝国的年代，或列宁所谓的“帝国主义”的年代，显然不是资本主义的“最后阶段”，事实上列宁也没有说它是。他只是在他那本深富影响力的小册子的初版中，称它为资本主义的“最后阶段”。（在他死后，帝国主义重被命名为“最高阶段”。）可是，我们可以了解，为什么观察家，而且不仅是敌视资本主义社会的观察家，会认为第一次世界大战之前那几十年的历史，那个他们活过的世界，并不仅仅是资本主义发展的另一阶段。无论如何，它似乎已为一个与过去非常不同的世界做好了准备。而自1914年以后，世界果真变得与以往完全不同，虽然它的改变方式与大多数先知所预期或预言的不一样。我们已不再能回到自由主义资产阶级的社会。20世纪晚期对于复兴19世纪资本主义精神的呼吁，证明这是不可能的。无论如何，自1914年以后，资产阶级的世纪已属于历史的陈迹。

第一章

百年革命

荷根（Hogan）是一位先知……先知兴尼西（Hinnissy）是一个能预见困难的人……荷根是今天世界上最快乐的人，但是明天会有事情发生。

——杜利先生说，1910 年[1]

1

百年纪念的各种庆典都是19世纪晚期发明出来的。美国独立革命的百年纪念（1876年）和法国大革命的百年纪念（1889年）都是以一般性的万国博览会作为庆祝方式。在这两个百年纪念日当中的某一时刻，西方世界受过教育的公民开始意识到：这个诞生于发表《独立宣言》、修筑世界上第一座铁桥和猛攻巴士底狱（Bastille）诸事件之中的世界，现在已经100岁了。19世纪80年代的世界和18世纪80年代的世界究竟有什么不一样？(《革命的年代》第一章曾概述了那个较古老的世界。)

首先，它现在已是名副其实的全球性世界。世界的每一个角落现在几乎均已为人所知，也都或详细或简略地被绘制成地图。除了无关紧要的例外情形以外，探险不再是“发现”，而是一种运动挑战，往往带有强烈的个人或国家竞争的成分，其中最典型的企图便是想要支配最恶劣、最荒凉的北极和南极。1909年，美国的皮里（Peary）击败英国和斯堪的纳维亚的对手，赢得率先到达北极的竞赛。挪威的阿蒙森（Amundsen）在1911年抵达南极，比不幸的英国船长司各特（Scott）早了一个月。（这两项成就没有也不预期有任何实际的重要性。）除了非洲大陆、亚洲大陆以及南美洲部分内陆地带以外，铁路和轮船已使洲际和横跨数洲的旅行由几个月的事变成几个星期的事，而不久又将成为几天的事：随着1904年横贯西伯利亚铁路的完工，只要十五六天的时间便能从巴黎抵达符拉迪沃斯托克。电报使得全球各地的通信沟通成为几小时之内的事，于是，西方世界的男女——当然不止他们——以空前的便捷和数量，进行长距离的旅行和通信。举一个简单的例子来说：1879年时，几乎有100万旅客前往瑞士旅行。其中20万以上是美国人，这个数字相当于1790年美国第一次人口普查时全国人口的5%以上。这个事实在本杰明·富兰克林（Benjamin Franklin）的时代，会被视为是荒谬的幻想[2]。（关于这一全球化过程的较详尽记述，参见《资本的年代》第三章和第十一章。）

与此同时，世界人口密度大为增加。由于人口统计数字，尤其是18世纪晚期的人口统计数字带有极大的臆测性，这些数字说不上精确，使用它们也是危险的。但是，我们可以大致假定：19世纪80年代可能生活在地球上的15亿人，是18世纪80年代世界人口的两倍。和过去一样，亚洲的人口数目最大，但是，根据最近的推测，亚洲人在1800年虽占世界人口的2/3左右，到1900年时，却已降至55%。人口次多的是欧洲人（包括人烟稀少的俄属亚洲），由1800年的2亿人，到1900年的4.3亿人，几乎增加了一倍以上。再者，欧洲大量的海外移民也造成了世界人口戏剧性的改变：1800—1900年间，美洲人口由3 000万左右上升到将近1.6亿，其中尤其显著的是，北美的人口由700万左右上升到8 000万以上。非洲这块备受破坏的大陆，其人口统计数字我们自认所知甚少，不过可以确定其人口增长速度比其他任何地方均缓慢得多，这100年间至多增加了1/3。在18世纪末叶，非洲人口大约是美洲人口总和的3倍，可是到19世纪末叶，美洲人口可能比非洲人口多得多。包括澳大利亚在内的太平洋诸岛，其人口虽然由于欧洲人的迁移而由假想中的200万人膨胀到或许600万人，但因其数字太小，在人口统计上不具什么分量。

然而，这个世界就某方面而言，虽然在人口数上正日渐增加，在地理上则日趋缩小、整合，成为一个因流通的货物和人口、资金和交通，以及因产品和构想而结合得日益紧密的行星。可是，在另一方面，它却也开始逐渐产生各种区划。如同历史上的其他时代一样，18 世纪 80 年代，地球上有富有和贫穷的地区，有进步和落后的经济社会，有较强势和较弱势的政治组织和军事单位。我们也不能否认，当时有一道鸿沟将世界的主要地带与南方和北方分隔开来。这个主要地带是阶级社会、国家以及城市的传统所在地，由少数具有读写能力的精英负责管理。而使历史学家大为高兴的是，他们也留下了许多文字记录。而这个地带的北方和南方地区，则是 19 世纪末 20 世纪初民族学家和人类学家注意力集中的地方。然而，在这个庞大的地带之内，在这个由东方的日本延伸到大西洋中北海岸，又因欧洲人的征服而进入南北美洲，并为大多数人口所居住的庞大地带之内，其各项发展虽然极其悬殊，却似乎不是无法克服的。

就生产和财富而言，更别提文化了，各主要前工业化地区之间的差异，以现代的标准来说，是相当小的，或许可说是在 1—1.8 之间。事实上，根据一项最近的估计，在 1750—1800 年间，我们今天所谓发达国家的人均国民生产总值，与今天所谓的“第三世界”大致是一样的。不过，这或许是由于中国太过庞大而且相对比重太高的关系。当时中国人口占世界 1/3 左右，其一般生活水准事实上可能较欧洲人为高[3]。18 世纪的欧洲人诚然会认为中国是一个非常奇怪的地方，但是没有任何聪明的观察家会把它视为在任何方面不如欧洲的经济文明，更不会视它为“落后国家”。但是，在 19 世纪这 100 年当中，西方国家，也就是正在改变世界的经济革命的基地，与其他地方的差距正日益扩大，由缓慢到迅速。到1880年时，根据同样的调查显示，“发达世界”的人均收入，大约为“第三世界”的两倍。到了1913年，更高达“第三世界”的三倍以上，而且距离越拉越大。这个过程颇为戏剧化：1950年时，两者之间的差异是1 ∶ 5，1970年更达1 ∶ 7。尤有甚者，“第三世界”与“发达”世界中真正已开发地区（也就是工业化国家）之间的差距，不但出现得较早，而且扩大的速度也更为戏剧化。1830年时，这些地区的国民生产总值是“第三世界”的两倍，1913年时更高达7倍。[人均国民生产总值（国民生产总值除以居民人数）纯粹是统计学上的思维产物。它在不同国家和不同时期的经济增长比较上虽然是有用的，却无法说明那个区域中任何人的实际收入和生活水准，也不能说明其间收入的分配情形。只不过，在理论上，一个“人均”数字较高的国家，比“人均”数字较低的国家，可以分配到的收入较多。]

工业技术是造成这种差距的主要原因，并在经济上和政治上予以强化。在法国大革命后的一个世纪，人们逐渐看出：贫穷落后的国家很容易被击败和征服（除非其幅员非常辽阔），因为它们的军备技术处于劣势。这是一个新的现象。1798年拿破仑（Napoleon）的入侵埃及，是装备相去无几的法国军队和埃及本地军队之间的战斗。欧洲军队的殖民地征伐，其成功不是由于神奇的武器，而是由于其较大的侵略性、残忍性和最重要的一点——良好的组织纪律。[4]可是，在19世纪中叶渗透到战争之中的工业革命（比较《资本的年代》第四章），却借着高性能的炸药、机枪和蒸汽运输（见第十三章）更增强了“先进”世界的优势。因此，1880—1930年的这半个世纪，将是炮舰外交的黄金时代，或者更确切地说，是铁的时代。

因此，1880年时，我们所面对的不完全是一个单一的世界，而是一个由两部分所合成的全球体系：一部分是已开发的、具有主宰性的、富有的；另一部分是落后的、依赖的、贫穷的。然而，即使是这样的说法也很容易导致误解。（较小的）第一世界，虽然其内部的差异悬殊，却因历史的关系而成为资本主义发展的共同支柱，而（大得多的）第二世界，除了其与第一世界的关系——也就是其对第一世界可能或实际的依赖以外，几乎不存在任何可促成其走向一致的因素。除了都是由人类组成的之外，中国与塞内加尔（Senegal）、巴西与新赫布里底群岛（New Hebrides）、摩洛哥（Morocco）与尼加拉瓜（Nicaragua）之间，又有什么共同之处呢？第二世界既不因历史、文化、社会结构而一致，也不因制度，乃至我们今日以为依赖性世界最显著的特色——大众的贫穷而一致。因为，以贫富分类的办法只适用于某种形式的社会，也只适用于某种结构的经济，而在依赖性世界中，许多地方并不是这样的社会，也不是这样的经济。除了性别以外，历史上所有的人类社会都包含某些社会不平等。印度的土王到西方访问时可以得到西方百万富翁所享受的待遇，而新几内亚（New Guinea）的酋长却无法得到，甚至连想都别想。就像世界上任何地方的平民，当他们离开家园之后往往都变成工人，也就是沦为“贫民”阶层，但若以此来认定他们在其故乡所扮演的角色，就会相当离谱了。无论如何，在当时的世界上仍有许多幸运之地，尤其是在热带，那些地方的人们不必担心吃住或休闲的匮乏。事实上，当时尚有许多小社会。在这样的社会里，工作与休闲的概念不但不具意义，甚至也没有表示这些概念的字眼。

如果说当时的世界的确存在这两个部分，那么它们之间的界线并不分明。这主要是主导和经手完成全球经济——在本书所论时期也包括政治——征服的那组国家，因历史以及经济发展而具有一致性。这组国家包括欧洲，而且不仅是那些明明白白地构成世界资本主义发展核心的地区——主要是在欧洲西北部和中部，以及其某些海外殖民地。欧洲也包括一度在早期资本主义发展过程中发挥重要作用的南部区域（自 16 世纪以来，这些地区已成为穷乡僻壤），以及最初创建伟大海外帝国的征服者：尤其是亚平宁半岛和伊比利亚半岛。它也包括广大的东部地区，这个区域的基督教国家——也就是罗马帝国的继承人和后裔——1 000 多年来不断抵御来自中亚的一轮轮军事入侵。其中最后一轮入侵缔造了伟大的奥斯曼帝国，该帝国曾在 16—18 世纪控制了东欧庞大地区，不过到 19 世纪，该帝国已逐渐被逐出。虽然 1880 年时它仍旧控制横跨巴尔干半岛的一个不小的地带（现今希腊、南斯拉夫和保加利亚的部分以及阿尔巴尼亚的全部）以及一些岛屿，但是它在欧洲的日子行将结束。许多重新被征服或解放的领土只能在礼貌上被称作“欧洲”，事实上，巴尔干半岛在当时仍被称为“近东”，因而，西南亚才会变成所谓的“中东”。另一方面，驱逐土耳其人出力最大的两个国家，虽然其人民和领土都付出了备受蹂躏的代价，但它们却因此而跻身欧洲强权之列：奥匈帝国，以及更重要的俄国。

因此，大部分的“欧洲”充其量也不过是位于资本主义发展和资产阶级社会核心区的边缘。在某些地区，其大多数居民显然与其当代人和统治者生活在不同的世纪。比如说，在达尔马提亚（Dalmatia）的亚得里亚海（Adriatic）沿岸地区或布科维那（Bukovina）地区，1880 年时，约有 88% 的居民都没有读写能力，而在同一帝国的另一部分——下奥地利（Lower Austria）——只有11%的人口没有阅读识字能力。[5]许多受过教育的奥地利人和梅特涅（Metternich）一样，认为“亚洲开始于维也纳的东行公路处”，而绝大多数的北意大利人视其他意大利人为某种非洲野蛮人，但是在这两个王国中，落后地区只是其国家的一部分。在俄国，“欧洲或亚洲”的问题比较严重，因为除了浮在上层的极少数知识分子外，从白俄罗斯（Byelorussia）和乌克兰（Ukraine）向东直到太平洋的整个地区，距离资本主义社会都同样遥远。这个问题在当时的确是大家热烈辩论的题目。

不过，如果我们把少数几个被巴尔干山民孤立起来的地区排除在外，我们可以说：历史、政治、文化以及几个世纪以来对第二世界所进行的海陆扩张，已将第一世界的落后部分与进步部分紧密相连。虽然两个世纪以来，俄国的统治者不断推行有系统的西化运动，并且取得对西面边界显然比较进步的地区如芬兰、波罗的海国家和部分波兰的控制，但是俄国的确是落后的。然而在经济上，俄国确实又是“西方”的一部分，因为其政府所采取的显然是西方模式的工业化政策。在政治上，沙皇统治下的俄国是殖民开拓者，而非殖民地。在文化上，俄国境内受过教育的少数人口，又为19世纪西方文明增添了荣耀。布科维那，也就是奥匈帝国最偏僻的东北地区（1918年，这个地区成为罗马尼亚的一部分，而1947年后，又变成乌克兰苏维埃加盟共和国的一部分），当时可能还生活在中世纪，但是它的首府泽诺维兹（Czernowitz, Cernovtsi）却有一所杰出的欧洲大学，而其经过解放和同化的犹太中产阶级，则绝对不属于中世纪。在欧洲的另一端，以当时的任何标准来说，葡萄牙都是弱小而落后的。它实际上是英国的半殖民地，而只有对它深具信心的人才能看出那儿有什么经济潜力。可是，葡萄牙不仅仍旧是欧洲的独立国家之一，也由于其辉煌的过去而仍旧是一个伟大的殖民帝国。它之所以保持它的非洲帝国，不仅是因为互相竞争的列强无法决定如何瓜分这个帝国，也因为它是“欧洲的一员”，它的属国不应被视为是尚未接受殖民的处女地。

19 世纪 80 年代，欧洲不仅是支配和改变世界的资本主义发展核心，同时也是世界经济和资本主义社会最重要的组成部分。历史上从来没有比这个世纪更称得上是欧洲的世纪，即使未来也不可能。从人口上说，欧洲人在 19 世纪末所占的比例远高于 19 世纪初——从每五个人当中便有一个欧洲人上升到每四人当中便有一个。[6] 虽然这个旧大陆将数百万的人口送到各个新世界，但是它本身人口的增长却更迅速。虽然单是其工业化的速度和冲击，已使美洲在未来一定会成为全球经济的超级强权，可是在当时，欧洲工业的生产额尚超过美洲两倍以上，而重要的科技进展，仍旧主要是来自大西洋的东面。汽车、摄影机和无线电最初都是从欧洲产生发展出来的。（日本在现代世界经济上是一个起步十分迟缓的国家，不过在世界政治上发展却较快。）

至于高雅文化方面，白种人的海外殖民世界仍旧是完全依靠旧大陆。就以“西方”为模范这一点而言，在非白人社会极少数受过教育的优秀分子中间，这种情形更为明显。在经济上，俄国的确无法与美国的迅速成长和财富媲美。然而在文化上，拥有陀思妥耶夫斯基（Dostoyevsky，1821—1881）、托尔斯泰（Tolstoy，1828—1910）、契诃夫（Chekhov，1860—1904）、柴可夫斯基（Tchaikovsky，1840—1893）、鲍罗廷（Borodin，1834—1887）和里姆斯基–科萨科夫（Rimsky-Korsakov，1844—1908）的俄国，无疑是个强国，但马克·吐温（Mark Twain，1835—1910）和惠特曼（Walt Whitman，1819—1892）的美国却不是，甚至把亨利·詹姆斯（Henry James，1843—1916）加进去也不是——詹姆斯早已迁移到和他气味较为相投的英国去了。欧洲的文化和知识生活仍旧主要属于富有和受过教育的少数人，他们也适合在这样的环境和为这样的环境发挥美化作用。自由主义的贡献便在于它呼吁将这种精英文化加以普及，使一般大众都可随时接触到。博物馆和免费图书馆便是它典型的成绩。比较倾向民主和平等的美国文化，一直要到 20 世纪的大众文化时代才获得其应有的地位。在此期间，即使是与技术进步有密切关联的各种科学，由诺贝尔奖最初 25 年得奖人的地理分布判断，美国不仅落在德国和英国之后，甚至也落在小小的荷兰后面。

但是，如果说“第一世界”的某些部分应该被划入依赖和落后的那一边，那么几乎整个“第二世界”均属于这样的地区。在“第二世界”当中，只有自 1868 年起便有系统“西化”的日本（参见《资本的年代》第八章），以及以欧裔移民为主的殖民地（1880 年时，这样的欧裔移民主要仍来自西北欧和中欧）不属于落后世界；当然海外欧裔未能淘汰的原住民又当别论。这种依赖性——或更确切地说，由于这些社会既不能躲避西方的贸易科技，或找出其代替物，也无法抵抗配备西式武器和以西方方式组织的士兵——使许多在其他方面没有任何共同之处的社会，同样成为 19 世纪历史创造者的受害人。有一个残忍的西方才子，用一种一言以蔽之的强横口吻说：

> 不论发生什么事情，我们有马克沁机枪，而他们没有。[7]

与这项差异相较，美拉尼西亚群岛（Melanesian Islands）这样的石器时代社会和中国、印度以及伊斯兰教世界这类复杂的都市化社会，其间的种种差异似乎无足轻重。虽然这些地区的艺术令人赞叹，其古文明成就令人称奇，而其主要的宗教哲学，至少和基督教一样，或较基督教更能博得某些西方学者和诗人的激赏。但是，这些又有什么用呢？基本上，它们都得任由载着商品、士兵和各种思想的西方船舶所摆布。对于这些船舶，它们无能为力，而外来的船舶则依照对入侵者有利的方式改变了它们的世界，完全不顾被侵略者的感觉。

但是，这并不表示这两种世界的分野，是工业化国家和农业国家，或城市与乡村文明之间的简单分野。"第二世界"拥有比"第一世界"更为古老、更为巨大的城市，例如北京和君士坦丁堡。而19世纪的资本主义世界市场，更在第二世界当中造就了许多不成比例的大都会中心，通过这些中心，资本主义的经济之河才得以畅通。19世纪80年代的墨尔本（Melbourne）、布宜诺斯艾利斯（Buenos Aires）和加尔各答（Calcutta）等地各有50万左右的居民，比阿姆斯特丹（Amsterdam）、米兰（Milan）、伯明翰（Birmingham）或慕尼黑（Munich）的人口更多。而孟买（Bombay）的75万居民，是除了六七个欧洲大城市以外，任何地方都赶不上的。虽然，除了少数特殊例外，在第一世界的各种经济形态中，城镇在数量上和重要性上都比乡村来得高，可是令人惊讶的是："发达"世界仍旧是十分农业性的世界。只有六个欧洲国家的农业雇佣人口少于男性人口的一半——通常都占男性人口的绝大多数——但是，这六个国家都可说是典型的老牌资本主义国家：比利时、英国、法国、德国、荷兰、瑞士。不过其中也只有在英国，其农业人口少于总人口的 1/6，其他五国从事农业的人口仍占全部人口的 30%—45% 之间[8]。诚然，“发达”地区那种商业化的经营型农业与落后地区的农业具有明显差异。1880 年前，除了都对畜舍和田地感兴趣以外，丹麦的农夫和保加利亚的农夫在经济上并没有什么共同点。不过，农耕，如同古代的手工艺一样，是一种深深植根于过去的生活方式，19 世纪晚期的民族和民俗学家，当他们在乡村找寻古老的传统和“民间遗风”时，便了解到这一点。即使是最具革命性的农业，也还是会庇护这些传统和遗风。

相反，工业却不完全局限于第一世界。暂且不说在许多依附性和殖民式经济中已拥有基础设施（像港口和铁路）和开采型工业（矿场），以及在许多落后的农业地区也已出现了村舍工业，甚至某些 19 世纪的西式工业，在像印度这样的依附性国家中往往也有适度发展，有时其发展还会遭到其殖民统治国家的实业家，尤其是纺织业和食品加工业者的强烈反对。更有甚者，连金属业也已深入第二世界。印度的大型钢铁工厂塔塔（Tata），在 19 世纪 80 年代便已开始运作。同时，小家庭工匠和包工式工场的小额生产，仍然是“发达”世界和大部分依附性世界最常见的情形。虽然德国的学者不安地预测到，面对工厂的竞争和现代的分配法，它将要进入一个危机时期，但是，就整体而言，当时它仍是相当有力的存在。

不过，我们大体上仍然可以拿工业当作现代化的标准。19 世纪 80 年代之际，在“发达”世界（和跻身发达国家之列的日本）之外，没有任何国家可以称得上是工业国家或正在工业化的国家。甚至那些依然是以农业立国，或者至少人们不会立即把它们和工厂与熔炉联想在一起的“发达国家”，在这个时期也已开始向工业社会和高科技看齐。比方说，除了丹麦以外，斯堪的纳维亚国家在不久以前尚是以贫穷和落后出名的，可是短短数十年间，其每人拥有电话的比率已高出包括英国和德国在内的欧洲任何地区；[9]它们所赢得的诺贝尔科学奖也比美国多得多；此外，它们也即将成为社会主义政治运动的根据地，这些运动乃是针对工业劳动阶级的利益而发起的。

更为明显的是，我们可以说“先进的”世界正以史无前例的速度进行都市化，而且在极端的情形下，已成为城市居民的世界。[10]1800年，欧洲人口数目超过10万以上的城市只有17个，其总人口不到500万；到了1890年，这样的城市有103个，其总人口已达1800年的6倍以上。1789年至19世纪所造成的并不是有成百万居民在其中快速走动的都市蚁丘，虽然在1880年前，又有三个城市和伦敦一样成为拥有百万人口的大都会——巴黎、柏林和维也纳；相反，它所造成的是一个由中型和大型城镇构成的分布网，而这类拥有稠密人口或诸多卫星城镇的分布网，正在逐渐侵蚀附近的乡村。在这些城镇网中变化较为显著的，通常是那些新兴市镇，例如英国的泰恩塞德（Tyneside）和克莱德塞德（Clydeside），或是那些刚开始大规模发展的地区，例如德国鲁尔区（Ruhr）的工矿带或美国宾夕法尼亚州的煤钢地带。同时，这些地区并不需要包含任何大城市，除非这些地区兼具首府、政府行政中心或其他功能；也不需要拥有大型国际港口，但是它们往往能聚集数量众多的人口。奇怪的是，除了伦敦、里斯本（Lisbon）和哥本哈根（Copenhagen）以外，1880年时，欧洲国家的城市通常不会兼具首都和国际港口的双重角色。

2

如果要用三言两语（不论多深奥、多明确）来形容这两个世界之间的经济差异不是件容易事，那么要概述它们之间的政治差异也不会轻松到哪里去。除少数的地方性差异外，当时的“先进”国家，显然有一个为大家所向往的结构和制度模式。这个模式基本上包括：一个大致统一的国家，在国际上拥有独立主权，足以为其国民经济发展提供基础，享有显然是自由和代议制的单一政体和各种法制（也就是说，它应拥有一部宪法和各种法规），然而，在较低层次上，它还得具有相当程度的地方自治和创制权。这样的国家应该由“公民”所组成，所谓“公民”是指在其领土之内，享有某些基本法律和政治权利的个体居民的集合体，而不是由公司或其他各种团体和社群所组成。公民与全国性政府的关系应该是直接的，不应由公司等群体居间调停。这个模式不但是“已开发”国家的希望（1880年时，所有“发达”国家都在某种程度上符合这个模式），也是所有不愿隔绝于现代化的国家的希望。就上述标准而言，自由立宪的民族国家模式并不限于“已开发”世界。事实上，在理论上遵循这个模式运作的一大群国家位于拉丁美洲，不过它们所遵循的模式属于美国联邦主义，而非法国中央集权主义。当时，这一群国家一共包括17个共和国和一个帝国——巴西帝国，不过它在19世纪80年代便已崩溃。然而，实际上，拉丁美洲以及东南欧某些名义上的立宪君主国，其政治现实和宪政理论毫不相干。未开发世界的绝大部分并不具备这种国家形式，有些甚至不具有任何国家形式。它的某些部分是由欧洲列强的属国所构成，并直接由欧洲列强所统治。不久以后，这些殖民帝国便将大幅扩张。有些部分，如非洲内陆，其所包含的政治单位，严格地说，称不上是欧洲人所谓的“邦国”，不过当时的其他称谓（“部落”）也不适当。还有一部分则是非常古老的帝国，例如中国、波斯帝国和奥斯曼帝国，这些帝国与欧洲历史上的某些帝国十分相似，不过它们显然不是19世纪式的领土国家（“民族国家”），而且显然即将被淘汰。另一方面，同样的不稳定性（如果不一定是同样的古老性）也影响到某些至少是属于“已开发”世界或居于“已开发”世界边缘的老迈帝国，其原因也许只是这些帝国——沙皇的俄罗斯帝国和哈布斯堡王室的奥匈帝国——的“强权”地位实在不够稳固。

就国际政治来说（也就是，就欧洲政府和外交部的统计数目来说），照我们今天的标准看来，当时世界上堪称具有独立主权的国家实体，其数目非常有限。1875年前后，欧洲这样的实体不超过17个（其中包括六个“强权”——英国、法国、德国、俄国、奥匈帝国和意大利——以及奥斯曼帝国），南北美洲有19个（其中有一个名副其实的“霸权”——美国），亚洲有四五个（主要是日本及中国与波斯这两个古老帝国），非洲也许有三个勉强称得上是（摩洛哥、埃塞俄比亚、利比里亚）。其中美洲的共和国数量冠于全球。此外，几乎所有的独立主权国家都是君主政体（在欧洲，只有瑞士和1870年以后的法国不是），不过在已开发国家中，它们大多是立宪君主国，至少官方已朝某种选举代议制的方向表态，欧洲方面仅有的例外是位于“开发”边缘的帝俄和显然属于受害者世界的奥斯曼帝国。然而，除了瑞士、法国、美国，可能还包括丹麦以外，上述的代议国家中，没有一个是奠基在民主的选举制度上（在这个阶段，只有男性拥有投票权）。（由于不能断文识字者不具选举权，再加上军事政变频繁，我们无法将拉丁美洲的共和国归类为任何民主政体。）不过大英帝国的某些殖民地（澳大利亚、新西兰、加拿大）倒是相当民主，事实上，除了美国落基山（Rocky Mountain）区的几个州之外，它们甚至比任何其他地区都更民主。然而，在欧洲以外的这类国家，其政治上的民主都是建立在原住民——印第安人等已被淘汰的假设上。在那些无法用把他们赶到“保护区”或通过种族绝灭的办法将他们加以淘汰的地方，他们也不属于政治群体的一部分。1890 年时，美国 6 300 万的居民中，只有 23 万是印第安人。[11]

至于“已开发”世界的居民（以及设法或被迫模仿它的地区居民），其成年男性越来越符合资产阶级社会的最低标准：在法律上享有自由平等的权利。合法的农奴制度在欧洲任何地方都不再存在。合法的奴隶制度，在西方或西方所支配的世界也均告废除，即使是在其最后的避难所——巴西和古巴也已接近尾声。19 世纪 80 年代，所有的合法奴隶制度均已消失。然而，法律上的自由和平等与现实生活中的不平等却有着明显的矛盾。法朗士（Anatole France）讽刺的说法，巧妙地表现出自由资产阶级社会的理想。他说：“在其庄严的平等上，法律赋予每一个人在豪华大饭店（Ritz）用餐和在桥下睡觉的同样权利。”不过，在“已开发”的世界，除了社交上严格限制的特权外，现今决定分配方法的，基本上是金钱的有无，而非出身或在法定自由和身份上的差异。而法律上的平等也不排除政治上的不平等，因为重要的不仅是金钱，还包括实际上的权势。有钱有权的人，不仅在政治上更有影响力，还可以运用许多法外强制力量。生活在意大利南部和美洲内地的居民都很清楚这一点，更别提美国的黑人了。可是，那些不平等是正式的社会与政治制度一部分的地方，与它们至少在表面上是与官方理论相违的地方，两者之间仍然有很明显的差异。这种差异类似于刑讯依然是司法程序中的一种合法形式（如中国的清朝），与刑讯在官方的规定上已不存在，但其警察心照不宣地知道哪些阶级是“可刑讯”、哪些是“不可刑讯”［套用小说家格林（Graham Greene）的字眼］的差异。

这两大世界之间最清楚的区别是文化上的，最广义的“文化”上的。及至1880年，在“已开发”世界中绝大多数的国家和地区，大多数的男人与越来越多的妇女，都具有阅读和书写的能力。在这些国家和地区中，政治、经济和知识生活，一般而言均已从古代宗教——传统主义和迷信的堡垒的桎梏下解放出来。而这些国家和地区也几乎垄断了对于现代工业技术而言越来越必要的那种科学。到了19世纪70年代晚期，任何大多数居民不具有阅读和书写能力的国家或地区，几乎必然会被归类为“未开发”或落后地区，反之亦然。因此，意大利、葡萄牙、西班牙、俄国以及巴尔干国家，最多也不过处于开发边缘。在奥匈帝国（匈牙利除外）境内，捷克地区的斯拉夫人、操德语的居民，以及读写能力较低的意大利人和斯洛文尼亚人（Slovenia），代表了这个国家比较进步的部分，而大半没有读写能力的乌克兰人、罗马尼亚人和塞尔维亚-克罗地亚人，则代表了其落后的部分。其居民大半没有读写能力的城市，如当时所谓的“第三世界”的情形，更是落伍的有力凭证，因为通常城镇居民的读写能力都比乡村居民高得多。这种识字率的差异反映了相当明显的文化因素，譬如说，与天主教徒、穆斯林及其他宗教信徒相比，基督教教徒和西方的犹太人比较鼓励大众教育。一个如瑞典般贫穷而且绝对以农业为主的国家，在1850年时，不能读写的人数尚不到10%，这种情形在信奉基督新教以外的地区是很难想象的（所谓信奉基督新教的地区，是指邻接波罗的海、北海和北大西洋的大多数国家，并且延伸到中欧和北美）。另一方面，它也明确反映了经济的发展和社会的分工。以法国人为例，1901年时，没有读写能力的渔夫是工人和家庭用人的三倍，农夫则是他们的两倍，半数的商人没有读写能力，而公务员和专业人士显然读写的能力最高。自耕农的读写能力比不上农业雇工（不过差不了多少），但是在不太传统的工商业领域，雇主的读写能力通常都比工人来得高（不过不比其办公室职员高）。[12]在现实中，文化、社会和经济的因素是分不开的。

由于在官方的主持或督导之下，全民初等教育日益加强，在本书所论时期，“已开发”国家的教育可以说是相当普及了，但是这种大众教育绝对不能与通常属于极少数精英分子的教育和文化混为一谈。就少数精英的读写能力而言，第一和第二世界之间的差异较小，不过欧洲知识分子、伊斯兰教或印度教学者，以及中国的清朝官吏所接受的高等教育，彼此之间并没有什么共同点（除非他们都采用欧洲模式）。然而，就像俄国的情形那样，民众虽有许多是文盲，却不妨碍其国家的极少数人创造出令人赞叹的文化。不过其中仍有某些制度代表了“开发”地带或欧洲人的支配特性，其中最显著的便是世俗大学（大学在这个时候还不一定是指19世纪德国式的现代设置，这种德国式大学当时正在西方各地兴起），以及为了各种不同目的而设立的歌剧院。这两种设置，都反映了具支配性的“西方”文明的渗透。

3

分辨进步与落后、已开发和未开发世界的差异，是一件复杂而且无益的事。因为这样的分类在性质上是静态和简化的，但是要归类的现实却非如此。19世纪的特色是“改变”：依照北大西洋沿岸生机勃勃的区域的方式，或为了迁就这个区域的目的而改变，在这段时期，北大西洋沿岸乃是世界资本主义的核心地带。除了一些边际性的和日渐减少的例外情形，所有的国家，包括那些直到当时仍极孤立的国家，都至少在外表上被这种全球性改变的触角所掌握。另一方面，甚至“已开发”国家的最“进步”地区，也因为继承了象征古老和“落后”的传统遗产，而在这个进步的世界里包含了些许反抗改变的社会。历史学家绞尽脑汁想要寻找一个最好的办法，以便系统地说明这种既普遍存在而又因地不同的改变，说明其众多模式和相互作用，以及其主要方向。

19世纪70年代的大多数观察家，应该会对这种直线性的变化方式印象深刻。在物质方面，在知识和改变自然的能力方面，它像是拥有专利似的，以至改变就意味着进步，而历史——至少现代历史似乎即等于进步。进步是以任何可以测量或人类选择去测量的上升曲线来加以评估的。历史经验似乎已为继续不断的改进，甚至那些显然还需要改进的各种事物提供了保证。300多年前，聪明的欧洲人还把古罗马人的农业、军事技术乃至医药视为典范。不过200年前，对于现代人是否能超越古人一事，大家还在认真地讨论。18世纪末叶，专家们还在怀疑英国的人口是否会继续增加。然而上述疑虑到了这个时代，都已成为难以置信的事了。

在科技以及随之而来的物质生产和交通量的发展上，进步表现得最为显著。现代机械绝大多数是以蒸汽为动力，并由钢铁制成的。煤已成为最重要的工业能源，在俄国以外的欧洲，有 95% 的能源来自煤矿。欧洲和北美的山溪，一度曾决定许多早期纺织厂的地点，其名称便可使我们想起水力的重要，可是现在它们又重新成为农村生活的一部分。另一方面，虽然到了 19 世纪 80 年代，大规模的发电和内燃机均已成为事实，但是电力和石油尚不十分重要。及至 1890 年，甚至连美国也不能宣称它拥有 300 万盏以上的电灯，而在 19 世纪 80 年代早期，欧洲最现代化的工业经济——德国每年所消耗的石油还不到 40 万吨。[13]

现代科技不仅是无法否认、频奏凯歌，同时也是历历可见的。其生产机器，虽然照现代标准来看并不特别强大（在英国，1880 年时它们平均还不到 20 马力），但通常体积都相当庞大，而且主要是由钢铁制成的，就像我们今天在科技博物馆所看到的那样。[14] 而 19 世纪最最巨大和最最强大的发动机，也是最容易看到和听到的产品，便是数十万具的火车头，以及在一缕缕浓烟之下，拖在其后的 275 万辆客货车。它们是 19 世纪最戏剧性的发明之一，一个世纪之前的莫扎特（Mozart）在撰写其歌剧时，根本不曾梦想过会有这种产物。由闪亮铁轨铺成的巨大网络，沿着平原、跨越桥梁、穿过山谷、穿越隧道，甚至翻过像阿尔卑斯山主峰那么高的山隘。各条铁路共同构成了人类有史以来最宏伟的公共建设。它们所雇用的人力，超过任何工业。它们驶往大城市中心，在那里，同样便捷和巨大的火车站正庆祝它们的胜利；它们同样也伸向 19 世纪文明未渗入的最遥远的乡村。到了 19 世纪 80 年代早期（1882 年），每年几乎有 20 亿人次乘坐火车旅行；自然，其中大多数人来自欧洲（72%）和北美（20%）。[15] 在西方的“已开发”地区，当时可能没有几个男人一生中从未与铁路有过接触，甚至连不太外出的妇女，也都或多或少接触过火车。或许只有电报这种现代科技的另一产物的知名度超过了火车，绵延在一望无际的木杆上的电报线网络，其长度是世界铁路总长的三或四倍。

1882 年时，全球共有 2.2 万艘汽船，虽然它可能是比火车头更有力的机器，但只有少数走近港埠的人才看得见，而且在某种意义上也比较缺乏代表性。1880 年时，它们的总吨位仍然（但也只是）较帆船少，即使在工业化的英国也不例外。就世界的船舶总吨位而言，1880 年时，靠风力的船舶与靠蒸汽动力的船舶，其吨位比率仍然几乎是 3∶1。不过，在接下来的十年间，这种情形即将发生戏剧性改变，使用蒸汽动力的船舶将大为增加。虽然木材已换成铁，蒸汽取代了风帆，但在船只的建造和装卸上，传统仍然统治着水路运输。

19 世纪 70 年代下半期的严肃的外行观察家，对于当时正在孕育或正在产生的科技革命究竟投入了多大的注意力？这时候，正在酝酿或推出的科技变革包括各种涡轮机和内燃机，电话、留声机和白炽电灯泡（这些都刚发明），汽车［19 世纪 80 年代，戴姆勒（Daimler）和本茨（Benz）让它投入使用］以及 19 世纪 90 年代出产或制造中的电影放映机、飞行器和无线电报。几乎可以确定的是，观察家已期待并预测到与电力、摄影和化学合成这些他们所熟悉的方面有关的重要进展。而他们对于科技应该发明机动引擎使道路运输机械化这个明显而迫切的问题得以解决一事，也不会感到诧异。我们不能指望他们能够预先想到无线电波和放射性，但他们必定曾经臆测到人能飞上天这件事（人类何时不做此臆想），而由于这个时代科技上的乐观主义，他们也必然相信它有实现的一天。当时的人们的确对于新发明如饥似渴，越是戏剧化的发明便越受欢迎。1876 年爱迪生（T. A. Edison）在美国新泽西州（New Jersey）的门罗公园（Menlo Park）建立了或许是有史以来的第一座私人实验室，当他在 1877 年推出第一部留声机时，顿时成为美国人的大众英雄。然而尽管如此，任何观察家都绝对不会预料到这些新发明对消费者社会所造成的实际改变。因为，除了美国以外，这个问题在第一次世界大战以前尚未引起相当的注意。

因此，进步的最明显表现是在“已开发”世界的物质生产方面和快速而广泛的交流方面。这类进步所带来的巨大财富在 19 世纪 70 年代，肯定尚未给亚洲、非洲以及除南端以外的拉丁美洲的绝大多数居民带来好处。我们也不清楚它为南欧各半岛或帝俄大半居民到底带来了多大好处。即使在“已开发”世界，利益的分配也非常不平均。根据法国官方对 19 世纪 70 年代法兰西共和国丧葬的分类，有 3.5% 为富人，13%—14% 为中产阶级，82%—83% 为劳工阶级（参见《资本的年代》第十二章）。不过，我们也很难否认这些地区的平民境遇的确有一些改进。在某些国家中，每一代人平均身高的递增情形在 1880 年前便已开始，但是那时并不普遍，而且比起 1880 年后的情况，当时的改善也微乎其微。（营养绝对是人类身高增加的决定性因素。）[16]1880 年时，人们的平均寿命还相当短：在主要的“已开发”地区是 43—45 岁，德国在 40 岁以下，而在斯堪的纳维亚则在 48—50 岁之间。[17]（20 世纪 60 年代，这些国家的平均寿命大约是 70 岁。）虽然对这个数字影响最大的婴儿死亡率此时正开始明显下降，但是整体而言，19 世纪的平均寿命确实是呈上升趋势。

简而言之，即使是在欧洲的“已开发”地区，穷人的最高希望或许仍是拥有一份足以糊口的收入、一片遮风挡雨的屋顶和一件足以御寒的衣服，尤其是在其生命周期最脆弱的时刻，亦即当夫妇俩的子女尚不能谋生，以及当他们进入老年之际。在欧洲的“已开发”地区，人们不再以为自己真的会挨饿。甚至在西班牙，最后一次饥荒也在 19 世纪 60 年代便告结束。然而，在俄国，饥荒仍然是生活中的重要危机：迟至 1890—1891 年，俄国还发生了一次严重的饥荒。在日后所谓的“第三世界”当中，饥荒仍然不时可见。相当比例的富裕农民确实正在出现，而在某些国家中，也有一部分“值得尊敬的”技术工人或手工艺人能有多余的金钱，购买生活必需品以外的物品。但是，实际上，企业家和商人所瞄准的市场对象，仍是具有中等收入的人。当时在供销上最值得注意的创新，乃是始自法国、美国和英国，并已渗透德国的百货公司。波马舍百货公司（Bon Marché）、惠特利万国百货商店（Whiteley's Universal Emporium）、华纳梅克百货公司（Wanamakers），其顾客对象都不是劳工阶级。拥有众多顾客的美国，已经在筹划以中等价格货物为主的大众市场，但是即使在美国，贫民的大众市场（“廉价”市场）还是少数小企业的专利，这些小企业认为迎合贫民是有利可图的。现代的大量生产和大众消费经济尚未到来。不过，为期不远了。

在当时人们还喜欢称为“道德统计学”的那些领域，进步似乎也是明显的。具备读写能力的人数显然在增加。在拿破仑战争爆发之初，每一个英国居民每年大约寄两封信，但是到了 19 世纪 80 年代上半叶，却增加到 42 封，这不是文明进步的指标吗？

1880年时，美国每月发行1.86亿份报纸杂志，而1788年时却只发行33万份，这不也是文明进步的指数吗？1880年时，参加英国各种学会进修科学的人数或许是4.5万，大约比50年前多了15倍，这又是不是文明进步的指标呢？[18]无疑，若以十分可疑的犯罪统计数字，和那些希望（很多维多利亚时代的人希望）谴责非婚姻性行为的人随便猜度出来的道德品质来看，自然会显示出较不确定或较不令人满意的趋势。但是，在那个时期，"先进"国家中随处可见自由立宪制度和民主趋向，这能不能视为与当代不寻常的科学和物质胜利互补的道德改进迹象？英国国教主教和历史学家曼德尔·克赖顿（Mandell Creighton）宣称："我们一定要假定人类事物已在进步当中，正如向来撰写历史所根据的科学假设一样。"[19]当时有多少人会不赞成他的话？

在"已开发"国家中，很少有人不赞成。不过有人或许注意到，即使是在世界上的这些部分，也是相当迟才有这样的共识。在世界的其余地方，即使有人曾想到过，当时的大多数人也根本无法理解这位主教的主张。新奇的事物，尤其是城市居民和外国人从外面引进的新奇事物，是干扰古老习惯的事物，而非带来改进的事物。而实际上，它所带来的干扰已被证明是不可抗拒的，而其带来的进步却又薄弱得无法取信于人。世界既不是进步的，也不应被认为可能会进步：这种观点同时也是"已开发"世界中坚持反对19世纪的罗马天主教会所力主的（参见《资本的年代》第六章）。至多，如果光景不好不是由于饥荒、旱灾和时疫等自然或神力的狂妄行为，则我们可望借着恢复到以前不知为何被遗弃的真实信仰（譬如《古兰经》的教义），或借着恢复到某种公正和秩序的真实或想象中的过去，而恢复人类生活预期的标准。无论如何，古老的智慧和古老的习惯是最好的，进步只意味着年幼的人可以教训年长的人。

因而，在先进国家以外的地区，“进步”既不是明显的事实，也不是具有真实基础的假设，而主要是外来的危险和挑战，那些因它而受惠或欢迎它的人，是一小撮统治者以及认同外国和反对宗教的人。那些被北非的法国人称为“文明者”的人，正是那些断绝与其过去及同胞的联系的人。他们如果想要享有作为法国公民的好处，有时便得被迫处于这样的自我隔绝境地（比如说在北非得放弃伊斯兰教律法）。而许多新兴社会主义政党将会发现，甚至在与欧洲进步地区毗连或被进步地区所环绕的落后地区当中，也很少有几个地方的乡间居民或零星的城市贫民，愿意追随明确表示反传统的现代化人士。

因而，世界可以分为两个部分：在较小的那部分，“进步”是自身产生的；在大得多的另一部分，“进步”却是以外国征服者的姿态闯进来的—— 一小撮当地的通敌者帮着它闯进来的。在第一部分当中，甚至一般大众也认为进步是可能的、可取的，而且在某些地方，进步正在发生。在法国，任何准备在竞选中拉票的明智政客和重要政党，都不会自称为“保守派”。在美国，“进步”是全国性的意识形态。在19世纪70年代拥有成年男子普选权的第三大国德意志帝国，自称为“保守的”政党，在这十年的选举中所赢得的选票还不到1/4。

但是，如果进步真的这么强有力，这么普遍和为大家所欢迎，那么我们该如何解释人们为什么不太欢迎甚至不大愿意参与呢？这种不愿意，只是由于过去的重负吗？（这种重负将以不均匀但不可避免的方式逐渐从还在它下面呻吟的那些人的肩膀上卸下。）

一座资产阶级文化特有的殿堂——歌剧院不是很快就将利用橡胶业所赚得的赢利，在亚马孙河上游 1 000 英里的马瑙斯（Manaus）兴建起来吗？［这个地方位于原始的热带雨林区内，因发展橡胶业而被牺牲的印第安人，根本没有机会欣赏到威尔第的《游吟诗人》（*Il Trovatore*）。］成群好斗的拥护维新者，如墨西哥名副其实的“科学家派”（científicos），不是已经主宰了他们国家的命运，或者预备像奥斯曼帝国同样名副其实的“团结进步委员会”（Committee for Union and Progress，通常称为“青年土耳其”）一样，主宰他们国家的命运？日本不是已经打破它好几个世纪的孤立，接受了西方的习惯和思想，并将其本身转化为现代强权吗？（它的强大力量，不久便由军事胜利和对外扩张具体展现出来。）

不过，世界绝大多数居民对西方资产阶级所推举的生活方式的拒绝，却比成功模仿它的企图更值得注意。于是，第一世界那些征服成性的居民（当时尚能将日本人排除在外）自然会推导出下列结论：基于生物学上的差异，大多数人类都无法达到理论上只有白人（或者，更狭义地说，具有北欧血统的人）能够取得的成就。人类可区分成不同“种族”的观念，几乎和“进步”的想法一样深入这个时期的意识形态。在万国博览会（World Expositions）这个歌颂进步的伟大国际庆典中，有些“种族”是位于科技胜利的摊位，有些则是做配角的“殖民亭”或“土著村”。甚至在“已开发”国家中，人们也日渐被分成两类：其一是拥有充沛精力和优秀才能血统的中产阶级；其二则是因为基因不良而注定低人一等的懒惰大众。生物学自此开始被某些人用来作为不平等的解释，尤其是那些自以为高人一等的人。

可是，诉诸生物学的这个事实，也使那些改革者的失望变得更加戏剧化，那些改革者企图实施其国家现代化的计划，却遭到其同胞的漠视和抗拒。拉丁美洲诸共和国的理论家和政客，认为其国家的进步有赖于“雅利安化”（Aryanization），亦即经由异族通婚而使其人民越来越“白”（巴西），或实际上以引进欧洲白人的办法来替换现有人口（阿根廷）。无疑，这些统治阶级都是白人或自以为是白人，而其政治精英中的欧裔非伊比利亚姓氏也开始不成比例地增加。即便在日本，虽然今天看起来不大可能，但在那个时期，“西化”似乎困难重重，以至于有人以为：想要完成西化，只有注入我们今天所谓的西方遗传因子（参见《资本的年代》第八章和第十四章）。

这类借用伪科学胡乱加以治疗的政治医术（比较本书第十章），使得作为普遍愿望的进步与其实际的不规则进展之间的对比，更加戏剧化。只有某些国家似乎真能以不等的速度，将其自身转化为西方式的工业资本主义经济、自由立宪政府和资本主义社会。甚至在许多国家和社群当中，“先进的”（一般而言也是富有的）与“落后的”（一般而言也是贫困的）人中间，也有一道鸿沟。当那些生活在中西欧，处境优越、受过教育而且业已被同化的犹太中产阶级和富人，面对从东欧贫民窟逃向西方的250万同胞时，便会有此感觉。这些野蛮人真的和“我们”是同一种族吗？

由于进步世界内外的野蛮人，其数量如此之多，以至于进步只局限于极少数人当中，少数可以控制野蛮人而使文明维持的人当中。约翰·斯图亚特·穆勒（John Stuart Mill）不是说过吗，“只要其目的是为了改进野蛮人，则专制政府便是对待野蛮人的正当政府形式”。[20] 但是，进步还有另一个更深刻的难题：它会把大家带到哪里？就算世界经济的全球性征服——这项征服越来越倚重科学与技术的向前推进——的确是无可否认的，是普遍的、不可逆转的，因而也是不可避免的，就算到了 19 世纪 70 年代，想要阻止它们甚或减缓它们的企图也越来越不切实际，越来越归于沉寂，甚至那些致力于保存传统社会的势力有时也已经尝试使用现代社会的武器来达到这个目的——如同今日那些使用电脑和广播节目传播《圣经》的教义者；就算代议政府所代表的政治进步和读写能力普及所造成的道德进步会继续下去，甚至会加速进行，然而，进步果真会把我们带向穆勒所谓的文明的跃升吗？年轻的穆勒曾经明确指出，这个进步的世纪应是：一个更完善的，更明显拥有人类和社会最佳特质的，更臻于完美的，更快乐、高尚和聪明的世界，甚至国家。[21]

到了 19 世纪 70 年代，资产世界的进步已到了可以听到比较富有怀疑，甚至比较悲观的意见的阶段。而且这些意见又因 19 世纪 70 年代种种未曾预见的发展而得到加强。文明进步的经济基础已经开始动摇。在将近 30 年史无前例的扩张之后，世界经济出现了危机。

第二章

经济换挡

合并已经逐渐成为现代商业体系的灵魂。

——戴雪（A. V. Dicey），1905 年[1]

任何资金和生产单位之所以合并，都是为了尽可能减少生产、行政和销售成本。其着眼点在于借着淘汰毁灭性的竞争，而取得最大的利润。

——法班公司（I. G. Farben）创办人卡尔·杜斯保（Carl Duisberg），1903—1904 年[2]

有几次，资本主义经济在科技领域、金融市场、商业和殖民地等方面，已经成熟到世界市场必须极度扩张的程度。整个世界的生产将提升到一个新的、更包容一切的层次。在这个时候，资本便开始进入一个迅猛增长的时期。

——格尔方德（帕尔乌斯）[I. Helphand（Parvus）]，1901 年[3]

1

1889年，也就是社会主义者国际（Socialist International，即第二国际）成立的那一年，有一位著名的美国专家在对世界经济做过通盘考察之后指出：自1873年起，世界经济的特征便是空前的骚动和商业不景气，他写道：

> 它最值得注意的特色，是它的普遍性。它既影响到牵涉战争的国家，也影响到维持住国内和平的国家；影响到拥有稳定通货的国家，也影响到通货不稳定的国家……影响到奉行自由交易制度的国家，也影响到其交易多少受到限制的国家。它在像英国和德国这样的古老社会当中是令人叹息的，在代表新社会的澳大利亚、南非和加利福尼亚也是如此。对于贫瘠的纽芬兰和拉布拉多居民而言，它是难以承受的灾难；对于阳光灿烂，蔗田肥沃的东、西印度群岛居民而言，也是难以承受的灾难。同时它也没有使居于世界交易中心的人更为富有，然而通常在商业波动最剧烈和最不稳定的时刻，他们的获利也最大。[4]

虽然有些日后的历史学家认为难以理解，但这种通常以比较平淡无奇的方式所表示的看法，却是许多当时观察家所共有的。因为构成资本主义经济基本节奏的商业周期，虽然在1873年到19世纪90年代中期确实造成了一些严重的不景气，可是从未趋于停滞的世界生产，仍旧继续戏剧性地向上攀登。在1870—1890年间，在五个主要产铁国中，铁的产量不止增加了一倍（由1 100万吨增加到2 300万吨），而现今已成为工业化指数的钢产量，也不止增加了20倍（由50万吨增加到1 100万吨）。国际贸易持续大幅度增长，虽然其速度不似以前那样快得令人晕眩。在这几十年中，美国和德国的工业经济大步前进，而工业革命也波及了像瑞典和俄国这样的新国家。若干新近整合到世界经济中的海外国家，开始步入前所未有的繁荣时期，因而难免也导致与20世纪80年代十分相似的国际债务危机，特别是这两个时期的债务国家也大致一样。由于阿根廷铁路系统在五年间增长了一倍，而阿根廷和巴西每年也吸引到20万移民，因此在拉丁美洲的外国投资于19世纪80年代蹿升到令人咋舌的大数目。我们可以把如此壮阔成长的生产时期称为“大萧条”吗？

今日的历史学家对于这一点可能会抱怀疑态度，但是当时的人却不曾如此。这些聪明、灵通却忧心忡忡的英国人、法国人、德国人和美国人，难道都集体得了妄想症吗？认为这是个“大萧条”时期实在挺荒谬的，甚至某些具有先见之明的预测，即使在当时看来也有些言过其实。并不是所有深思熟虑的保守人士都和韦尔斯（Wells）持同样看法，他说他已感觉到野蛮人整军待发的威胁，这次他们将来自内部，而非如古代那样从外入侵，他们想要攻击当前的社会组织，甚至文明持续性本身。[5]但是，还是有人认同韦尔斯的感受，遑论越来越多的社会主义者希望资本主义能在其不可克服的内部矛盾下崩溃。这个不景气的时代似乎显示出这些矛盾。如果当时的社会不存在这种普遍的经济以及随之而起的社会弊病，那么19世纪80年代文学和哲学中的那种悲观调子（参见第四章以及第十章），便无法完全解释。

经济学家和商人所担忧的，是未来的经济学宗师阿尔弗雷德·马歇尔（Alfred Marshall）在1888年提出的那种长期的“低物价、低利息和低利润”。[6]简而言之，在19世纪70年代公认的剧烈崩溃之后（参见《资本的年代》第二章），当时的问题不是生产而是利润。

农业是这次利润下降最显著的受害者，事实上，农业的某些部分已深陷在最不景气的经济地带，而它所导致的不满情绪更是造成了最直接和最深远的社会和政治后果。在前几十年间产量激增的农业产品（参见《资本的年代》第十章），如今已充斥整个世界市场，在高昂的运输成本保护下，多数市场仍能抗御大量外国农产品的竞争。农产品的价格在欧洲农业以及海外出口的经济当中，都发生了戏剧性的暴跌。1894年时，小麦的价格只有1867年的1/3多一点儿，对于购买者而言，这当然是千载难逢的好机会，但是对农民和农业雇工来说，却是灾难。当时，农民和农业雇工仍占工业国家男性工作人口的40%—50%（只有英国例外），在其他地方更可占到90%。有些地区，同时发生的天灾，更使情况雪上加霜。譬如说，1872年开始的葡萄虫传染病，使法国水果酒的产量在1875—1889年间减少了2/3。对任何牵涉世界市场的国家中的农民而言，这不景气的几十年都不是好过的日子。农民的反应随其国家财富和政治结构的不同而不同，从选民的骚动一直到反叛都有，当然还包括因饥荒而造成的死亡（比如1891—1892年俄国的情形）。19世纪90年代横扫美国的平民党（populism），其核心正是小麦产地堪萨斯州和内布拉斯加州。1879—1894年间，在爱尔兰、西班牙、西西里和罗马尼亚，都曾发生多起农民叛乱，或被视为叛乱的骚动。在已经没有农民阶层而不需要为此发愁的国家，例如英国，自然可以任其农业萎缩：在这些地方，小麦耕地面积在1875—1895年间整整消失了

2/3。有些国家，例如丹麦，积极推行农业现代化，并改而经营利润较高的动物产品。还有一些政府，例如德国，尤其是法国和美国，则采用关税制度来维持其农产品价格。

然而，两种最普遍的非官方反应却是大量向外移民和成立合作社。无土地的人和拥有土地却因捐税过高等原因而穷困的农民，占了外移者的大半。而拥有生产潜力的农民，则占了参加合作社者的大半。19 世纪 80 年代，老牌移民国家的海外移民比率在 19 世纪 80 年代达到空前绝后的高峰（爱尔兰"大饥荒"后十年间的特殊情形除外）。而意大利、西班牙和奥匈帝国真正的大量海外移民，也从这个时期开始，继而跟进的是俄国和巴尔干诸国。（1880 年前，南欧唯一大量向外移民的国家是葡萄牙。）这是一个将社会压力保持在反叛和革命之下的安全阀。至于合作社，则为小农提供了适度的贷款。到了 1908 年，德国超过半数的独立农民，都隶属于这样的小银行［19 世纪 70 年代由天主教徒雷弗森（Raiffeisen）创办］。同时，合作购买供应品、合作推销和合作加工（其中重要的有乳制品加工以及丹麦的腌熏猪肉）的团体，也如雨后春笋般在多国兴起。1884 年之后的十年间，当法国农民为了自身利益而牢牢抓住那条使工会合法化的法律时，为数 40 万的农民几乎都隶属在 2 000 个这样的工会里面。[7] 到了 1900 年，美国约有 1 600 家合作社生产乳制品，大半分布在中西部。而新西兰的乳酪农业，更是在农民合作社的控制之下。

商业也有自己的难处。在一个经过洗脑、认为物价上涨（"通货膨胀"）才是经济灾祸的时代，人们很难想象 19 世纪的商人竟然更担心物价下跌。在这个就整体而言堪称通货紧缩的世纪中，再没有比 1873—1896 年的情形更严重——在这段时期，英国物价下跌了 40%。合理的通货膨胀不但对债务人有利（每一个负担长期贷款的屋主都明白），也促成了利润率的自动提升，因为以较低成本所生产的货物，当它们可以出售时，是以当时较高的物价水准售出。相反，通货紧缩有损利润率。如果市场能因此大幅度地扩展或许可抵消这一点——但是，事实上当时市场的成长并不够快。一方面是因为新的工业技术使产量能够而且也必须快速增加（如果工厂要赚钱的话）；一方面因为互相竞争的生产者和工业经济的数目也在成长当中，所以大大提高了整个生产能力。同时也因为日用必需品的大众市场尚在缓慢拓展。即使是对资本产业而言，日新月异的性能、更有效的产品利用以及需求的变化都可以造成很重大的后果：1871 年 5 月—1894 年 8 月间，铁的价格足足下跌了 50%。

更进一步的困难是：商业的生产成本在短时间内并没有像物价那样急速下跌。因为，除了少数例外，工资不可能按物价跌落的比例减低，而各个厂商也负担了相当大而且已经过时或行将过时的厂房和设备，或者负担了新的厂房和设备，在利润偏低的情况下，这些新厂房和设备将无法如预期那样快速赚回本钱。对世界某些地区而言，情形更为复杂，因为白银的价格及其与黄金的兑换率都在逐渐下跌，并曾一度上下波动而且不可预测。在金价和银价都稳定（如 1872 年以前的许多年间）的前提下，以贵金属（世界货币的基础）计算国际支付是相当简便的方式（大约 15 个单位的白银等于一个单位的黄金）。然而，当兑换率变得不稳定时，建立在不同贵金属之上的通货交易，便没那么简单了。

是否有补救物价、利润和利率偏低的方法？对许多人而言——如当时轰动一时但今天已为大家所遗忘的关于“复本位主义”的辩论所示——一种反转的货币主义应该是解决办法。这些人以为物价的下跌主要是由于全球性的黄金短缺，而（通过采取金本位的英镑，也就是金镑）黄金已成为当时世界支付体系的唯一基础。由于白银的产量已大量增加，尤以美洲为然，因此若同时采用以黄金和白银为基础的制度，便可通过货币的膨胀而刺激物价高涨。那些受到强大压力的美国大草原农民，以及经营落基山银矿的业主，都对通货膨胀抱有极大兴趣。通货膨胀此时成为美国民粹运动的主要政纲，而人类将被钉在黄金十字架上的预言，也给了伟大的民权拥护者威廉·詹宁斯·布赖恩（William Jennings Bryan，1860—1925）不少辩论灵感。而在布赖恩所喜爱的其他议题上，如应以字面解释《圣经》的真理并必须禁止宣讲达尔文学说等，他无疑都是输家。世界资本主义核心国家的银行业、大企业和政府，并无意放弃金本位制度。金本位对其而言就像“创世记”对布赖恩一样，都是必须遵奉的金科玉律。无论如何，当时只有不包括在核心国家之内的墨西哥、中国和印度等国家，主要以白银为基础。

政府通常比较容易听信利益团体和选民团体的话，这些人力促政府保护国内生产者对抗进口货的竞争。他们之中，不但有庞大的农民集团，也包括重要的国内工业团体。工业家们设法凭借不许外国竞争对手进入的办法，将“生产过剩”减少到最低限度。至少在商品贸易上，“大萧条”结束了漫长的经济自由主义时期（参见《资本的年代》第二章）。（资金、财务交易和劳力的自由移动，甚至可能更为显著。）保护性关税由19世纪70年代晚期的德国和意大利（纺织业）首开其端，自此永远成为国际经济的一部分，并于19世纪90年代早期在法国的梅利纳（Méline，1892

年）以及美国的麦金莱（McKinley，1890年）惩罚性关税中，达到最高峰（见下表）。

欧美各国平均关税：1914年[8]

国家	占比	国家	占比
英国	0	俄国	38%
奥匈帝国、意大利	18%	德国	13%
荷兰	4%	西班牙	41%
法国、瑞典	20%	丹麦	14%
瑞士、比利时	9%	美国（1913）	30%*

*1890年49.5%，1894年39.9%，1897年57%，1909年38%。

虽然英国偶尔也会受到贸易保护主义者的强大挑战，可是在所有主要的工业国中，它却是唯一牢牢坚持无限制自由贸易政策的国家。这其中的道理很明显，更何况英国没有众多农民，因而也不必担心贸易保护主义者的选票问题。英国绝对是工业产品的最大输出国，而且在本书所述阶段越来越以出口为导向，尤其是在19世纪70年代和19世纪80年代。在这方面，它超过了它的主要竞争对手，只略逊于某些小型的进步经济国，例如比利时、瑞士、丹麦以及荷兰。英国可以说是资金、"隐形的"金融和商业服务以及运输服务的最大出口国。事实上，在外国竞争已侵略到英国的工业之际，伦敦市和英国运输业却在世界经济当中扮演着更为核心的角色。反过来说，虽然大家常常忘记这一点，但英国早已遥遥领先其他国家成为世界农产品出口的最大市场，而且主宰了，甚至可以说构成了某些出口品的世界市场。以蔗糖、茶叶和小麦为例，19 世纪 80 年代，英国大约购买了全部国际贸易量的半数。1881 年时，英国几乎购买了世界外销肉品的半数，以及较任何其他国家更多的羊毛和棉花（欧洲进口量的 55%）。[9] 事实上，由于在萧条期间英国已听任其国内的农业生产缩减，因此它的进口倾向更为显著。到了 1905—1909 年间，约有 56% 的谷物以及 76% 的乳酪和 68% 的鸡蛋是来自国外的。[10]

自由贸易似乎是不可或缺的，因为它允许海外的农产品生产者以其产品交换英国的制造品，从而加强了英国和落后世界的共生；英国的经济力量基本上是建立在这个落后世界之上。阿根廷和乌拉圭的农牧人、澳大利亚的羊毛生产者和丹麦的农民，对于鼓励其国内制造业都不感兴趣，因为作为英国这个经济太阳系中的行星，日子可以过得很不错。然而，英国的牺牲却也不小。如前所述，自由贸易意味着当英国的农业站不住脚时，它便会任其倒下去。英国是唯一一个甚至连保守党政治家也随时愿意抛弃农业的国家，虽然这个政党在很久以前也主张保护贸易。没人会否认这样的牺牲比较容易，因为那些非常有钱并在政治上仍有强大力量的地主，如今从都市地产和投资有价证券当中获得的收入，几乎和农田租金不相上下。可是，自由贸易会不会如保护主义者所害怕的那样，也意味着随时可以牺牲英国的工业？由 20 世纪 80 年代英国所采取的非工业化政策看来，100 年前的这种恐惧似乎不是不切实际的，毕竟资本主义所要生产的不是任何特殊产品，而是金钱。虽然这个时候已可明显看出：在英国政坛上，伦敦市的意见要比外郡工业家的意见占更大的分量，可是一时之间，伦敦市的利益似乎不会和大部分工业区的利益相冲突。于是，英国仍旧支持经济上的自由主义［只有在无限制移民一事上例外，因为英国是最早通过反对（犹太）外国人大批涌入的歧视性立法的国家之一（1905 年）]，这样一来，遂给了采取保护主义的国家控制其国内市场和拥有充分外销拓展空间的双重自由。

经济学家和历史学家从来就不曾停止争论这场国际保护主义复兴所造成的影响，或者易言之，停止争论资本主义世界经济的这种奇怪的精神分裂症。在 19 世纪这 100 年中，世界经济核心部分的基本单位越来越倾向于由“国家经济”所构成，亦即英、德、美等国的经济。虽然亚当·斯密（Adam Smith）的巨著《国富论》（*The Wealth of Nations*，1776 年）用了这么一个实用主义的书名，然而在纯粹自由资本主义的理论中，“国家”这个单位是没有地位的。自由资本主义的基本单位是无法再缩减的企业原子，是受到将赢利尽量扩大或将亏损尽量缩小的规则所驱使的个人或“厂商”（有关厂商的讨论不多）。他们所能运作的“市场”是以全球为范围的。自由主义是资产阶级的无政府主义，正如革命的无政府主义一样，它并不赋予政府任何地位。更准确地说，政府作为一项经济因素，其存在只会干预“市场”的自主和自发运作。

从某种意义上说，这个看法是有一点儿道理的。一方面，它似乎合理地假定（尤其是在 19 世纪中期的经济自由化之后，参看《资本的年代》第二章）：促使这样一个经济运作和增长的，是其基本单位所做的经济决定。另一方面，当时的资本主义经济是全球性的，而且也只能是全球性的。在 19 世纪，这种趋势日渐明显，因为它的运作范围已延伸到越来越遥远的地方，并且对所有地区都造成越来越深刻的改变。更有甚者，这样的经济不承认边界的存在，因为在没有任何事物可以干预生产因素自由活动的地方，它的效果最好。因而，资本主义不仅在实际上是国际性的，在理论上也是国际性的。其理论上的理想境界，是以国际分工来保障经济的最大增长。它的评估标准是全球性的：在挪威尝试种植香蕉是不合理的，因为在洪都拉斯（Honduras）生产香蕉的成本低得多。它对于地方性或区域性的反对之声根本置之不理。纯粹的经济自由主义理论不得不接受其假设所可能引出的最极端，甚至最荒谬的后果，只要这项假设可以说明它将带来最好的全球性效果。如果资本主义可以证明全世界的工业生产都应集中在马达加斯加岛（Madagascar）（正如其 80% 的手表生产当时是集中在瑞士的一个小地区一样）[11]，或者可以证明全法国人都应迁移到西伯利亚（正如数量庞大的挪威人当时的确因移民而迁移到美国一样），那么它没有任何理由反对这样的发展。（1820—1975 年间，有 85.5 万左右的挪威人移民美国，这个数目几乎是 1820 年的挪威人口总数。[12]）

因此，就经济而言，英国在 19 世纪中期垄断了全球工业的情形有什么不对呢？或者，在 1841—1911 年间几乎失去其一半人口的爱尔兰，这样的人口发展又有什么不对呢？自由经济理论所承认的唯一均衡，是全世界性的均衡。

但是，实际上，这个模式是不够的。逐渐形成中的资本主义世界经济，既是一群固态集团的结合，也是一个易变的流体。不论构成这些集团的“国家经济”（也就是以国家边界所界定的经济）起源是什么，也不论以它们为基础的经济理论（主要是德国理论家的理论）具有怎样的缺陷，国家经济之所以存在，乃是由于民族国家的存在。如果比利时仍然是（和 1815 年前一样）法国的一部分或统一的尼德兰的一个区域（如它在 1815—1830 年间那样），那么恐怕没有人会把比利时视为欧洲大陆最早的工业经济体。然而，一旦比利时是一个国家，那么它的经济政策和其居民经济活动的政治重要性，都会因这个事实而形成。诚然，从以前到现在都不乏像国际金融这类基本上是国际性的，因此避免了国家制约的经济活动。可是，即使是这种超国家的企业，也都非常留意该如何把自己附属于一个重要的国家经济当中。因此我们可以看到，1860 年后，（大半为德国人所有的）商业银行家族往往都将其总行由巴黎迁到伦敦。而大银行家族中最具国际性的罗斯柴尔德家族（Rothschilds），其各分行的营业好坏完全取决于它们是否位于主要国家的首都当中：伦敦、巴黎和维也纳的罗斯柴尔德家族一直强劲有力，而那不勒斯（Naples）和法兰克福的罗斯柴尔德家族则不然（法兰克福分行拒绝迁往柏林）。在德国统一之后，法兰克福已不再具有以往的重要性了。

自然，这些论述主要是适用于世界的"已开发"部分，也就是适用于可以在竞争对手面前保护其工业经济的国家，而非地球的其余地方；对世界其余部分的经济体而言，不管在政治上还是在经济上，它们都得依赖"已开发"的核心地带。这些地区或许是别无选择，因为殖民强权已决定它们的经济未来，帝国经济已将它们转化为香蕉或咖啡共和国。要不就是它们往往对其他的发展选择不感兴趣，因为作为由母国所构成的世界经济的农产品专业生产者，也自有好处。在世界的边缘地带，"国家经济"如果曾经存在的话，其功能也是很不相同的。

但是，"已开发"世界不只是许多"国家经济"的总和。工业化和不景气已把它们转化成一群敌对的经济体，其中一个经济体的获益似乎就会威胁到其他各经济体的地位。不仅是商号之间彼此竞争，国家之间也互较高下。因此当新闻界揭露了外国的经济侵略之后，例如威廉斯（E. E. Williams）的《德国制造》（*Made in Germany*, 1896 年）或弗雷德·麦肯齐（Fred Mackenzie）的《美国侵略者》（*American Invaders*，1902 年），[13] 英国的读者便有芒刺在背的不安感。相比之下，他们的父辈当年在面对外国技术已超越他们的（正确）警告时，是多么镇静。保护主义已表现出国际经济竞争的形势。

但是，它的结果是什么？我们可以确切地说：保护主义是要将每一个民族国家用一组政治防御工事环绕起来，以抵御外国入侵，而过分普遍的保护主义，对于世界经济的增长是有妨碍的。这一点即将在两次世界大战之间的岁月里得到充分证明。然而，在 1880—1914 年间，保护主义既不普遍，而且除了偶尔的例外，也不具阻碍性；再者，如前所述，它只限于商品贸易，而未影响到劳力和国际金融交易的流动。就整体而言，农业保护主义在法国奏效，在意大利失败（意大利的回应是农民大量迁移），在德国则庇护了大农户。[14] 而工业保护主义则拓宽了世界工业的基础，因为它鼓励各国工业以其国内市场为目标，而这也带动了各国工业的迅速增长。根据统计数字，在 1880—1914 年间，生产和商业的全球性增长无疑比在实行自由贸易的那几十年高出许多。[15] 1914 年时，在都市化或"已开发"的世界中，工业生产的分配情形已比 40 年前更均匀。1870 年时，4 个主要工业国囊括了全球制造业生产额的近 80%，然而到了 1913 年，它们却只生产了全球制造业生产额的 72%，不过这个生产额是 1870 年的 5 倍。[16] 保护主义对这种平均化究竟有多大影响尚待商榷，然而，它不会造成发展的严重停滞却似乎是相当清楚的。

可是，如果说保护主义是发愁的生产业者对这场不景气本能的政治反应，它却不是资本主义对其困难最重要的经济回应。资本主义最重要的经济回应乃是经济集中和经营合理化，套用美国的术语来说，便是“托拉斯”（trust）和“科学管理”——此时，美式术语已开始决定全球风尚。托拉斯和科学管理的目的都在于增加利润，在竞争和物价下跌的冲击下，当时的利润已饱受压缩。

经济集中不应与严格定义的垄断（由一个企业控制市场）混为一谈，也不应与较广义的垄断（由一小撮具有支配性的企业控制市场）混为一谈。诚然，招致公众谴责的戏剧化资本集中的确属于这一种，它通常是由厂商间的合并或市场控制的安排所造成的，而根据自由企业的理论，这些厂商应该要为了消费者的利益而互相残杀才对。这便是美式的托拉斯，以及甚为德国政府喜爱的“辛迪加”（syndicate）或“卡特尔”（cartel）——主要在重工业方面。“莱茵-威斯特伐利亚煤业辛迪加”（Rhine-Westphalian Coal Syndicate，1893 年）控制了当地 90% 左右的煤产量；1880 年，标准石油公司（Standard Oil Company）控制了美国精炼石油的 90%—95%。这两者当然是垄断性企业。而占了美国钢产量 63% 的美国钢铁公司（United States Steel）的“十亿元托拉斯”，实际上也是如此。显然，在“大萧条”期间，远离自由竞争、向合并独立企业发展的趋势已经异常明显，[17] 并且在全球繁荣的新时代还会继续下去。在重工业中，在迅速成长的军备工业这样密切依靠政府订单的工业中（参见第十三章），在石油和电气这类革命性的新能源工业中，在交通，以及在某些像肥皂和烟草这类日用必需品的制造业中，垄断或由一小撮具有支配性的厂商控制市场的趋势，是无可否认的。

然而，控制市场和淘汰竞争对手，只是比较一般的资本主义集中过程的一个方面，而且是既不普遍也非不可逆转的方面：例如1914年，美国石油业和钢铁业的竞争情形便较十年前还大。因此，若以1914年的情形而言，把这个始于1900年的资本主义发展新阶段称为“垄断性资本主义”，是很容易引起误解的。不过，我们如何称呼它并不重要（“股份有限公司资本主义”“有组织的资本主义”等），只要我们同意（也必须同意）合并牺牲了市场竞争而获得进展，商业股份有限公司牺牲了私人小商号而获得进展，大商业和大企业牺牲了较小的商业和企业而获得进展，而这种集中显示出由一小撮支配性实业或企业控制市场的倾向。这一点，甚至在英国这种老式的小规模和中型竞争性企业的坚固堡垒中，也很明显。1880年起，供销模式也发生了革命。“食品杂货商”和“肉贩”现在不单是指一个小零售商，而越来越经常地是指那些拥有上百家分行的全国性或国际性商号。在银行业中，具有全国网络的大型合股银行，当时以极快的速度取代了小型银行：劳埃德银行（Lloyds Bank）并吞了164家小银行。1900年后，如前所述，老式的或任何形式的英国“乡村银行”，都已成为“历史古董”。

像经济集中一样，“科学管理”（这个词到1910年左右才使用）也是因“大萧条”而产生的。它的创始者和提倡者泰罗（F. W. Taylor，1856—1915），于1881年开始在问题严重的美国钢铁业展开他的构想。利润在不景气中所承受的压力，以及与日俱增的公司规模和复杂性，表明传统的、凭经验的、粗枝大叶而实际的企业经营方法，尤其是生产方式，已经不合乎时代需求了。因而，需要一套更合理、更科学的方法来控制、监督并规划那些以追求最大利润为目的的大型企业。这项由泰罗主义全力以赴并被日后大众等同于“科学管理”的任务，便是如何能让工作人员多工作。为了达到这个目的，当时采用了三种主要方法：（一）将每一个工作人员从工作群中孤立出来，将他 / 她或这个工作群对工作过程的控制，转移到管理人员身上。这个管理人员要确切指示这个工作人员去做什么以及完成多少产量，而其所根据的是（二）系统地将每一个过程分解为按时间调节的组成因素［“时间–动作研究”(time-motion study)］，以及（三）利用各种不同的工资给付制度，提高工作人员的增产动机。这种以成果作为支付标准的制度很快便广为传播，但是在实际运用上，照字面解释的泰罗主义于1914 年前不管在欧洲，或者甚至在美国，几乎都没有什么进展，而在战前最后几年，也不过是管理界所熟悉的口号而已。1918年后，泰罗的名字和另一位大量生产的先驱亨利 · 福特（Henry Ford）一样，同时在布尔什维克（Bolshevik）的计划经济者和资本主义者之间，成了合理使用机械和劳力以使生产尽量扩大的代名词。

不过，很清楚的一件事是：在 1880—1914 年间，大型企业的结构转化，从生产到办公室和会计工作，都有重大进步。现代法人组织和管理等“看得见的手”，已取代了亚当 · 斯密意指市场的那只“看不见的手”。于是，高级职员、工程师和会计师开始接下业主兼经理的工作。股份有限公司或联合企业取代了个人，至少在大型企业中，典型的实业家现在很可能不是创办家族的一员，而是领薪水的行政人员，而监督他的大概会是一个银行家或股东，而非负责经营的资本家。

还有第三种摆脱企业困境的可能办法——帝国主义。“不景气”和殖民地瓜分热潮在时间上的巧合，时常受到人们的注意。

历史学家对于这两者之间究竟有多密切的关系，至今仍争论不休。无论如何，如下章将要说明的，它们的纠葛要比简单的因果关系复杂得多。不过，大体上不可否认的是：为资本寻找更有利润的投资环境的压力，正如为生产寻找市场的压力一样，也促进了向外扩张。1900 年时，一位美国国务院官员说："领土扩张不过是商业扩张的副产品。"[18] 而他绝对不是从事国际事务和政治事务的人士当中，唯一持这种看法的人。

我们还必须提一下"大萧条"的最后一个后果或副产品，亦即大萧条的时代也是一个社会激烈动荡的时代。这种骚动不仅发生在因农产品价格崩溃而震颤不已的农民当中，也出现在工人阶级里面。我们还不十分明白，为什么"大萧条"会在无数国家引起工人阶级的大规模动员，而在其中若干国家其动员的时间竟由 19 世纪 80 年代末期一直延伸到大规模社会主义和劳工运动的出现。因为，矛盾的是，导致农民萌生过激想法的物价下跌，相当明显地降低了赚取工资者的生活花费，而在大多数的工业化国家，它无疑促成了工人物质生活的改善。但是，在此我们只需注意：现代的各种劳工运动也是不景气时期的产物。在第五章中，我们将对这些运动做进一步分析。

2

从 19 世纪 90 年代到第一次世界大战前夕，全球经济管弦乐队所演奏的是繁荣的大调，而不再是此前的不景气小调。建立在商机蓬勃基础上的富足繁荣，构成了今日欧洲大陆还称之为"美好时代"的背景。这种从愁云惨雾突然转成幸福安乐的变化，实在太过戏剧性，以至于平庸的经济学家得寻找某种特别的外在力量去解释它，比如说他们在南非克朗代克地区（Klondike，1898年，最后一处西方淘金热所在地）或其他地区所发现的大量黄金当中，找到了一个机械之神。整体说来，比起某些20世纪晚期的政府，经济史学家通常对于这种基本上属于货币理论的课题并不太感兴趣。然而，情况好转的速度实在太过惊人，以至于一位慧眼独具的改革者格尔方德，以帕尔乌斯这个笔名写文章指出：这种好转表示一个崭新而漫长的资本主义急速进展时期即将开始。事实上，“大萧条”和随之而来的长期繁荣之间的对比，已为有关世界资本主义发展的长周期理论提供了第一个臆测根据，后人已将该理论与俄国经济学家康德拉季耶夫联系在一起。当时大家都以为：那些曾对资本主义未来，甚至对其即将崩溃做出悲观预测的人，显然错了。马克思主义者则开始热烈地讨论这项突变对于他们的未来运动有何影响，以及马克思主义本身是否需要“修正”。

经济史学家往往将注意力集中在这个时期的两个方面：一是经济势力的重新分配，亦即英国的相对衰落和美国尤其是德国的相对，甚至绝对进展；另一个问题是长期和短期的波动，换句话说也就是康德拉季耶夫的“长周期”理论，这个波动的下跌与上扬，将本书所论时期整齐地划分为两半。

在原则上，人口由4 500万上升到6 500万的德国，以及人口由5 000万上升到9 200万的美国，理应赶上领土较小而且人口较少的英国，我们自然无须为此大惊小怪。然而，即使如此，德国工业出口的增长速度仍然十分惊人。在1913年之前的30年间，它们的数量由不及英国工业出口总数的一半，增加到比英国的出口数量更大。除了在可以称为“半工业化国家”（其实也就是大英帝国真正或实质上的“自治领地”，包含其经济属地拉丁美洲）的地方以外，德国制造品的出口量都较英国多。它们在工业世界的出口量超出英国 1/3，甚至在未开发世界也比英国高出 10%。同样不足为奇的是，英国再也无法维持它在 1860 年左右的“世界工厂”地位。因为即使是 20 世纪 50 年代处于世界霸权巅峰的美国（它在世界人口中所占的比例比 1860 年的英国大了 3 倍），其钢铁生产也无法达到世界产量的 53%，纺织品产量也未能企及世界产量的 49%。再一次，我们无法确切解释为什么（甚至是不是）当时的英国经济增长会步向减缓和衰落，虽然学者们的相关讨论异常多。不过，这里的重点并不在于谁在这个成长中的世界经济里面进步得较多、较快，而是其整体性的全球成长。

至于康德拉季耶夫的循环理论——称它为严格的“周期”乃是以假设为论据的狡辩——的确提出了有关资本主义时代经济增长的性质问题，或者，如某些学者所主张的，关于任何世界经济增长的问题。不幸的是：直到目前，尚没有任何关于经济自信和经济不安这种奇异轮换（它们共同形成了大约半个世纪的“周期”）的理论，能广为大家接受。其中堪称最有名且最好的理论是熊彼特（Josef Alois Schumpeter，1883—1950）提出的。熊氏将每一次的“下降趋势”和一组经济“创新”的利润潜力耗竭紧紧联系在一起，再将新的上扬与新的一组创新紧紧联系在一起；这些创新主要（但不仅是）是技术性的，其潜力都有耗竭的一天。因而，作为经济增长中“领先部分”的新工业（例如第一次工业革命中的棉纺业和 19 世纪 40 年代之后的铁路），如同过去一样，会成为将世界经济从暂时陷入的困境中拉出来的机器。这个理论似乎相当可信，因为自 18 世纪 80 年代起，每一个长期的上扬阶段确实都与新的而且越来越在技术上富有革命性的工业有关：这在 20 世纪 70 年代之前那个 25 年的繁荣时期表现得尤为明显，那段时期可以说是这类全球性经济繁荣时期中最不寻常的。对 19 世纪 90 年代后期的高潮而言，其问题在于：这一时期的创新工业——广泛地说，包括化学和电气工业，以及与即将和蒸汽机展开激烈竞争的新能源有关的工业——似乎还没有足够的影响力可以支配世界经济活动。简而言之，由于我们无法充分解释这些问题，所以康德拉季耶夫的周期理论并不能帮我们多少忙。它顶多是让我们可以宣称：本书所论时期涵盖了一个“康德拉季耶夫周期”。但这件事本身也不足为奇，因为一个整体性的全球经济现代史，很容易落入这个模式。

然而，康德拉季耶夫的分析有一点是必然与世界经济迅速“全球化”时期密切相关的，即世界上的工业部分（因连续不断的生产革命而成长）和世界农业产量（其增长主要是由于新生产地带，或新近成为专门从事出口生产地带的不连续开发）之间的关系。1910—1913 年间，西方世界可供消费的小麦产量，几乎是 19 世纪 70 年代平均数的两倍。但是，这项增加大半来自少数几个国家：美国、加拿大、阿根廷和澳大利亚，以及欧洲的俄国、罗马尼亚和匈牙利。西欧（法国、德国、英国、比利时、荷兰、斯堪的纳维亚）农业产量的增长，只占新供应量的 10%—15%。因此，即使我们忘却了像毁灭澳大利亚半数绵羊的八年大旱（1895—1902 年），以及 1892 年后危害美国棉花的棉铃象甲虫（boll-weevil）害，世界农业增长率在最初的跃进之后趋向缓慢，似乎也是不足为奇的。再者，“贸易条件”往往也对农业有利而不利于工业，也就是说：农夫在购买工业产品上所花的钱比较少或绝对少，而工业花在购买农产品上面的钱比较多或绝对多。

有人认为这种贸易条件的转变，可以解释1873—1896年的物价下跌，以及自那以后一直到1914年乃至1914年以后的物价显著上升。可以确定的一点是：贸易条件的这种改变，会对工业生产的成本造成压力，因而也对其可图的利润造成压力。对这个美好时代的“美好事物”而言，可谓幸运的是，当时的经济结构允许将利润所受到的压力转移到工人身上。实质工资的迅速增长是“大萧条”时期的特征之一，现在显然慢了下来。1899—1913年，英国、法国的实质工资事实上下降了。1914年之前的那几年，社会上之所以充满紧张气氛甚至爆发冲突，部分便是因为这一点。

那么，是什么使当时的世界经济充满活力？不管详细的解释是什么，问题的关键显然可以在工业国家的中央地带找到——这个地带日渐围绕着北温带延伸——因为这些国家是全球增长的发动机，是生产者，也是市场。

这些国家此刻在世界经济中心区域形成了一个庞大的、成长迅速的，而且不断延伸的生产集团。它们现在不仅包括19世纪中期已完成工业化的大小中心（其本身大多也在以令人印象深刻，乃至几乎无法想象的速度扩张），例如英国、德国、美国、法国、比利时、瑞士和捷克；也包括一系列正在进行工业化的区域，像斯堪的纳维亚、荷兰、意大利北部、匈牙利、俄国，甚至日本。它们也形成了越来越大的世界货物和服务购买团体：这个团体越来越靠购买为生，也就是对传统农业经济的依赖越来越低。19世纪对于“城居者”的一般定义，是“住在有2 000居民以上地方的人”。可是，即使我们把标准稍微提高到5 000人，欧洲“已开发”地带和北美地区的城居者比例，到1910年时，已分别由1850年的19%和14%上升到41%，而且约有80%的城居者是住在人口两万以上的市镇（1850年时只有2/3），而这些人中，又有一半以上是住在拥有十余万居民的城市当中。这意味着在这些国家的城市当中，储存着庞大的顾客群。[19]

再者，承蒙不景气时期物价下跌的恩赐，即使将1900年后实质工资的逐渐下降计算在内，顾客手上可以花的钱还是比以前多得多。这种顾客日渐增加的情形，甚至在穷人当中也不例外，商人如今已认识到其意义。如果说政治哲学家害怕大众的出现，推销员却欢迎他们。在这个时期，广告业开始出现，并迅速发展。分期付款的销售办法，也是这个时期的产物，其意图是让收入不多的消费者也有可能购买大型产品。而电影这种革命性的艺术和行业（参见第九章），从1895年的无足轻重，成长到1915年时超越了贪婪的梦想的炫耀财富的举动。相较于电影制作费的高昂，那种由王公支持的歌剧显得异常寒酸，而这一笔笔高昂的电影制作费用，竟都是来自只付五分钱的观众。

我们可以用一个数字来说明世界“已开发”地带在这个时期的重要性。虽然海外新地区和海外经济已有相当可观的增长，虽然有史无前例的大量人口因移民海外而流失，然而，19世纪欧洲人在世界人口中的比例实际是上升了。其增长率由前半个世纪的每年7%，上升到后半个世纪的8%，而在1900—1913年间，更上升到几乎13%。如果我们把欧洲加上美国这个深具购物潜力的都市化大陆，以及某些正在迅速发展但规模小得多的海外经济，那么我们便拥有一个“已开发”世界的轮廓——它的面积占地球的

15% 左右，却包含地球上 40% 左右的居民。

这些国家因而形成了世界经济的大部分：它们加起来构成了国际市场的 80%。尤有甚者，它们还决定了世界其余部分的发展；这些其余部分的经济是靠着供应外国需要而成长的。如果乌拉圭和洪都拉斯当年没有外力干预，我们无法想象它们会变成什么样子。(不过无论如何，它们恐怕都难逃被干涉的命运。巴拉圭一度不想加入世界市场，但却被强大的力量逼了进来。比较《资本的年代》第四章。) 我们知道的事实是：它们之中的一个生产牛肉，因为英国有牛肉需求；另一个生产香蕉，因为有一些波士顿商人认为美国人会花钱吃香蕉。某些卫星经济会比另一些卫星经济来得成功，不过，它们越成功，对中央核心区的经济越有利。对于中央核心区而言，这样的成长意味着它的货物和资本有更大和不断成长的市场。世界商船的增长可大致说明全球经济的扩张程度。在 1860—1890 年间，其增长基本上处于停滞状态，总吨位约在 1 600 万吨到 2 000 万吨之间；然而在 1890—1914 年间，它几乎增加了一倍。

3

那么，我们该如何概括帝国时代的世界经济呢？

第一，如前所说，它是一个在地理位置上比以前广大得多的经济。已经工业化和正在工业化的部分都有所扩展，在欧洲是因为俄国以及此前与工业革命少有接触的瑞典和荷兰的工业革命；在欧洲以外，则是由于北美和日本的发展所致。农产品的国际市场大为增长（1880—1913 年间，这些货物的国际贸易几乎增加了3倍），因而其专业生产区和整合入世界市场的地区，也大为增长。加拿大在1900年后跻身世界小麦主要生产者之列，其收获量由19世纪90年代的每年平均5 200万蒲式耳（蒲式耳是一个计量单位。它与千克的转换在不同国家，以及不同农产品之间是有区别的。）上升到1910—1913年间的两亿蒲式耳。[20]阿根廷也在同一时期成为小麦的主要出口国之一，绰号燕子的意大利劳工每年都会横渡一万英里的大西洋，去收割阿根廷的小麦。帝国时代的经济是一体的，在这个经济体中，巴库（Baku）和顿涅茨盆地（Donets Basin）都是工业地区的一部分；欧洲将货物和女孩一并出口到约翰内斯堡（Johannesburg）和布宜诺斯艾利斯这样的新城市；而在位于亚马孙河上游1 600公里的橡胶业市镇当中，歌剧院在印第安人的尸骨上盖了起来。

第二，如前所述，帝国时代的世界经济显然较以前更为多元化。英国不再是唯一的工业化国家，甚至不再是唯一的工业经济。如果我们把四个主要经济国的工业和矿业生产（包括建筑）加在一起，1913年时，美国占总数的46%，德国占23.5%，英国占19.5%，而法国占11%。[21]如同我们在下面将看到的：帝国的年代，基本上是国与国竞争的年代。再者，"已开发"和"未开发"世界之间的关系，也比1860年更多样、更复杂。1860年时，亚洲、非洲和拉丁美洲半数的出口货物都是运往同一个国家——英国。1900年时，英国所占的比例已降至25%，而第三世界出口到其他西欧国家的数量，已超过出口到英国的数量（31%）。[22]帝国的年代不再是只有一个中心。

世界经济的这种日趋多元化，在某种程度上，却被它对英国金融、贸易和运输服务的依赖所掩盖，这种依赖不但继续维持，事实上还与日俱增。一方面，伦敦市仍是世界国际商业交易的控制盘，而且比以前更甚，以至单是它的商业和金融服务收益，便几乎足以弥补它在商品贸易上的庞大赤字。另一方面，英国的国外投资和巨大的商业运输势力，在一个依赖伦敦而且以英镑为基础的世界经济中，进一步加强了英国的中心地位。在国际金融市场上，英国也仍然具有绝对的支配力。1914 年时，法国、德国、美国、比利时、荷兰、瑞士以及其他国家，共占世界海外投资总额的 56%，而英国一个国家就占了 44%。[23]1914 年时，单是英国的轮船船队，便比其他欧洲国家商业船队总和还多 12%。

事实上，英国的中心地位此时正因世界的多元化而增强。因为，当那些刚刚进行工业化的经济体从“低开发”世界购买越来越多的原料时，在它们当中便累积了对“低开发”世界相当大的贸易赤字。英国独立重建了全球性的平衡：借着从它的竞争对手处进口更多的制造品；借着将自己的工业产品外销到依附性世界；更借着它所拥有的庞大隐性收入，这些收入来自银行业、保险业等国际商业服务，也来自它巨额的外国投资对这个世界最大债权人的支付。英国工业相对式微，从而加强了它的金融地位和财富。截至当时在利害关系上仍能保持相当和谐的英国工业和伦敦市，自此开始爆发冲突。

第三，是乍看之下最为明显的科技革命。我们都知道，在这个时代，电话和无线电报、留声机和电影、汽车和飞机，均成为现代生活景观的一部分，同时也借着真空吸尘器（1908 年）和阿司匹林（唯一普遍使用的发明药剂）这样的产物将科学和高科技带入一般家庭之中。我们也不应忘记自行车，像其他这个时期所发明的对世人有所裨益的各种机器一样，它对人类行动解放的贡献立刻得到世人的普遍认同。可是，在我们将这组了不起的新发明歌颂为“第二次工业革命”之前，别忘记这只是今日的回顾性看法。对于当时的人而言，主要的创新是在于借着对蒸汽和铁的改进——钢和涡轮——不断更新第一次工业革命。以电气、化学和内燃机为基础的革命性工业，诚然已开始发挥重大作用，尤其是在生气勃勃的新经济体当中。毕竟，福特已在 1907 年开始制造他的 T 型车（Model T）。可是，单拿欧洲来说：1880—1913 年间所修筑的铁路，其全长和 1850—1880 年间那个最早的“铁路时代”是一样的。在这些年间，法国、德国、瑞士、瑞典和荷兰，已大致将其铁路网扩大了一倍。英国在工业上的最后胜利——1870—1913 年间，英国奠定了它在造船业上几乎独霸的地位——是利用第一次工业革命的办法所取得的。新的工业革命尚在加强而非取代旧的工业革命。

第四，如前所述，是资本主义企业结构和做法上的双重转型。一方面，这个时期有许多新的发展，例如资本的集中可使人区别出“企业”和“大企业”的那种增长幅度，自由竞争市场的萎缩，以及 1900 年前后的各种发展，曾使观察家想为这个显然是经济发展新阶段的时代，贴上一个适当的标签（参见下一章）。另一方面，人们借着将科学方法应用到工业技术、组织和计算之上，以求系统地实现生产和企业经营的合理化。

第五，日用必需品市场的不寻常转型，即量与质的同时转型。随着人口、都市化和实际收入的增长，此前多少限于粮食和服装（也就是基本维持生活所需）的大众市场，现在开始主宰了生产日用必需品的工业。从长远的角度来看，这项发展比有钱有闲阶级在消费上的显著增长更为重要，因为后者的需求模式并没有显著改变。在汽车工业上，造成革命的是福特T型车而非劳斯莱斯（Rolls-Royce）汽车。与此同时，革命性的工艺技术和帝国主义又有助于为大众市场创造一系列新奇的货物和服务，其范围从这个时期大量出现在英国劳动阶级厨房中的瓦斯炉，到自行车、电影和极为普通的香蕉等。1880年前，这些物品的消费市场几乎不存在。这项转型最明确的后果之一，便是开创了大众媒体。有史以来第一次出现了名副其实的大众媒体。19世纪90年代，英国一份报纸的销售量已达到100万份，而法国的报纸也在1900年前后达到这个销售数字。[24]

凡此种种不但表示生产方式已转型为现代所谓的“大量生产”，同时也暗示了包括信用购物（主要是分期付款）在内的配销转型。因而，1884年时，英国开始有1/4磅标准包装的茶叶上市。这项发展将使无数诸如立顿爵士（Sir Thomas Lipton）之类的食品杂货大亨，可以从大城市的工人后街当中赚取财富。立氏的游艇和金钱赢得了英王爱德华七世的友谊，这位声名狼藉的国王特别容易被一掷千金的百万富翁所吸引。立顿的分店由1870年的一家也没有，增加到1899年的500家。[25]

第六，大众市场的转型也自然而然地导致了第三类经济的显著成长，亦即公家和私人服务业的蓬勃发展，例如办公室、商店和其他服务业。我们只需举英国的例子便可见其成长之一斑，英国在其极盛时期，曾以小得离谱的办公室作业支配整个世界经济：在其总数大约950万的就业人口中，1851年时仅有6.7万名公职人员和9.1万名商业雇员。到了1881年，在商界就业的人士已超过30万人（几乎全是男性），不过公务人员只上升到12万左右。但是，到了1911年，商界雇用了大约90万人（其中17%为女性），而公职人员则增加了3倍。自从1851年后，商业雇员的人数在全部就业人数中所占的百分比增加了5倍之多。我们将在别处再讨论这种白领和非劳动阶级人数剧增的社会后果。

第七，接着我将提一下这个经济的最后特点，那就是政治学和经济学的日益融合，政府和公众角色的日益增强，或者是像戴雪律师这样的自由派理论家所认为的："集体主义"牺牲了旧日良好的强劲个人或志愿企业，达成了具有威胁性的进展。事实上，这项特色是竞争性自由市场经济萎缩的征候之一；19世纪中期的资本主义是以竞争性自由市场经济为理想，而在某种程度上，实际情形亦是如此。然而，1875年后，人们日渐怀疑具有自主性和自我调整能力的市场经济，一旦失去国家和政府当局的协助，其有效性将如何。如今，这只操纵市场的手已经以各式各样的方式变得越来越明显了。

一方面，如我们将在第四章中所看到的，政治的民主化往往使得不情愿和备受困扰的政府走上采取社会改革和福利政策之路。它们也被迫采取政治行动以保护某些选民群体的经济利益，例如保护主义，以及美国与德国对抗经济集中的措施（成效较差）。另一方面，国家与国家间的政治竞争日渐和各国企业群体之间的经济竞争结合在一起，因而，如我们在下面将看到的，它遂促成了帝国主义的现象，也造成了第一次世界大战的爆发。再者，它们也导致了军备工业的发展，而政府在这类工业当中具有决定性的影响力。

不过，虽然公众所扮演的策略性角色能够发挥决定性作用，它在经济上的实际重要性却并不大。这类相反的例子在当时也层出不穷：例如英国政府买下中东石油工业的部分利益，并且控制了新出现的无线电（两者都有军事重要性）；德国政府也随时预备将其部分工业国有化；以及俄国政府19世纪90年代起有系统的工业化政策。可是，虽然如此，各国政府和舆论却都以为政府在这方面只不过是私人经济的小补充而已，即使欧洲在公共事业和服务领域的（主要是地方性）政府管理上有显著进步，也无法改变这种看法。虽然社会主义者不大考虑社会主义经济所具有的问题，但是他们却不同意这种认为私人企业为至高无上的看法。他们或许曾经把这样的私营企业视为“地方自治的社会主义”，不过这类企业大半是由既无社会主义意愿也不同情社会主义的地方官员所把持。由政府大规模控制、组织和支配的现代经济，乃是第一次世界大战的产物。1875—1914年间，在大多数强国迅速增长的国民生产总值当中，政府的支出往往呈下降趋势，虽然备战的开销使这部分费用陡然攀升。[26]

“已开发”世界的经济便是以这些方式增长和转型的。可是，令当时“已开发”世界和工业世界人士大感惊异的，不只是其经济的明显转型，更是其明显的成功。他们十足是生活在一个昌盛的时代。甚至劳动大众也从这场扩张中受惠，由于1875—1914年间的工业经济属于劳动力异常密集的工业经济，因此便为涌入城市和工业的男男女女提供了几乎无限制的且不需技巧或可迅速学会的工作机会。这便是大批移民美国的欧洲人能够适应工业世界的原因。不过，如果说这种经济的确提供了工作机会，但是它对贫困现象的减轻却成效有限。在历史的大半时间里，大多数的劳动人民都把贫困当作其注定的命运。在劳动阶级的回顾中，1914年之前的几十年并不是一个黄金时代；对于欧洲的富人甚至一般中产阶级而言，它却是一个不折不扣的黄金时代。诚然，对这些人而言，“美好时代”是在 1914 年以后失去的。对于战后的商人和政府而言，1913 年永远是个坐标点，其希望由艰难困苦的时代回到这一点。从阴沉和艰难困苦的战后岁月往回看，这个不寻常的战前繁荣时期，似乎是他们企望回复的“正常状态”。可是这样的向往只是徒然。因为我们看到：促成这个美好时代的那些趋势，正是驱使它走向世界大战、革命和分裂的趋势。它们使得失去的乐园一去不复返。

第三章

帝国的年代

只有完全的政治迷惑和天真的乐观主义可以阻止我们认识下列事实：所有由文明资产阶级控制的国家，都不可避免地会在扩张贸易上投注全力，在一段看似和平竞争的过渡期后，贸易扩张已明显即将到达转折点，在这个转折点上，权力将独自决定每一个国家能在地球上瓜分多少经济控制权，也将决定其人民的活动范围，尤其是其工人赚钱的可能性。

——马克斯·韦伯（Max Weber），1894 年 [1]

德皇说："当你们置身中国人当中……要记住你们是基督教的先锋，并用你们的枪尖戳穿你们所见到的每一个可恨的不信基督教者。让他了解我们西方文明的意义……而如果你们偶尔顺便捡到一点儿土地，决不要让法国人或俄国人把它抢去。"

——《杜利先生的哲学》，1900 年 [2]

1

一个由已开发或发展中的资本主义核心地带决定其步调的世界经济，非常容易变成一个由“先进地区”支配“落后地区”的世界，简而言之，也就是变成一个帝国的世界。但是，矛盾的是，1875—1914年这段时期之所以可称为“帝国的年代”，不仅是因为它发展出一种新的帝国主义，也基于另一个老式得多的理由。在世界近代史上，正式自称为“皇帝”，或在西方外交官眼中配得上“皇帝”这个称号的统治者人数，恐怕正是在这段时期达到最大值。

在欧洲，德国、奥匈帝国、俄国、土耳其和（就其作为印度领主而论的）英国的统治者，都自称是“皇帝”。其中有两个（德国和英印）乃是19世纪70年代的新产物。它们冲抵了拿破仑三世的“第二帝国”终结的损失，而且还绰绰有余。在欧洲以外的地区，中国、日本、波斯以及埃塞俄比亚和摩洛哥，习惯上其统治者也被承认有此称号。而在1889年之前，巴西还有一个美洲皇帝存在。我们也许还可在这张名单上加上一到两个更为虚幻的“皇帝”。1918年时，这张名单中的5个已经消失。而如今（1987年），在这群精选出来的超级君主当中，只剩下一个有名无实的皇帝，亦即日本天皇，这个日本皇帝的政治姿态甚低，而政治影响力也无关紧要。[摩洛哥的苏丹比较喜欢“国王”（king）的称号。伊斯兰教世界其他的小苏丹，都不会也不可能被视为“诸王之王”。]

在比较重要的意义上，本书所论时期显然是一个新型的帝国时代——殖民帝国的时代。资本主义国家的经济和军事霸权，有相当长的一段时间都不曾遭遇到严重挑战，但是从18世纪末到19世纪的25年间，西方国家还不曾企图将这种霸权正式转化为系统的征伐、兼并和统治。1880—1914年间，这种有计划的侵略野心开始出现，而欧洲和美洲以外的绝大部分，都被瓜分成一小撮国家——主要是英国、法国、德国、意大利、荷兰、比利时、美国和日本——的正式或非正式的管辖区。在某种程度上，这一过程所牺牲的乃是西班牙和葡萄牙这两个前工业时代的欧洲殖民帝国。西班牙虽企图延伸它在西北非所控制的领地，然而它的受害还是比葡萄牙严重。不过葡萄牙在非洲的主要领地［安哥拉（Angola）和莫桑比克（Mozambique）］之所以能保存下来，主要是因为它们的近代竞争对手无法在如何瓜分它们的问题上达成协议。可是1898年时，却没有类似的竞争可以阻止美国夺取西班牙帝国在美洲的遗迹（古巴、波多黎各）以及在太平洋的遗迹（菲律宾）。在名义上，亚洲伟大的传统帝国大致仍保持独立，不过西方列强已在其领土内割划出一块块“势力范围”，乃至直接管辖区；这样的区域有时甚至可涵盖其所有领土（如在1907年英、俄、波斯协议中所规定的）。事实上，这些国家在军事和政治上的无能，使这种变相占领的方式被视为理所当然。它们之所以还能维持名义上的独立，或是因为它们是方便的缓冲国（如暹罗——现在的泰国——将英国和法国的东南亚殖民地分隔开来，或如阿富汗隔开了英国和俄国），或是因为敌对的帝国强权无法对分割的方式达成协议，或是仅仅因为它们的面积太大。唯一能抗拒正式殖民征服企图的非欧洲国家是埃塞俄比亚，它曾令意大利这个势力最弱的帝国主义国家一无进展。

世界上有两大区域事实上已被完全瓜分：非洲和太平洋地区。

太平洋上已无独立国家，整个地区当时已完全为英国、法国、德国、荷兰、美国以及（扩张规模仍然有限的）日本所瓜分。及至 1914 年，除了埃塞俄比亚、无关紧要的西非利比里亚共和国，以及部分摩洛哥尚未完全被征服以外，非洲已完全属于英国、法国、德国、比利时、葡萄牙和（多少沾点儿边的）西班牙。如前所述，亚洲仍保持了大部分名义上的独立地区，虽然较古老的欧洲帝国已开始从其原有的领地当中进行扩张或连接工作：例如英国将缅甸并入它的印度帝国，并且在中国西藏地区、波斯和波斯湾地区建立或加强它的势力范围；俄国则是深入中亚，并（较不成功地）延伸至太平洋岸的西伯利亚和中国东北；荷兰在印尼的边远区域建立了更坚实的控制；法国征服了中南半岛（拿破仑三世在位时所发动），日本借由牺牲中国在朝鲜和台湾地区的权益（1895 年）以及牺牲俄国的权益，建立了两个几乎是全新的帝国。地球上只有一个广大地区还大致未受到这个瓜分过程的影响。就这方面来说，1914 年的美洲，和 1875 年乃至 19 世纪 20 年代并没有什么不同。除了加拿大、加勒比海群岛（Caribbean Islands）以及加勒比海沿海地区以外，美洲拥有一群独特的独立自主共和国，而除了美国之外，其他国家的政治地位除了它们的邻国外，也很少为人所看重。它们在经济上是已开发世界的附庸一事，再明显不过。可是，即使是越来越致力在这个广大地区维护其政治和军事霸权的美国，也没有认真考虑过要将它加以征服或统治。美国唯一直接兼并的地区仅限于波多黎各（古巴仍保有名义上的独立）以及新开凿的巴拿马运河（Panama Canal）两侧。这片土地乃是另一个小型的名义上独立的共和国的一部分。由于一场轻而易举便告成功的地方革命，这个小独立共和国得以与面积大得多的哥伦比亚（Colombia）分开。在拉丁美洲，列强的经济控制和必要的政治强大压力，都是在没有正式征服的情况下取得的。当然，美洲也是当时地球上唯一没有列强激烈竞争的广大地区。除了英国以外，其他欧洲国家在美洲所拥有的殖民地都不超过18世纪殖民帝国的零星遗迹（主要是加勒比海），而这些遗迹多半没有重大的经济或其他重要性。英国和其他任何国家，都不认为有什么好理由值得去向门罗主义（Monroe Doctrine）挑战并进而与美国为敌。（门罗主义是美国政府于1823年正式提出的，其后又予以重述和修订。宣言中表示美国对于任何欧洲列强在西半球的殖民和政治干预都将予以反抗。后来该主义被引申为美国是西半球上唯一有权力在任何地方进行干预的强国。随着美国国势日益增强，欧洲国家也越来越不敢对门罗主义掉以轻心。）

这种由一小撮国家瓜分世界的情形（也就是这本书名的由来），堪称是地球日益分为强与弱、进步与落后这个趋势的最壮观表现，这个趋势我们在前面已经提过。1876—1915年间，地球上大约有1/4的陆地，是在六七个国家之间被分配或再分配的殖民地。英国的领土增加了400万平方英里左右，法国的领土增加了350万平方英里左右，德国取得100多万平方英里，比利时和意大利各取得将近100万平方英里。美国取得约10万平方英里，主要是夺自西班牙之手；日本从中国、俄国和朝鲜取得的面积也有约10万平方英里。葡萄牙在非洲的旧式殖民地扩张了大约30万平方英里。西班牙虽然在净值上是一个输家（输给美国），却也设法在摩洛哥和西撒哈拉沙漠捡拾了一些石头较多的领土。俄罗斯帝国的发展比较难以度量，因为它完全是进入邻接地区，并且是继续沙皇专制政权好几个世纪以来的领土扩张。再者，我们下面将会看到，日本也夺取了俄国的一些领土。在主要的殖民帝国中，只有荷兰不曾——或者拒绝——取得新领土。它只扩大了对印尼群岛的实际控制，长期以来，荷兰人一直是正式占有印尼群岛。在小型的殖民国家当中，瑞典清除了它唯一剩下的殖民地，把这个西印度小岛卖给法国；丹麦也将采取同样的行动，只留下冰岛和格陵兰（Greenland）作为其属地。

然而，最壮观的现象却不一定最重要。当世界局势观察家在19世纪90年代晚期开始分析这个似乎是国家和国际发展模式当中的明显新局面时，他们认为殖民帝国的创立只是其许多方面之一；与19世纪中期由自由贸易和自由竞争主控的情形显著不同。正统观察家认为：一般而言，这是一个国家扩张的新时代，在这个新时代中，如前所述，政治和经济因素已经无法清楚分开，而政府在国内和国外都发挥了越来越积极和重要的作用。非正统观察家更是明确指出：这是资本主义发展的一个阶段，这个新阶段乃是源自他们在这一发展中所目睹的各种不同趋势。列宁于1916年出版的小书，是对这个不久便被称为“帝国主义”现象的最有力分析。在这本总共10章的小书中，一直到第6章才讨论到“列强的瓜分世界”。[3]

不过，就算殖民主义只是世界事务一般变化的一个方面，它显然也是最快速明显的方面。它可作为更广泛分析的起点，因为“帝国主义”一词，是在19世纪90年代对殖民地征伐的讨论中，首次成为政治和新闻词汇的一部分的。同时它也在这个时期取得其经济含义，而且一直保持至今。因此，这个词汇以往所代表的政治和军事扩张形态，对了解这个时期的帝国主义帮助不大。皇帝和帝国当然是古老的，但帝国主义却是相当新颖的。这个词语

（在马克思的著作中尚未出现，马克思死于 1883 年）在 19 世纪 70 年代首次进入英国政治，19 世纪 70 年代晚期，尚被视为一个新词，直到 19 世纪 90 年代才突然变成一般用语。及至 1900 年知识分子开始为它著书立说之时，套用最早对它加以讨论的英国自由党员霍布森（J. A. Hobson）的话说："（它已）挂在每个人的嘴上，用以表示当代西方政治最有力的运动。"[4] 简而言之，它是为了描述一个全新现象而设计的全新词汇。这个明显的事实，已足以在诸多有关"帝国主义"的激烈辩论中剔除掉下列学派的看法："它不是什么新观念，事实上它或许只是前资本主义的遗存。"无论如何，当时人们的确认为它是新颖的，并把它当作一件新事物来讨论。

围绕这个棘手主题的各种议论非常热烈、密集而且混乱，所以历史学家要做的第一件事，便是理清它们，以便看出实际现象的本身。造成这种现象的原因是，大多数议论并不是针对 1875—1914 年间世界上所发生的事情，而是关于马克思主义—— 一个很容易引起强烈感情的主题，也是关于列宁式的帝国主义分析，它凑巧将成为 1917 年后共产主义运动的中心思想，也将成为"第三世界"革命运动的中心思想。使这个议论特别风行的原因，在于那些支持和反对帝国主义的人，自 19 世纪 90 年代起便拼得你死我活，于是，这个词语言本身也逐渐染上一种恶劣色彩，直至今日仍看不出去除的可能。"民主"一词因为具有正面有利的含义，甚至其敌人也喜欢宣称自己"民主"，然而"帝国主义"却正相反，它通常是遭到非议的，所以一定是别人干的。1914 年时，很多政客以自称帝国主义者为傲，但是在 20 世纪之后的进程中，他们几乎已销声匿迹。

列宁主义的帝国主义分析是以当代作家的各式看法为依据的，这些作家包括马克思主义者和非马克思主义者。它的要点是：新兴帝国主义的经济乃是根植于资本主义的一个特殊新阶段，在这个新阶段中，伟大的资本主义强权将世界瓜分成正式的殖民地和非正式的势力范围。而列强在瓜分过程中的竞争，便是酿成第一次世界大战的原因。在此我们不需讨论“垄断资本主义”如何导致殖民主义（关于这点，即使是马克思主义者的看法也有分歧），也不需研究这种分析如何在20世纪后期扩大成范围更大的“依附理论”（dependency theory）。它们都以不同的方式假定，海外经济扩张和海外世界的开发利用，对于资本主义国家来说是非常重要的。

批评这些理论并不特别有趣，对于本书的脉络而言，也不太相关。我们只需注意一点，那就是有关帝国主义的讨论，非马克思派的分析家往往与马克思派的分析家相反，而这种情形使这个议题变得更加混乱。非马克思派的分析家往往否认19世纪晚期和20世纪的帝国主义，与一般资本主义或与19世纪晚期出现的资本主义特殊阶段有任何必然关系。他们否认帝国主义有任何重要的经济根源，否认它在经济上有利于宗主国，他们也不承认落后地区的开发利用对资本主义有任何必要意义，而帝国主义对殖民地经济也不见得有任何负面影响。他们强调帝国主义并未引起帝国强权之间不可收拾的敌对竞争，而它与第一次世界大战的发生也没有确切关系。他们排斥经济上的解释，而致力于心理、意识形态、文化和政治解释。不过，他们通常会刻意回避国内政治的危险领域，因为马克思主义分析家往往强调帝国主义的政策和宣传对宗主国统治阶级的好处，即它可抵消大众劳工运动对劳动阶级日渐增强的吸引力。这些反击，有的强劲而且有效，不过若干论点却彼此互不相容。事实上，许多反帝国主义的开创性论述都是站不住脚的。但是，反帝国主义论述的缺点在于：它并没有真正解释经济、政治、国家与国际事务上的种种发展在时间上的巧合，这种巧合对 1900 年左右的人们而言极其明显，以至于他们想要找出一个通盘解释。它也无法解释为何当时人会认为“帝国主义”既是新事物又是历史上的中心发展。简言之，这类文献大半不过是在否认当时十足明显、现在也十足明显的事实。

把列宁主义和反列宁主义放在一边，历史学家所要重建的第一件明显事实，也是 19 世纪 90 年代没有人会否认的事实，即瓜分世界有其经济上的重要性。证明这一点并不等于解释了这一时期帝国主义的所有关系。经济发展并不是某种哑剧表演，而历史的其他部分也不是它的傀儡。就这一点而论，即使是全神贯注于如何从南非金矿和钻石矿中牟利的商人，也绝对不能被视作一架赚钱机器，他对于那些显然与帝国扩张有关的政治、情感、意识形态、爱国情操乃至种族诉求，不可能完全无动于衷。不过，如果我们可以确定这段时期资本主义核心地区的经济发展趋势与其向偏远地区的扩张具有某种经济上的关联，那么再将全部的解释重心放在与此无关的帝国主义动机上，便显得不太合理。即使是那些似乎和征服非西方世界具有关联的动机，如敌对列强的战略考虑，在分析的时候也必须记住它们在经济上的重要性。甚至在今天，中东的政治虽然绝对不能以简单的经济理由予以说明，但如果不将石油考虑在内，也无法得到确切的讨论。

于是，19 世纪最主要的事实之一便是单一全球经济的创建，这个经济一步步进入世界最偏远的角落。借着贸易、交通，以及货物、资金和人口的流动，这个日趋紧密的网络逐渐将已开发国家联系在一起，也将它们与未开发国家结成一体（参见《资本的年代》第三章）。要不是这样，欧洲国家没有理由对刚果盆地（Congo basin）这类地方的事务感兴趣，或为某个太平洋上的环礁进行外交谈判。这种经济全球化并不是什么新鲜事，不过它在19世纪中期以相当大的幅度加速进行。1875—1914年间，它仍然继续增长，虽然在速度上相对来说较不惊人，但就分量和数量而言却大了许多。1848—1875年间，欧洲的出口量增长了四倍以上，但1875—1915年间却只增加了一倍。1840—1870年间，世界的商船吨位由1 000万吨上升到1 600万吨，但随后的40年间却翻了一番，同时全世界铁路网已由1870年的20万公里，猛增到第一次世界大战前的100万公里以上。

这个日渐紧密的交通网，甚至将落后和先前的偏远地区引入了世界经济，并在富有、进步的古老中心地区，创造出对这些辽远地区的新兴趣。事实上，一旦人们进入这些地区之后，许多这样的区域乍看之下简直就是“已开发”世界的延伸。欧洲人已在此殖民开发，灭绝或赶走了原住民，创建出了城市，而无疑也将适时创造出工业文明：密西西比河以西的美国、加拿大、澳大利亚、新西兰、南非、阿尔及利亚以及南美洲的南端。总之，上述地区虽然遥远，但在当时人的心目中却与那些因为气候关系而使白人殖民者不感兴趣的地区不同，引用一位当时的帝国杰出行政官员的话，“少量的欧洲人还是可以来此，以其资金、精力和知识，发展出最可获利的商业，并且取得其先进文明所需的产品”。[5]

那个先进的文明现在正需要外来产物。由于气候或地质因素，当时科技发展所需要的某些原料，只有在遥远的地方才能找到，或只有在遥远的地方才能大量获取。例如这个时期的典型产物内燃机，靠的便是石油和橡胶。当时绝大多数的石油仍旧来自美国和欧洲（俄国以及产量少得多的罗马尼亚），可是，中东的油田已成为层出不穷的外交冲突和欺诈的主题。橡胶完全是热带产物，欧洲人利用残暴压榨的手段，从刚果和亚马孙雨林区取得，而这种暴虐的行径正好成为早期反帝国主义运动的抗议目标。不久之后，马来亚也开始广植橡胶树。锡来自亚洲和南美洲。此前许多无关紧要的非铁金属，如今已成为高科技所需的钢合金的必要成分。这类非铁金属有些在“已开发”世界随处可得，尤其是在美国；另一些则不然。新兴的电气和汽车工业亟须一种最古老的金属——铜。铜的主要蕴藏区以及最终生产者，都是20世纪后期所谓的“第三世界”——智利、秘鲁、扎伊尔和赞比亚。当然，对于贵金属永远无法满足的需求始终是存在的。这种需求在本书所论时期将南非转化成全世界最大的黄金出产地，当然还包括它的钻石财富。矿业是将帝国主义引入世界各地的主要先锋，也是最有效的先锋，因为它们的利润令人万分心动，就算专为它修筑铁路支线也是值得的。

除了新技术的需求外，宗主国的大量消耗也为粮食制造了一个迅速扩展的市场。单纯就数量而言，这个市场乃是由温带的基本粮食所主宰的。谷物和肉类已在欧洲殖民者的若干区域——南北美洲、俄国和澳大利亚——廉价地大量生产。但是它也改变了长久以来（至少在德国）特别被称为“殖民地货物”的产品市场，它们已在“已开发”世界的食品杂货店中销售，这类产品包括糖、茶、咖啡、可可粉以及其衍生物。随着快速运输和保藏方法的改善，如今也可享用到热带和亚热带水果，它们使“香蕉共和国”

成为可能。

英国人在19世纪40年代每人平均消耗1.5磅的茶叶，19世纪60年代提高到3.26磅，19世纪90年代更升到5.7磅，这些数字表示19世纪90年代英国每年平均要进口2.24亿磅茶叶，而19世纪60年代只需9 800万磅，19世纪40年代更低至4 000万磅。不过，当英国人抛弃了他们以前所喝的咖啡，而灌满了来自印度和锡兰的茶水时，美国人和德国人却以越来越惊人的分量在进口咖啡——尤其是从拉丁美洲进口。20世纪初期，居住在纽约的家庭每周约需消耗掉一磅咖啡。教友派的饮料和巧克力制造商乐于推出各种不含酒精的点心，其原料多半来自西非和南美。1885年创办联合水果公司（United Fruit Company）的波士顿精明商人，在加勒比海地区创立了他们的私人帝国，以供应美国先前认为无足轻重的香蕉。当时的市场首次充分证明了新兴广告业的效能，而充分利用这个市场的肥皂制造商，已将目光转向非洲的植物油。种植园、领地和农场，是帝国经济的第二支柱。宗主国的商人和金融业者则是第三支柱。

虽然这些发展创造了大企业的新分支，而这样的大企业（如石油公司），其赢利是与地球某些特殊部分牢不可分的，不过它们并未改变已经工业化或正在工业化的国家的情况和性质。然而，它们却改变了世界其他地区的发展，它们将这些地区转变成一个殖民地和半殖民地的综合体。这些地方日渐成为一种或两种农产品的专业生产地。它们把农产品出口到世界市场，而把自身完全寄托在世界市场难以预测的变化上。马来亚越来越等同于橡胶和锡，巴西是咖啡，智利是硝酸盐，乌拉圭是肉类，古巴则是糖和雪茄。事实上，除了美国以外，甚至白种人的殖民地在这个阶段也无法进行工业化，因为它们也受到这种国际专门分工的限制。这些殖民地可以变得极度繁荣，即使是用欧洲标准来衡量亦然，尤其是当其居民系由自由、好斗的欧洲移民所组成时，这些居民在选举产生的议会中一般都具有政治影响力，而他们的民主激进主义可能相当令人害怕，不过原住民通常是被排除在“居民”之外。（事实上，白人的民主政治通常不允许原住民享有他们为吝啬的白人所赢得的利益，它甚至拒绝承认原住民是一个完整的人。）在帝国的年代，一个想要移民海外的欧洲人，最好是去澳大利亚、新西兰、阿根廷或乌拉圭。别的地方，包括美国在内，都不是很理想。这些国家都发展出劳工和激进民主政党，甚至政府，以及抢在欧洲国家之前很久的大规模公共社会福利制度（新西兰、乌拉圭）。但是，它们的繁荣只是欧洲（基本上也就是英国）工业经济的补充，工业化对它们没有好处，至少对与农产品外销有利害关系的人没有好处。母国也不会欢迎它们的工业化。不论官方的说法如何，殖民地和非正式属地的作用只是补充母国的经济，而非与其竞争。

那些不属于所谓（白人）“殖民资本主义”（settler capitalism）的依附性区域，其情况便没有这么好。它们的经济利益在于资源和劳力的结合；劳力意指“土著”，其成本很小，而且可以一直维持在低廉的水平。然而，由地主或洋行商人——当地的、从欧洲来的，或两者皆有——控制的寡头政治和政府（如果有的话），却可从该区外销土产品的长期扩张中受惠，这类扩张只会偶尔被短暂但有时（例如阿根廷 1890 年的情形）相当戏剧性的危机所打断——危机的原因可能是贸易周期、过分投机、战争或和平。虽然第一次世界大战摧毁了它们的部分市场，但是这场战争还是距离这些依附性生产者相当遥远。在它们眼中，开始于19世纪晚期的帝国时代，一直延续到1929—1933年的大萧条（Great Slump）。虽然如此，在本书所述时期，它们已日趋脆弱，因为它们的运气日渐成为咖啡（1914年时，已占了巴西外销总值的58%，以及哥伦比亚外销总值的53%）、橡胶、锡、可可、牛肉或羊毛价格的函数。但是在农产品价格于1929年大萧条期间垂直下跌之前，与外销和债权的无限制扩张相较，这种脆弱性似乎不具有长期重要性。相反，如前所述，在1914年之前，贸易的条件怎么说也是有利于农业生产者。

不过，这些地区对于世界经济与日俱增的重要性，并不能解释当年的主要工业国家为何争先恐后地将地球瓜分为许多殖民地和势力范围。在反帝国主义者对于帝国主义的分析当中，曾提出各种不同的瓜分理由。其中对大家来说最熟悉的是，殖民地和势力范围可为剩余资本提供较国内利润更高的投资环境（因可免除外国资本的投资竞争）。这个理由，也是最没道理的一个。由于英国资金的输出在19世纪最后三十余年大幅上涨，而且从这些投资中所得到的收入对于英国的国际收支又确为必要，于是，当时有些人便像霍布森一样，自然而然地将“新帝国主义”和资本输出联系在一起。但是这股巨大的资金洪流，事实上很少流进新的殖民帝国：英国的国外投资大多流入正在迅速发展且一般而言较为古老的白人殖民地（这些地方——加拿大、澳大利亚、新西兰、南非——不久即将被认为是实质上的独立“自治领”），以及像阿根廷和乌拉圭这类可称为“荣誉”自治领的地方，当然还包括美国。再说，大部分这样的资金（1913年时为76%）都投在铁路和公共事业公债之上。这类公债的利息确实比投资英国公债好一点儿（前者平均5%，后者平均3%），但除了主办的银行家外，其利润通常都比不上国内的工业资本。它们一般只被视为安全而非高回报的投资。不过上述种种并不表示投资人不想靠殖民地大发横财，或不想靠殖民地来维护他们已做的投资。不论其意识形态为何，布尔战争（Boer War）的动机都是黄金。

比较合理而普遍的殖民扩张原因，是寻找市场。当时，许多人认为大萧条时代的“生产过剩”可以用大规模的外销予以解决。商人永远希望能填满拥有庞大潜在顾客的世界贸易空白区，因此他们自然而然会不断寻找这些未经开发的地区：中国是商人始终想要猎获的地区（如果它的三亿人口每人买一盒白铁大头钉，那么将会有多大的利润啊），[6] 不为人知的非洲则是另一个。在不景气的19世纪80年代早期，英国各城市商会曾为外交谈判可能使它们的商人无法进入刚果盆地一事大为恼怒。当时人认为刚果盆地可以为他们带来数不尽的销售期望，尤其是当时的比利时国王利奥波德二世（Leopold Ⅱ）正把刚果当作一个富有利润的事业加以开发。[7]（事实上，在酷刑和屠杀使得顾客人数大量减少之前，利奥波德所偏爱的那种强迫劳动，也无法鼓励人均购买力。）

当时全球性经济的困难形势，在于好几个“已开发”经济体同时感到对新市场的同样需求。如果它们够强大，那么它们的理想将是要求“低开发”世界市场实行“门户开放”。但是，如果它们不够强大，它们便希望能分割到一点儿属于自己的领土——凭借着所有权，它们国家的企业可居于垄断地位，至少可享有相当大的优势。因此，对第三世界未经占领部分的瓜分，便是这种需求的合理结果。在某种意义上，这是1879年后盛行于各地的贸易保护主义的延伸（参见第二章）。1897年时，英国首相告诉法国大使说："如果你们不是这么坚决的保护主义者，我们也不至于这么渴望兼并土地。"[8] 单就这个情形而言，"新帝国主义"乃是一个以若干互相竞争的工业经济体为基础的国际经济的天然副产品，而 19 世纪 80 年代的经济压力显然强化了这项发展。帝国主义者并不曾指望某一个特殊殖民地会自动变成理想中的黄金国，不过，这种情形真的在南非发生了——南非成为世界上最大的黄金出产地。殖民地充其量只被视为区域性商业渗透的适当基地或出发点。当美国在 19 世纪末到 20 世纪初依循国际上的流行方式，努力经营一个属于它自己的殖民地时，某位国务院官员便曾清楚地指出这一点。

在这一点上，夺取殖民地的经济动机，渐渐与达成这个目的所需要的政治行动纠结在一起，因为任何一种保护主义都必须在政治力量的协助下运作。英国殖民的战略动机显然最强。长久以来，英国一直在地理要冲上广置殖民地，这些殖民地控制了进入陆地或海洋的枢纽，成为英国商业世界和海权范围的重要门户，而随着轮船的兴起，它们也可充当加煤站。[直布罗陀（Gibraltar）和马耳他（Malta）岛是第一种情形的古老例子；百慕大（Bermuda）和亚丁（Aden）则是第二种情形的有用实例。] 强盗式的分赃也在其中具有象征性或实质上的意义。一旦互相敌对竞争的列强开始划分非洲和大洋洲的地图，每一个强国自然都会设法不让其他强国得到过大的区域，或特别具有吸引力的一小片土地。一旦列强的地位开始和能否在某个棕榈海滩（或者更可能是一片干燥的灌木林）升起它的国旗扯上关系，占领殖民地本身就变成了地位的象征，不论这些殖民地的价值如何。甚至连向来不把帝国主义等同于拥有正式殖民地的美国，到了 1900 年左右也感到不得不顺应潮流。虽然德国殖民地的经济价值不大，战略价值更小，然而它之所以大为恼怒，就是因为它这样一个强大而富有潜力的国家，所拥有的殖民地竟会比英国、法国少那么多。为了衬托它的强国地位，意大利坚持侵占一片片显然毫不起眼的非洲沙漠和山地，而它在1896年征服埃塞俄比亚的失败，无疑使它的地位大为降低。

如果列强指的是已经取得殖民地的国家，那么小国似乎就是那些“无权”拥有殖民地的国家。1898年西美战争（Spanish-American War）的结果，是西班牙失去了其殖民帝国剩余部分的大半。如前所述，由新的殖民主义者瓜分葡萄牙非洲帝国剩余部分的计划，当时也在慎重讨论当中。只有荷兰安静地保存了它主要位于东南亚的古老殖民地。（比利时国王被允许在非洲割据他的私人领地，只要他允许大家进入这块地区。）因为没有任何一个列强愿意将伟大的刚果河盆地的任何一个重要部分拱手相让。当然，我们也应该提一下：出于政治原因，亚洲和美洲都有一片广大地区是欧洲列强所不能予以瓜分的。在美洲，欧洲剩余殖民地的形势已为门罗主义所冻结，只有美国才有采取行动的自由。在亚洲的大部分地区，列强竞争的目标是在那些名义上独立的国家——尤其是中国、波斯和奥斯曼帝国——中争取势力范围。只有俄国和日本例外。俄国在扩大其中亚面积上是成功的，但它想取得中国北部大片土地的企图却落空了。日本借着1894—1895年的甲午战争，取得了朝鲜和中国台湾。总之，掠夺殖民地的主要舞台是在非洲和大洋洲。

于是，帝国主义的战略解释也吸引了一些历史学家。他们试图用保护通往印度之路和掌握印度的海陆缓冲地区——这两种需要可使印度免除任何威胁——来解释英国在非洲的扩张。我们的确应当记住：就全球而言，印度乃是英国的战略中心。这个战略不但要求英国控制通往这个大陆的短程海道（埃及、中东、红海、波斯湾和阿拉伯南部）和长程海道（好望角和新加坡），也要求它控制整个印度洋，包括非常重要的非洲海岸及其腹地。英国政府对这个问题的警觉性向来十分敏锐。此外，在某些对这个目的而言相当重要的地区（例如埃及），一旦当地原有的权力崩溃，英国便会一步步建立起更为直接的政治影响，甚至实际统治。可是，历史学家的这些说明并不能解释帝国主义的经济动机。首先，他们低估了占领某些非洲领土的直接经济动机——其中夺占南非的经济动机最为明显。无论如何，西非和刚果的争夺主要也是经济利益的争夺。其次，他们忽略了一个事实，那就是：印度之所以是"帝国皇冠上最明亮的一颗宝石"和英国的全球战略中心，正是因为它对英国经济具有非常实质的重要性。印度在本书所述时期对英国经济的重要性远超过任何时期。英国的棉织品高达 60% 销往印度和远东，仅印度一地便占了 40%—45%，而印度又是通往远东的门户。同时，英国的国际收支关键亦在于印度所提供的国际收支盈余。再次，本土政权的崩溃（也就是有时引起欧洲人在其以前不屑统治的地区建立统治权的原因）便是由于经济渗透逐渐损害当地结构所致。最后，企图证明在 19 世纪 80 年代西方资本主义的内部发展之中，不具有任何足以导致世界领土再划分的动机纯属徒劳，因为那个时期的世界资本主义显然与 19 世纪 60 年代不同。此时它已包含许多互相竞争而且尽量保护自己不为对方所利用的"国家经济"。简言之，在一个资本主义的社会中，政治和经济是分不开的，正如在伊斯兰教社会中，宗教和社会是分不开的一样。想要建立一种完全无关经济的“新帝国主义”的解释，就和想要把经济因素排除在工人阶级政党兴起的原因之外一样，都是不切实际的。

事实上，劳工运动或者更广泛而言民主政治（参见下章）的兴起，都对“新帝国主义”造成了明显可见的影响。伟大的帝国主义者塞西尔·罗兹（Cecil Rhodes）在1895年评论道：“如果一个人想要避免内战，他便必须成为帝国主义者。”[9] 大多数的评论家都意识到所谓的“社会帝国主义”是借着帝国扩张所产生的经济改良、社会改革或其他方式，来减轻国内的不满情绪。毫无疑问，当时的政客必然已充分意识到帝国主义的可能的好处。在某些国家——尤其是德国——帝国主义的兴起主要是基于“内政第一”的考虑。罗兹式的社会帝国主义（首先想到的可能是帝国可以直接或间接带给不满意民众的经济利益）或许是最不中肯的解释之一。我们没有什么确凿证据足以说明：殖民地征服对宗主国绝大多数工人的就业或实质收入有多大影响［就个别情形而言，帝国可能是有用的。康沃尔郡（Cornwell）的矿工集体离开当地衰落中的锡矿而前往南非矿区。他们在南非赚了很多钱，可是却因肺病而较平常早逝。康沃尔的矿场主冒的生命危险则较小，他们是花钱进入马来亚的新锡矿区］，而主张海外殖民可以为人口过剩国家提供安全的想法，也不过是煽动群众的幻想。事实上，在1880—1914年间，虽然找个地方移民是件再容易不过的事，可是移民人口当中却只有极少数会主动或被迫选择任何国家的殖民地。

比较中肯的解释应该是，帝国扩张可为选民带来光荣，进而减轻其不满情绪。有什么能比征服外国领土和有色人种更光荣呢？特别是这些征服也用不了多少钱。更普遍的情形则是帝国主义还可鼓励劳工阶级，尤其是不满意的劳工阶级，认同帝国政府和国家，并不知不觉地赋予这个政府所代表的社会和政治制度合法性和合理性。而在一个群众政治的时代（参见下章），即使是古老的制度也需要新的合法性和合理性，当时的人对这一点认识得十分清楚。英国在 1902 年举行的加冕典礼乃是经过重新设计的，它之所以备受赞誉，是因为它的设计表达出“由一个自由民主政治所承认的世袭国王，已可作为一个其人民遍及世界的统治权的象征”。[10] 简而言之，帝国是一种良好的意识形态黏合剂。

这种为爱国主义摇旗呐喊的特殊形式，其效用如何尚不甚清楚，在自由主义和比较激进的左派已取得稳固地位的反帝国、反军阀、反殖民或反贵族传统的国家更是如此。无疑，在某些国家中，帝国主义极受新兴中产阶级和白领阶层的欢迎，这些人的社会身份大致是建立在他们声称自己是爱国主义所选定的媒介物（参见第八章）之上。今日我们没有多少证据可以说明当时的工人对于殖民地征伐抱有任何自发热忱，遑论战争，同样，我们也不能指出他们对新旧殖民地抱有多大兴趣（那些白人殖民地除外）。企图以帝国主义来荣耀其国民——如 1902 年英国设立了一个“帝国日”——恐怕只可能迷住那些学童听众。下面我们将再次讨论帝国主义比较一般性的吸引力。

不过，我们无法否认，自认为较有色人种优越并应进而支配他们的想法，在当时的确非常受欢迎，因此也有利于帝国主义的政治取向。在伟大的万国博览会（参见《资本的年代》第二章）中，资产阶级的文明始终以科学、技术和制造品的三重胜利自豪。在帝国的年代，它也以其殖民地自豪。在 19 世纪末叶，此前几乎从未耳闻的“殖民地大帐篷”（colonial pavilions）如雨后春笋般涌现：1889 年，有 18 个这类帐篷衬托了埃菲尔铁塔（Eiffel Tower），1900 年则有 14 个吸引了巴黎游客。[11] 无疑，这是有计划地引起大家注意的手段，不过，如同所有成功的宣传一样，它之所以成功，是因为它触及了公众的想望。于是，殖民地展示一炮走红。英国的庆典、皇室丧葬和加冕典礼之所以十分壮观，就是因为其过程像古罗马的凯旋式一样，展示了穿戴金银华袍、态度温顺恭敬的印度土邦主——这些人是志愿效忠，而非俘虏。军队游行也更为多彩多姿，因为队伍中包含了包头巾的锡克教徒（Sikhs）、蓄髭的拉其普特人（Rajputs）、面带微笑但对敌人毫不留情的廓尔喀族（Gurkhas）、土耳其非正规骑兵和黝黑高大的塞内加尔人。当时人眼中的野蛮世界正听命于文明的指挥。甚至在哈布斯堡王朝统治下的维也纳，对海外殖民地完全没有兴趣的维也纳，一个阿散蒂人（Ashanti，加纳的一个行政区名）的村落也迷住了无数参观者。画家亨利·卢梭并不是唯一一个对热带地区充满渴望的人。

将西方白人、有钱人、中产阶级和贫民团结在一起的优越感，之所以能做到这一点是因为这些人都享有统治者的特权，尤其是当他们身临殖民地时。在达卡（Dakar）或蒙巴萨岛（Mombasa），再卑微的文书也是一个主子，被那些在巴黎或伦敦甚至不会注意到他的存在的人称为“绅士”，而白种工人也能指挥黑人。但是，即使是在意识形态上坚持最起码的人类平等的地方，这种想法也隐藏在统治政策当中。法国相信应将其属地居民转化为法国人，转化为概念上的“我们高卢祖先”的后裔。他们和英国人不同，英国人深信孟加拉人（Bengalis）和约鲁巴人（Yoruba，西非尼日尔河下游居民）基本上不是英国人，也永远不会是英国人。可是这些“文明”土著阶级的存在，足以彰显大多数土著的缺乏“演进”。各殖民地教会都致力于使非基督教徒改信正统的基督教，只有在殖民地政府积极劝阻（如在印度），或这个任务无法达成时（如在伊斯兰教地区），其才会放弃。

这是一个大规模从事传教的典型时代。（1876—1902 年间，《圣经》共有 119 种译本，在此之前的 30 年只有 74 种，1816—1845 年更是仅有 40 种。1886—1895 年间，非洲的新教传教机构共有 23 个，比前一个十年大约多了 3 倍。[12]）传教事业绝非帝国主义政治的代理人。它常常反对殖民地的官僚，而将改宗者的利益放在第一位。可是，上帝的成功却是帝国主义进展的函数。贸易是否能随国旗而至可能还是未定之数，但是毫无疑问，殖民地的征服却为传教行动做了最有效的开路行动——例如在乌干达（Uganda）、罗德西亚［Rhodesia，今赞比亚和津巴布韦（Zimbabwe）］和尼亚萨兰［Nyasaland，今马拉维（Malawi）］。而如果基督教果真坚持灵魂平等，它却也强调了身体的不平等，即使是教士的身体也不平等。传教是白人替原住民做的事，而且是由白人付款。然而，虽然它的确使原住民教徒大增，但至少有半数的教士仍旧是白人。1880—1914 年间，恐怕得用显微镜才能找出一名非白人主教。及至 20 世纪 20 年代，天主教才任命第一批亚洲主教。此时，这个千载难逢的传教活动已整整进行了 80 年。[13]

至于最热心致力于全人类平等的运动，是借着下列两种声音来表达的。在原则上以及往往在实际上，世俗左派都是反帝国主义者。英国劳工运动的目标也包括印度解放，以及埃及和爱尔兰的自由。左派人士对殖民战争和征伐的谴责向来毫不犹豫，并往往因此触犯众怒（如英国反布尔战争人士的情形）。激进分子不断揭露发生在刚果、发生在非洲岛屿的可可种植地，还有发生在埃及的悲惨事件。在 1906 年的竞选活动中，英国自由党便抓住了公众对南非矿场上"中国苦役"的指责，并因此赢得大选。可是，在共产国际（Communist International）的时代来临之前，除了少得不能再少的例外情形（如荷属印度尼西亚），西方的社会主义者很少真正组织殖民地的人民去反抗其统治者。在社会主义和劳工运动之内，公开接受帝国主义，或认为帝国主义至少是那些尚未准备好自治之民族的必经阶段的人，通常只是少数的修正主义者或费边社（Fabian）右翼人士；不过，为数不少的工会领袖，如果不是对殖民地问题不感兴趣，便是认为有色人种基本上是威胁健壮白人劳工的廉价劳力。禁止有色移民的压力，在 19 世纪 80 年代到 1914 年间促成了"白色加州"和"白色澳大利亚"的政策。这种压力主要是来自工人阶级，而兰开夏工会也和兰开夏棉纺织业主共同反对印度实行工业化。在 1914 年前的国际政治中，绝大部分的社会主义仍是欧洲人和白种移民或其后裔的运动（参见第五章）。殖民主义对他们而言尚不太具有利害关系。事实上，他们在对于资本主义这个新"帝国主义"阶段（他们在 1890 年后期发现了这个阶段）的分析和定义中，正确地指出了殖民地的兼并和开发利用是这个新阶段的一个表征和特色：这个表征和特色像它所有的特色一样不可取，但还不是核心所在。很少有社会主义者像列宁那样，已经注意到这个位于世界资本主义边缘的"易燃物质"。

在社会主义者（主要是马克思主义者）对帝国主义的分析当

中，将殖民主义整合进资本主义“新阶段”的概念，在原则上无疑是对的，不过其理论模式的细节却不一定正确。有的时候，它也和当时的资本主义者一样，过于夸大殖民地扩张对于母国经济的重要性。19 世纪后期的帝国主义无疑是“新的”。它是一个竞争时代的产物，这种工业资本主义国家经济之间的竞争，不但新鲜而且紧张，因为在一个商业不确定时期，扩张和保卫市场的压力都特别沉重（参见第二章）。简而言之，它是一个“关税和扩张共同成为统治阶级之诉求”[14] 的时代。它是脱离自由放任式资本主义的过程的一部分，同时也意味着大公司和垄断企业的兴起，以及政府对经济事务的较大干预。它隶属于一个全球经济的边缘部分日趋重要的时期。它是一个在 1900 年时似乎很自然，而在 1860 年时却又似乎难以置信的现象。所有想要将帝国主义的解释与 19 世纪后期帝国主义特殊发展区分开来的企图，都只能在意识形态的层次上活动，虽然它们通常都很渊博，有时也很敏锐。

2

但是，关于西方（以及 1890 年后的日本）冲击对世界其他部分的影响，以及有关帝国主义的“帝国”方面对宗主国的重要性，我们仍有许多问题需要澄清。

第一类问题比第二类容易解答。帝国主义对经济的影响是重要的，可是，最重要的还是它们造成的深刻不平等，因为母国与属国间的关系是高度不对等的。前者对后者的影响是戏剧化也是决定性的，而后者对前者的影响却可能微不足道，无关宏旨。古巴的兴亡要视糖价和美国是否愿意进口古巴的糖而定，可是，即使是非常小型的“已开发”国家——比如说瑞典——也不会因为古巴所生产的糖突然全部从市场上消失，而感到严重不便，因为它们不会只依赖这个地区作为其食糖供应地。对于非洲撒哈拉沙漠以南的任何地区而言，其所有的进口货几乎都来自一小撮西方宗主国，而其所有的出口也几乎都是运往这些国家，但是，宗主国与非洲、亚洲和大洋洲的贸易，虽然在 1870—1914 年间稍有增加，都仍不过是聊备一格。在整个 19 世纪，大约 80% 的欧洲贸易，包括进口和出口，都是在“已开发”国家之间进行的，欧洲的国外投资亦然。[15] 就流向海外的货物和投资而论，它们大多进入一小撮以欧裔殖民者为主并且迅速成长的经济中——加拿大、澳大利亚、南非、阿根廷等，当然，还有美国。在这一点上，从尼加拉瓜和马来亚所看到的帝国主义时代，和从德国或法国所看到的帝国主义时代是很不一样的。

在几个宗主国之中，帝国主义显然对英国最重要。因为英国的经济霸权，向来是以它和海外市场以及农产品来源的特殊关系为关键。事实上，我们可以说：自从工业革命以来，英国的制造品，除了在 1850—1870 年间的兴盛岁月以外，从未在正值工业化的经济市场上特别具有竞争力。因此，尽可能保持它对非欧洲世界的出入特权，对英国的经济而言是一件生死攸关的大事。[16] 19 世纪晚期，它在这个方面表现得相当成功，眨眼之间便将正式或实际上属于英国君主的面积扩大到地表的 1/4（英国制的地图骄傲地将这 1/4 染成红色）。如果我们把实际上属于英国卫星经济、由独立国家所组成的“非正式帝国”也算在内，那么地球上大概有 1/3 的地区在经济上是英国式的，在文化上亦然。因为英国甚至将它奇怪的邮筒形状外销到葡萄牙，也把类似哈罗德百货公司（Harrods Department Store）这样的典型的英国机构外销到布宜诺斯艾利斯。但是，到了 1914 年，这个间接受其影响的区域，有许多已逐渐受到其他强国的渗透，尤以拉丁美洲为最。

然而，除了那个最大、最丰富的矿脉——南非的钻石和黄金——以外，这种成功的防卫性作业和“新”帝国主义的扩张并没有多大关系。南非的矿脉立时造就了一群大半是德裔的百万富翁——文赫家族（Wernhers）、贝兹家族（Beits）、艾克斯泰因家族（Ecksteins）等。他们大多数也立即被纳入英国上流社会——只要其第一代肯花大把银子夸耀自己，这个上流社会对暴发的接受度是无与伦比的。它也引起了一场规模最大的殖民地冲突，也就是 1899—1902 年的南非战争（South African War），这场战争压制了当地两个小共和国的抵抗，这两个小共和国是由务农的白人殖民者所建立的。

英国在海外的成功，大半是由于对其已有属国和领地更有系统的开发利用，或是借助它特殊的经济地位——在像南美洲这样的地区，英国是当地出口货的主要进口国，也是主要投资国。除了印度、埃及和南非以外，英国的经济活动大多是在实质上独立的国家，如白人的自治领，或像美国和拉丁美洲这样的地区进行。在这些地方，英国的政治行动不曾也不能进行。因为，当（大萧条以后所建立的）外国债券持有人联合公司（Corporation of Foreign Bondholders）面对著名的拉丁美洲暂停偿债或以贬值的通货偿债而叫苦连天之时，英国政府无法有效支持它在拉丁美洲的投资人，因为它爱莫能助。在这方面，大萧条是一场决定性的考验，因为它引起了一场重大的国际债务危机，也使宗主国的银行陷入严重灾难。1890 年的“巴林危机”（Baring crisis），起因便是巴林银行无节制地卷入拖欠债务的阿根廷财政旋涡。而英国政府所能做的，只是设法让这个大商号不致破产。如果政府准备以外交势力支持投资人（1905 年后越来越如此），那么它想要对抗的乃是受到其本国政府支持的他国企业，而非依赖于它的世界的政府。[当时确有几桩炮艇经济事件，例如委内瑞拉、危地马拉、海地、洪都拉斯和墨西哥的情形，但是它们对这种普遍现象的改变程度有限。有的地方团体和政府支持英国的经济利益，有的则持敌视态度。当然，如果必须在两者之间做一个选择，英国政府和资本家不会不支持有助于英国利益的一方：在 1879—1882 年间的"太平洋战争"中，他们便支持智利对抗秘鲁，而 1891 年时，他们却支持智利总统巴尔马塞达（Balmaceda）的敌人。事实上，英国支持的主角是硝酸盐。]

事实上，如果把好坏年份放在一起考虑，英国资本家从他们非正式或"自由的"帝国中，还真是获利不少。1914 年时，英国几近半数的长期公共投资是放在加拿大、澳大利亚和拉丁美洲。1900 年后，超过一半的英国储金花在海外投资上。

当然，英国也在新的殖民世界中取得了它应有的一份。而由于英国的国力和经验，它的这一份比任何其他国家都大，或许也更有价值。如果说法国占领了西非的大半，那么英国在这个地区所占有的四个殖民地却控制了较密集的非洲人口、较大的生产能力和贸易优势。[17] 可是，英国的目的并不在于扩张，而是在于避免别国入侵这些它已用贸易和资本予以主宰的领土，当时大半的海外世界均是如此。

然而，其他的强国是否也能从它们的殖民地扩张中获得合乎比例的利益？我们无法回答这个问题。因为正式殖民只是全球性经济扩张和竞争的一环。而对两大工业强国——德国和美国——而言，殖民并非它们的主要环节。再者，如前所述，与非工业世界的特殊关系对英国具有极大的经济重要性，对其他国家却不然（可能只有荷兰例外）。我们只能相当有把握地说：首先，在寻求殖民地的驱策力上，经济潜力较小的宗主国也有适度的增加。对这样的国家来说，殖民地在某种程度上可以弥补它们的经济和政治劣势——对法国而言，则是可以弥补它在人口和军事上的劣势。其次，在所有国家中，都有一些特殊经济团体——其中最显著的是与海外贸易有关的经济团体以及使用海外原料的工业——强力敦促政府进行殖民扩张，而它们所持的理由自然是以国家利益作为幌子。最后，虽然有些团体从这种扩张当中得到许多好处［比方说，1913 年时，“西非法国公司”（Compagnie Française de l'Afrique Occidentale）支付 26% 的股息[18]］，然而大多数名副其实的新殖民地却没吸收到多少资本，而其经济结果也非常令人失望。［虽然 1913 年时，法兰西帝国贸易的 55% 都是以母国为对象，法国却未能将其新殖民地充分整合到它的保护主义系统当中。这些地区和其他区域以及宗主国之间已有固定的经济往来。由于未能打破这样的固有模式，法国不得不通过汉堡（Hamburg）、安特卫普（Antwerp）和利物浦（Liverpool），购买它所需的大部分殖民地产品，比如橡胶、皮革和毛皮、热带木材等。］简而言之，新殖民主义是一个由诸多国家经济体所进行的经济和政治竞争时代的副产品，同时又因贸易保护主义而得以加强。然而，就宗主国与殖民地的贸易额在其总贸易额中所占的百分比不断增加这件事而论，这个贸易保护主义并非十分成功。

可是，帝国的年代不仅是一个经济和政治现象，也是一个文化现象。地球上少数“已开发”地区征服全球的行为，已借着武力和制度，借着示范和社会转型，改变了人们的意象、理想和希望。在依附性国家当中，这种改变除了对当地的精英分子之外，对其他任何人都未造成什么影响。不过，我们当然也应该记住：在某些区域，如撒哈拉以南的非洲，是帝国主义或与之有关的基督教传教工作，创造了接受西式教育的社会精英。今日非洲国家使用法语与英语的分野，恰恰反映出法国和英国殖民帝国的分布。（这两个殖民帝国在1918年后，瓜分了原德国殖民地。）除了非洲和大洋洲的基督教传教工作曾使许多人改信西方宗教以外，大多数的殖民地人民都尽可能不去改变其原有的生活方式。同时，令比较刚愎的传教士懊恼的是：殖民地人民所接纳的西方进口宗教很少是信仰本身，而多半是西方宗教中有利于他们的传统信仰和制度系统的成分，或符合他们需要的成分。正如由热心的英国殖民地行政官员带给太平洋岛屿的户外运动一样，西方观察家所见到的殖民地宗教，往往和萨摩亚群岛（Samoan）的板球一样令人意外。甚至在那些传统宗教只流于形式的地方也不例外。但是，殖民地也很容易发明它们自己特有的基督教，这个情形在南非（真正有大批原住民改信宗教的非洲地区之一）尤其显著。南非的“埃塞俄比亚运动”，早在1892年便脱离了传教团体，建立了一种与白人认同较少的基督教。

因而，帝国主义带给依附性世界的精英分子以及可能的精英分子的，基本上是“西化”。当然，早在这个时代之前，它便已展开这项工作。对于所有面临依赖或征服的政府和精英而言，这几十年的经验已使他们明白：如果不西化，便会被毁灭（参见《资本的年代》第七、八和十一章）。而事实上，在帝国时代启发这些精英分子的各种意识形态，在时间上都可以追溯到法国大革命至 19 世纪中期。当时它们采取了奥古斯特·孔德（August Comte，1798—1857）的实证主义形式，这个现代化的学说，启发了巴西、墨西哥以及早期的土耳其革命政府（参见第十二章）。精英分子对西方的抗拒仍是西化的，即使在他们基于宗教、道德、意识形态或政治实用主义而反对全盘西化之际亦然。穿着缠腰布、身怀纺锤（劝阻工业化）的圣雄甘地（Mahatma Gandhi），不仅受到艾哈迈达巴德市（Ahmedabad）机械化棉纺厂主的支持和资助，而其本人也是一个显然受到西方意识形态影响并在西方接受教育的律师。如果我们只把他看成一个印度传统主义者，便无法真正了解他。

事实上，甘地本人充分说明帝国主义时代的特有影响。甘地出身于地位相当于一般商人和放贷者的阶级，这个阶级以往与英国统治下的印度西化精英关系不大，可是他却得以在英国接受专业和政治教育。19 世纪 80 年代晚期，甘地开始着手撰写一本英国生活指南，以期对像他这样家境普通却想去英国念书的学生提供帮助。在那个时候，去英国念书是印度有志青年最渴望的选择。这本指南以绝佳的英文写成，书中指导他们许多事情，从如何搭乘轮船前往伦敦和寻找宿舍，到虔诚的印度教徒该如何解决饮食问题，乃至如何习惯西方人自己刮胡子而不依赖理发师的习俗[19]。甘地显然既不将自己视为一个无条件的西化者，也不无条件地反对英国事物。与日后许多殖民地解放先驱在其宗主国短暂停留期间的情形一样，甘地选择到意识形态与他较为投合的西方社交圈中走动。以他的情形而言，他选择了英国素食主义圈——他们绝对也是赞成其他“进步”思想的人。

甘地学会在一个由“新帝国主义”所创造的环境中，运用消极抵抗的办法，动员传统民众去达成非传统目的的特殊技巧。可想而知，这个办法是西方和东方的融合，因为他公开表示他在思想上受到约翰·罗斯金（John Ruskin）和托尔斯泰的影响。（在19世纪80年代之前，人们无法想象来自俄国的政治花粉如何能在印度受精开花，但是到了20世纪第一个十年，这种现象在印度的激进圈中已十分普遍。不久之后，在中国和日本的激进分子当中也将非常普遍。）因钻石和黄金而繁荣的南非，吸引了许多印度普通移民。在这个新奇的环境中，种族歧视为不属于精英阶级的印度人创造了一种随时可以进行现代政治动员的形势。甘地便是借着在南非为印度人的人权奋斗，而得到他的政治经验并赢得他的政治驱动力的。那时，他还无法在印度本国进行这些活动。最后他回到印度，成为印度民族运动中的关键人物，但这是1914年战争爆发之后的事。

简而言之，帝国的年代一方面创造了培养反帝国主义领袖的环境，一方面也创造了我们将在下面看到的（第十二章）开始回应其呼声的环境。但是，如果我们以对西方的反抗为主轴，来陈述在西方宗主国支配和影响下的民族和区域历史，将会是一种时代错误和误解。它之所以是一种时代错误，是因为大多数地区最重要的反帝国主义运动时代，除了下面将谈到的例外情形以外，都是始于第一次世界大战和俄国革命期间。它之所以是一个误解，是因为它将现代民族主义的内容——独立、民族自决、领土国家的形成等（参见第六章）——引入尚未也尚不可能包含它的历史记录当中。事实上，最先接触这些思想的人，是西化的精英分子。他们是借由造访西方和西方设立的教育机构而接触到这些观念，因为这些观念正是在西方教育机构里面形成的。从英国回来的印度年轻人，可能带回来马志尼（Mazzini）和加里波第（Garibaldi）的标语，但是当时恐怕没有几个旁遮普（Punjab）居民，更别提像苏丹（Sudan）这样地区的居民，会知道它们是什么意思。

帝国主义最有力的文化遗产，是它为各类少数精英所兴办的西式教育。少数因此具有读写能力的幸运者，可进而发现一条升迁捷径，亦即承担教士、教师、官僚或办公室工作人员等白领工作。在某些地区，他们也可能出任新统治者的士兵或警察，他们穿着统治者的服饰，并接受他们对时间、地点和内政的奇异想法。当然，这些人都是具有行动潜力的少数精英，这便是为什么这个甚至以人类的一生寿命来衡量也是相当短暂的殖民主义时代，却会留下如此长远影响的原因。丘吉尔曾经说过：在非洲的大部分地方，整个殖民主义经验（由最初的占领到独立国家的形成），也不过就是一个人的寿命那么长，这的确是个惊人的事实。

依附性地区对主宰它的世界又有什么反作用呢？自从16世纪起，异国经验便是欧洲扩张的一项副产品，不过，启蒙时代的哲学观察家，往往将欧洲和欧洲殖民者以外的奇异国度视为欧洲文明的道德测量器。拥有高度文明的异国，可反映出西方制度的缺点——如孟德斯鸠（Montesquieu）的《波斯人信札》（*Persian Letters*）所言——而尚未受文明干扰的异族，则往往被视为高尚的野蛮人，其自然而且令人钦慕的举止正说明了文明社会的腐化。19世纪的新奇之处，是欧洲人越来越认为非欧洲人及其社会卑下、不可取、薄弱、落后，甚至幼稚。它们应该是被征服的对象，至少应该是必须接受真正文明教化的对象，而代表这个唯一的真正文明的，是商人、传教士和一队队携带枪炮、烈酒的武装士兵。在某种意义上，非西方社会的传统价值观，在这个唯有靠武力和军事科技才能生存的时代，显然不太具有力量。堂皇壮丽的北京城，可曾阻止西方野蛮人不止一次的焚烧抢掠？式微中的莫卧儿帝国首都，一个在萨蒂亚吉特·雷伊（Satyajit Ray）的《棋手》（*The Chessplayer*）中显得如此美丽的城市，又何曾抵抗住英国人的进攻？对于一般欧洲人而言，这些地方已成为他们轻视的对象。他们所喜欢的只是战士，最好是那些可以招募进殖民地军队的战士［锡克教徒、廓尔喀人、柏柏尔人（Berber）、阿富汗人、贝都因人（Bedouin）］。奥斯曼帝国赢得了勉强的敬意，因为它虽然已趋没落，却还拥有足以抵抗欧洲军队的步兵。当日本开始不断在战场上赢得胜利之后，它才逐渐被欧洲人平等视之。

然而，也就是这种紧密的全球交通网络，这种可以轻易踏上外国土地的情形，直接或间接地加强了西方世界和异国世界的冲突和交融。真正认识到这两点并加以思考的人并不多，虽然在帝国主义时期确有增加，因为有些作家刻意使自己成为这两个世界的中间人，他们包括以航海为业的知识分子［比如皮埃尔·洛蒂（Pierre Loti）和最伟大的约瑟夫·康拉德（Joseph Conrad）］、士兵和行政官员［比如东方通路易·马西农（Louis Massignon）］，或殖民地的新闻从业者［比如鲁德亚德·吉卜林（Rudyard Kipling）］。不过，异国事物已日渐成为日常教育的一部分：在卡尔·梅（Karl May，1842—1912）那些深受欢迎的青少年小说中，想象中的德国主角漫游于美国的蛮荒西部和信奉伊斯兰教的东方世界，有时也溜进黑色非洲和拉丁美洲；惊险小说的恶棍中，已出现了不可思议但权力无边的东方人，如萨克斯·罗默

（Sax Rohmer）小说中的傅满洲博士（Dr Fu Manchu）；英国男孩所读的廉价杂志故事中，也塑造了一个富有的印度人，他操着大家想象中的那种奇怪的半吊子英语。它甚至已成为日常经验当中一个偶然但可预料到的部分：野牛比尔（Buffalo Bill）的“蛮荒西部”（Wild West）表演，以其充满异国情调的牛仔和印第安人，于1887年后征服了欧洲，而在越来越考究的“殖民地村落”或伟大的万国博览会中，也可看到这类展览。不论其原意为何，这些奇异世界的剪影都不是纪录片式的，而是意识形态的，一般而言都加强了“文明人”对“原始人”的优越感。它们之所以充满帝国主义的偏颇，乃是由于——如康拉德的小说所示——异国世界与人们日常生活的联结，主要是通过西方对第三世界的正式或非正式渗透。从实际的帝国经验当中借来的日常用语，多半都用在负面事物上。意大利工人把破坏罢工者称为“crumiri”（北非某个部落语）；意大利政客将南方的投票部队唤作“ascari”（殖民地原住民军队）；“caciques”原本是西班牙南美帝国的印第安酋长，在欧洲则成了政治头子的同义词；“caids”（北非原住民酋长）指的是法国的帮派头目。

但是，这类异国经验也有比较正面的地方。部分好思考的行政官员和士兵（商人对这类事情没什么兴趣），开始认真探究他们自己的社会与他们所统治的社会之间的差异。他们也对此进行了许多杰出的学术研究（尤其是在印度帝国），并改变了西方社会科学的理论。这项成就大半是殖民地统治，或有助于殖民地统治的副产品，而且大半无疑是基于对西方知识优越于一切的坚定感和自信感。宗教这个领域或许是一个例外，对于公平的观察者而言，美以美教派是否比佛教高明，他们并不十分肯定。帝国主义也使西方人对来自东方（或自称来自东方）的精神事物兴趣大增，有时还进而信仰。[20] 尽管后殖民理论对这种认知多有批评，我们仍不应将西方学术中的这一支视为对非欧洲文化的傲慢毁谤。至少，它们当中最好的那部分是相当看重非欧洲文化的，认为它们应予以尊敬，并从中获取教益。在艺术领域，尤其是在视觉艺术领域，西方先锋派对非西方文化是一视同仁的。事实上，在这一时期，他们大致是受到非西方文化的启发。这种情形不仅见于代表精粹文明的异国艺术（如日本艺术，日本艺术对法国画家的影响非常明显），也见于那些被视为“原始的”异国艺术，尤其是非洲和大洋洲艺术。无疑，它们的“原始风味”是它们的主要吸引力，但我们无法否认，20 世纪早期的前卫人士教会了欧洲人把这样的作品视为艺术品（往往是伟大的艺术品），教导他们只看其艺术本身，而不论其出处。

帝国主义的最后一方面也必须一提，亦即它对宗主国统治阶级和中产阶级的影响。在某种意义上，帝国主义使这两个阶级的胜利变得更戏剧化，好像没有什么事是它们办不到的。一小撮主要位于西北欧的国家，主宰了全球。使拉丁民族以及斯拉夫民族愤愤不平的是：有些帝国主义者甚至喜欢强调条顿（Teuton）民族以及尤其是盎格鲁–撒克逊民族的特殊征伐功绩。这两个民族之间虽然不乏敌对竞争，然而据说却是具有亲密关系的，这一点可从希特勒对英国的不情愿的敬意中得到证明。这些国家的少数上层和中产阶级——官员、行政人员、商人、工程师——有效地行使着支配权。1890 年前后，6 000 多名英国官员，在 7 万多名欧洲士兵协助下，统治了几乎 3 亿印度人。欧洲士兵和为数多得多的原住民军队一样，只是听取命令的雇佣兵，而且是不成比例地从较古老的本土殖民地军队——爱尔兰人——中抽调组成的。这是一个极端的情形，但绝非不普遍。绝对的优越性莫此为甚。

因此，直接与帝国有关的人数相对而言很少，但是他们的象征意义却非常巨大。1899年，当大家认为作家吉卜林——印度帝国的诗人——即将死于肺炎时，不仅英国人和美国人（吉氏不久前才献给美国一首谈论“白种人的负担”的诗，论及美国在菲律宾的责任）很悲伤，连德国皇帝也拍了一通电报以示慰问。[21]

可是，帝国的胜利也带来了许多问题和不确定性。例如宗主国统治阶级对帝国所采行的统治政策，显然完全不同于本国，两者之间的矛盾日渐明显，而且越来越难解决。在宗主国内部，如我们即将提到的，民主选举的政治制度似乎无可避免地日渐风行，而且注定会继续风行下去。然而在殖民帝国中，实行的却是独裁政体：一方面借着有形的威逼，一方面依靠殖民地对宗主国优越性的消极归顺——这种优越性大到似乎无法挑战，因而遂变得合理合法。士兵和自律的殖民地总督，统治了地球上的好几个大洲；可是在宗主国国内，无知和卑下民众的势力却无比猖獗。在此，我们不是可以学到一个尼采（Nietzsche）在《权力意志》（*Will to Power*）中所指的那种教训吗？

帝国主义也引发了不确定性。首先，它造就了一小群白种人（因为，如优生学这门新学问不断告诫的：甚至大多数的白种人也注定是低下的）与极大量的黑种人、棕种人和或许最重要的黄种人的对抗形势，德皇威廉二世便曾号召西方团结起来以应付“黄祸”。[22]一个赢得这般容易、基础这般薄弱的世界帝国，一个因为几个人的少数统治和多数人的不抵抗便可轻松统治的世界帝国，真的能长久维持吗？吉卜林，这位最伟大或许也是唯一的帝国主义诗人，以其关于帝国无常性的预言，迎接那个代表帝国骄傲的伟大时刻——1897 年维多利亚女王登基 60 周年纪念：

远方召唤，我们的舰队逐渐消失；
炮火在沙丘和岬上沉落：
看呀，我们昨天所有的盛观
是和尼尼微（Nineveh）和泰尔（Tyre）一般！
上帝赦免我们，
以免我们忘记，以免我们忘记。[23]

他们计划在新德里为印度修建一座壮丽新都，然而克里蒙梭却预言它将成为一长串帝国废墟中的一个。克氏是唯一抱怀疑态度的观察者吗？而他们在统治全球上的脆弱度，真的比统治国内的白种群众大这么多吗？

这种不确定性是一体两面的。如果说帝国（以及统治阶级的统治）对其统治下的臣民而言是不堪一击的（虽然当时并非如此，一时之间也不会成为事实），那么其内部统治意愿的销蚀，那种为证明适者生存而做的达尔文式奋斗意愿的削弱，会更加轻易地将其击溃。权力和事功所带来的奢华，不也正是妨碍其继续努力的杀手吗？帝国不是导致了核心地区的依靠心理和野蛮人的最后胜利吗？

这些问题在那个最伟大也最脆弱的帝国当中，引发了最为不祥的答案。这个帝国在面积和光荣上超过以往的所有帝国，然而在其他方面却濒于衰败。即使是勤奋工作而且精力充沛的德国人，也认为帝国主义已逐渐等同于只会导致衰败的“靠地租、利息等固定收入生活的国家”。暂且听听霍布森对这种恐惧的看法：

如果中国被瓜分，则西欧的更大部分，将在外表和性质上，和英国南部、蔚蓝海岸，以及意大利和瑞士那些充满旅行车队和旅馆的地方一样：一小群富有的贵族，靠着从远东抽取股息和年金为生；在他们身旁是人数稍多的职业侍从和技艺工人，以及一大群私人仆佣和运输业工人。所有的主干工业均将消失，主要的食物和制造品，都以贡物的方式由非洲和亚洲流进来。[24]

资产阶级的“美好时代”就这样解除了武装。威尔斯（H. C. Wells）小说中那个迷人无害、过着在阳光中嬉戏的生活的埃洛伊（Eloi），将会受到他们所依靠的黑色摩洛克人（Morlocks）的摆布，并且完全无法抵抗。[25] 德国经济学家舒尔采–格弗尼茨（Schulze-Gaevernitz）写道：“欧洲将会把体力劳动的负担——先是农业和矿业，再是工业中较为费力的劳动——转移给有色人种，而它自己则心满意足地依靠地租、利息等固定收入生活。而这种情形，或许正在为有色人种日后的经济和政治解放铺路。”[26]

这便是打扰“美好时代”睡眠的噩梦。在这些噩梦中，帝国的梦魇和对民主政治的恐惧合而为一。

第四章

民主政治

所有因财富、教育、才智或诈术，而适合领导人群并有机会领导人群的人——易言之，所有统治阶级的派系——一旦普选制度确定之后，便必须服从它，并且，如果时机需要，也必须诱骗和愚弄它。

——加埃塔诺·莫斯卡（Gaetano Mosca），1895 年 [1]

民主政治尚在测试之中，但是到目前为止，它还没有招致耻辱。诚然，它也尚未发挥全力，其原因有二，其中之一的影响多少是永久性的，另一个则比较短暂。首先，不论财富的数字有多大，它的权力将永远无法与之相称。其次，新被赋予投票权的阶级，其组织的不健全已令它无法对先前存在的均势做出任何重大改变。

——凯恩斯，1904 年 [2]

具有重大意义的是：没有一个现代世俗国家会忽略向大众提供能造成集会机会的法定假期。

——《美国社会学学报》，1896—1897 年 [3]

1

本书所述时期开始于在欧洲统治者及其惊恐的中产阶级当中所爆发的国际性歇斯底里症，这种歇斯底里症乃是1871年为时短暂的巴黎公社（Commune of Paris）所引起的。在平定了巴黎公社之后，胜利者对巴黎居民展开大屠杀。这场屠杀的规模之大，在文明的19世纪国家中几乎是不可思议的；甚至以我们今日比较野蛮的标准来看，也十分可观（参见《资本的年代》第九章）。可敬的社会所发作的这场短暂、残忍，却也极具当时特色的盲目恐慌，充分反映了资产阶级政治的一个基本问题——民主化。

诚如睿智的亚里士多德（Aristotle）所云：民主政治是人民大众的政治，而大众整体而言是贫穷的。穷人和富人、特权阶级和非特权阶级，其利害关系显然不会一样。但是，就算我们假设这两个阶级的利害关系一致或者可以一致，民众对公共事务的看法也不太可能和英国维多利亚时代作家所谓的“上流人士”一样。这便是19世纪自由主义的基本困境。自由主义虽然听命于宪法和选举产生的独立议会，但它却借着不民主的作风尽量回避它们，也就是说，它不赋予大多数本国男性公民选举权和被选举权，遑论全部的女性居民了。在本书所论时期开始之前，民主的稳固基础是建立在路易·菲利普（Louis Philippe）时代讲究逻辑的法国人所谓的“法定国家”（the legal country）和“实质国家”（the real country）之间的区别上的。维护“法定国家”或“政治国家”的防御工事，乃是投票权所需的财产和教育资格，以及在大多数国家当中已经制度化的贵族特权（如世袭的贵族院）等。自“实质国家”深入“法定”或“政治”国家政治范围的那一刻起，这种社会秩序便有了危险。

如果那些无知粗俗的民众，那些不了解亚当·斯密自由市场的优美和逻辑的民众，控制了各国的政治命运，那么政治上将发生怎么样的事呢？他们很可能会走向引爆社会革命的道路，1871年社会革命的短暂出现，曾使衣冠之士大为惊恐。古代暴动式的革命似乎不再迫在眉睫，但是，随着投票权逐渐扩大到拥有财产和受过良好教育以外的阶级，革命的危险难道不会尾随而来？难道这种情形不会像未来的索尔兹伯里勋爵（Lord Salisbury）在1866年所害怕的那样，不可避免地导致共产主义吗？

可是，自1870年后，大家已越来越清楚地看出：各国政治的民主化已势所难免。不论统治者喜欢不喜欢，民众都会走上政治舞台。而后者也的确这么做了。19世纪70年代，法国、德国（至少就全德国而言）、瑞士和丹麦，已经实行了建立在广大投票权（有时甚至在理论上是男性普选权）基础上的选举制度。在英国，1867和1883年的“改革法案”几乎将选民人数增加了四倍，由占20岁以上男子的8%增加到29%。在一次为争取选举权民主化的改革而举行的总罢工后，比利时于1894年扩大了其选民人数，从成年男性的3.9%增加到37.3%。挪威在1898年将选民人数增加了一倍，由16.6%增加到34.8%。随着1905年革命，芬兰更独树一帜地将其民主政治普及到76%的成年人都拥有选举权。1908年，瑞典选民人数也增加了一倍，以向挪威看齐。1907年，哈布斯堡王朝中的奥地利那一半已实行普选；意大利也在1913年跟进。在欧洲以外，美国、澳大利亚和新西兰当然已称得上是民主国家；阿根廷在1912年也成为民主国家。以日后的标准来说，这种民主化尚不完备——一般所谓的普选权，其选民人数都只介于成年人口的 30%—40% 之间。但是值得一提的是：甚至妇女的投票权也不再仅是乌托邦式的口号。19 世纪 90 年代，白人殖民地的边缘有了最早的妇女投票权——美国怀俄明州（Wyoming）、新西兰和澳大利亚南部。在 1905 年到 1913 年间，民主的芬兰和挪威也赋予了妇女投票权。

虽然这些发展是由代表人民的意识形态信念所促成的，可是促成它们的各国政府对它们并不热衷。读者们已经看到，即使是那些在今日看来最彻底、最具有历史传统的民主国家，如斯堪的纳维亚诸国，也是到相当晚近才决定放宽其选举权，更别提直到 1918 年仍拒绝有系统的民主化的荷兰（不过，荷兰和比利时的选民人数增加率差不多）。政客在他们（而非某些极左派）尚能控制选举的时候，也许会听任选举权做预防性的扩充，法国和英国的情形或许便是如此。在保守人士之中，有像俾斯麦一样的愤世嫉俗者，他们相信民众在投票时仍会秉持传统的效忠（或如自由派所说的无知和愚蠢），因此他们认为普选将会加强右派而非左派的力量。但是，即使是俾斯麦也宁可不在支配德意志帝国的普鲁士冒险尝试，他在普鲁士仍维持了绝对亲右的三阶段投票制。事实证明这种防备是聪明的，因为大众选民已无法由上层予以控制。在其他地方，政客不是屈服于人民的暴动和压力，便是顺应他们对国内政治冲突的估计。在这两种情形下，他们都害怕迪斯雷利（Disraeli）所谓的“轻举妄动”所导致的可怕后果。诚然，19 世纪 90 年代的社会主义骚动以及俄国革命的直接和间接影响，都强化了民主运动；不过，不论民主化是以何种方式进行的，在 1880—1914 年间，绝大多数的西方国家都已顺应了这个不可避免的潮流。民主政治已经无法再行拖延。自此，问题就变成该如何操纵它了。

最原始的操纵办法还是挺容易的。例如，可以对普选产生的议会权力加以严格限制。这是俾斯麦的模式，亦即将德国国会（Reichstag）的宪法权力降到最低程度。在其他地方，则借着经由特殊（和权重的）选举团体和其他类似机构所选出的第二议会——有时（如在英国）是由世袭的议员组成——来节制民主的代议会。财产选举权的基本原理仍得以保持，并借由教育资格予以增强（比方说，在比利时、意大利和荷兰，受过较高教育之人拥有额外的选举权；英国则为大学保留了特殊席位）。1890 年，日本开始采用具有上述限制的议会政治。这种“变种的投票权”（英国人的称谓），还可利用为己党利益擅自改划选区的有效设计（奥国人所谓的“选举几何学”）而予以加强。这种设计是借着篡改议员所代表的选举区，而将支持某些政党的力量极小化或极大化。对那些胆小或谨慎的选民，可用公开投票的方式对他们施加压力，在有权有势的地主和其他赞助人的监视之下犹然。丹麦把公开投票一直维持到 1901 年，普鲁士到 1918 年，匈牙利到 20 世纪 30 年代。如美国城市领袖所熟知的，赞助可以产生为某种共同目的而采取一致行动的政治组织。在欧洲，意大利的自由党员乔瓦尼·焦利蒂（Giovanni Giolitti）已被公认为随从主义政治学的高手。投票年龄的最低限制颇富弹性：由民主瑞士的 20 岁到丹麦的 30 岁不等。当投票权扩大之际，年龄限制往往也会提高一点儿。而借由复杂化的过程使人不易前往投票，从而简单破坏其效力的行动，也始终不乏新例。在 1914 年的英国，估计约有半数工人阶级，是经由这个办法被剥夺其公民权的。

不过，这些制动策略虽然可以使政治车轮趋向民主政治的运动减慢，却无法阻止它的前进。西方世界（1905年以后甚至包括沙皇统治下的俄国）正在清楚地走向以日渐扩大的普通人民为基础的政治制度。

这些制度自然会导致为了选举或借由选举所组织的群众政治动员，其目的在于对全国性政府施加压力。这也意味着群众运动和民众政党组织、大众宣传政治学、大众媒体（在这个阶段主要是发展大众化或低级趣味的“黄色”报纸），以及给政府和统治阶级带来不少新麻烦的各项发展。对历史学家来说不幸的是：这些问题如今已在欧洲公开的政治讨论场合中消失，因为日益增长的民主化已使人们甚至不敢稍微坦白地公开加以讨论。政党组织候选人难道会告诉他的选民说，他们太愚笨无知，不知道在政治上什么是最好的，而他们的要求也很荒谬，会危及国家的未来？又有哪个政治家敢不口是心非，以免其谈话被那些包围在身旁的记者传到最遥远的酒店去？政客越来越被迫取悦大众选民，甚至不得不直接和民众对话，或间接利用大众新闻报道（包括其竞争对手的报纸）这只传声筒。俾斯麦或许从来不曾对精英以外的听众发言。然而，在1879年的选举战中，格莱斯顿（Gladstone）已将群众助选引入英国（或者也包括欧洲）。除了政治的局外人，再没有人会以辩论1867年英国改革法案时的那种坦白和真诚，来讨论民主政治的可能后果。不过，当统治者隐藏在浮夸的言语背后之时，对政治的严肃讨论则退入知识分子和少数有学识并关注这些问题的民众的圈子。这个民主化的时代也是新政治社会学的黄金时代。是涂尔干（Durkheim）和索列尔（Sorel）、奥斯特罗戈尔斯基（Ostrogorski）和韦布（Webb）、莫斯卡、帕累托（Pareto）、罗伯特·米歇尔斯（Robert Michels）和韦伯的世界

（参见第十一章）。[4]

自此，当统治阶级真的想说真心话时，他们必须在权力回廊的隐蔽处进行，例如俱乐部、私人的社交晚餐、狩猎会或周末的乡间住宅。在这些场合中，精英分子彼此见面时的气氛，完全不同于在国会辩论或公众集会上的争论笑剧。因而，民主化的时代转变成公众政治伪善，或者更准确地说，口是心非的时代，从而造就了政治讽刺作品的时代：杜利先生的时代，以及尖锐滑稽且才华横溢的漫画杂志的时代——这些漫画杂志中，典型的有德国的《简单》（*Simplicissimus*）、法国的《奶油碟子》（*Assiette au Beurre*）或维也纳卡尔·克劳斯（Karl Kraus）的《火炬》（*Fackel*）。没有任何聪明的观察家会放过“公开论述”和“政治实情”之间的缝隙。希莱尔·贝洛克（Hilaire Belloc）便在针对1906年自由党选举大胜所写的讽刺短诗中，捕捉到这个缝隙：

> 依赖特权，伴同醇酒、妇人、桥牌的可恨权力崩溃了；
> 伴同醇酒、妇人、桥牌的民主，重获其统治权。[5]

那么，如今为了政治行动而群[illegible]员民众的是哪些人呢？首先，是那些在此之前没资格参与政[illegible]或被排斥在政治系统之外的社会阶层，它们之中的好几个可[illegible]成相当混杂的联盟、联合或“人民阵线”。其中最可畏的是工[illegible]级，如今它已在一个明确的阶级基础上于各政党和运动中从[illegible]员。我们将在下一章继续探讨这个问题。

此外，还有一个由若干不[illegible]的中间社会阶层所组成的庞大但尚欠明确的联盟，他们并不[illegible]定自己是比较害怕富人还是比较害怕穷人。这个联盟包括由工[illegible]和小商店主人所构成的旧式小资产阶级，他们在资本主义经济的进步之下逐渐凋零，也包括人数正在迅速增加的“非劳力的白领的”新下中阶级，他们在大萧条时代及嗣后构成了德国政治中的“工匠问题”和“中等阶级问题”。他们的世界是由“小人物”对抗“大”势力所决定的世界。在这个世界中，“小”这个字——如英文中“小人物”（little man）、法文中“小商人”（le petit commerçant）和德文中“小人物”（der kleine Mann）中的“小”字——正是其标语和口号。法国的许多激进社会主义杂志都骄傲地在名称中冠上“小”字：《小尼斯人》（*Le Petit Niç ois*）、《小普罗旺斯人》（*Le Petit Provençal*）、《小沙兰特人》（*Le Petit Charente*）和《小特尔瓦人》（*Le Petit Troyen*）。小是值得自豪的，但太小就不行。因为小财产和大财产一样需要对抗集体主义，而文书和技术劳工的收入虽然可能非常接近，但文书的优越性必须予以保护，他们不能与技术劳工混为一谈；已确立的中等阶级尤其不欢迎中下阶级与他们平起平坐。

“小人物”同时也是杰出的政治修辞学和煽动法的活动领域。在那些具有深厚的激进民主主义传统的国家，其强大或绚丽的政治修辞学都将“小人物”固定为左派，虽然在法国，其中包含有极大成分的盲目的爱国主义和仇外情绪。在中欧，其民族主义是无限制的，尤其是在反犹太这个议题上。因为犹太人不仅可被视为资本主义者（尤其是资本主义中打击小工匠和小商店主人的代表——银行业者、商人、新兴连锁商店和百货公司的创办人），也可被视为无神论的社会主义者，而更普遍的情形，是被视为损害古老传统和威胁道德真理以及家长制的人。自 19 世纪 80 年代以后，反犹运动在德国、奥匈帝国、俄国和罗马尼亚，已成为有组织的“小人物”政治运动的一个主要成分。它在别处的重要性也不应低估。谁能从 19 世纪 90 年代震撼法国的反犹太骚动、为期十年的巴拿马丑闻以及德雷福斯案件（法国参谋部的德雷福斯上尉于 1894 年时被误认为替德国做间谍活动而定罪。在一场使整个法国为之分裂、震动的还他清白的运动之后，他于 1899 年被免罪，最后在 1906 年得到复职。这个事件在欧洲各地都留下不小的创伤），猜想到这个时期在这个拥有 4 000 万人口的国家，只有 6 万犹太人？（参见第六章及第十二章）

进行政治动员的群众当然还包括小农。在许多国家，小农仍占人口中的大多数，至少仍是最大的经济群体。自 19 世纪 80 年代起，也就是在不景气时代，小农和农夫越来越经常被动员为经济上的压力团体，并在许多情形不同的国家，例如美国和丹麦、新西兰和法国、比利时和爱尔兰，大批加入合作购买、推销、成品加工和信贷的新组织。不过，虽然如此，小农却很少在政治和选举上以阶级的意义动员起来——假设这么庞杂的一个群体可以算作一个阶级的话。当然，在农业国家中，没有一个政府胆敢忽视农耕者这么庞大的一群选民的经济利益。可是，就小农在选举上的动员而论，即使是在某一特殊政治运动或党派的力量显然是依靠小农和农夫支持的地方（例如 19 世纪 90 年代美国的民粹党或 1902 年后俄国的社会革命分子），小农也是在非农业的旗帜下进行动员的。

如果说社会群体已做了这样的动员，那么公民团体也基于宗教和民族性之类的局部效忠而进行了联合。之所以说它们是局部性的，是因为即使是在单一宗教的国家，以信仰为基础的政治大动员，也永远是与其他宗教或世俗集团对立的团体。而民族主义的选举动员（在某些地方，例如波兰和爱尔兰，这项动员也等同于宗教的选举动员），几乎永远是多民族国家内部的自发运动。它们和政府所宣传倡导的爱国主义没有什么相似之处，有时也逃避政府的控制；它们和宣称代表“国家”以对抗少数民族颠覆的政治运动（通常是右派），也没有什么相似之处（参见第六章）。

然而，这种政治告解式的群众运动，其兴起却颇受罗马天主教会的阻挠。罗马天主教会是一个极端保守的团体，具有最惊人的动员和组织其信徒的能力。自从1864年的《现代错误学说汇编》和1870年的梵蒂冈大公会议起，政治、党派和选举便是罗马教会想要摒弃的悲惨的19世纪的一部分（参见《资本的年代》第十四章）。从19世纪90年代到20世纪，有些以谨慎的态度建议在某种程度上与当代思想妥协的天主教思想家，他们的备受排斥可以证明天主教会此时仍旧不接受这类思想（1907年，教皇庇护十世曾谴责“现代主义”）。除了完全反对和特别维护宗教实践、天主教教育、教会“易受政府损害以及易受政府与教会的不断冲突损害”的制度以外，在这个世俗政治的炼狱世界，天主教会还能有什么政治活动呢？

因此，虽然——正如1945年后的欧洲历史将证明的——基督教政党的政治潜能很大（在意大利、法国、联邦德国和奥地利，它们脱颖而出，成为主要政党，而且除了法国以外，至今仍是主要政党），虽然这种潜能显然随每一次选举权的扩大而增加，但是教会却拒绝在它的支持之下组成天主教政党。不过，自19世纪90年代初期以来，教会也认识到了将工人阶级由无神论的社会革命争取过来的好处，以及照顾其主要支持者——小农——的必要。然而，虽然教皇对天主教徒关心社会的新政策给予祝福［1891年的新事件通谕（Encyclical Rerum Novarum）］，教会对于日后将创建第二次世界大战后各基督教民主党的人士，却抱怀疑态度，并不时予以敌视。教会之所以如此，不仅是因为这些政治人物就像“现代主义者”一样，似乎已与世俗世界不可取的趋势妥协，也因为教会对于新天主教的中间和中下阶层核心分子感到不安，这些城市和乡村的核心分子在不断扩张的经济中争取到行动空间。伟大的煽动政治家卡尔·卢埃格尔（Karl Lueger，1844—1910），是在违抗奥地利神职组织的情况下，于19世纪90年代成功地创立第一个主要的基督教社会主义政党［即今日人民党（People's Party）的前身，该党在1918年后的大半时间统治着独立的奥地利］。该政党以反犹太主张征服了维也纳中下阶级。

因此教会通常支持各种各样的保守或复古政党，或是多民族国家内附属天主教的民族以及没有感染世俗病毒的民族主义运动，它和这些团体保持了良好关系。它通常支持任何人反对社会主义和革命。因此，真正的天主教民众运动和政党，只见于德国（它们之所以产生，是为了反抗19世纪70年代俾斯麦的反教士运动）、荷兰（该地所有的政治活动皆采取信仰组合的方式，包括基督新教的和非宗教性的组合）和比利时（早在民主化以前，天主教徒和反教士自由党员已形成了两党政治）。

基督新教的宗教政党甚至更为稀少，而在它们存在的地方，信仰的要求往往与其他口号合而为一：民族主义和自由主义（如在大多不信奉国教的威尔士人中间），反民族主义［如反对爱尔兰自治而愿与英国联合的阿尔斯特（Ulster）新教徒］，自由主义（如英国的自由党，当古老的辉格党贵族和重要的大企业在19世纪80年代向保守党投诚之后，不信奉国教的团体更因之得势。不信奉国教者指英格兰和威尔士非英国国教的新教徒）。而在东欧，政治活动中的宗教自然是无法脱离政治上的民族主义，包括俄国的国家民族主义。沙皇不仅是东正教领袖，而且也动员东正教徒抵制革命。至于世界上的其他伟大宗教（伊斯兰教、印度教、儒教），更别提局限于特殊群落和民族的教派，在受其影响的意识形态和政治范围之中，并不知道有西方民主政治的存在，而西方民主政治也与它们毫不相干。

如果说宗教具有深厚的政治潜力，那么民族认同同样是一种不可轻视而且事实上更有效的推动力。在1884年英国投票权民主化之后，爱尔兰民族主义政党赢得了该岛上所有的天主教席位。在103个议员当中，有85个形成了爱尔兰民族主义领袖查尔斯·斯图尔德·帕内尔（Charles Steward Parnell, 1846—1891）背后训练有素的方阵。在任何选择以政治来表达其民族意识的地方，德国和奥地利的波兰人显然会以波兰人的立场投票，捷克人则以捷克人的立场投票。哈布斯堡王朝的奥地利那一半，便因这种民族划分而告瘫痪。事实上，在19世纪90年代中期的日耳曼人和捷克人的多次暴动和反暴动之后，其议会政治已完全崩溃，因为任何政府都不可能在议会中成为多数。1907年奥地利普选权的诞生，不只是对压力让步的结果，也是为了动员选民大众去投非民族政党（天主教，甚或社会主义）的票，以对抗势不两立、争吵不休的民族集团。

严格形式的（有纪律的政党运动）政治性群众动员尚不多见。即使是在新兴的劳工和社会主义运动中，德国社会民主党（German Social Democracy）的那种单一和包括一切的模式也绝不普遍（参见第五章）。不过，构成这种新现象的因素当时几乎随处可见。首先，出现的是作为其基础的组织构架。理想的群众政党运动必须在一个中央组织复合体外加上一个地方组织或支部的复合体，每一组织都应有为了特殊目的而设的地方支部，并整合到一个具有较为广泛的政治目标的政党之中。因此，1914年的爱尔兰民族运动遂包括了联合爱尔兰联盟（United Irish League），这个联盟乃是为选举而组成的全国性组织，亦即在每一个议员所代表的选区当中都可见到其踪影。它组织了许多选举集会，并由联盟会长出任主席。出席集会的人士不仅包括它自己的代表，也包括同业公会（工会支部的城市企业联盟）的代表、工会本身的代表、代表农民利益的土地和劳工协会（Land and Labour Association）的代表、盖尔人运动协会（Gaelic Athletic Association）的代表、类似古爱尔兰修道会（Ancient Order of Hibernians）之类的互助会代表，以及其他团体代表。（附带一提：古爱尔兰修道会乃是爱尔兰本岛和美洲移民的联系桥梁。）这是一个动员核心，是国会内外民族主义领导人士的联系环节，也构成了支持爱尔兰自治运动的选区范围。这些积极分子尽可能将自己组织到大众之中，因此在1913年时，爱尔兰为数300万的天主教人口中，已有13万联合爱尔兰联盟成员。[6]

其次，各种新兴的群众运动都是意识形态化的。它们不只是为了支持特殊目的（如维护葡萄栽培）而组成的压力和行动团体。当然这类有组织的特殊利益团体也是成长迅速，因为民主政治的逻辑便是要求各种利害团体向理论上应对它们相当敏感的全国性政府和议会施压。但是，像德国农民协会（Bund der Landwirte，1893年成立，次年就有20万农民参加）这样的团体，却不属于任何政党，虽然它的态度显然倾向保守，而它又几乎完全为大地主所控制。1898年时，它的支持者包括分属于5个不同政党的118

名德国国会议员（总数共 397 名）[7]。和这种不论其势力多么强大的特殊利益团体不同，新兴的政党运动代表了整体的世界观。是其整体的世界观，而非特殊或不断改变的具体政治计划，构成了其成员和支持者的“公民宗教”。对于卢梭、涂尔干以及社会学这门新学问的其他理论家而言，公民宗教应该可使许多现代社会因之结合。不过，也只有在这种情况下，它才能扮演阶段性的黏合剂。使那些新近被动员起来的群众团结一致的要素乃是：宗教、民族主义、民主政治、社会主义，以及法西斯主义的先驱意识形态，不论其运动同时也代表了什么样的实质利害关系。

矛盾的是，在那些具有强烈革命传统的国家，例如法国、美国，勉强也算上英国，它们以往的革命意识形态，也有助于新旧精英分子驯服至少部分的新动员起来的群众，而它们所用的策略，对北美 13 州的 7 月 4 日演讲者而言，是习以为常的。英国的自由主义乃是 1688 年光荣革命的传人，它也从未忘记其前辈曾为了清教徒的利益而参与 1649 年处死查理一世的行动。[自由党党魁罗斯伯里勋爵（Lord Rosebery），自掏腰包于 1899 年在英国国会前面为奥利弗 · 克伦威尔（Oliver Cromwell）立了一座雕像。] 自由主义成功地维持了大众劳工党的发展，这种发展一直维持到 1914 年后。更有甚者，成立于 1900 年的英国工党（Labour Party），也这样跟随在自由党的脚步之后。法国的共和激进主义尝试以挥舞共和与革命的旗帜来对付其敌人，并吸收动员群众，它们也的确得到一些成功。“左派无敌人”和“所有好的共和党员团结一致”等口号，颇有助于将新兴的民众左派与统治第三共和国的中心人物结合在一起。

最后，就其运作的方式而言，群众动员可说是全球性的。它们或是粉碎了古老的地方性或区域性政治体制，或将它推到不重要的地位，要不便将它整合进较为广泛的全盘性运动。总之，在民主化的国家，全国性政治活动并没有为纯区域性的党派保留多少发挥空间，即使在德国和意大利这类具有显著区域差异的国家亦然。因此，在德国，汉诺威（Hanover，至 1866 年方为普鲁士所兼并）的区域特征——明显的反普鲁士和对旧日威尔夫（Guelph）王朝的效忠——也只能表现为投给全国性政党的选票比例比其他地方稍少而已（85%，别处为 94%—100%）。[8] 因此，信仰或种族上的少数人，或者就此而言的社会和经济上的少数群体，有时局限于特殊地理区域的这一事实，不应误导我们。与旧日资产阶级社会的选举政治相反的是，新的民众政治越来越与以地方权贵为基础的旧式地方政治无法相容。在欧洲和美洲，仍有许多地区——尤其是在伊比利亚和巴尔干半岛、意大利南部和拉丁美洲——的保护人，也就是地方上的有权有势者，可以将整批受保护者的选票“交付”给出价最高的人，甚至更大的保护人。即使在民主政治当中，“老板”也从未消失。但是，在民主政治中，由政党制造名人，或使他不致在政治上陷于孤立无助的情形，还是比相反的情形多得多。努力使自己适应民主政治的年长精英，还是有很大的机会，可以在“地方性保护政治”和民主政治之间，发展出各种折中方式。而事实上，在旧世纪的最后几十年和新世纪的最初几十年间，充满了老式“名人”和新政治操盘者、地方老板，或其他控制地方政党命运的人士的复杂冲突。

因此，取代名人政治的民主政治，就其已经取得的成就而言，并没有以人民取代权势，而是以组织——委员会、政党名人、少数积极分子——取代权势。这个充满矛盾的事实，不久便为实际的政治观察家注意到。他们曾指出这种委员会［或英美所称的干部会议（caucuses）］所扮演的决定性角色，甚或指出其“寡头政治的铁律”——米歇尔斯认为他可以从自己对德国社会民主党的研究中得出这项铁律。米歇尔斯也注意到新群众运动崇拜领袖人物的倾向，不过他过于重视这一点了。[9] 因为，在本书所述时期，那种自然会以某些全国性群众运动领袖为中心的崇拜，例如对格莱斯顿（自由主义元老）或倍倍尔（Bebel，德国社会民主党领袖）画像的崇拜，其实信念的成分远大于个人的成分。再者，当时很多群众运动并没有富有领袖气质的领导者。当帕内尔在 1891 年因私生活混乱和天主教与非国教徒的道德冲突而失势时，爱尔兰人便毫不迟疑地抛弃了他。可是，没有任何领袖能像他那样激起人们对他的私人效忠，而帕内尔神话在他死后很久还在流传。

简而言之，对其支持者而言，政党或运动是代表他们也为了他们而采取行动。因此，组织便很容易取代其成员和支持者，而其领袖又可轻易地支配组织。于是，有组织的群众运动绝非人人平等的共和国，但是因为它们能结合组织和群众支持，因此便拥有庞大且几乎无可置疑的地位：它们是潜在的政府。事实上，20 世纪的几次主要革命，都是以制度化为政权系统的政党运动取代旧体制、旧政府和旧有的统治阶级。这种潜力之所以非常可观，是因为较古老的意识形态组织显然缺乏这种力量。比方说，这个时期的西方宗教似乎已失去自行转化为神权政治的能力，而它当然也不想这么做。［这种转化的最后一个例子，或许是 1848 年后在犹他州建立的摩门教共和国（Mormon Commonwealth）。］胜利的教会所建立的，至少在基督教世界，是由世俗机构所经营的教士政权。

2

不断推进的民主化运动其实才刚开始要改变政治。可是，它的言外之意有时已十分明确，对那些国家统治者及其所要维护的阶级而言，这些言外之意已引起了最严重的问题。其中之一是维持国家的团结，乃至存在的问题，在面临民族运动的多国政治中，这个问题显然已万分急迫。在奥匈帝国，它已经是政府的中心问题，而即使是在英国，大规模的爱尔兰民族主义运动，也粉碎了已确立的政治结构。另一个问题，是如何维持国内精英分子认为是切合实际的政策的持续推行，尤其是有关经济事务的政策。民主政治不是像商人所认为的那样，会不可避免地干预资本主义运作并导致不良后果吗？它不会威胁英国所有政党都绝对拥护的自由贸易吗？它不会威胁健全的金融和所有可敬的经济政策的根本原理吗？它不会威胁到金本位制度吗？最后一项威胁在美国似乎已迫在眉睫。19世纪90年代民粹主义的大规模动员，其最激烈的言辞便是攻击——援引其伟大的演说家布赖恩的话——将人类钉死在黄金十字架上之举。比较一般化，却也更为重要的问题是：在面临以社会革命为诉求的群众运动威胁时，该如何保卫既有社会的合法性，甚至其实际生存。这些威胁之所以非常危险，是因为经由鼓动选出但又时常因无法协调的党派冲突而告分裂的议会，其效能显然不高，而不再以拥有独立财富之人为基础，反以依靠政治兴家致富之人为基础的政治制度，又无疑是腐败的。

上述现象都是我们所无法忽视的。在分权的国家，例如美国，政府（也就是总统所代表的行政部门）在某种程度上是独立于民选议会的，不过也很可能因权力的制衡而瘫痪。（但是民主选举总统又会招致另一重危险。）欧洲式的代议政府，其政府（除非仍在旧式王权的保护之下）在理论上必须依靠民选议会，因此其各种问题更是难以克服。事实上，这些政府好像进出旅馆的旅行团一样来来去去——一个国会的多数党崩溃，另一个就继之主政。欧洲民主政治之母——法国——或许是这项纪录的保持者。自 1875 年到欧战爆发的 39 年间，法国一共有过 52 个内阁，而其中只有 11 个维持了一年或一年以上。诚然，同样的名字往往在这些内阁中一再出现。因此，政府和政策的有效持续，便自然是掌握在常设的、非由选举产生的和隐形的官僚人员手中。至于说腐败，它也许不会超过 19 世纪初叶的情形：19 世纪初，像英国这样的政府，也会将名副其实的"国王下面的肥缺"和赚钱的闲差分配给他们的亲戚和侍从。可是，即使它实际上没超过 19 世纪初叶的情形，它也表现得更为明显，因为白手起家的政客必须用种种方法兑现他们对商人或其他利益团体的支持或反对。而使这种腐败更显突出的原因在于：至少在西欧和中欧，清廉是常设的资深公务员和法官的必备操守——在法治国家，此时他们大多仍受到保护，并没有选举和赞助的顾虑（只有美国是一大例外）。[然而即便是在美国，1883 年也成立了一个"文官委员会"（Civil Service Commission），为独立于政治赞助的"联邦文官体系"（Federal Civil Service）奠定了基础。但是，赞助在大多数国家仍较通常所假设的更为重要]。政治上的腐败丑闻不仅发生在对金钱转手不加掩饰的国家，例如法国（1885 年的威尔逊丑闻，1892—1893 年的巴拿马丑闻），也发生在对金钱转手加以掩饰的国家，例如英国［1913 年的马可尼（Marconi）丑闻，两个白手起家的政府人物：劳合·乔治（Lloyd George）和鲁弗斯·伊萨克斯（Rufus Isaacs）——日后的最高法院院长和印度总督——均牵连在内］。［在凝聚性甚高的统治名流内部，令民主观察家和政治道德家吃惊的交易，并不罕见。曾任财政大臣的伦道夫·丘吉尔勋爵（Lord Randolph Churchill），也就是温斯顿·丘吉尔之父，欠了罗斯柴尔德大约 6 万英镑；罗斯毕尔德对英国的金融兴趣是可想而知的。这笔债的大小，可用下列数字说明：这笔钱相当于那年英国所得税总额的 0.4%。］[10] 当政府基本上可说是以政治恩惠购买选票的办法来获得多数人的支持时，议会的不稳定当然可能与贪污有关——政治恩惠几乎无可避免地皆具有财政上的重要性。如前所云，意大利的焦利蒂便是利用这一策略的高手。

当时社会的上流人士，对于政治民主化的危险具有深切了解，而且一般而言，对大众日益增强的中心地位的危险性，也有深切了解。从事公务之人对此皆忧心忡忡。比方说法国正派言论的堡垒——《时代》（*Le Temps*）和《两个世界杂志》（*La Revue des Deux Mondes*）的编辑，在 1897 年出版了一本顾名思义的书——《普选权的创立：现代国家的危机》（*The Organisation Of Universal Suffrage: The Crisis of the Modern State*）[11]，而好学深思的保守党殖民地总督和日后的阁员阿尔弗雷德·米尔纳（Alfred Milner，1854—1925 年），则曾在 1902 年私下称英国的国会为“威斯敏斯特的暴民”（that mob at Westminster）[12]。不仅如此，19 世纪 80 年代以后，资产阶级文化普遍的悲观主义（参见第九章和第十章），无疑反映了领袖人物被以前的追随者抛弃的感觉；呈现了高级精英挡不住平民的感觉；说出了受过教育而且富有文化修养的少数人（也就是有钱人家的子弟），被那些“刚从目不识丁或半野蛮状态解放出来的人”欺凌的感觉[13]，也表达了被那股日渐汹涌的平民文明潮流所淹没的感觉。

新的政治形势只是一步步地发展，而随着各国内部情况的不同，发展也不甚均衡。这种情形使我们不太容易对19世纪70年代和80年代的政治做个比较通盘性的考虑，而就算做了也几乎没有意义。使无数政府和统治阶级陷于类似困境的，似乎是自19世纪80年代起在国际上突然出现的大规模劳工和社会主义运动（参见下一章），不过，在事过境迁的今日，我们可以看出它们并不是仅有的使政府头痛的运动。广泛地说，在大多数有限宪政和有限选举的欧洲国家，自由资产阶级在19世纪中期所拥有的政治支配力量（参见《资本的年代》第六章和第十三章），在19世纪70年代已逐渐崩溃。就算不考虑其他理由，这至少也是“大萧条”的副产品。1870年在比利时，1879年在德国和奥地利，19世纪70年代在意大利，1874年在英国，除了偶尔的短期掌权之外，自由资产阶级再也不曾支配大局。在接下来的新时期，欧洲再也没有出现同样的政治模式。不过在美国，曾经领导北方赢得内战胜利的共和党，基本上赢得了总统的连任，一直到1913年为止。只要无法解决的问题或者像革命和“分离”之类的基本挑战可以挡在议会政治之外，政治家便可用重组那些既不想威胁政府又不想破坏社会秩序的人士的办法，来应付议会中的多数党。而在大多数情况下，这些问题和挑战都是可以挡在外面的。不过，在19世纪80年代，英国突然出现了一个顽强好斗的爱尔兰民族主义集团。这个集团存心瓦解英国下议院，并在下议院中扮演着关键的少数派角色。它的出现立刻改变了议会政治，以及跳着端庄的双人芭蕾的两个政党。它至少在1886年促使前辉格党中的百万贵族和自由党商人匆匆加入保守党，而这个保守并且反对爱尔兰自治的政党，日渐发展成土地财主和大商人的联合政党。

在别处，形势虽然更戏剧化，事实上却比较容易处理。在西班牙的王权恢复（1874年）之后，反对者的分裂（共和党为左派，王室正统派为右派）使得在1874—1897年的大半时间掌握政权的卡诺瓦斯（Cánovas，1828—1897），可以操纵政客并举行一次毫无政治意义的农村选举。在德国，互相冲突的成分相当软弱，以至于俾斯麦可以在19世纪80年代从容统治，而奥匈帝国可敬的斯拉夫党派的温和作风，也有利于文雅时髦的塔弗伯爵（Count Taaffe，1879—1893年执政）。法国的右派拒绝接受共和，它是选举中永远的少数党，但军队没有向文人当局挑战，因而，共和政体在历经无数次的震撼危机（1877年、1885—1887年、1892—1893年以及1894—1900年的德雷福斯事件）之后，仍能屹立不堕。在意大利，梵蒂冈对世俗和反教权政府的抵制，使德普雷蒂斯（Depretis，1813—1887）可以轻易地执行将反对政府者转化为支持政府者的政策。

实际上，对政治体系唯一真正的挑战处于议会之外，是来自下面的反叛，但是，当时的立宪国家对此还不必太过担心，而军队，甚至在以革命宣言著称的西班牙，也没有什么动静。不过，在叛变和武装士兵都不时可见的巴尔干国家和拉丁美洲，军队乃是政治体系的一部分，而非潜在的挑战者。

但是，这种形势却似乎无法持久。当各个政府面对政治上显然无可妥协的势力的兴起时，它们的第一本能往往是压制。善于操纵有限选举权的政治高手俾斯麦，当他在19世纪70年代面对他视之为向“群山之外”的反动梵蒂冈效忠的有组织天主教群众时（因而有 ultramontane 一词，其义为“山外之人”，引申为“教皇至上论者”），竟手足无措，只好对他们展开反教权战争（所谓 19 世纪 70 年代的文化斗争）。面对社会民主党的兴起，他也只能在 1879 年宣布这个政党是非法的。由于回复到明目张胆的专制主义看来已不可能，事实上也不可思议（被禁的社会民主党也获准推出其候选人），因此他在这两件事的处理上都失败了。政府迟早都必须容忍新的群众运动——对社会主义者的容忍，要到 1889 年俾斯麦失势之后。奥地利皇帝在其首都落入具有煽动性的基督教社会党（Social Christian）之手以后，三度拒绝该党的领袖卢杰担任维也纳市长，直到 1897 年才接受这件已成定局的事实。1886 年，比利时政府以武力镇压了工人的罢工和暴动风潮（西欧最恼人的风潮），并将社会主义者逮捕入狱，不论他们是否牵涉骚乱。可是 7 年之后，在一次有效的总罢工推动下，比利时政府只得承认某种普遍的选举权。意大利政府在 1893 年打击西西里的小农，1898 年打击米兰制造业工人，可是，在米兰制造了 50 具尸体以后，政府改变了方向。广泛地说，19 世纪 90 年代这个社会主义酿成群众运动的十年，代表了一个转换点。一个新的政治战略时代开始了。

成长于第一次世界大战之后的几代读者，可能会奇怪当时为什么没有任何政府认真考虑抛弃立宪和议会政体。因为 1918 年以后，自由立宪政体和代议民主政治的确在许多阵线上退却，虽然 1945 年后又再度恢复。然而在本书所述时期，情况却非如此。甚至在沙皇统治下的俄国，1905 年革命的失败也未导致整个选举和议会的废除。不像 1849 年（参见《资本的年代》第一章），即使是俾斯麦在他掌权末期玩弄暂停或废止宪法的构想，德国也不曾就此走向复古。资产阶级社会对于何去何从可能曾感到焦虑，但它仍然很有自信，因为全球经济汹涌向前的好景，是激不起悲观主义的。甚至在政治上持温和看法的人（除非他们有相反的外交和财政利害关系），也盼望俄国发生革命。人们普遍以为，俄国革命会将欧洲文明的污点转化为正派的资产阶级自由国家。而在俄国内部，1905 年革命不像 1917 年的十月革命，它的确曾得到中产阶级和知识分子的热心支持。在无政府主义者盛行暗杀的 19 世纪 90 年代，各国政府都保持了相当的冷静，当时共有两位君主、两名总统和一名首相遭到暗杀［意大利的翁贝托一世（King Umberto）、奥地利的伊丽莎白女王、法国的卡诺总统（Sadi Carnot）、美国的麦金莱总统和西班牙的卡诺瓦斯首相］。1900 年后，在西班牙和部分拉丁美洲以外的地区，已没有人真的为无政府主义感到困扰。法国警察早已准备了一长串公认可能对国家安全有危害的黑名单，其中主要是无政府主义和无政府工团主义的革命分子和反军国主义的颠覆分子。可是，1914 年战争爆发之际，法国内政部长甚至懒得去拘捕这些人。

但是，如果说（不像 1917 年之后的几十年间）就整体而言，资产阶级社会尚未立即感受到严重的威胁，那么 19 世纪的价值观和历史期望，也还没有受到严重损伤。人们仍普遍认为文明的行为、法治和自由的制度惯例，都将继续其长期的进步。当时残留下来的野蛮行为还很不少，尤其（据“高尚人士”所深信）是在下层社会和有幸被白人殖民的“未开化”民族之中。甚至在欧洲，也还有像俄国和奥斯曼这样的国家，其理性之烛明灭不定或根本尚未点燃。可是，从那些震撼全国和国际舆论的丑闻，正可看出处在和平时期的资产阶级世界，对教化的期望有多高：德雷福斯事件是源自拒绝查究一件审判有失公正的事情；1909 年的费瑞（Ferrer）丑闻，是由于处决了一名被误控在巴塞罗那领导暴动风潮的西班牙教育家；1913 年的札本（Zabern）事件，则是由于 20 个示威者在一个阿尔萨斯市镇被德国军队关了一夜。在 20 世纪晚期的今天，我们只能以世风日下的喟叹回顾本书所述时期：在今天世上几乎每天都在发生的屠杀，在那个时代的人们眼中，却是土耳其人和部落民族的专利。

3

因而，当统治阶级尽一切力量去限制舆论和选民大众，限制后者对其本身和国家利益以及重要政策的形成和延续发挥影响力的同时，他们也选择了新的战略。他们针对的主要目标，是 1890 年左右突然以群众现象出现的劳工和社会主义运动（参见第五章）。而其结果是，劳工和社会主义运动比民族主义运动容易对付——民族主义运动在这个时期已经出现，或者说已经登上台面，并进入一个好战、自治论和分离主义的新阶段（参见第六章）。至于天主教徒，除非他们与某种自治论的民族主义认同，否则也很容易整合，因为他们在社会上是保守的（即使像卢杰这种比较少见的基督教社会主义人士亦然），而通常只要能保护天主教的特殊利益，他们便心满意足了。

甚至在爱好和平的斯堪的纳维亚，只要雇主在放弃以暴力手段对付罢工，进而与工会取得和解的态度上，远不及政治人物的表现，那么要将劳工运动纳入制度化的政治赛局当中，便是一件困难的事。大企业日益强大的力量尤其不肯屈服。在大多数国家，尤其是美国和德国，1914 年前雇主这个阶级始终未与工会和好。甚至在英国这个工会早在原则上（而往往也在实际上）被接受的国家，19 世纪 90 年代仍可见到雇主们对工会进行反攻，尽管政府官员采取和解的政策，而自由党领袖也一再向选民保证并极力争取劳工选票，但仍然无济于事。就政治层面而言，问题也很困难。新的劳工党派和依附于 1889 年第二国际的党派一样，拒绝与全国性的资产阶级政府和制度妥协；不过，他们对地方政府的妥协性便高得多（非革命性或非马克思主义的劳工政治活动便没有这样的问题）。但是，到了 1900 年，显而易见，温和改革派已在所有的社会主义群众运动中出现；事实上，甚至在马克思主义者当中，温和改革派也找到其理论家爱德华·伯恩斯坦（Eduard Bernstein）。伯恩斯坦主张：这个运动本身就是一切，其最终目的毫无意义。他主张修改马克思主义理论的要求，曾在 1897 年后的社会主义世界，引起了耻辱、迫害和热烈辩论。与此同时，群众选举制的政治（甚至最马克思主义式的政党也热烈予以拥护，因为它让他们的群众以最大的可见度增长）也只能安静地将这些政党整合进它的体系之中。

社会主义者现在当然还不能进入政府。人们甚至不能期望他们容忍“反动的”政客和政府。可是，最起码在将温和的劳工代表引入赞同改革的较广泛阵线这一点上——结合所有民主人士、共和人士、反教权人士或“人民代表”，对抗反对这些高尚奋斗目标的敌人——颇有成功机会。1899 年起，法国在瓦尔德克·卢梭（Waldeck Rousseau，1846—1904）的领导下，有系统地推行这项政策。卢梭缔造了共和联合政府，以打击在德雷福斯事件中公然向它挑战的敌人。在意大利，先是由札纳戴利（Zanardelli）推行这一政策，札纳戴利的1903年政府依靠了极“左”派人士的支持；随后，推诿和调解高手焦利蒂也萧规曹随。英国在经历19世纪90年代的一些困难之后，自由党员和成立不久的劳工代表委员会（Labour Representation Committee, 英国工党前身）于1903年达成选举协定，使它在1906年以工党的身份进入英国国会。在其他地方，基于对扩大选举权的共同兴趣，社会主义遂与其他民主人士携手合作。例如，丹麦在1901年出现了欧洲第一个堪称可以得到社会主义党派支持的政府。

议会中间派向极左派主动示好，其原因通常不是为了想得到社会主义者的支持。因为即使是规模较大的社会主义政党，在大多数情形下也可轻易从议会赛局中被去除，就像第二次世界大战以后类似大小的共产党在欧洲的遭遇。德国政府用所谓“政治大联合”（Sammlungspolitik）的办法——将誓言反对社会主义的保守人士、天主教徒和自由主义者集结成多数的办法——抑制最难对付的社会主义政党。它们向左派主动示好的原因，反倒是想开拓驯服这些政治野兽的各种可能性，统治阶级中的明智之士未几即认识到这些可能性。这项怀柔策略产生了各种不同的结果，而雇主的不向威逼妥协及其所激起的大规模工业冲突，也未使事情更容易解决。但是，大体而言它还是成功的。至少它得以将大规模劳工运动分裂成温和派和不妥协的激进派，并将通常是少数人的激进派孤立起来。

然而，民主政治在其不满意情绪较不剧烈时，是比较容易驯服的。因此，新的战略便意味着大胆推行社会改革和福利方案，可是此举却逐渐破坏了19世纪中期自由派对政府的著名承诺，亦即不涉足为私人企业和自助组织所保留的领域。英国法学权威戴雪（Dicey,1835—1922）已看出：社会主义自1870年起即利用滚动的蒸汽压路机，将个人自由的地表压成集中管理和平均化的营养午餐、健康保险和年薪制度等暴政。而他的确说对了几分。永远按理行事的俾斯麦，在19世纪80年代已决定用颇具雄心的社会保险方案，来消灭社会主义者的煽动口实。继他走上这条路的，还有奥地利和1906—1914年的英国自由党政府（老人年薪、官办职业介绍所、健康和失业保险）。甚至法国在几度迟疑以后，也在1911年实施年薪制度。奇怪的是，现今“福利国家”的杰出代表——斯堪的纳维亚诸国——却起步甚迟，而若干国家也只做了一点儿象征性的姿态，卡内基（Carnegie）、洛克菲勒（Rockefeller）和摩根（Morgan）等人的美国，则完全没有这方面措施。虽然1914年时，象征性（在理论上）禁止童工的法律甚至在意大利、希腊和保加利亚也已存在，但在美国这个自由企业的乐园，联邦法律还是管不到童工。工伤赔偿法到1905年时已相当普遍，可是国会对它们不感兴趣，而一般法院则谴责它们违宪。除了德国以外，1914年前这类社会福利方案仍相当有限。甚至在德国，它们显然也未能阻止社会主义政党的成长。无论如何，这个趋势已经确立了，只是在欧洲新教国家和澳大利亚速度较快罢了。

戴雪强调：一旦“不干预政府”的理想被抛弃后，政府机关的作用和重要性将会无可避免地不断增强。就这点而言，他也是对的。照现代的标准看来，当时的官僚政治规模还不算大，不过却成长迅速，尤以英国为最。在1891—1911年间，政府所雇用的人数增加了三倍。1914年前后，欧洲公职人员在所有劳动人口中所占的百分比，从法国的3%（颇出人意料），一直到德国和瑞士的5.5%—6%（瑞士的情形也同样出人意料）。[14]20世纪70年代，在欧洲经济共同体的成员国内，这个数字已提高到10%—13%。

昂贵的社会政策可能会减少经济所依赖的企业家的赢利，但是没有这些昂贵的社会政策，政府可以取得民众的效忠吗？如前所述，当时的人认为帝国主义不仅可以支付社会改革所需的费用，而且它本身也是大家所喜欢的。而后来的发展却是战争，或至少是对战胜的期望具有更大的煽动潜力。英国保守党政府在1900年的"卡其选举"（Khaki election，利用战争热潮而得到多数人投票的选举）中，利用南非战争击败其自由党对手。而美国的帝国主义成功地利用人们喜爱炮声的心理，于1898年与西班牙作战。事实上，西奥多·罗斯福（Theodore Roosevelt，1901—1909年担任总统）所领导的美国统治精英，刚刚才发现荷枪的牛仔是美国主义、自由和本土白人传统的真正象征，可利用它来抵抗成群入侵的大批低下移民以及无法控制的大城市。自此以后，这个象征便被普遍利用。

然而，问题的症结却广泛得多。各国的政权和统治阶级在以民主方式动员的群众心中具有正统性吗？本书所述时期的历史大半都是为了解释这个问题。这个任务相当急迫，因为古老的社会机制显然在各地都处于崩溃之中。德国保守党员（基本上是效忠大地主和贵族的选举人）在1881—1912年间，流失了半数选票。其中的原因很简单：他们的选票有71%来自居民不到2 000的村落，只有5%来自居民超过10万的大城市，然而前者占全国人口的百分比正不断下降，后者却正是大批人潮的涌入地。在波美拉尼亚（Pomerania）的普鲁士贵族产业上，旧式的效忠可能仍可奏效，于是保守党在此掌握了几乎一半的票数。但是，即使就整个普鲁士来说，他们也只能动员选民的 11%—12%。[15] 另一个主力阶级——自由派资产阶级——的形势更富戏剧性。这个阶级的胜利，是由于粉碎了古老阶级组织和群落的社会凝聚力，选择市场而非人际关系，选择上流社会而非群众。因此，当群众走上政治舞台追求其本身的利益时，他们自然会反对资产阶级自由主义所代表的一切。这种情形在奥地利最为明显。19 世纪末，奥地利自由党员只剩下一个由德国城市中产阶级和犹太人所构成的残存孤岛。他们在 19 世纪 60 年代的堡垒——维也纳自治市——已沦陷给民主激进派、反犹太人士、新兴的基督教社会党以及社会民主党。甚至在布拉格（Prague）这个资产阶级核心尚能代表人数日益减少的德语居民（大约为数 3 万人，到了 1910 年时，只占全部人口的 7%）利益的地方，他们同样既得不到日耳曼民族主义学生和小资产阶级的效忠，也得不到社会民主党或在政治上已被动员起来的德国工人的效忠，甚至得不到一部分犹太人的效忠。[16]

那么，名义上仍由君主所代表的政府，其情况又怎样？在某些国家，其本身在当时可能还是相当新颖的：意大利和德意志帝国并没有任何相关的历史先例，遑论罗马尼亚和保加利亚。在法国、西班牙以及内战后的美国，其政权可能是最近的失败、革命和内战的产物，拉丁美洲各共和国递嬗频仍的政权，自然更是典型代表。在王国制度长久确立的地方——即使是 19 世纪 70 年代的英国——共和的鼓动也是（或者看来是）绝不可忽略的。全国性的骚动愈演愈烈，在这种情况下，政府还可以把其所有臣民或公民的忠诚视为理所当然吗？

因而，这是一个促使政府、知识分子和商人发现“非理性”的政治意义的时刻。知识分子动笔为文，政府则采取行动。英国政治科学家格雷厄姆·沃拉斯（Graham Wallas）在 1908 年写道：“任何以重新检讨人性作用作为其政治思考基础的人，必须以设法克服本身夸大人类理智的倾向为开端。”沃拉斯意识到他正在为 19 世纪的自由主义撰写墓志铭。[17] 于是，政治生活越来越流于形式，并且充满了公开的和潜在的象征以及引起大家注意的手段。由于以往确保隶属、服从和效忠的方法（主要是宗教性的）已经不大管用，对于某种替代品的公开需求便借着传统的发明而得到满足；这种发明，是利用像王冠和军事光荣这类业经考验证明能引发感情的旧事物，以及如前所述（参见前一章）利用像帝国和殖民地征服这类新事物。

和园艺一样，这种发展是上面种植（或预备好随时可种植）和下面成长的混合。政府和统治阶级的精英分子，当他们在制定新的国定假日（如 1880 年法国规定 7 月 14 日为国庆日），或发展出英国君主政体的仪式化（自 19 世纪 80 年代，便越来越趋向神圣性和拜占庭式）时，他们很清楚这样做的意义。[18] 事实上，在 1867 年选举权扩大以后，英国的法律诠译者，仍明白地将宪法区别为“有效的”部分和“庄严的”部分。前者是统治借以进行的部分，后者的功能则是让民众在被统治时心悦诚服。[19] 大量巍峨的大理石等石材建筑物在专家的规划下填满国内空地（政府急切地想借此证实其合理合法性，尤其是在新德意志帝国），而这项计划除了充实无数建筑师和雕刻家的荷包之外，并不具任何艺术上的好处。英国的加冕典礼，此时已为了吸引民众注意力而自觉地组织成政治意识形态形式。

可是，他们并没有创造出在感情上令人满意的仪式和象征。他们只是发现和填补了一个空虚之处，这个空虚之处是自由时代的政治理性主义所造成的，也是向民众表态的新需要和这些民众本身的改变所造成的。在这一点上，传统的发明和同样产生在这几十年间的对于大众市场、大众展览与娱乐商业的发现，是并行不悖的。广告业虽然是美国内战之后的发明，却直到此时才首次获得应有的认知。海报便是 19 世纪 80 年代和 19 世纪 90 年代的产物。一种共同的社会心态（“群众”心理学已成为法国教授和美国广告大师的热门话题）将 1880 年开始举办的“皇家马术比赛”（Royal Tournament，一种公开展示的军事和戏剧表演活动）和黑池海边（新兴无产阶级的喧嚣游乐场）海边的灯饰联想在一起；将维多利亚女王和柯达（Kodak）女郎（20 世纪最初十年的产品）联系在一起；将威廉皇帝为霍亨索伦家族统治者（Hohenzollern ruler）竖立的纪念碑与（法国画家）劳特雷克（Toulouse-Lautrec）为著名杂耍艺人所绘的海报衔接在一起。

在那些自发的民间情感可资开拓操纵的地方，或可将非官方群众活动涵括进去的地方，官方若能主动出击，自然会获得最大的成功。法国的 7 月 14 日之所以能成为一个真正的国庆日，是因为它一方面唤起了人民对大革命的眷恋，另一方面满足了人民对法定狂欢节的需求。[20] 德国虽然用了无数吨的大理石和其他石材，还是无法将皇帝威廉一世尊为国父。但是，当伟大的政治家俾斯麦（被皇帝威廉二世革职）逝世之际，政府却乘机利用了非官方民族主义的热忱，这种热忱让德国人竖立了上百根“俾斯麦纪功柱”。反过来，非官方民族主义也在军事强权和全球野心的驱使下，被焊接到其素来反对的“小日耳曼”（Little Germany）当中。这一点可由《德国至上》(*Deutschland Uber Alles*)战胜比较谦和的国歌以及新兴普鲁士德国的黑白红旗战胜旧有的 1848 年黑红金旗当中看出。这两项胜利都发生在 19 世纪 90 年代。[21]

因此，当时的各个政权正在进行一场无声的战争，想要控制各种足以代表其境内人民的符号和仪式，尤其是通过对公立教育制度（特别是小学，也就是民主国家以“正确”的精神“教育我们未来主人翁”[这是罗伯特·罗（Robert Lowe)1867 年的措辞[22]]的必要基础）的控制；而在那些教会不具有政治可信度的地方，则是借由对出生、婚姻和死亡等重大仪式的控制。在所有这些象征之中，最强有力的或许是音乐，其政治形式为国歌和军队进行曲。在这个苏泽（J. P. Sousa，1854—1932）和爱德华·埃尔加（Edward Elgar,1857—1934）的时代，国歌和军队进行曲都被拼命演奏。(在 1890—1910 年间，为英国国歌所谱的曲子，其数量之多，空前绝后[23]）当然，国旗是最重要的象征。在没有君主的地方，国旗本身便可以在实质上具体代表政府、国家和社会。美国学校每日举行的升旗仪式自 19 世纪 80 年代晚期开始推广，终于成为普遍的做法。[24]

拥有可资动员而且普遍为人所接受的象征的政权，实在是无比幸运。比方说，英国君主便是一例。他甚至以劳动阶级的节庆——足球协会杯决赛——作为他每年出席各种场合的首站，以借此强调大众公开仪式也可等同于大规模壮观场面。在这一时期，公开的政治仪式场地（如德国国家纪念碑周围）和可兼作政治活动场所的新运动场和运动馆，都开始成倍增加。较年长的读者，应当还记得希特勒在柏林运动宫（Sportspalast）所发表的演说。而可以与某个拥有大规模民间支持的伟大奋斗目标相结合的政权也是幸运的，例如法国和美国的革命以及共和国。

由于国家和政府正在与非官方群众运动竞逐团结和效忠的象征符号，于是，群众运动遂开始设计其自己的反象征符号。比方说，当先前的革命国歌《马赛曲》（*Marseillaise*）被政府接受后，非官方的社会主义运动便设计了《国际歌》（*Internationale*）。[25]虽然常有人把德国和奥地利的社会主义政党视为这类分离社群、反社会和反文化的极端例子（参见下章），但事实上他们只是不够地道的分离主义者，因为他们仍旧借由他们对教育（也就是公立学校系统）、理性和科学，以及对（资产阶级）"古典艺术"的价值信念，与官方文化有所关联。毕竟，他们是启蒙运动的继承人。在语言和信仰的基础上建立敌对的学校系统，从而与政府进行对抗的，是宗教和民族主义运动。不过，如我们在爱尔兰这一例子中所看到的，所有的群众运动都很容易在反政府的核心周围，建立起由协会和非法社群组成的复合体。

4

西欧的政治团体和统治阶级，在处理这些潜在的或事实上的颠覆性大规模动员上，成功了吗？整体说来，除了奥地利外，他们都成功了。奥地利是个多民族国家，而每个民族都把它们的期望寄托在别的地方。奥地利之所以能勉强维持，靠的不过是皇帝约瑟夫（Francis Joseph，1848—1916年在位）的长寿、持怀疑论和唯理主义观念的官僚行政体系，以及对境内若干民族来说，它毕竟是几种可能命运中最差强人意的事实。大体而言，这些群体还是愿意被整合到这个国家里面。虽然世界其他地区的形势相当不同（参见第十二章），可是对资产阶级和资本主义的西方而言，在1875—1914年间，尤其是1900—1914年间，虽然不乏惊慌、出轨，仍不失为一个政治上的稳定时期。

这段时期，排斥现有政治体系的运动，如社会主义，仍在控制之下，要不——除非它们的力量不够大——也是被当作主流舆论的催化剂。或许这便是在法兰西共和国促成“保守”、在帝制德国强化反社会主义的原因，没有任何事物比共同的敌人更能促进团结。甚至民族主义有时也不难处理。威尔士的民族主义加强了自由主义，并且把它的斗士劳合·乔治推举成政府首脑、民意煽动者以及与民主激进派和劳工取得和解的调停者。爱尔兰的民族主义，在1879—1891年的一连串戏剧性事件之后，似乎因土地改革和政治上对英国自由主义的依靠而平息。泛日耳曼极端主义，因威廉一世的军国主义和帝国主义而甘心接受“小日耳曼”。甚至比利时的佛兰德斯人，也仍留在天主教政党内，天主教政党从不诘难这个双民族的一元政府。极右和极左派的不妥协者可以予以孤立。伟大的社会主义运动虽然宣称革命是不可避免的，但是当时它们还忙于别的事情。当大战在1914年爆发时，它们大多数在爱国情感的驱使下，与它们的政府和统治阶级团结一致。西欧唯一的主要例外，事实上却证明了这个法则。因为英国的独立劳工党之所以坚持反对战争，正是因为它也具有英国“非国教主义”和“资产阶级自由主义”长久爱好和平的传统。这个情形，使英国成为自由党阁员为这样的动机而在1914年8月相率辞职的唯一国家。

接受战争的社会主义政党，它们的表现并不是很热衷。他们之所以接受战争，主要是因为害怕被追随者遗弃；他们的追随者，在自发热忱的激励之下，踊跃从军。在没有征兵制的英国，1914年8月到1915年6月之间，共有200万人志愿服役。这个事实，以令人悲伤的方式证明了整合式民主政治活动的成功。1914年，只有在几乎尚未认真着手使贫穷公民认同于国家的地方（例如意大利）或者在几乎无法使贫穷公民与国家和政府产生认同的地方（例如捷克人的情形），民众才会对战争漠不关心，甚至反战。大规模的反战活动，要到很久之后才真正展开。

由于政治整合成功了，各政权因此只需面对当下的直接的行动挑战。这种不安状态的确在扩散，尤以战前最后几年为最。但是，在资产阶级社会核心国家尚未陷入革命或准革命的局势下，它们只能构成对公共秩序而非社会制度的挑战。法国南部葡萄酒农的暴动，奉派前往镇压他们的第十七团的兵变（1907年），贝尔法斯特（Belfast，1907年）、利物浦（1911年）和都柏林（Dublin，1913年）的几近全面罢工，瑞典的全面罢工（1908年），甚至巴塞罗那的“悲剧周”（tragic week，1909年），其本身都不足以动摇政权的基础。尽管它们的确很严重，而且还是复合经济的脆弱程度的征候。虽然英国绅士素以冷静闻名，但是当1912年英国首相阿斯奎斯（H. H. Asquith）在宣布政府决定对煤矿工人总罢工让步时，他还是哭了起来。

我们不应低估这类现象。即使当时人不知道接下来会发生什么事，但是在战前最后几年，他们已经常可感觉到巨变之前的社会骚动。在这些年间，豪华饭店和乡间别墅都会不时发生暴力事件。它们凸显了“美好时代”政治秩序的无常和脆弱。

但是，我们也不要过于高估它们。就资产阶级社会的核心国家而言，破坏“美好时代”稳定（包括其和平）的，是俄国、奥匈帝国和巴尔干诸国的形势，而非西欧甚或德国的形势。在大战前夕使英国政治形势陷入危险的，不是工人反叛，而是统治阶级的内部分裂。极端保守的上议院对抗下议院，军官集体拒绝听命于致力实现爱尔兰自治的自由党政府，因此形成了宪政危机。无疑，这样的危机部分是由于劳工动员，因为上院想要盲目抵制却又无力抵制的，是劳合·乔治的杰出煽动能力。劳合·乔治的方法，旨在将"人民"留在统治者的系统组织内。不过，这些危机之中最后也最严重的一个，其起因则是自由党员在政治上主张（天主教的）爱尔兰自治，以及保守党员支持阿尔斯特地区的新教极端分子对爱尔兰自治进行武装抗拒。议会民主这种程式化的政治游戏，自然是无力控制这种局面，就像我们在 20 世纪 80 年代仍可看到的那样。

虽然如此，在 1880—1914 年间，统治阶级还是发现——纵然他们心存怀疑——议会民主政治已证明它可与资本主义政权的政治和经济稳定相媲美。如同这个制度一样，上述发现至少在欧洲还是新颖的，这对社会革命分子来说不啻是一件令人失望的事。因为马克思和恩格斯原先一直认为，民主共和国虽然摆明是"资产阶级的"，却也是社会主义的前奏，因为它允许，甚至鼓励无产阶级进行政治动员，鼓励被压迫民众在无产阶级的领导之下进行政治动员。因此，不论它愿意还是不愿意，它都会看到无产阶级在与其压榨者的冲突中获得最后胜利。可是，在本书所论时期行将结束之际，马、恩的信徒却听到迥然不同的调子。1917年，列宁主张："民主共和国是资本主义所能有的最好外壳。因此，一旦资本主义控制了这个最好外壳，它便可以牢固地确立它的权势，以至于在资产阶级民主共和国中，没有任何改变可以动摇它——不论是人事的改变、制度的改变或政党的改变都一样。”[26] 和平常一样，列宁所注意的主要不是一般性的政治分析，而是为一个特殊的政治形势做有力辩论。列宁发表这段话的目的是针对当时的俄国临时政府，支持苏维埃掌权。总之，我们要注意的不是他的主张是否正确。他这项主张很有商榷余地，未能认出保护诸国免于社会动乱的经济和社会层面，以及有助于民主政治的各种制度。我们应注意的是它的似是而非。在1880年以前，这样的主张对于那些从事政治活动的资本主义支持者和反对者来说，几乎是同样难以置信。即使是对政治上的极左派而言，给予“民主共和国”如此负面的判断也是很难想象的。在1917年列宁提出这个意见的背后，西方已有将近一个世纪的民主化经验，而战前的15年，这种经验尤为丰富。

但是，政治的民主与繁荣的资本主义之间的结合，其稳定性会不会只是当时的一种幻象？当我们回顾1880—1914年这段岁月之际，令我们印象深刻的是这种结合的脆弱及其范围的有限。它一直局限在西方少数几个成功发达的经济体之中，通常也跨不出具有漫长立宪历史的几个国家。民主政治的乐观主义，也就是对历史无可救药的信念，很容易造成一种错觉，仿佛它在全世界的进展都是不可遏抑的。但是，它毕竟不是未来全世界的模范。1919年时，俄国和土耳其以西的整个欧洲，均有系统地重组为民主式国家。可是，在1939年的欧洲，还有多少民主国家存在？当法西斯主义和其他独裁政府兴起时，许多人提出与列宁相反的理论，甚至列宁的信徒也不例外。但是，认为资本主义一定会抛弃资产阶级民主政治的想法也同样是错的。1945年，资产阶级的民主政治再度复活，自此以后，它一直是许多资本主义社会最喜好的制度——这些社会多半经济繁荣，而且没有对立或分裂的困扰，因此才支撑得起这么一个在政治上堪称便利的制度。不过，这种制度在20世纪晚期联合国的150多个成员国中，只在极少数国家能有效实施。1880—1914年间的民主政治进展，既未预示它的永久性，也未预示它的全球胜利。

第五章

世界的工人

我认识了一个名叫施罗德（Schröder）的鞋匠……他后来去了美国……他给了我一些报纸。我因为心情不好，所以看了一点儿。之后，我越看越有兴趣……报上把工人的苦况以及他们如何依靠资本家和地主描写得万分真实，令我十分惊愕。好像我的眼睛从前都没有睁开似的。该死的！他们在那些报纸上写的都是实话。我到那天为止的一生，便是一个证明。

—— 一位德国劳工，1911 年前后[1]

他们（欧洲的工人）感到重大的社会变迁必须尽快到来；由上流人士主宰政治并拥有和享受政权的人间喜剧已经闭幕；民主政治的时代即将开始，劳动者为其自身所做的奋斗，将比国家与国家间的战争更为优先，后者只是工人之间无目标的战斗。

——塞缪尔·龚帕斯（Samuel Gompers），1909 年[2]

无产阶级的人生，无产阶级的死亡，本着进步精神的火葬。

——奥地利工人丧葬协会箴言[3]

1

在选民人数不可避免地日益增长的情形下，大多数的合格选举人，一定会是贫苦、不安和不满的选民。他们无法逃脱其经济和社会境遇，以及由此境遇所衍生的种种问题。易言之，他们不得不受其阶级境遇的主宰。其人数因工业化潮流正在吞噬西方而显著增加，其出现越来越不可避免，其阶级意识似乎会直接威胁到现代社会的社会、经济和政治制度，这个阶级便是无产阶级。年轻的温斯顿·丘吉尔（当时是自由党内阁成员）曾警告英国国会说，如果保守、自由两党的政治制度崩溃，则将为阶级政治所取代，当他在说这番话时，心中所想的，正是这些人。

在所有被西方资本主义浪潮淹没甚或包围的国家，以劳力赚取工资度日的人数正在不断增加——从南美巴塔哥尼亚（Patagonia）的大牧场和智利的硝酸盐矿场，一直到西伯利亚东北冰天雪地里的金矿区（大战前夕，此处发生了大规模的罢工和屠杀）。在任何需要修筑工事，或需要在19世纪已不可或缺的市政服务和公共事业（例如瓦斯、供水和垃圾处理）的地方，在任何将全球经济连为一体的港口、铁路和电报到达的地方，都可看到他们的身影。在五大洲的许多偏远之处，矿场即将被发现。到了1914年，北美洲、中美洲、东欧、东南亚和中东的油田也已被大规模开采。更重要的是：甚至在基本上以农业为主的国家，其城市市场也由在某种工业设施中工作的廉价劳力，供应加工过的食物、饮料、酒和简单的纺织品。而在某些劳动力廉价国家，比如印度，相当规模的纺织乃至钢铁工业也在发展之中。可是，工资工人增加最快，并已形成诸如劳工这类可资辨识的阶级的地方，主要是在早已完成工业化，或在1870—1914年间进入工业革命时期的国家，也就是说主要在欧洲、北美、日本和某些海外白人的大规模殖民地区。

工人的增长，主要是将前工业时代两大劳动力储藏区的人们转移过来。这两个储藏区一是需要手工技艺的行业，一是农村——当时大多数人仍住在农村。到了19世纪末，都市化或许比以前任何时期都进展得更快、规模更大，而重要的移民激流（比方说来自英国和东欧的犹太聚居区）是由乡镇涌入，虽然有时是人数不多的市镇。这些人可以，也确曾由一种非农业工作转到另一种非农业工作。至于由田地上逃离的男男女女，即使他们还想务农，也只有极少数人能有这样的机会。

一方面，西方正在进行现代化和已经现代化的农耕，需要的长工比以往少得多。不过现代农业倒是雇用了相当多的季节性劳工，这些劳工往往来自遥远的地方，工作季节一过，农人对他们便没有任何需求。德国的波兰“萨克森行走者”（Sachsengönger）、阿根廷的意大利“燕子”（据说他们拒绝在德国担任收割工作，因为由意大利去南美比较便宜而且容易，工资也较高）、[4]美国的跳火车越境者乃至那时便不时可见的墨西哥人，都是季节性劳工。虽然如此，农业的进步毕竟意味着从事耕作的人数减少。在1910年的新西兰，没有什么值得一提的工业。那个时候，新西兰人完全是倚靠极端有效率的农业维生，尤其专精家畜和乳制品业。可是，当时新西兰却有54%的人口住在市镇，更有40%（这个比例是不包括俄国在内的欧洲地区的两倍）从事服务业。[5]

同时，落后地区尚未现代化的农业，也已无法再为可能成为小农的人提供足够的土地。当他们被迫向外迁移之际，他们之中的大多数人实在不想做一辈子劳工。他们希望“到达美国”（或任何他们想去的地方），几年以后赚够了钱，便在某个西西里、波兰或希腊村落给自己买一点儿土地、一幢房子，并让邻居把他们当有钱人来尊重。他们之中的少数后来的确回去了，但大多数都留了下来，进了建筑队、矿场、钢厂，或加入其他只需要卖力气而不需要别的技能的都市和工业领域。他们的女儿和新娘便充当了家仆。

19 世纪晚期以前，有许多人用手工方法制作最为大家熟悉的都市日用必需品，如衣服、鞋袜、家具等。这些人从骄傲的工匠师傅，一直到工资甚低的技工或顶楼缝纫女，形形色色，无所不有。可是如今，机器和工厂生产开始威胁他们的生计，虽然他们的产量已有可观增加，可是就算他们的人数似乎没有戏剧性减少，他们在整个劳动力中所占的比例却显著下降。在德国，从事制鞋的人数在 1882—1907 年间只稍有减少（由 40 万人左右减少到 37 万人左右），但是在 1890—1910 年间，皮革的消耗量却倍增。显然，绝大部分的额外生产，是由 1 500 家较大的工厂所制造（大工厂的数目自 1882 年以后已增加三倍，所雇佣的工人几乎增长了 6 倍之多），而非来自不雇用工人或雇用十个以下工人的小作坊，这类小作坊的数目下降了 20%。1882 年时，小作坊雇用的工人占制鞋业工人的 93%，如今只占 63%。[6] 在迅速工业化的国家中，前工业式的制造业为各项新工业储备了人才，这些人才数量虽然不多，但绝非无足轻重。

另一方面，因为在这个经济扩张时期对于劳动力显然有无限需求，尤其是对那种随时可以投入其扩张部分的前工业劳动力，于是，在进行工业化的经济中，无产阶级人数逐渐以可观的速度增加。由于当时的工业增长还是依靠手工技巧和蒸汽技术的结合，或者如建筑一样尚未大幅改变其方法，因此当时所需求的仍是旧有的手艺技巧，或将铁匠和锁匠的传统技巧运用到新的机器制造工业。这一点具有重大意义，因为受过训练的熟练技术工人（一群有确定地位的前工业时代工资工人），往往在早期各经济体的无产阶级发展上，构成了最积极、最具训练且最有自信的成分。德国社会民主党领袖是一位车木工（倍倍尔），而西班牙社会主义党领袖则是一位排版工人［伊格莱西亚斯（Iglesias）］。

当工业劳动还停留在非机械化而且不需特殊技术的阶段，不但任何生手都可从事，而且由于其所需劳力甚多，因此当生产额增加时，这类工人也会随之激增。举两个明显的例子来说，营造业（修造工厂、运输和迅速成长中的大城市基础建筑）和煤矿业都雇用了无数工人。德国从事营造业的工人，由 1875 年的 50 万人左右，增加到 1907 年的将近 170 万人，即从总劳动力的 10% 左右，增加到将近 16%。1913 年，英国有不下 125 万名工人（1907 年时，德国有 80 万）维持世界经济发展所需的煤产量（1985 年时，英德两国的数字分别是 19.7 万和 13.75 万）。另一方面，想借着各种专门的机器和程序（由非技术性劳力操作）来取代手艺和经验的机械化，也对那些低廉无助的生疏劳工大开欢迎之门，这个情形在美国尤为明显。美国原本就缺少前工业时代的传统技巧，而生产部门对此也不怎么需要。（福特说：“想要成为技术工人的意愿并不普遍。”）[7]

在 19 世纪将尽之际，没有任何已经工业化、正在工业化或正在都市化的国家，会感受不到这些史无前例、显然无名无根的劳动群众的存在。他们已经形成一个不断增长的群体，在总人口数中所占的比例也不可避免地日渐增加，而且很可能在不久之后会成为大多数。虽然在美国从事服务业的人数已较蓝领工人为多，可是在其他地方，由于工业经济多元化，以及扮演其主力的第三产业（办公室、商店和其他服务业）尚在起步阶段，因此它们的主要发展与美国相反。在前工业时代，城市居民主要是从事服务业，因为甚至连工匠通常也是小店主。可是现在，城市已成为制造业中心，到了 19 世纪末，在大城市（也就是有 10 万居民以上的城市）中约有 2/3 的就业人口是集中在工业界。[8]

当 19 世纪末的人们回顾以往，让他们印象最深刻的恐怕要推工业大军的进展，而在各镇各区之内，十之八九要算是工业专门化的现象。典型的工业城市（通常有 5 万到 30 万居民，当然，在 19 世纪初，任何拥有 10 万居民的城市便可算是大城市）往往给人单色调的印象，顶多也只有两三种相关色彩：鲁贝（Roubaix）、罗兹（Lodz）、邓迪（Dundee）、洛威尔（Lowell）是纺织业；埃森（Essen）、米德尔斯伯勒（Middlesbrough）是煤、铁、钢，或三者的搭配；查洛（Jarrow）和巴罗（Barrow）是军备和造船；路德维希港（Ludwigshafen）或威德尼斯（Widnes）则是化学品。在这点上，它们与新兴的数百万人大城市（不论是否为首都），不论在大小和性质上都不一样。虽然某些宏伟的首都也是重要的工业中心（柏林、圣彼得堡、布达佩斯），可是通常首都不是该国的工业核心。

再者，虽然这些民众庞杂不一，可是他们似乎越来越成为大型复合公司的一部分，由数百人到数千人的工厂的一部分，尤其是在重工业的新中心。埃森的克虏伯公司（Krupp）、巴罗的维克斯公司（Vickers）、纽卡斯尔（Newcastle）的阿姆斯特朗公司

（Armstrong），其每个工厂的劳工皆以万计。但是，在巨型工厂或作业场工作的工人仍是少数。甚至在 1913 年的德国，雇用 10 名以上劳工的工厂也只占 23%—24%，[9] 然而这些人却越来越显眼，并且是不太容易对付的少数群体。而且，不论历史学家在回顾时会得出什么结论，对于当时人而言，这些工人群体实在为数庞大，而且无疑还在不断增长。他们使已经确立的社会和政治秩序蒙上了一层阴影。如果他们在政治上组成一个阶级，结果会如何呢？

以欧洲的情况而言，这正是当时的突发现象，并且会以极快的速度发展下去。只要是在民主和选举政治允许的地方，以工人阶级为基础的群众党派（大半是由革命社会主义意识形态所激励，因为就其定义来说，所有的社会主义都是革命性的）便会在信仰社会主义意识形态的男人（有时甚至是女人）领导下出现在社会上，并以惊人的速度增长。1880 年时，它们几乎还不存在，除了德国社会民主党外，这个刚于 1875 年完成结盟的政党，当时已是一个有分量的选举势力。可是，到了 1906 年，大家已把这些政党视为理所当然，以至一位德国学者可以出版一本讨论“美国为什么没有社会主义”的书。[10] 大规模的劳动阶级和社会主义政党在当时已是常态，如果不存在才是叫人吃惊的事。

事实上，到了 1914 年，甚至美国也有了大规模的社会主义政党，1912 年，其候选人几乎得到了 100 万张选票；在阿根廷，社会主义政党也在 1914 年得到 10% 的选票。而在澳大利亚，一个公认的非社会主义的劳工党，已经在 1912 年组成联邦政府。至于欧洲，只要环境允许，社会主义和劳工政党都会是重要的选举力量。一般说来，它们的确还是少数党，不过在某些国家，尤其是德国和斯堪的纳维亚国家，它们已是最大的全国性政党，得到高达 35%—40% 的选票，而每次选举权的扩大，都意味着工业群众准备选择社会主义。他们不但投票，还组织成庞大的群体：比利时劳工党在 1911 年时拥有 27.6 万党员；伟大的德国社会民主党则有 100 多万党员，而与这些政党有关、往往也由它们所创办的间接性劳工政治组织，其规模甚至更大，例如工会和合作社。

并非所有的劳工团体都像北欧和中欧那么庞大、整齐而且有纪律。但是，即使在工人团体是由积极的非正规团体或地方好斗者组成的地方，只要它们已预备好在各种动员发生时扮演领导角色，那么这些地方的新兴劳工和社会主义政党便值得我们加以重视。它们在全国性的政党当中是一个重要因素。正因如此，所以法国的这个党派，虽然在 1914 年时，其 7.6 万名党员既不团结，也称不上是大数目，却凭借着 140 万张选票而选出 103 位代表。在意大利，这个党派的党员人数虽然更少（1914 年时是 5 万人），却也得到几乎 100 万张选票。[11] 简而言之，几乎在每一个地方，劳工和社会主义政党都以（因人而异的）极端可惊人或不可思议的速度在增长。它们的领袖因增长曲线中所显示出的胜利而欢欣鼓舞。只要看工业化的英国在这些年间所做的全国人口调查记录，便可知道劳动阶级已注定会成为全民中的多数。无产阶级正在加入这类政党。根据理性而且具有统计头脑的德国社会主义者的看法，这些政党所赢得的选票比例迟早会超过 51%——这个似乎具有魔力的数字在民主国家中，绝对是一个决定性的转折点。或者，正如社会主义的新颂歌所云：“第二国际将包括全人类。”

我们不需抱这种乐观态度，因为这种态度后来证明是错误的。不过，在 1914 年前几年，甚至那些已获得奇迹般成功的政党，显然还是可以动员极大的潜在支持力量，它们也的确在动员。

而19世纪80年代以来社会劳工政党的快速上升，自然会带给其党员、支持者和领袖一种兴奋的感觉，让他们对未来充满希望，并相信其胜利是历史的必然发展。对于那些在工厂、作坊和矿场中动手出卖劳力的人而言，这是有史以来第一个具有光明希望的时代。套用俄国社会主义歌的一句歌词："走出黑暗的过去，未来之光照耀通明。"

2

乍看之下，工人阶级政党的显著上升是相当令人惊讶的。它们的力量基本上是来自其政治诉求的单纯性。它们是所有为工资而出卖劳动力之人的政党。它们代表这个阶级来对抗资本主义者及其政府，它们的目标在于创造一个新社会。这个社会将以工人借其自身力量争取到的解放为开始，而它也将解放全人类，除了那些为数越来越少的压榨者。马克思主义的学说在马克思逝世之后，一直到19世纪末才得到系统阐述，并日渐主宰了大多数这样的新政党，因为它对这些主张的明白宣示，使它具有庞大的政治渗透力。大家只要知道所有的工人都必须加入或支持这样的政党就够了，因为历史的本身已保证了它的未来胜利。

这个学说乃是假定：当时有一个具有足够人数的工人阶级存在，这些人一致认为自己是马克思主义所谓的"无产阶级"，也充分相信社会主义者对这一阶级的处境和任务的分析是正确的——它的首要任务是形成无产阶级政党，而且不论他们还打算做些什么别的，他们都必须采取政治行动。(并非所有的革命分子都同意政治活动有这么重要，但是目前我们不去讨论这些反政治的少数分子。这些人主要是受到了当时无政府主义思想的启发。)

但是，几乎所有观察过工人阶级情况的人，都同意所谓的“无产阶级”绝不是一个均质的群体，即使在一国之内也不是。事实上，在许多新政党兴起以前，人们在谈论“工人阶级”时，习惯用的便是复数而非单数。

被社会主义者笼统冠以“无产阶级”称号的群众，其内部区分其实非常明显，以至我们根本不期望能够根据任何事实断言他们具有单一的阶级意识。

现代工业化工厂中的典型无产阶级，往往还是一个小型但迅速成长中的少数，他们与大多数出卖劳动力的工人大不相同。后者在小作坊、农场小屋、城市陋巷或露天底下从事形形色色的工作，这些工作充斥在各城市、农村乃至乡下地区。制造业、手工艺或其他专门职业，往往极具地方性也最受限于地理环境，而他们并不认为彼此的问题和处境是一样的。例如，在完全是男性的锅炉制造工和（英国）主要是女性的棉织工之间，会有多少共同的地方？或者，同一港埠的船坞技工、码头工人、成衣匠和建筑工人之间，又有多少共同的地方？这些区别不仅存在于阶级之间，也存在于阶级之内，也是水平的：技工和力工间的区别；“可敬”人士和职工（既自尊也为别人所敬重的人）与其他人之间的区别；工人贵族、下贱可鄙的劳动阶级和介于两者之间者的划分；乃至不同等级的熟练技工的歧视，排字工人看不起泥水匠，泥水匠看不起油漆匠。再者，在相等的群体之间，不但有区别，也有竞争。每一个群体都想要垄断某个特殊行业，这样的竞争，又因工业技术的发展而加剧。工业技术的发展改变了旧有的程序，创造了新的程序，使旧有的技术变得无关紧要，也使原本清楚的传统界限（比方说，什么应该是锁匠的职责，什么又是铁匠的职责）变得无效。在雇主强而工人弱的地方，管理阶层通过机器和命令，强行规定其自己的劳动力区划。但是在其他地方，技术工人可能会进行令人难堪的“界限争夺”。这类争夺在英国的船坞时有发生，尤以19世纪90年代为最，往往使那些未涉入职业争斗的工人陷入失控的闲散状态。

除了上述种种区别，当时还有更为明显的社会和地域的差异，以及国籍、语言、文化和宗教的差异。这些差异的出现乃是不可避免的，因为工业界是从本国境内的所有角落征召其迅速成长的大量劳工，而且事实上，在这个大规模跨国和越洋迁徙的时代，它们也从国外征召劳工。从某种角度看来似乎男男女女都集中于一个“工人阶级”的现象，换个角度却变成社会断片的四散横飞、新旧社群的放逐离散。只要这些区别能使工人分化，对于雇主来说显然就是有用的，因此也受到雇主的鼓励。这种情形尤以美国为最，美国的无产阶级大半是由各种各样的外国移民所构成的。甚至像落基山脉中的西部矿工联盟（Western Federation of Miners），也因为美以美教派康沃尔技工和天主教爱尔兰生手之间的争斗而有分裂的危险。这些康沃尔工人是硬岩专家，在地球上任何对金属做商业性开采的地方，都看得到他们。没有什么技术的天主教爱尔兰工人，则是在英语世界边疆上任何需要力气和艰辛劳动的地方都可找到。

不论工人阶级内部的其他差异是什么，使他们陷入分裂的无疑是：国籍、宗教和语言的不同。爱尔兰不幸的分裂典型也是大家所熟悉的。甚至在德国，天主教工人对社会民主党的抗拒也比新教工人来得顽强；而波希米亚（Bohemia）的捷克工人也拒绝被整合到由德语工人所支配的泛奥地利运动中去。马克思曾经告诉社会主义者说：工人无祖国，只有一个阶级。社会主义人士的这种国际主义热情之所以引起劳工运动的注意，不仅是由于它的理想性，也因为这往往是它们运作的基本先决条件。维也纳有1/3 的工人是捷克移民，布达佩斯的技术工人是德国人，其余工人则是斯洛伐克人（Slovaks）或马扎尔人（Magyars）。在这样的城市中，如不诉诸国际主义又怎么能动员工人？贝尔法斯特这个伟大的工业中心，从以前到现在一直在说明：当工人的自我认同主要是天主教徒和新教徒而非工人甚或爱尔兰人时，可能会发生什么样的情形。

幸运的是，诉诸国际主义或区际主义（inter-regionalism）的结果，并非完全无效。语言、国籍和宗教歧异本身，并不会阻止统一的阶级意识形成，尤以各国的工人群体各在劳工市场有其地盘，因此不需互相竞争时为然。只有在这些歧异代表或象征“跨越阶级界限的严重群体冲突”，或这些差异似与所有工人的团结势不两立的地方才会造成大麻烦。捷克工人对德国工人的怀疑，不是基于他们的工人身份，而是基于他们的国家把捷克人当低等人看待。当阿尔斯特的天主教爱尔兰工人，看到 1870—1914 年间天主教徒越来越被排除在技术工作之外，而这种工作因此几乎全被新教徒垄断，并且这个情形还获得工会的赞同时，他们显然不会对阶级团结的呼吁产生好感。即使如此，阶级经验的力量还是很强，因此，工人与其他特定群体（比如波兰人、天主教徒等）的认同，只会缩小而非取代原有的阶级认同。他还是会觉得自己是个工人，不过是特定的捷克、波兰或天主教工人。虽然天主教会深深嫌恶阶级的划分和冲突，它还是不得不组成（或者至少宽容）工会，甚至天主教同业工会，不过它还是比较喜欢劳资联合组织。其他的认同真正排除的，不是阶级意识本身，而是“政治性的”阶级意识。因而，即使是在阿尔斯特的派系意识战场，当时还是有工会运动以及组织劳工政党的一般倾向。但是，只有在不涉及下列两项主宰生存和政治辩论的议题时，工人才有团结的可能。这两项议题是宗教和爱尔兰地方自治，天主教和新教工人（橘色和绿色工人）无法在这两点上达成协议。在这样的情形下，某种工会运动和工业斗争是可能的，但是（除了在每一个群落之内，而且只是微弱和间歇的）以阶级认同为基础的单一政党却不可能出现。

工业经济本身所发展出的庞杂结构，是另一个妨碍工人阶级意识和组织的因素。在这一点上，英国是相当例外的情形，因为英国已经拥有强大的非政治阶级意识和劳工组织。这个工业化先驱国的拟古倾向，使一种相当原始而且大半分散的工会主义（主要是行业工会），深植于各地的基本工业当中；基于好几种原因，该国工业的发展较少借由机器取代劳动力，而主要是通过手工操作和蒸汽动力的结合。在这个旧日的“世界工厂”的所有大工业中——棉纺织、冶矿、机械与船舶建造业——都有劳工组织核心的存在，这样的核心，可以转化为群众工会主义。1867—1875年间，同业工会实际上已得到具有广泛影响力的法律地位和特权，以至好斗的雇主与保守的政府和法官，在20世纪80年代以前，都未能减缩或废除它们。劳工组织不仅存在并为大家所接受，而且也非常强大，尤以在工作场所为然。这种异常独特的劳工力量，将来会为英国工业经济带来许多问题，甚至在本书所论时期，它已成为工业家的最大难题，这些工业家正想借着机械化和科学管理将它消灭。1914年之前，他们在最重要的几个事例上均未获成功，不过就本章的目的而言，我们只需注意英国在这方面的异常即可。政治压力有助于加强作坊的力量，但是事实上，它不需要取而代之。

其他地方的情形就相当不同。粗略地说，有效力的同业工会，即作坊、工地或中小型企业，当时只在现代（尤其是）大规模的工业边缘发生作用。其组织在理论上或许是全国性的，但实际上却是极端地方性和分权的。在法国和意大利这样的国家，最有效的工会组织，是以地方劳工办公室为中心所组成的小型地方工会联盟。法国总工会（CGT）规定，只要有三个地方工会便可组成一个全国工会。[12] 在现代化工业的大工厂中，工会根本无足轻重。在德国，社会民主党和其“自由同业工会”（Free Trade Unions）的力量，并不见于莱茵河西部地区和鲁尔重工业区。在美国，大工业中的工会主义在19世纪90年代几乎已被淘汰，一直到20世纪30年代才告恢复。但是它在小型工业和建筑业的行业工会中生存下来，并受到大城市市场的地方主义的保护。在大城市中，迅速的都市化以及靠行贿取得市府契约的政治活动，使工会拥有较大的生存空间。真正能取代由一小群有组织的劳工组成的地方工会和（主要是技术性）行业工会的，是那种可在间歇性罢工中看到的工人总动员，不过这种动员只是偶尔的、暂时的，同时也是地方性的。

当时也有一些明显的例外情形。其中之一是矿工与其他熟练工匠之间的显著差异，这些熟练工匠包括木匠、制雪茄烟者、锁匠、机械师、印刷工人等。无论如何，这些强壮男子明显具有从事集体斗争的倾向，他们在黑暗中劳苦工作，和他们的家人一起住在像矿坑一样危险而且令人难受的孤立社群中，但是正是这种工作和社群的共同性以及工作的艰辛和危险，使他们团结在一起。甚至在法国和美国，煤矿工人也断断续续地组织了强大工会。由于采矿的无产阶级人数众多，又显著集中在某些区域，因此它们在劳工运动中的潜在（在英国是实际的）作用，是相当令人畏惧的。（矿工之所以特别团结，其原因可从德国矿工的打油诗中看出：面包师可以独自烘烤他们的面包；细木工人可以在家干他们的活；但是不论矿工走到哪里，附近都要有勇敢忠实的伙伴。）[13]

另有两个部分重叠的非技术性工会主义也值得注意：一是运输，另一是公职。公务员（甚至在日后成为公职工会根据地的法国）当时尚被排除在劳工组织之外，而这一点显然妨碍了铁路的工会化，因为铁路往往是国有的。在地广人稀的地方，私人铁路的不可或缺性，赋予其雇员相当的战略力量，尤其是火车驾驶员和火车乘务员，然而，在其他地方，即便是私人铁路的工会也不容易组织。铁路公司绝对是资本主义经济的最大型企业，如果想要组织它们，唯一可行的办法是建立一个几乎涵盖全国网络的组织：例如“伦敦和西北铁路公司”（London and Northwestern Railway Company），该公司在 19 世纪 90 年代控制了 6.5 万名工作人员、7 000 千米长的路线和 800 个车站。

相形之下，运输的另一个关键项目——海上运输——却异常地方化，仅限于海港及其附近。由于这些地方往往是整个经济的枢纽，因此，任何码头罢工经常会演变成一般性的运输罢工，甚至酿成全面罢工。20 世纪的最初几年，大量出现的经济性全面罢工主要都是港埠罢工：的里雅斯特港、热那亚（Genoa）、马赛、巴塞罗那、阿姆斯特丹。这些无疑都是大规模的战役，但是由于非技术劳工的乌合性，它们还不大可能形成永久性的大规模工会组织。但是，铁路运输和海上运输虽然不同，它们却同样对于全国的经济具有极重要的战略意义。它们一旦中断，国家的经济便会瘫痪。在劳工运动不断成长之际，各国政府越来越意识到这种可能性的致命危机，并积极寻找相应对策，其中最激进的一个例子是：1910 年，法国政府决定征召 15 万铁路工人入伍（亦即以军队的纪律约束他们），借此平息一次全面性的铁路罢工。[14]

然而，私人雇主也认识到运输的战略价值。在 1889—1890 年间的英国工会化风潮中（这一风潮乃由水手和码头工人罢工肇始），雇主的反攻便是以对抗苏格兰铁路工人的一次战役和对抗大海港的大规模但不稳定的工会化的一连串战役开始的。相反的，第一次世界大战前夕的劳工攻势，也将其本身的战略攻击力量设定在煤矿工人、铁路工人和运输工人联盟（也就是港口雇工）的三强同盟上。当时，运输显然已被视为阶级斗争当中一个非常重要的因素。

运输业的情况与另一个冲突区相比显然清楚得多，可是这个冲突区不久便证明它更具决定性——那就是重要而且不断成长的金属工业。因为在这个工业领域，劳工组织的传统力量，即具有技术背景而且加入行业工会的技术工人遭遇到伟大的现代工厂将他们（或他们之中的绝大多数）贬为半技术作业员，负责操作那些日趋专门的复杂的机械工具和机器这一现实。在这个工业技术迅速挺进的前沿，利害的冲突异常明显。一般说来，在和平时代，形势对管理阶级有利，但是 1914 年后，在大规模军备工厂的每一个角落，都可以看到劳工激进化的锋芒。从金属制造工人于第一次世界大战期间及其之后的乞灵于革命一事，我们便可推想出

19 世纪 90 年代和 20 世纪最初十年的紧张状态。

即使我们不把农业劳动阶级算在内，工人阶级也是个性质不一，而且不容易统一成具有单一凝聚力的社会群体。（劳工运动也想组织和动员农业劳动阶级，可是一般说来成效不大。）[意大利是一个例外。意大利的“土地工作者联盟”（Federation of Land Workers）是个超级大工会，它也为日后共产主义在意大利中部和部分南部地方的影响力打下了基础。在西班牙，无政府主义可能也在无土地的劳工当中具有类似的影响。] 然而，它们却逐渐趋向统一。这是怎么做到的呢？

3

有效的方法之一，是借助于组织所采纳的意识形态。社会主义者和无政府主义者将其新福音带给人民大众，在此以前，除了压榨他们和命令他们安静、服从以外，几乎所有的机构都忽略了这些民众，甚至小学也不例外，它们只负责教诲公民尽他们应尽的宗教责任。各种有组织的教会，除了少数属于平民的教派外，皆迟迟不肯进入无产阶级领域，不肯接触那些与古老乡村和城市教区如此不同的人群。作为一个新的社会群体，工人是默默无闻和为人所遗忘的一群。中产阶级社会调查家和观察家的许多作品，都可以证明他们是多么默默无闻，而看过画家凡·高（Van Gogh，曾进入比利时煤田传播福音）书信的人，也可以了解他们是多么为人所遗忘。社会主义者往往是最先去关照他们的人。在情况适合的地方，他们最会让形形色色的工人群体（从技术工人或好战先锋，到所有的户外工作者或矿工）深刻感受到一种独立的身份——“无产阶级”的身份。1886年前，列日（Liège）周围山谷中的比利时农场雇工（传统上以制造枪支维生），从没有发起过任何政治活动。他们过着收入微薄的生活，只有养鸽子、钓鱼和斗鸡才能使男人的生活略有变化。但是自从“工人党”（Workers Party）来到他们中间那刻起，他们便全体入党。从此以后，维斯德谷地（Val de Vesdre）80%—90%的居民都投票给社会主义政党，甚至当地天主教的最后防线也遭到破坏。列日附近的居民发现他们自己和根特（Ghent）的织工有同样的身份和信仰（他们甚至连根特人的语言——弗拉芒语——也不懂），因此也和任何具有单一且普遍的工人阶级理想的人，分享了同样的身份和信仰。煽动者和宣传家将所有贫穷工人团结一致的信息，带到其国家最偏远的角落。他们同时也带来了组织。没有这种有组织的集体行动，工人便不能以一个阶级的形式存在。而通过组织，他们得到一群发言人，这些发言人可以清晰地表达出男男女女的感情和希望，那些男男女女原本无法自行表达。这些人也拥有或发现了可以表达他们所感觉到的真理的言辞。没有这种有组织的集体主义，他们只是贫穷的劳动者。因为，简洁陈述前工业世界劳动贫民人生哲学的古代智慧大全，如格言、谚语和诗歌，现在已不够用了。他们是新的社会实体，需要新的反映。这种认知开始于他们从新发言人口中听到下列信息的那一刻：你们是一个阶级，你们必须表现出你们是一个阶级。因而，在极端的情形下，新政党只需宣布他们的名称——“工人的政党”——就足够了。除了这个新运动的激进分子外，没有人将这种阶级意识的信息带给工人。这项信息将那些预备超越彼此间的差异，进而承认这一伟大真理的所有人团结在一起。

大家都准备承认这项真理，因为，将工人或准工人与其他人（包括社会上普通的“小人物”）分隔开来的鸿沟正在加宽。因为，工人阶级的世界越来越孤立；尤其因为，劳资双方的冲突是一个越来越具有主导性的实际存在。在事实上被工业也为工业所创造的地方，情形更是如此，譬如：波鸿（Bochum，1842 年有 4 200 名居民，1907 年有 12 万居民，其中 78% 为工人，0—3% 为资本主义者）和密德堡（1841 年有 6 000 名居民，1911 年有 5 万—10 万居民）。这些主要于 19 世纪下半叶迅速成长的矿业和重工业中心，比起稍早作为典型工业中心的纺织业市镇，其男男女女在日常生活中，可能更难见到不在某方面支配他们的非受薪阶级人士（业主、经理、官员、教师、教士），除了小工匠、小店主和酒吧老板——这些人供应穷人有限的需要，他们依靠他们的顾客维生，因而也适应了无产阶级环境。（在许多国家，酒店经常是工会和社会主义政党支部的聚会场所，而酒店老板也经常是社会主义好战者。）波鸿的消费品生产者，除了一般的面包师、屠夫和酿酒商外，还有几百个缝纫女工和 48 个女帽商。但是，它只有 11 个洗衣妇、几个制帽者、8 个皮货商——特别值得注意的是，没有半个制作手套（中上阶层典型身份象征）的人。[15]

可是，即使是在拥有各式各样的服务业和多元性社会的大城市，除了在公园、火车站和娱乐场所这些中性地带以外，机能性分工加上这个时期的市镇计划和房地产发展，也日益将阶级与阶级隔离开来。旧日的“大众化区域”随着这种新的社会隔离而式微。在里昂，丝织工暴动的古老根据地“红十字区”（La Croix-Rousse），在 1913 年被形容为“小雇员”区，“蜂聚的工人已离开高原以及通往高原的斜坡”。[16] 工人由这个古老的城市搬到罗讷河（Rhône）对岸和他们的工厂宿舍。被逐出城中区之后，新工人阶级住处的阴沉单调，笼罩了柏林的威丁（Wedding）和新克尔恩（Neuköllun）区，维也纳的法渥瑞腾（Favoriten）和奥塔克林（Ottakring）区，伦敦的波普拉（Poplar）和西汉姆（West Ham）区。这些地方和迅速成长中的中产和中低阶级的住宅区和郊区恰成对比。如果说传统手工艺广为大家讨论的危机，像在德国一样，将工匠中的某些群体逼成反资本主义和反无产阶级的激进右派，那么它也可以像在法国的情形，加强反资本主义的极端激进主义或赞成共和的激进主义。对其职工和学徒而言，这些危机一定会让他们认识到他们只不过是无产阶级。再者，承受强烈压力的原始农舍工业，不是往往也像早期与工厂制度共生的手摇纺织机织工一样，认同无产阶级的处境吗？在德国中部的丘陵地带、波希米亚和其他地区的这种地方性社群，遂成为这个运动的天然根据地。

所有工人都有充分的理由相信这种社会秩序的不公平，但是他们据以判断的关键却是他们与雇主的关系。新社会主义劳工运动与工作场所的不满情绪无法分开，不论这样的情绪是否表达在罢工和较少见的有组织工会里面。地方性社会主义政党的兴起，往往与当地主要工人的某一特殊群体有关，这些政党导致或反映了他们的动员。在法国的罗阿讷（Roanne），织工们形成了工人党（Parti Ouvrier）的核心：1889—1891 年间，当这个地区的纺织业组织起来以后，这些农村地区的政治立场立刻由“保守反动”转为“社会主义”，而工业冲突也已进入政治组织和选举活动中。可是，如 19 世纪中期英国劳工的例子所示，工人以雇主（资本家）阶级为主要政敌的态度与他们进行罢工和组织的意愿，并没有必然联系。事实上，传统上的共同阵线使劳动生产者、工人、工匠、小店主和中产阶级团结一致，对抗闲散和“特权”，而信仰进步的人（也是一个打破阶级界限的联盟）则对抗“保守反动”。可是，这个大致造成自由主义早期历史和政治力量的联盟（参见《资本的年代》第六章）崩溃了，不仅是因为选择式民主政治揭露了其各类成员的利害分歧（参见第四章），也因为越来越以规模和集中为象征的雇主阶级［如前所见,“大”这个关键字眼出现得更频繁了，例如英文的“大”企业（big business）、法文的“大”实业（grande industrie）、“大”雇主（grand patronat），以及德文的“大”实业（Grossindustrie）］,[17] 更明显地踏入政、商、特勾结不分的三角地带。它加入了英国爱德华时代煽动政治家所喜欢责骂的“财阀政治”，这种“财阀政治”在从不景气走向经济扩张的时代里，越来越常借由新兴大众媒体自我炫耀。英国政府的首席劳工专家声言：报纸和汽车（在欧洲是富人的专利）使贫富之间的强烈对比成为必然。[18]

但是，当针对“特权”的战斗与以往发生在工作场地及其周边的战斗结合在一起时，由于第三产业的兴起，体力劳动者与地位较高的阶层的差距便越来越大。服务业在某些国家成长得迅速而惊人，创造了一个工作时不需把手弄脏的社会阶层。从前的小资产阶级，也就是小工匠和小店主，可以被视作劳动阶级和资产阶级中间的过渡地带或真空地带。可是这些新兴下中阶级和上述的小资产阶级不同，它们将劳动阶级和资产阶级分隔开来，而他们好不到哪里去的经济收入（往往只比高工资工人多一点儿），促使他们更为强调自己与体力劳动者之间的差别，以及自己与地位较高人士的相同性——这些相同性是他们希望拥有或认为自己应该拥有的（参见第七章）。他们形成了孤悬在工人之上的一个阶层。

如果说经济和社会发展有助于形成一个涵括所有体力劳动者的阶级意识，那么第三项因素更从实际上给予加强，此即日益纠结的国家经济和国家政府。国家政府不但形成了公民生活的结构，树立了它的特性，也决定了工人奋斗的具体条件和地理界限，而且它的政治、法律和行政干预，对于工人阶级的生存也越来越重要。经济越来越趋向以一个整合的系统运作，或者更准确地说，在这个系统中，同业工会不再能以一个集合了许多地方单位的松散组织发挥作用，并把地方事务作为首要关怀。与之相反，它被迫采取全国性观点，至少对它自己那一行是如此。在英国，有组织的全国性劳工冲突这种新现象最初在19世纪90年代出现，而全国性罢工的幽灵，也在20世纪最初十年由运输和煤矿工人召唤到世人面前。与此相呼应的是，各种工业开始磋商全国性的集体协议，在1889年前，这种举动几乎是不存在的，然而到了1910年，这种情形显然已稀松平常。

工会（尤其是社会主义的工会）越来越倾向于将工人组成综合性团体，每个团体涵盖一种全国性实业［“实业工会主义”（industrial unionism）］。这种倾向，反映了上述以经济为一个整合体的事实。“实业工会主义”的灵感，源自他们认识到“实业”已不再是统计学家和经济学家的一个理论类别，而是正在变成全国性的行动或战略概念，不论其地方性多么强固，它都是工会战斗的经济骨架。虽然英国的煤矿工人热爱他们的煤矿区，甚至他们的矿坑自治权，但在意识到其本身问题和习惯的独特之后，南威尔士和诺森伯兰郡（Northumberland）、法夫郡（Fife）和斯塔福德郡（Staffordshire），却在 1888—1908 年间，基于这个理由结合成全国性的组织。

至于政府，选举的民主化加强了其统治者希望避免的阶级团结。扩大公民权的抗争对工人而言自然是带有阶级意味的，因为争执的焦点（至少就男人来说）正是无产公民的选举权。财产限制的标准不论多中庸，都会排除掉一大部分工人。相反，在尚没有得到普选权的地方，至少在理论上，新社会主义运动必然会成为普选权的主要拥护者，并以发动示威和威胁全面罢工作为争取手段。比利时在 1893 年便碰上了这种麻烦，此后又发生过两次；1902 年的瑞典和 1905 年的芬兰也一样。这个现象，证明并加强了他们动员新皈依社会主义的民众的力量。甚至刻意反民主的选举改革，也可增强全国性的阶级意识，只要它们把工人阶级的合格选举人组成一个分离（和没有充分代表权的）选举区，例如 1905 年俄国的情形。由于无政府主义者将选举活动视为脱离革命轨道的发展，因此社会主义政党的全力加入使他们大为惊恐。这些选举活动只会赋予工人阶级一个单一的全国一致性，不论这个阶级在其他方面如何分裂，其结果都一样。

更有甚者，是政府统一了这个阶级，因为任何社会群体都必须越来越采取对全国性政府施加压力的办法，来达成其政治目的——它们或是赞成或是反对全国性法律的制定或推行。没有任何其他阶级比无产阶级更需要政府在经济和社会事务上采取积极行动，以补偿孤立无援的集体行动的不足，而全国无产阶级的人数越多，政治人物对这个庞大的危险的选民团体的要求便越（被迫要）敏感。19 世纪 80 年代，英国维多利亚中期的旧式工会和新兴劳工运动之所以分裂，其关键问题便在于劳工要求经由法律来规定每天工作 8 小时，而非经由集体磋商来确立这个工作时数。这意味着：制定一条普遍适用于所有工人的法律，也就是全国性的法律。充分意识到这项要求之重大意义的第二国际，甚至认为应制定一条这样的国际性法律。这项国际性口号的确自 1890 年起造成了一年一度的五一劳动节游行，该运动的确是工人阶级国际主义最深刻也最感人的展现。（1917 年时，终于获得自由而能庆祝这个节日的俄国工人，甚至放弃他们自己的历法，以便和世界其他地区的人士同一天游行。）[19]［众所周知，1917 年时，俄国的恺撒历比我们的格列高利历（Gregorian Calendar）晚 13 天，因此才有"十月革命"发生在 11 月 7 日这个大家耳熟能详的矛盾现象。］可是，促使工人阶级团结在每个国家之内的力量，不可避免地取代了工人阶级国际主义的希望和主张，只有少数高尚的斗士和行动家对此持有不同看法。如大多数国家的工人阶级在 1914 年 8 月所表现的那样，除了短暂的革命时刻以外，其阶级意识的有效框架仍旧是国家以及政治意义上的民族。

4

关于工人阶级在 1870—1914 年间形成了有意识和有组织的社会群体这个一般性的主题，我们不可能，也不需要在此介绍实际上和可能的种种变化，包括地理、意识形态、国家、地方性等。在非白人的世界（例如印度，当然还有日本），即使工业发展已不可否认，工人阶级显然尚未形成具有上述意义的社会群体。阶级组织的这种进展，在时序上不是匀速发展的。它在下列两个短暂时期中进展得特别迅速。第一次大进展发生在 19 世纪 80 年代末到19世纪90年代初，这些年间发生的突出事件，有劳工国际性组织的重新建立（称为第二国际，以区别于1864—1872年间的第一国际），以及劳工阶级希望和信心的象征——五一劳动节。在这些年间，若干国家的议会首次出现一定数目的社会主义者，而即使是在社会主义政党已拥有强大势力的德国，社会民主党的力量在1887—1893年间也增加了一倍（由10.1%增加到23.3%）。第二次大进展发生在1905年的俄国革命到1914年间——俄国革命对这项进展具有重大影响，尤以中欧为最。劳工和社会主义政党在选举上的重大进展，如今更得到选举权普及的助力，后者让它可以有效地增加选票。同时，一波一波的劳工骚动，推动了有组织的工会力量的一大跃进。虽然细节随各国情形而有极大的不同，这两波迅速的劳工进展却以各种不同的方式随处可见。

可是，劳动阶级意识的形成，不能简单等同于有组织的劳工运动的成长，虽然，也有一些例子显示工人对其政党和运动几乎完全认同，尤其是在中欧和某些工业特区。因而，1913年时，一位对德国中部选区［瑙姆堡–梅泽堡（Naumburg-Merseburg）］进行选举分析的观察家会非常惊讶地发现：只有88%的工人投票给社会民主党。显然，在这儿，一般都以为工人便等于是社会民主党员。[20]但是这种情形既非典型，甚至也非常见。越来越常见的情况是非政治性的阶级认同，不论工人是否认同于“他们的”政党，工人都感觉到自己是另一个工人世界的一分子。这个世界包含但远远超越了“阶级政党”。因为，这个世界是以另一种生活经验为根据，以另一种生活方式为根据。这种生活方式超越语言和习惯的区域性差异，表现在他们共有的社会活动上（比方说，特别表演给劳动阶级看的那些运动，例如19世纪80年代以后的英国足球），甚至表现在阶级特有的衣着打扮上，例如众所周知的工人鸭舌帽。

不过，如果没有劳工运动的同时出现，那么甚至阶级意识的非政治表现，也将既不完整又无法完全理解。因为，正是通过这种运动，多元的工人阶级才结合为一个单一阶级。但是，反过来说，因为劳工运动本身已转变成群众运动，于是，也浸染了工人对所有四体不勤之人的不信任，这种不信任是非政治的，但也是直觉的。这种普遍的“劳工运动”，反映了群众政党的真实情形。因为这些政党与小而非法的组织不同，绝大多数是由体力劳动工人所组成。1911—1912 年，在汉堡的 6.1 万名社会民主党党员之中，只有 36 名是“作家和新闻记者”，外加两个高级专业人士。事实上，其党员中只有 5% 是非劳动阶级，而这 5% 当中又有半数是旅店主人。[21] 但是，对非劳工的不信任，并不妨碍他们对来自其他阶级的伟大导师（如马克思本人）的崇拜，也不妨碍他们对少数资产阶级出身的社会主义者、开创元老、民族领袖和雄辩家（这两种人的作用往往不易区分）或“理论家”的崇拜。而事实上，在社会主义政党成立的最初 30 年，它们吸引了理应接受这种崇拜的中产阶级伟大人才：奥地利的阿德勒（Victor Adler，1852—1918）、法国的饶勒斯（Jaurès，1859—1914）、意大利的图拉蒂（Turati，1857—1932）和瑞典的布兰廷（Branting，1860—1925）。

那么，这个在极端情况下实际与该阶级共同扩张的“运动”，指的是什么呢？不管在什么地方，它都包括了工会这个最基本、最普遍的工人组织。不过，这些工会的形式各色各样，而力量也互不相同。它也经常包括合作社，合作社主要是作为工人的商店，偶尔（比如在比利时）也可成为这个运动的中央机构。（虽然工人合作社与劳工运动具有密切关系，并且事实上形成了1848年前社会主义“乌托邦”理想和新社会主义之间的桥梁，然而，这却不是合作社最辉煌的部分，其最辉煌的部分是表现在意大利之外的小农和农场主身上。）在拥有大规模社会主义政党的国家，劳工运动可以包括工人实际参加的每一种组织：从摇篮到坟墓——更准确地说，应该是火葬场。他们反对教权，因而赞成“进步人士”热情提倡的火葬，认为它更适合这个科学和进步的时代。[22]这些组织可以涵括1914年时拥有20万会员的德国工人合唱团联盟（German Federation of Worker Choirs），1910年时拥有13万成员的自行车俱乐部共同体（Workers' Cycling Club“Solidarity”），到工人集邮会（Worker Stamp Collectors）和工人养兔会（Worker Rabbit Breeders），这些团体的踪迹至今仍偶尔可以在维也纳的郊区旅店中看到。但是，大体上，这些运动都附属于某个政党，或是其组成部分，或至少与它有密切关联。这个政党是它最重要的表现，并且几乎永远或是称为社会主义（社会民主）党，或是简简单单地称为工党或劳工党，也可能兼有两个名字。不具有组织的阶级政党或反对政治的劳工运动，虽然代表乌托邦或左翼无政府主义的意识形态，却几乎永远处于弱势。它们只能代表个别好战者、传播福音者、煽动者和罢工领袖组成的变化不定的核心，而非大规模结构。除了在永远和欧洲其他地区发展相左的伊比利亚半岛外，无政府主义并未在欧洲其他地方形成劳工运动的主要意识形态，甚至连弱势都谈不上。除了在拉丁国家以及俄国——如1917年革命所示——以外，无政府主义在政治上是无足轻重的。

大多数的工人阶级政党（大洋洲是一大例外）都盼望一种社会基本变革，因而自称为“社会主义者”，或被人认定将往这个方向发展，如英国的工党。在1914年以前，它们认为在劳工阶级自组政府并（也许）着手进行这项伟大的转型之前，最好尽量少和统治阶级的政治活动有所牵连，更要少和政府打交道。受到中产阶级政党与政府引诱并与之妥协的劳工领袖，除非他们闭口不语，否则一定会受到咒骂。麦克唐纳（J. R. MacDonald）在与自由党员进行选举安排时，便不敢大肆宣扬，这项安排首次让英国工党在1906年的国会当中拥有一定的代表权。（我们不难了解，这些政党对地方政府的态度要正面得多。）许多这类政党之所以举起马克思红旗，或许是因为马克思较任何左翼理论家更能向它们说明三件似乎听起来同样合理而又令人鼓舞的事：在目前的制度下，没有可预见的改革可以改变工人阶级被压榨的情形；资本主义发展的本质（他曾详加分析），使推翻目前的社会而代之以较好的新社会一事，不太能确定，而由阶级政党组织起来的工人阶级，将是这个光荣未来的创造者和继承人。因而，马克思向工人提供了类似于宗教的保证——科学显示出他们的最后胜利是历史的必然。在这些方面，马克思主义非常有效，以至连马克思的反对者，也大致采纳了他对资本主义的分析。

因此，这些政党的演说家和理论家以及他们的敌人，一致假定他们需要一场社会革命，或他们的行动具有社会革命的含义。但是，“社会革命”这个词的确切意义，指的不过是当社会由资本主义转成社会主义，当一个以私有财产和企业为基础的社会转变成一个以公有生产和分配为基础的社会，[23]必定会为他们的生活带来革命。不过，他们对于未来社会的确切性质和内容面貌的讨论，却非常少。它们给人的印象一片模糊，只是笼统地保证现在的不良情形将会有所改善。在这个时期，劳动阶级政治辩论的所有议题，都集中在革命性质这个焦点上。

即使当时有许多领袖和好战者太忙于眼前的各种奋斗，以至于对于较遥远的未来没有什么兴趣，但是这个时期所争论的问题，却不是全盘改造社会的信念。基本上它比较像是那种希望借由突然、狂暴的权力易手而达成社会基本改变的革命，而这种想法可从马克思和巴枯宁（Bakunin）一直追溯到 1789 年甚至 1776 年的左翼传统。或者，在比较一般性的千禧年信仰的意义上，它较像是一场伟大的改变，这场改变的历史必然性，应该比它在工业世界实际显现的更为迫近，而事实上，也的确较它在不景气的 19 世纪 80 年代或希望初现的 19 世纪 90 年代更为迫近。然而，即使是老练的恩格斯，这个曾回顾每隔 20 年便会竖起防御工事的革命时代的人，这个曾经真正持枪参加过革命战役的老前辈，也警告说：1848 年的日子已是一去不复返。而如前所示，自 19 世纪 90 年代中期起，资本主义行将崩溃的想法似乎已无法取信于人。那么，数以百万计的在红旗下动员起来的劳动阶级，他们将做些什么？

在运动的右翼，有些人提议集中精力追求改进和改革——这些是劳动阶级可以从政府和雇主那里争取到的——而较远的将来则听其自然。总之，反叛和暴动并不在他们的计划表上。不过，即使如此，仍然没有几个 19 世纪 60 年代以后出世的劳工领袖曾放弃新天堂的想法。伯恩斯坦是一位白手起家的社会主义知识分子，他曾鲁莽地指出：马克思的理论应该按照流行的资本主义加以修正（修正主义），而社会主义所假设的目标，要比在追求它时一路上所可能赢得的改革更为次要。他受到劳工政治家的严词谴责，但这些政治家对于实际推翻资本主义，有时显得极没兴趣。如某位曾对 20 世纪最初十年德国社会主义会议进行观察的人士所云：劳动阶级的好战分子对于推翻资本主义一事，不过是三心二意。[24] 新社会的理想，不过是赐予工人阶级希望的口惠罢了。

那么，在这个旧制度看上去绝不会很快崩解的时代，新社会如何能产生？考茨基有点儿困窘地将伟大的德国社会民主党形容成一个“虽然以革命为号召，却不制造革命的政党”。[25] 这句话言简意赅地说明了问题所在。然而（如社会民主党那样），只在理论上维持对社会革命的起码承诺，例行公事般地在选举中检测这个运动日渐增长的力量，并且依靠历史发展的客观力量去造成它命定的成功，这样做便够了吗？如果这指的是劳工运动可借此自我调节，以便在它无力推翻的制度体系内运作，那么答案是：不够。如许多激进或好战人士所感受到的，这个号称不妥协的阵线却以可悲的组织纪律为借口，隐藏了妥协、消极，它拒绝命令动员起来的劳工大军采取行动，并压制群众的自发性斗争。

因而，不配称为激进左派的叛徒、草根工会好斗者、持不同意见的知识分子和革命分子，他们所排斥的，是大规模的无产阶级政党。他们认为这些政党无疑是修正主义派，并因为从事某些政治活动而日趋官僚化。不论当时盛行的是马克思主义的正统学说（如欧洲大陆通常的情形），还是英国的费边社反马克思主义观点，反对它们的议论大致相同。相反，激进左派喜欢采用可绕过政治这个危险泥沼的直接行动，特别是能造成类似革命效果的总罢工。1914 年前十年间所盛行的“革命工团主义”（revolutionary syndicalism），便结合了这种全力以赴的社会革命分子和分散的工会的尚武政策，这一结合多多少少与无政府主义思想有关。在这个运动不断成长并趋向激进化的第二阶段，除西班牙外，它已成为少数几百个或几千个无产阶级工会激进分子和少数知识分子的主要意识形态。在这一阶段中，劳工的不安状态相当普遍而且具有国际性，同时社会主义政党对于它们究竟能做些什么和应该做些什么，也有点儿举棋不定。

1905—1914 年间，西方典型的革命分子很可能就是某种工团主义者。矛盾的是，他们拒绝以马克思主义作为其政党的意识形态，因为政党会以此作为不发动革命的借口。这对马克思的亡灵是有点儿不公平，因为打着他旗号的西方无产阶级各政党，其最显著的特色便是马克思对它们只有十分有限的影响。其领袖和好战者的基本信念，往往和非马克思主义的工人阶级激进左派如出一辙。他们同样相信理性可对抗无知和迷信（也就是教权主义），进步将战胜黑暗的过去，也相信科学、教育、民主，以及三位一体的自由、平等、博爱。即使是在三个公民里面就有一个投票给社会民主党（1891 年正式宣布信仰马克思主义）的德国，1905 年前，《共产党宣言》（*Communist Manifesto*）每版只发行 2 000—3 000 册，而工人图书馆中最受人欢迎的思想著作，是从其书名便可知其内容的《达尔文或摩西》（*Darwin versus Moses*）。[26] 实际上，德国本土的马克思主义者也很少。德国最著名的"理论家"，是由奥匈帝国或俄国进口的，前者如考茨基和希法亭（Hilferding），后者如帕尔乌斯（Parvus）和罗莎·卢森堡（Rosa Luxemburg）。因为由维也纳和布拉格向东走，四处可见马克思主义和马克思主义知识分子。而在这些地区，马克思主义仍保存了其未曾淡化的革命冲力，以及其和革命的明显关联——因为在这些地区，革命的希望是立即而真实的。

而事实上，这里便是劳工和社会主义运动模式的关键所在，也是 1914 年以前 15 年间历史上许多其他模式的关键所在。劳工和社会主义运动出现在双元革命的国家，事实上，也出现在西欧和中欧的许多地方，在这些地方，每一个具有政治头脑的人都会回顾有史以来最伟大的一场革命——法国大革命，而任何出生于滑铁卢（Waterloo）之役那一年的人，很可能在 60 年的一生当中，直接或间接经历过至少两次甚或三次革命。劳工和社会主义运动自以为是这一传统的正统延续。在他们庆祝新的五一劳动节以前，奥地利社会民主党庆祝的是三月节，也就是 1848 年维也纳革命受难者的纪念日。但是，社会革命当时正迅速从其最初筹划的地带撤退。而在某些方面，大规模、有组织，尤其是有纪律的阶级政党的出现，反倒加速了社会革命的退却。有组织的群众集会、经过仔细计划的群众示威游行，取代了叛乱和骚动，而非为叛乱和骚动铺路。在资本主义社会的先进国家中，“红色”政党的突然出现，对于其统治者而言，的确是一个令人担忧的现象。但是，它们之中没几个真的希望在自己的首都搭建断头台。它们可以承认这类政党是其体系中的激烈反对团体，不过，这个体系提供了改进和修好的余地。尽管惑人的言辞皆指向相反方向，但当时的确没有，或尚未有，或不再会有血流成河的社会。

促使新政党（至少在理论上）致力于彻底的社会革命，以及促使一般工人群众将自己托付给这些政党的原因，确实不是资本主义不能带给他们某些改进。就大多数希望改进的工人看来，其原因是所有具有重大意义的改善，都必须通过他们作为一个阶级的行动和组织方可达成。事实上，在某些方面，选择集体改进一途的决定，使他们无法做其他选择。在意大利的某些区域，贫苦无地的农业劳工选择了组织工会和合作社，并因此放弃了大规模向外移民一途。工人阶级的一致性和休戚之情越强，则固守于工会和合作社之中的社会压力便越大。不过，这样的压力并不妨碍——尤其是就矿工这样的群体而言——他们立志要让他们的孩子接受教育，好让他们将来可以脱离矿坑。在工人阶级好斗者的社会主义信念背后，以及他们的群众支持背后，主要是强加于新劳动阶级的被隔离世界。如果他们还有希望——他们那些组织起来的成员的确是骄傲而且满怀希望的，那是因为他们对这个运动抱有希望。如果“美国梦”是个人主义的，那么欧洲工人的梦便是集体性的。

这场运动是革命性的吗？德国的社会民主党是所有革命社会主义政党中最强大的一个，从它大多数党员的行为来判断，我们几乎可以确定：它不属于暴动式革命。但是，当时欧洲有一个广大的半圆形地带，弥漫着贫穷不安的气氛。在这个地带里的人们的确在计划革命，至少在其中的某个部分，也果真爆发了革命。这个地带由西班牙通过意大利的许多地区和巴尔干半岛，进入俄国。革命在这个时期从西欧转移到东欧。下面我们还将讨论欧洲大陆和世界革命地带的命运。在此，我们只需注意：东方的马克思主义保留了其原来富有爆炸性的含义。在俄国革命之后，马克思主义回到西方，并传播到东方，成为社会革命最完美的意识形态。这种情形一直延续了20世纪的大半时间。与此同时，在主张同一理论的社会主义者之间，其沟通上的裂缝正在不知不觉地加大加深。一直到1914年，因大战爆发暴露出这道裂缝，人们才惊觉其程度之严重。这一年，长久以来赞赏德国社会民主党正统的列宁，发现其首要理论家竟是一个叛徒。

5

在大多数国家中，纵然有民族和信仰上的分野，社会主义政党显然是在逐渐动员其大部分的劳动阶级，可是，除了英国以外，无产阶级并不是（社会主义者满怀自信地说“还不是”）全国人口的大多数。一旦社会主义政党取得了群众基础，不再只是宣传家和煽动者的学派、精英干部的组织或四散的地方性根据地，它们显然便不能只把眼光放在工人阶级身上。19 世纪 90 年代中期，马克思主义者开始进行有关“农业问题”的密集辩论，正可反映这种现象。虽然“农民”注定会消失（马克思主义者的这种看法是正确的，因为 20 世纪后半期的事实便是如此），但是在眼前，社会主义可以或应该为那些靠农业维生的人做些什么？这些人占德国人口的 36%、法国人口的 43%（1900 年）。而它又能为当时还是以农立国的那些国家做些什么？社会主义政党的诉求对象必须从单一的劳动阶级向外扩大，这种需求可从各个角度加以说明和辩护：由简单的选举人或革命考虑，一直到一般性的理论基础。（“社会民主党是无产阶级的政党，但它同时也是社会发展的政党，其目标在于将所有的社会团体由现在的资本主义阶段发展到更高的形式”。）[27] 这是一种不可否认的需要，因为无产阶级几乎在任何地方都会被其他各阶级的联合力量以投票的方式制服、孤立，甚至压抑。

但是，社会主义政党认同于无产阶级这件事，使它比较不容易对其他社会阶层产生吸引力。这种认同使得政治实用主义者、改革家、马克思主义的修正主义者裹足不前，这些人宁可将社会主义从一个阶级政党扩大到一个“人民政党”。它甚至也妨碍了负责执行的政治家，这些政治家虽然愿意将主义交给分类为“理论家”的少数同志，但他们也认识到：唯有把工人当作工人，他们才能赋予政党真正的力量。再者，替无产阶级量体裁衣的政治要求和标语——如每天工作 8 小时和社会化——也无法使其他社会阶层感兴趣，甚至会因为其中含有剥夺他们权利的威胁而使他们采取敌对立场。社会主义者很少能够冲破庞大而孤立的工人阶级宇宙；在这个宇宙中，他们的好斗者和他们的群众，往往都会感到相当舒适。

可是，这些政党有时还不只对劳动阶级具有吸引力，甚至那些“最坚持与单一阶级认同”的群众政党，也公开从其他社会阶层中获得支持力量。比方说，在有些国家，其社会主义虽然在意识形态上与农村世界不和，却攻占了一大片乡村地区，而且得到的不只是可以归类为“农村无产阶级分子”的支持。这个情形见诸法国南部、意大利中部和美国的许多地区。在美国，社会主义政党最稳固的根据地，出人意料的是在俄克拉荷马州（Oklahoma）信仰《圣经》的贫穷白人农民当中。在该州的23个最富乡村气息的郡里面，1912 年社会主义政党的总统候选人得了 25% 以上的选票。同样值得注意的是，加入意大利社会主义政党的小工匠和小商人，其数目与他们在全国人口中所占的百分比相衡量显然过多。

无疑，这是有历史原因的。在拥有古老强大的（世俗）左翼政治传统（例如共和、民主和激进等）的地方，社会主义似乎是这项传统的自然延伸。在左翼显然是一支庞大力量的法国，那些乡间草根知识分子和共和价值观念的斗士——小学教员——颇为社会主义所吸引。而第三共和国的主要政治集团，也在尊重其选区理想的动机下，于 1901 年将自己命名为共和激进和激进社会主义党（Republican Radical and Radical Socialist Party，它显然既非激进，也非社会主义）。可是，社会主义政党之所以能从这样的传统当中汲取力量，如前所述，只是因为即使它们认为这些传统已不够用，它们也赞成这些传统。因而，在那些选举权受到限制的国家，它们对于民主投票权的强力抗争，便得到其他信仰民主主义者的支持。由于它们是最不具有特权的阶级政党，自然会被视为对抗不平等和"特权"的主要旗手，自美国和法国掀起革命的那刻起，这项抗争对于政治激进主义便极其重要。而在当时更是如此，因为它从前的许多旗手，如自由派中产阶级，如今已跻身特权行列。

社会主义政党因其作为绝对反对富人的政党的身份而受惠更多，它们所代表的阶级，无一例外全是穷人，虽然照当时的标准来说不一定是非常穷困。它们以不绝的热情公开谴责剥削、财富和财富的日渐集中。于是，穷困者和被剥削者，即便不是无产阶级，也可能会觉得这个政党跟他们意气相投。

第三，社会主义政党几乎在定义上便是献身于 19 世纪那个关键性概念——"进步"的政党。它们（尤其是马克思派）坚信历史必然会朝向更好的未来迈进，这个未来的确切内容可能并不清楚，但是一定可以看到理性和教育、科学和技术的加速胜利。当西班牙的无政府主义者在想象他们的乌托邦时，他们脑中浮现的是电气和垃圾自动处理机。"进步"，如果只作为希望的同义词，是那些财产很少或没有财产的人所渴望的，而资产阶级世界和贵族文化近来对“进步”的质疑（见下），更加深了“进步”与平民和激进政治的联系。社会主义者无疑已从“进步”的声誉中受惠，从所有信仰进步的人，尤其是那些在自由主义和启蒙运动传统中成长的人中受惠。

最后也最奇异的一点是：作为局外人和永远的反对党（至少到革命时为止），给了他们一个有利条件。由于他们是局外人，他们显然由少数分子那儿吸引到比统计数字多得多的支持。这些少数分子的社会地位在某种程度上是特殊的，例如大多数欧洲国家的犹太人（即使他们是舒适的资产阶级也不例外），以及法国的新教徒。由于它们永远是反对党，未受统治阶级的污染，它们可以在多民族的帝国中吸引受压迫的民族，这些民族可能是基于这个缘故才集合在红旗之下。如我们在下章中将看到的，沙皇俄国的情形显然如此，而其最戏剧化的例子是芬兰人。正是这个原因，使芬兰的社会主义党在法律许可它接受选票时，便立刻获得37%的选票。1916年，它获得的选票更增加到47%，成为该国事实上的全国性政党。

因此，名义上是无产阶级的各政党，其所获得的支持在相当程度上可超越无产阶级。在出现这种事实的地方，一旦情况合适，便可轻易地将这些政党转化为执政党。事实上，1918年后也的确如此。然而，要加入“资产阶级”的政府体系，则意味着必须放弃革命分子，甚至激进反对分子的身份，然而在1914年前，这是不可思议的事，也确实得不到公众支持。第一位加入“资产阶级”政府的社会主义者是米勒兰（Alexandre Millerand，1899年），米勒兰后来成为法国总统。虽然他当初加入“资产阶级”政府的借口，是想在紧迫的反动威胁之下团结维护共和，但他还是被郑重地逐出这个全国性和国际性的运动。在 1914 年前，没有一个严肃的社会主义政治家会愚蠢到犯他那样的错误。(事实上，在法国，社会党一直到 1936 年才加入政府。) 在大战之前，从表面上看，这些政党始终是纯粹而不妥协的。

然而，我们必须问最后一个问题：史学家能单就他们的阶级组织（不一定是社会主义的组织），或是单就劳动阶级聚居区的生活方式和行为模式所表现的一般阶级意识，来撰写工人阶级的历史吗？答案是肯定的，但前提是他们必须自觉是这个阶级的一分子，并以这个阶级的模式行动。这种意识可以延伸到很远的地方，进入完全始料未及的区域。譬如说，在加利西亚失落的一隅，极度虔诚的犹太哈锡德教派（Chassidic）织工，曾在当地犹太社会主义者的协助之下进行罢工。可是，许多穷人，尤其是最穷苦的人，并不认为他们是无产阶级，其行为也不像无产阶级。他们自认为属于注定贫穷的一群，是被遗弃者、不幸者或边缘人。如果他们是来自乡间或外国的移民，他们或许会聚居在可能与劳动阶级贫民窟重叠的区域，但他们聚居的区域更容易为街道、市场，以及被合法或非法的无数小巷弄所主宰。在这样的区域中，贫苦的家庭苟延残喘，他们中只有某些人真正从事赚取工资的工作。对他们而言，重要的不是工会或阶级政党，而是邻居、家庭、可以给他们好处或提供工作的保护人、宁愿推卸责任也不施压的政府官员、教士，以及同乡——任何一个可以使他们在陌生的新环境中把日子过下去的人、事、物。如果他们属于古老的内城庶民，无政府主义者对于下层世界的赞赏，并不会使他们更为无产阶级化或更具政治性。阿瑟·莫里森（Arthur Morrison）所著的《雅各的一个孩子》(*A Child of the Jago*，1896 年）的世界，或阿里斯泰德·布鲁昂（Aristide Bruant）的歌曲《巴黎拜尔维区和米尼蒙当区》（*Belleville-Ménilmontant*）的世界，除了都对富人怀有愤恨感之外，均不是阶级意识的世界。英国杂耍歌曲中的世界［如格斯·艾伦（Gus Elen）所唱：攀上梯子拿个望远镜／我们可以看见苦役者沼泽（Hackney Marshes）／如果中间没有隔着这些房子］，那个讽刺、嫌恶、冷淡、怀疑、听天由命和不关心政治的世界，更接近于自觉的工人阶级世界，不过它的主题，例如岳母、妻子和无钱付房租，却属于任何在19世纪都市中备受压迫的群体。

我们不应该忘记这些世界。事实上，矛盾的是，它们之所以未被遗忘，是因为它们比标准无产阶级那种可敬、单调而且特别狭隘的世界，更能吸引当时的政治家。但是，我们也不应该拿它和无产阶级的世界进行对比。贫穷老百姓的文化，乃至传统的被遗弃者的世界，已逐渐变成无产阶级意识的一部分，一个它们共同的部分。它们彼此承认，而在阶级意识及其运动的强势地区（例如柏林和海港汉堡），前工业时代的贫穷世界也能与它取得一致，甚至鸨母、窃贼和买卖赃物者也会向它致敬。虽然无政府主义者不这么想，但他们确实没有任何特有的事物可以贡献给它。他们确实缺乏积极分子的永久斗志，更别说投入，然而，如任何积极分子都知道的，这也是任何地方的大部分普通劳动阶级的共性。激进分子对于这类死气沉沉的消极和怀疑态度，有说不完的抱怨。既然一个有意识的工人阶级正在这个时期成形出现，前工业时代的平民遂被吸引进它的势力范围。如果他们没有被吸引进它的势力范围，那么他们便会被历史所遗漏，因为他们不是历史的创造者，而是真正的受害者。

第六章

挥舞国旗：民族与民族主义

快逃，祖国来了。

——意大利农妇对其子说[1]

他们的语言已变得复杂，因为他们现在已经识字。他们读书，或者至少学习从书中获取知识。文学语言的词汇和习惯语法以及拼字而得的发音，往往战胜地方语言的惯用法。

——H.G. 韦尔斯，1901 年[2]

民族主义攻击民主政治，破坏反教权主义，与社会主义斗争并逐渐损害和平主义、人道主义和国际合作主义……它宣称自由主义的方案已告终结。

——阿尔弗雷多·罗柯（Alfredo Rocco），1914 年[3]

1

如果劳动阶级政党的兴起是政治民主化的一个重要副产品，那么民族主义在政治活动中的兴起则是另一个。民族主义就其本身而言，显然不是新鲜事（参见《革命的年代》《资本的年代》），可是，在1880—1914年间，民族主义却戏剧化地向前大大跃进，而且其意识形态和政治内容也都发生了改变。这个词本身便说明了这些年的重要性。因为民族主义（nationalism）一词在19世纪末首次出现之际，是用来形容若干法国和意大利的右翼思想家群体。这些群体激烈地挥舞国旗，反对外国人、自由主义者和社会主义者，而支持其本国的侵略性扩张，这种扩张，行将成为这些运动的特色。也就是在这段时期,《德国至上》取代了其他竞争歌曲，而成为德国事实上的国歌。虽然民族主义一词最初只是形容这个现象的右翼说法，它却比1830年以来欧洲政治家所采用的笨拙的"民族原则"（principle of nationality）一词更为方便，因此，它逐渐被应用于所有以"民族奋斗目标"为政治活动极致的那些运动，亦即所有要求自决权的运动，也就是促成某一民族群体形成一个独立国家的运动。在本书所述时期，这种运动的数目，或自称是代表这项运动发言的领袖人数，以及其政治重要性都有显著增加。

各式"民族主义"的基础都是一样的，即人民愿意在情感上与"他们的民族"认同，并以捷克人、德意志人、意大利人或任何其他民族的身份，在政治上进行动员。这种自发情绪是可以在政治上加以利用的，而政治的民主化，尤其是选举，则提供充分动员它们的机会。当国家在进行这类动员时，它们将这种情绪称为“爱国心”，而出现在已经确立的民族国家中的原始“右翼”民族主义，指的乃是政治极右派对爱国心的垄断，他们可借此将所有异己归类为某种叛国者。这是一种新现象，因为在19世纪大半时期，一般人是将民族主义与自由激进运动混为一谈，与法国大革命的传统混为一谈的。除此之外，民族主义并不特定和政治光谱上的某个颜色认同。在那些尚未建立自身国家的民族运动中，有些是与右翼或左翼认同，有些则对右翼和左翼都漠不关心。事实上，如前所述，有些运动（颇为有力的运动）虽然实际上是在民族的基础上动员男男女女，但却是意外造成的，因为其主要诉求是社会解放。虽然在这一时期，民族认同显然已是或已变成各国政治的一个重要因素，但若说民族诉求与任何其他诉求是矛盾的，那就不对了。民族主义的政客和其对手，自然是会支持一种诉求排斥另一种诉求，好像戴了一顶帽子之后便不能同时戴另一顶帽子。但是，历史事实却非如此。在本书所谈论的这个时期，一个人大可同时是具有阶级意识的马克思主义革命分子和爱尔兰爱国主义者。詹姆斯·康诺利（James Connolly）便是代表之一。1916年，康诺利因领导都柏林的复活节起义（Easter Rising）而遭处决。

不过，在实行群众政治的国家当中，由于诸多政党必须争取同一群支持者，它们当然必须做出彼此互斥的选择。

以阶级认同的理由诉诸其可能支持者的新劳工阶级运动，很快便认识到这一点。因为它们发现——一如在多民族区域常见的情形——自己正在与下述政党竞争，那种政党要求劳工阶级和可能的社会主义者因为他们是捷克人、波兰人或斯洛文尼亚人而支持它们。因而，新兴劳工阶级运动一旦真的成为群众运动，它们便立刻全神贯注在“民族问题”上。几乎每一个重要的马克思主义理论家——从考茨基和罗莎·卢森堡，经过奥地利的马克思主义者，到列宁和年轻的斯大林——在这一时期都曾参与过有关这个主题的热烈辩论，由此可见这个问题的急迫和重要。[4]

在民族认同成为政治力量的地方，民族主义构成了政治活动的底层。即使当它们自称是特别的民族主义或爱国主义时，它们五花八门的表述也使其极不容易分辨。我们下面将会看到：民族认同在本书所述时期无疑更为普遍，而政治活动中民族诉求的重要性也日渐增加。然而，更重要的无疑是政治民族主义内部的一组主要变化，这组变化将对 20 世纪造成深远影响。

这组变化有四个方面必须一提。第一，如前所述，是民族主义和爱国主义意识形态的出现及其被政治右翼所接收。这点将在两次大战之间的法西斯主义身上得到极端表现，法西斯的意识形态便根源于此。第二，与民族运动发展中的自由阶段相当不同，它是假设涵括独立主权国家之形成的民族自决，不仅适用于那些证明其本身在经济上、政治上和文化上具有生存能力的民族，也适用于任何自称为一个“民族”的群体。1857 年时，在 19 世纪民族主义伟大先知马志尼的构想中，“民族的欧洲”包括 12 个相当大的实体（参见《资本的年代》第五章）。而第一次世界大战结束后，根据威尔逊总统（President Wilson）的民族自决原则出现了 26 个国家（如果将爱尔兰包括在内便是 27 个）。这两者之间的差异，便说明了新旧假设之间的不同。第三，是人们越来越倾向于假设：除了完全的国家独立之外，任何形式的自治都无法满足“民族自决”。在 19 世纪的大半时间里，对于自治权的要求大多不曾想到这一点。第四，当时出现了一种用种族以及尤其是用语言来界定民族的趋势。

在 19 世纪 70 年代以前，有某些主要位于西欧的政府自认为它们可代表“民族”（例如法国、英国或者新建立的德国和意大利），也有某些政府虽然以别的政治原则为根据，也因它能代表其居民的主要成员而被视为某种民族（沙皇便是这样，以同时是俄罗斯和东正教统治者的身份，享有大俄罗斯民族的效忠）。在哈布斯堡王朝以及奥斯曼帝国之外，其他国家内部的无数民族，并不曾构成严重的政治问题，尤其是在德国和意大利政府建立之后。当然，波兰人从不曾放弃复兴遭俄、德、奥瓜分的独立波兰的活动。英国中的爱尔兰人亦然。当时也有各种民族群体，基于不同的原因而居住在他们十分想要隶属的国家和政府疆界之外。不过，其中只有某些民族群体造成了政治问题，比方说 1871 年被德国兼并的阿尔萨斯–洛林（Alsace-Lorraine）居民。[1860 年被统一不久的意大利政府让给法国的尼斯（Nice）和萨伏伊（Savoy），并没有表现出明显不满。]

无疑，自 19 世纪 70 年代起，民族主义运动的数目增加了许多。不过事实上，在第一次世界大战前的 40 年间，在欧洲所建立的新民族国家，比德意志帝国形成前 40 年间所建立的要少得多。而且，第一次世界大战前 40 年间所建立的国家，例如保加利亚（1878 年）、挪威（1907 年）和阿尔巴尼亚（1913 年），也不具有什么重要性。[1830—1871 年间建立或为国际所承认的国家有德国、意大利、比利时、希腊、塞尔维亚和罗马尼亚。所谓 1867 年的“妥协方案”（Compromise），也等于是由哈布斯堡王朝授予匈牙利广泛的自治权。] 如今，不仅是芬兰人和斯洛伐克人这些此前被认为是“不具历史”的民族（也就是，以前从未拥有独立国家、统治阶级或文化精英的民族）在进行“民族运动”，而且像爱沙尼亚人（Estonians）和马其顿人（Macedonians）这类除民俗学热衷者外，此前几乎根本无人过问的民族，也开始兴起“民族运动”。而在久已建立的民族国家中，区域性的人口现在也开始在政治上以“民族”的身份进行动员。比方说，19 世纪 90 年代，威尔士在一位本地律师劳合·乔治的领导下组织了“青年威尔士”（Young Wales）运动，我们在下面还会谈到劳合·乔治；又比方说，1894 年时，西班牙成立了一个“巴斯克民族党”（Basque National Party）。而几乎同时，西奥多·赫茨尔（Theodor Herzl）则在犹太人中间发动了犹太复国运动（Zionism），在此之前，犹太人对于它所代表的那种民族主义一无所知。

这些运动通常都声称是为某个民族发言，可是其大多数都尚未得到它们所欲代表的民族的多数支持。不过，大规模的向外移民赋予更多落后群落成员强烈的怀乡诱因，使他们想与他们遗留下来的事物认同，并接纳新的政治构想。不过，大众确实越来越认同于“民族”，而对许多政府和非民族主义的竞争对手而言，民族主义的政治问题恐怕已越来越不容易处理。或许，大多数 19 世纪 70 年代早期的欧洲局势观察家都认为：在意大利和德国完成统一，以及奥匈帝国达成妥协之后，“民族原则”大致不会像以往那么具有爆炸性。甚至，当奥匈帝国当局被要求在其户口调查中加入一项对语言的调查时［这是 1873 年国际统计学大会（International Statistical Congress）建议的］，他们虽不是很热衷，却也没有拒绝。然而，他们认为应该给一点儿时间，让过去十年间激烈的民族倾向冷却下来。他们非常有把握地假定，到 1880 年再度举行户口调查时，这种倾向便会冷却下来。可是他们却大错特错了。[5]

然而，从长远的观点看来，重要的不是当时的民族奋斗目标在各个民族中所得到的支持程度，而是民族主义的定义和纲领的改变。我们现在早已习惯用人种和语言来定义民族，因而忘记了这个定义基本上是19世纪晚期发明的。我们不需详细讨论这件事，只需要记住：在1893年盖尔联盟（Gaelic League）成立一段时间之后，爱尔兰运动的理论家才开始将爱尔兰民族奋斗的目标和对盖尔语的维护连为一体，而一直到同一时期，巴斯克人才以其语言（而非其历史上的宪法特权）作为其民族独立的根据，并且，关于马其顿人是不是与保加利亚人比与塞尔维亚、克罗地亚人更为相像的热烈辩论，在决定马其顿人应与这两个民族中的哪一个结合上不具任何重要性。至于支持犹太复国主义的那些犹太人，他们更进一步主张犹太民族和希伯来文（Hebrew）是同一回事，然而，自从被巴比伦人（Babylonian）俘虏之日起，再也没有任何犹太人真的在日常生活中使用希伯来文。它是在1880年才被人发明为日常用语（与神圣的仪式性语言或博学的国际混合语言有别），而当时发明的第一个希伯来文词汇，便是"民族主义"。而犹太人之所以学它，是把它当作犹太复国主义运动的标记，而非沟通工具。

这么说并不表示在之前语言不是一个重要的民族问题。它是若干民族识别的标准之一，而一般来说，语言问题越不突出，一个民族的民众与其团体的认同便越强烈。语言并不是那些只把它当作沟通工具的人的意识形态战场，因为要对母亲和子女、丈夫和妻子，以及邻居之间的交谈语言进行控制，几乎是不可能的。当时，大多数犹太人实际上所说的语言是意第绪语（Yiddish，犹太人使用的国际语），在非犹太复国主义的左派采用这种语言之前，它几乎不具有意识形态上的重要性。而大多数说它的犹太人，也不在乎许多官员（包括奥匈帝国的官员）甚至拒绝接受它是一种独立的语言。上百万人选择成为美国的一分子，美国显然没有单一的民族基础，而他们之所以学英语是为了必需或方便。他们努力地使用这种语言，并不是为了任何与民族灵魂或民族延续有关的基本原理。语言的民族主义，是书写和阅读的人所创造的，不是说话的人所创造的。而那些可从中发现其民族基本性格为何的“民族语言”，往往是人为的。因为，它们必须由地方性或区域性方言——由无文字的实际口语所组成——的拼图玩具中，将这些方言加以汇编、标准化、一元化和现代化，以供当代人和文学之用。古老民族国家或知识文化的主要书写语言，很久以前便经历过这个编纂和更正的阶段：德文和俄文在 18 世纪，法文和英文在 17 世纪，意大利文和卡斯蒂利亚（Castile，西班牙中部以及北部地区）文甚至更早。对大多数语言群体较小的语言来说，19 世纪是“大师”辈出的时期，这些大师确立了其语言的词汇和正确用法。对若干语言——比如加泰罗尼亚语（Catalan）、巴斯克语和波罗的海语等——来说，大师的时代是在 19 世纪和 20 世纪之交。

书写语言与领土和制度具有密切但非必然的关系。以“民族意识形态和纲领的标准模式”自命的民族主义，基本上是领土性的，因为它的基本模范是法国大革命的领土国家，或至少接近于可对其清楚划定的疆界和居民进行全盘政治控制的国家。在此，犹太复国主义运动又是个极端例子，因为它显然是一个假借的计划，在几千年来赋予犹太民族“永久性、凝聚力和不可毁灭之标志”的实际传统中，并没有先例，与它也缺乏有机的关联。这项运动是要求犹太人去取得一片当时已被另一个民族占领的领土（对赫茨尔来说，这片领土甚至和犹太人不必有任何历史关联），以及说他们已有几千年不说的语言。

这种民族与特定地域的认同，在大规模迁徙的世界（甚至在非迁徙性的世界）的大部分地区，都造成了许多问题，以至另一种民族的定义也被发明出来，尤其是在奥匈帝国和散居的犹太人中间。在这种定义中，民族不被视为“一群居民所附着的一块特殊土地”所固有的，而被视为“自以为属于一个民族的一群男男女女”所固有的，不论他们碰巧住在哪儿都一样。这些男男女女皆享有“文化自治权”。支持“民族”地理论和人文论的人，便这样被锁定在激烈的争执之中，特别是在国际社会主义运动里面，以及犹太复国主义者和亲纳粹派之间。这两种理论都不十分令人满意，不过人文论比较无害。无论如何，它不曾让它的支持者先创造一片领域，而后再将它的居民塞进正确的民族形状中去；或者，套用 1918 年后新独立的波兰领袖毕苏斯基（Pilsudski）的话：“国家造就民族，而非民族造就国家。”[6]

根据社会学理论，非领土派几乎无疑是对的。“非领土”指的并非男男女女（除了少数几个游牧或散居的民族）不牢牢地附着于他们称为“家园”的那块土地，尤其当我们想到：在历史上的大半时间内，绝大部分的人都属于植根最深的人——靠农业为生的人。但是，那块“家乡领域”并不等于现代国家的领域，正好像现代英文“fatherland”（祖国）一词中的“father”（父），并不是一个真正的父亲。那时的“乡土”（homeland）是彼此具有真正的社会关系的人类的真实群落所在地，而非在成千万人口（今日甚至成亿人口）当中创造“某种联结”的虚构社会。词汇本身便可证明这点。西班牙文中的“patria”(家园、祖国)，一直到19世纪后期才与西班牙具有同样大小的范围。18世纪时，它还只是指一个人出生的地方或市镇。[7] 意大利文中的“paese”（乡或国）和西班牙文中的“pueblo”（民），也仍然可以意指一个村落或国家的领域或居民。[德国电视连续剧《家园》(*Heimat*)的力量，正是在于剧中人物对“小祖国”亨斯鲁克山（Hunsrück Mountain）的经验与其对大祖国德国的经验的结合。] 民族主义和国家接掌了亲属、邻居和家园，其所造成的区域和人口规模使它们成为隐喻。

但是，人们所习惯的真正群落，如村庄和家族、教区、行会、会社等，因为显然不能再像以前那样涵盖他们生活中大多数可能发生的事情，因此步向式微。随着它们的式微，它们的成员感到需要以别的东西来取代它们。而虚构的“民族”共同体正可填补这一空白。

这一虚构的“民族”共同体无可避免地附着在19世纪典型的现象——“民族/国家”——之上。因为就政治而言，毕苏斯基是对的。固定不仅造就民族，也需要造就民族。政府通过普通但无所不在的代理人——由邮差和警察到教师和（在许多国家的）铁路员工——而直接向下接触到其境内每一个公民的日常生活。它们可以要求男性公民（最后甚至要求女性公民）积极地报效国家。事实上，便是他们的“爱国心”。在一个越来越民主的时代，政府官员不能再依靠传统社会阶级较低的人服从阶级较高的人的稳定秩序，也不能再依靠传统宗教来确保社会服从。他们需要一个团结国民的办法，以防止颠覆和异议。“民族”是各个国家的新公民宗教。它提供了使所有公民附着于国家的黏合剂，提供了将民族国家直接带到每一个公民面前的方法，并可平衡人们对那些“超越政府的事物”（例如宗教、与国家不一致的民族或人种，或更突出的阶级）的效忠。在立宪国家，借着选举而参与政治的民众人数越多，这样的要求便越有机会提出。

再者，甚至非立宪国家，如今也珍视那种可以用民族的理由（可发挥民主诉求的效果，但没有民主政治的危机），加上他们有责任服从上帝所认可的政府官员的理由，来向其臣民提出诉求的“政治力量”。19世纪80年代，在面临革命的鼓动时，甚至俄国沙皇也开始采取下述那个19世纪30年代就有人向他祖父建议但未获采用的政策，即沙皇的统治不但要以独裁政体和正教原则为依据，也要以民族为依据——乞灵于俄罗斯人是俄罗斯人这个事实。[8] 当然，在某种意义上，几乎所有19世纪的君主都必须穿戴上民族的化装服饰，因为他们之中几乎没有一个是他们所统治国家的本地人。成为英国、希腊、罗马尼亚、俄国、保加利亚，或其他需要君主国的统治者或统治者配偶的那些王子和公主（大半是日耳曼人），为了尊重民族原则，而将他们自己归化为英国人（如维多利亚女王）或希腊人［例如巴伐利亚的奥托（Otto）］，进而学习另一种他们在说的时候会带有口音的语言。虽然他们与这个国际亲王工会——或许我们应该说这个国际亲王之家，因为他们都是亲戚——其他成员的相像度，远比与自己的臣民大得多。

使国家民族主义甚至更为必要的，是工业技术时代的经济和其公私管理的性质需要民众接受小学教育，或至少具有识字阅读的能力。由于政府官员和公民之间的距离拉大，而大规模的迁徙致使甚至母子和新婚夫妇之间也隔着几天或几个星期的路程，19

世纪遂为口语沟通崩溃的时代。从国家的观点来看，学校还有一个进一步的好处：它可以教导所有的孩童如何成为好臣民或好公民。在电视流行以前，没有任何媒体和世俗宣传可以和教室相提并论。

因此，就教育来说，在大多数欧洲国家，1870—1914 年间乃是小学的时代。就连那些素以良好教育制度闻名的国家，小学教师的人数也猛然增加，瑞典增加了三倍，挪威也差不多。比较落后的国家也开始迎头赶上。荷兰小学生的人数增加了一倍；在 1870 年前还没有建立公立教育制度的联合王国，小学生的人数则增加了三倍；在芬兰，它增加了十三倍；甚至在文盲充斥的巴尔干国家，小学的孩童数目也增加了四倍，而教师的人数几乎增加了三倍。但是国民教育系统，也就是主要是由国家组织和监督的教育系统，需要以国语教学。教育和法庭与官僚制度一样（参见《资本的年代》第五章），也是使语言成为国籍主要条件的一大力量。

国家因而创造了“民族”，也就是民族爱国心，并且至少为了某种目的，特别急迫和热切地创造了在语言上和管理上具有一致性的公民。法兰西共和国将小农转化为法国人。意大利王国在“创造了意大利”之后，顺从阿泽利奥（Azeglio）的口号（参见《资本的年代》第五章第 2 节），全力用学校和兵役“制造意大利人”，结果有成有败。美国规定：懂英语是作为美国人的条件之一，而且自 19 世纪 80 年代晚期开始引进基于这种新公民宗教的真正崇拜（在其不可知论宪法下所能拥有的唯一崇拜），其表现方式是在每一所学校中，每天举行向国旗效忠的仪式。匈牙利尽一切力量想将其多民族的居民转化为马扎尔人。俄国坚持将其较小的诸民族俄罗斯化，也就是以俄文垄断教育。而在那些多民族得到相当承认，且允许小学乃至中学以某种别的方言教学的地方（如奥匈帝国），国语仍在高等学府享有决定性优势。因此，非主流民族若能在其国家当中争取到自己的大学，是具有重大意义的（例如在波希米亚、威尔士和佛兰德斯）。

国家民族主义不论是真实的，或是为方便而发明的（例如上述君王的例子），都是一种双刃的战略。当它在动员某些居民的时候，也疏远了另一些居民——那些不属于或不想属于该国主要民族的居民。简而言之，它将那些为了某种原因拒绝接受官定语言和意识形态的群落区分开来，遂使得非官方民族的那些民族更容易被界定。

2

但是，在许多其他民族不拒绝接受官方语言和意识形态的地方，为什么有些民族拒绝接受呢？毕竟，对于小农来说（而且对于其子女来说更甚），成为一个法国人有相当多的好处。事实上，任何人除他们自己的方言或土语以外能学会另一种主要的文化和升迁用语，都可带来不少好处。1910 年时，移民到美国的德国人（1900 年以后他们来到美国时口袋中平均有 41 美元），[9] 有 70% 已成为会说英语的美国公民，虽然他们显然不想停止说德语，也不曾放弃德国式的感情。[10]（平心而论，很少有几个州真的尝试干涉少数语言和文化的私生活领域，只要它不向官定“国家民族”的公开优势挑战即可。）除了宗教、诗歌、社群或家庭感情以外，非官方语言很可能无法与官方语言竞争。虽然今日我们可能难以相信，但是在那个进步的世纪，的确曾有一些具有强烈民族情感的威尔士人，承认他们古老的凯尔特语地位较低下，甚至有些人想要为它实行安乐死。（这个名词是 1847 年在国会讨论威尔士教育的委员会上，一个作证的威尔士人说的。）当时有许多人不仅选择由一个地区迁徙到另一个地区，也选择由一个阶级转换到另一个阶级，而这样的迁移很可能意味着国籍的改变，至少是语言的改变。中欧充斥着拥有斯拉夫姓氏的日耳曼民族主义者，也充斥着其姓名乃照德文字面翻译或修改斯洛伐克姓名而成的马扎尔人。在这个自由主义的充满流动性的时代，美国和英语并非唯一发出公开邀请的国家和语言。而乐于接受这种邀请的人很多，尤其是当他们事实上不需要因此而否认其渊源时。在 19 世纪大半时期，"同化"（assimilation）绝不是一个坏字眼，它是许多人想要做到的一件事，尤其是那些想要加入中产阶级的人。

某些民族中的某些人之所以拒绝"同化"，一个明显的原因是他们没有被允许成为官方民族的完整成员。最极端的例子是欧洲殖民地的原住民精英，他们被施以其主子的语言文化教育，以便代表欧洲人管理殖民地居民，但是欧洲人显然不以平等态度对待他们。在这一点上，迟早会爆发冲突，尤其是因为西方教育实际上提供了一种明确表达其要求的具体语言。1913 年，一位印度尼西亚的知识分子用荷兰文写道：为什么荷兰人期望印度尼西亚人庆祝荷兰人从拿破仑统治下解放的一百年纪念？如果他是一个荷兰人，"我不会在一个其人民独立被窃走的国家，张罗独立庆典"[11]。

殖民地的民族是一种极端情形，因为从一开始起，由于资本主义社会普遍的种族优越感，任何程度的同化也不能将黑皮肤的人变成“真正的”英国人、比利时人或荷兰人，即使他们和欧洲贵族一样有许多财富、有高贵的血统和对运动的品位——许多在英国接受教育的印度土王便是如此。可是，即使是在白人的范围内，表面与实际之间仍有显著的矛盾：他们一方面对任何证明他有意愿和能力加入“国家民族”之人提供无限制的同化机会，另一方面却又拒绝接受某些群体。对于那些在当时根据仿佛高度合理的理由，假设同化的范围可以并不遥远的人来说，这种矛盾更是戏剧性，这些人就是西化的、有教养的中产阶级犹太人。这也就是为什么发生在法国的德雷福斯事件（一名法国籍犹太人参谋的受害事件），会不仅在犹太人中间，也在所有自由主义者之间，造成这么不成比例的恐怖反应，并且直接导致犹太复国主义运动的兴起。

1914 年以前的半个世纪，是著名的仇外时代，因而也是民族主义者的反动时代。因为，即使不说全球性的殖民主义，这也是一个大规模流动和迁徙的时代，尤其是在大萧条那几十年，也是社会局势紧张的时代。就拿一个例子来说：到了 1914 年时，大约有 360 万人（几乎是总人口的 15%）已经永久离开了休战时期的波兰领土，其中还不包括每年 50 万的季节性迁徙者。[12] 由此而产生的仇视外人心态，不是来自下层社会。它最始料未及的表示，那些反映资产阶级自由主义的表示，是来自根基稳固的中产阶级。这些中产阶级实际上永远不大可能遇见纽约下东城的定居者，或住在萨克森收割工工棚里的人。韦伯虽然具有不存偏见的德国资产阶级的学术眼光，可是他也逐渐对波兰人产生了强烈敌意（他正确地指控德国地主大批进口波兰人充当廉价劳工），并因此在 19 世纪 90 年代参加极端民族主义的泛日耳曼联盟（Pan-German League）。[13] 美国对于“斯拉夫人、地中海民族和犹太人”的种族偏见，实见于当地的白人中间，尤其是信仰新教、以英语为母语的资产阶级中上层人士。这些人，甚至在这一时期，已发明了他们的本土英雄神话：那些在广漠西部行侠仗义的盎格鲁-撒克逊牛仔（幸而未组成协会）——神话中的广阔天地与大城市膨胀中的危险蚁丘，真有天壤之别！［三位代表这个神话的美国东北部精英，是欧文·威斯特（Owen Wister），他在 1902 年出版了《弗吉尼亚人》（*The Virginian*）；画家弗雷德里克·雷明顿（Frederick Remington）和稍后的西奥多·罗斯福总统。[14]］

事实上，对这些资产阶级来说，贫穷外国人的涌入，既加剧了也象征着人数日增的都市无产阶级所引起的诸多问题。这些人结合了国内外“野蛮人”的特征，这些特征似乎行将淹没高尚者的文明（参见第二章）。他们同时也凸显出社会在应付急速变化的各种问题上的明显无能，以及新群众不可原谅地未能接受旧有精英的优越地位，而这种情形尤以美国为最。波士顿是富有而且受过教育的白种人、盎格鲁-撒克逊裔、信奉新教的传统资产阶级的中心，而限制移民联盟（Immigration Restriction League）正是于 1893 年在波士顿成立的。在政治上，中产阶级的仇视外人，几乎可以确定比劳动阶级的仇视外人更为有效；劳动阶级的仇外只是反映邻居间的摩擦，以及对压低工资、竞求工作机会的恐惧。不过，实际上将外国人排除于劳力市场之外的，是区域性的劳动阶级压力，因为对雇主来说，进口廉价劳工的诱因几乎是不可抗拒的。在完全拒绝接纳陌生人的地方，如在 19 世纪 80 年代和 19 世纪 90 年代实施禁止非白人移民的加利福尼亚和澳大利亚，这种仇外不会造成全国性或社群之间的摩擦，但是，在那些当地社群已遭歧视（如白人统治下的南非的非洲人或北爱尔兰的天主教徒）的地方，它自然很容易加速摩擦。不过，在 1914 年前，工人阶级的仇视外人很少发挥实际效用。整体而言，历史上最大规模的国际移民，即使是在美国，造成的反外国劳工骚动也出人意料的少，而在阿根廷和巴西，这类骚动几乎可以说不曾发生。

不过，进入外国的移民群体，不论他们是否曾遭到当地人的仇视，都很容易生发出强烈的民族情感。这种情感的产生不仅是因为他们一旦离开了故乡村落，便不能再假定自己是一个不需要定义的民族，如波兰人和斯洛伐克人，也不仅是因为他们移入的国家强加给他们的新定义，如美国将此前自以为是西西里人或那不勒斯人，甚至卢卡（Lucca）人或萨勒诺（Salerno）人等的移民，全部归类为"意大利人"。这种情感的产生是因为他们需要社群间的互助。除了家人、朋友和这些由故国来的人以外，这些刚迁徙到新奇陌生环境中的人，能指望向谁求助？（甚至在同一个国家之内，每个不同区域的迁徙者也和自己区域的其他迁移者团结在一起。）有谁能了解他？或者更确切地说，有谁能了解她？因为女人的家务领域使她们比男人更依赖单一语言。在最初的移民社区中，除了类似于教会这样的团体以外，还有谁能使他们成为一个社群，而非一堆外国人？他们的教会即使在理论上是世界性的，实际上却是民族性的，因为它的教士是和教徒来自同一个民族。而且不论他们用什么语言做弥撒，斯洛伐克的教士都需要用斯洛伐克语和教徒说话。于是，"民族"成为人际关系的真正网络，而不仅是一个虚构社会。只因为远离故国，每一个斯洛文尼亚人实际上和他所遇见的每一个斯洛文尼亚人都有一种可能的私人关系。

再者，如果这类移民要在他们所在的新社会以任何方式组织起来，则组织的方式必须能允许他们彼此沟通。如前所述，劳工和社会主义运动是国际主义的，而且像自由主义者一样（参见《资本的年代》第三章第 1 及第 4 节），它们甚至梦想一个全人类说单一世界语的未来——在“使用世界语”的小群体之间，这个梦仍然存在。例如，考茨基在 1908 年时还希望全体受过教育的人最后都会结合为一个使用单一语言的民族群体。[15] 可是在当时，它们却面临了巴别塔（Tower of Babel）的问题：匈牙利工厂中的工会，可能需要以四种不同的语言发布罢工命令。[16] 它们很快就发现，民族混杂的部门工作效率较差，除非工作人员已经能以两种语言沟通。劳动阶级的国际性运动，必须是民族或语言单位的合并。在美国，实际上成为工人大众政党的民主党，也必须以“族裔”联盟的形式发展。

民族迁徙的情形越甚，造成无根民众彼此冲突的城市和工业发展越迅速，这些被连根拔起的民众之间的民族意识基础便越广。因此，就新的民族运动来说，流亡往往是它们主要的孕育期。未来的捷克斯洛伐克总统马萨里克（Masaryk），是在匹兹堡（Pittsburgh）签署捷、斯两族合组国家的协议，因为有组织的斯洛伐克群众基础是在美国的宾夕法尼亚州（Pennsylvania）而非斯洛伐克。至于在奥地利被称为鲁塞尼亚人（Ruthenes）的喀尔巴阡山（Carpathians）落后山区居民（1918—1945 年间并入了捷克），他们的民族主义只在移民到美国的鲁塞尼亚人当中构成了有组织的形式。

移民间的互助和互保，可能有助于其民族的民族主义成长，但却不足以解释它的产生。然而，就移民间的民族主义是以移民对旧日故乡风俗的模糊怀念为基础而论，它无疑与故国正在孕育民族主义的那种力量有相似之处，尤以较小的民族为然。这就是新传统主义，是一种防御性或保守性的极端看法，用以抵抗现代化、资本主义、城市工业，以及无产阶级的社会主义的扩散，抵抗这些力量对旧日社会秩序所造成的破坏。

天主教会支持巴斯克和佛兰德斯人的民族主义运动，以及许多小民族的民族主义运动，这些小民族受到"自由派民族主义"的排斥，在自由派眼中，这些小民族显然无法变成"有生存能力的民族国家"。教会的支持显然带有传统主义的成分。在这个时期人数激增的右翼理论家，往往发展出对以传统为根据的文化区域主义的喜好，如普罗旺斯（Provence）的本地语言推行运动。事实上，20 世纪晚期西欧的分离主义和区域主义运动（布列塔尼语、威尔士语、普罗旺斯语），其思想渊源均来自 1914 年前的右派思想。相反，在这些小民族中，资产阶级和新兴无产阶级通常都不喜欢小型民族主义。在威尔士，劳工党的兴起逐渐损害了威胁要接管自由党的青年威尔士民族主义。至于新兴的工业资产阶级，自然也喜欢大国或世界的市场，而不喜欢小国或区域的狭窄拘束。在俄属波兰和西班牙巴斯克地区（这两个地区的工业化程度远高于该国的平均水平），当地资本家对于民族主义的奋斗目标都不热衷，而根特那些公开以法国为中心的资产阶级，始终是佛兰德斯民族主义分子痛恨的对象。虽然这种漠不关心并不十分普遍，但它已强大到使罗莎·卢森堡误以为波兰的民族主义不具有资产阶级基础。

但是，使传统的民族主义分子更沮丧的，是农民这个最传统的阶级对于民族主义竟也只有微弱的兴趣。巴斯克民族党成立于 1894 年，其目的在于维护所有古风，抵抗西班牙人和无神论工人的侵犯，可是说巴斯克语的农夫对它却不具热忱。像大多数其他这类运动一样，它主要是都市中产阶级或下层中产阶级的团体。[17]

事实上，本书所述时期的民族主义进展，大致是由这些社会中间阶层所带动的现象。因此，当时的社会主义者称它为“小资产阶级的”颇有几分道理。而它与这些阶层的关系，也有助于解释我们已经谈到的三个新特点：语言上的好战政策，要求组成独立国家而非接受次等的自治权，以及政治上的转向右派和极右派。

对于由大众背景中兴起的中下阶级来说，事业和方言是不可分割地结合在一起的。从社会开始以大众阅读书写能力为支撑的那刻起，如果他们不想沦入纯粹靠口语沟通的下层社会（偶尔在民俗学博物馆中占有一席之地），则其口语必须或多或少地官方化，以作为官僚政治和教育的媒介。大众（也就是小学）教育，是一个非常重要的发展，因为它只能用大多数人能够了解的语言。（威尔士语或某种方言或土语禁止在教室使用，曾在地方学者和知识分子的记忆中留下许多创伤。这种禁止不是由于国家具有支配性民族的某种极权主义的要求，而几乎可以确定是由于当政者真正相信：除非以官定的语言教学，否则教育便会有所欠缺，而一个只懂一种语言的人作为一个公民的能力和其职业前途，都将无可避免地受到妨碍。）以一种纯粹的外来语施教的教育，不论这种外来语是活的还是死的，只适用于精心挑选的少数人，只有这些人花得起相当的时间、费用和气力，去获得对它的纯熟使用。官僚政治是另一个非常重要的因素，一方面因为它能决定一个语言的官定地位；另一方面也因为在大多数国家中，它是需要阅读识字能力的最大雇主。因而自 19 世纪 90 年代起，在奥匈帝国中，关于不同民族混居地区的街名应该用什么文字书写，以及关于特殊助理邮政局长和铁路站长应该由哪一个民族的人来担任，便产生了无穷的琐碎斗争，甚至危及政治活动。

但是，只有政治力量才可以改变次要语言或方言的地位（众所周知，所谓次要语言和方言，只不过是没有军队和警察力量作为后盾的语言和方言）。因此，在这个时期精心的语言调查和统计数字背后，隐藏了许多压力和反压力。（比方说，尤其是 1910 年比利时和奥地利的语言调查和统计数字。）方言的政治要求，便是依据这样的调查和统计数字。因此，至少在部分情况下，每当出现如比利时的情形，即操双语的荷裔比利时人数目显著增加时，或出现如巴斯克的情形，即巴斯克语的使用在迅速成长中的城市几乎消灭时，便会有民族主义者为语言而发起动员。[18] 因为只有政治压力可以为实际上不具竞争能力的语言，赢得作为教育或大众沟通媒介的地位。这一点，也只是这一点，才使得比利时在 1870 年正式成为一个双语国家，使得弗拉芒语在 1883 年成为佛兰德斯中学的必修科目。但是，一旦一种非官定语言赢得了官定地位，它便会自动创造出相当可观的具有方言读写能力的政治选民。以哈布斯堡王朝统治下的奥地利而论，在它 1912 年总计 480 万的中小学学生当中，可能或实际成为民族主义者的比例，显然比在 1874 年总计 220 万的中小学学生中来得高，遑论以各种互相敌对的语言进行教学的 10 余万名新增教师。

可是，在多种语言的社会，接受以方言传授的教育，并可因这种教育而得到职业升迁的人，或许仍会觉得自己的地位较卑下，或“因社会地位不佳而享受不到大多数人享有的权益”。虽然他们往往因为比只会说精英语言的势利小人多懂一种语言，而在竞争次要的工作机会时占有优势，可是，他们还是会认为在谋求最高层职位时他们居于不利地位，而他们这种感受似乎也无可非议。因而，当时有一种压力，要求将方言教学由小学教育延伸到中学教育，最后延伸到完整教育系统的巅峰——方言大学。基于这个原因，我们可说威尔士和佛兰德斯对于这样一所大学的需求是高度政治性的。事实上，威尔士在 1893 年成立的国立大学，曾一度是威尔士的第一个，也是唯一的民族机构。那些母语不是官定方言的人，几乎一定会被排除在文化和公私事务的较高范围之外，除非他们会说高级的官定方言；文化和公私事务，一定是以这种方言进行的。总而言之，新的中下阶级乃至中产阶级仍接受斯洛文尼亚语或弗拉芒语教育这一事实，凸显了主要奖赏和最高地位仍属于说法语或德语者的现象，虽然这些人不屑去学习次要语言。

可是，要克服这个固有障碍，却需要更多的政治压力。事实上，所需要的是政治权力。说白一点儿，就是必须强迫人们使用方言达到某些目的，虽然他们通常宁可使用另一种语言来达到这些目的。匈牙利坚持在教学上要用马扎尔语，虽然每一个受过教育的匈牙利人，过去和现在都非常明白，在匈牙利社会中，除了最官僚性的任务以外，至少懂得一种国际通用语言，是必备的技能。强制性或形同强制的政府压力，是将马扎尔语变成书面语言的必要条件。马扎尔语在变成书面语言之后，便可在其境内为所有的现代目的效劳，即使在其本土之外没有任何人看得懂。只有政治力量——归根结底也就是政府的力量——可望达到这样的目的。民族主义者，尤其是那些其生计和事业前途与其语言有关的人，不大可能会问是否还有其他方法可使其语言发展更为兴盛。

就这方面说，语言民族主义对于分离是具有内在偏见的。相反，对于独立国家的领土要求，又似乎越来越和语言分不开，以至我们看到官方对盖尔语的支持在19世纪90年代介入了爱尔兰民族主义，虽然（或者实际上因为）绝大多数的爱尔兰人显然非常习惯使用英语。而犹太复国主义则复活了希伯来语作为日常用语，因为没有任何其他的犹太人语言可以使他们建设一个领土国家。我们可以对这种基本上是政治性的制定语言的努力做一些有趣的反思，因为有些将失败（如使爱尔兰人重新改说盖尔语）或半失败［如编制更挪威式的挪威语（Nynorsk）］，而另一些将成功。然而，在1914年前，它们通常缺乏必要的政府力量。1916年时，实际在日常生活中使用希伯来语的人不超过1.6万人。

但是，民族主义也以另一种方式和中间阶层紧密联系，这种方式也促使它和中间阶层的人士转向政治上的右派。仇视外人一事对于商人、独立工匠和某些受到工业经济进步威胁的农民，很容易产生吸引力，尤其（再重复讲一次）在财政紧迫的不景气时期。外国人逐渐变成资本主义的象征，而资本主义正是瓦解古老传统的力量。因此，自19世纪80年代起流行全西欧的政治反犹太主义，和犹太人的实际数目并没有什么关联。在4 000万人口中只有6万犹太人的法国，它的效力最强大；在6 500万人口中有50万犹太人的德国，它的效力也不弱；在犹太人占人口15%的维也纳亦然。（犹太人占布达佩斯人口的1/4，可是反犹太主义在布达佩斯却不构成政治因素。）这种反犹太运动所针对的是银行家、企业家，以及其他“小人物”眼中的资本主义荼毒者，“美好时代”典型资本家的卡通造型，不只是一个戴高顶丝质礼帽和抽雪茄烟的胖男人，而且还有个犹太鼻子，因为在犹太人所主导的企业领域中，他们不仅与小商人竞争，同时也扮演给予或拒绝给予农民和小工匠信贷的角色。

因而，德国社会主义领袖倍倍尔觉得反犹太主义是“白痴的社会主义”。可是，当19世纪末政治反犹太主义兴起时，最吸引我们注意的不是“犹太人等于资本家”这个公式（在东欧和中欧许多地方，这个等式并非不成立），而是它和右翼民族主义的结合。这种结合不仅是由于社会主义运动的兴起，该运动有系统地对抗其支持者的潜在或公开的仇外心态，以至于对外国人和犹太人的深刻厌恶，在这个群体中往往显得较从前更为可耻。它标示出民族主义意识形态在许多大国中的明显右倾，尤其是在19世纪90年代。比方说，我们可以看到，在这个时期，德国民族主义的古老群众组织（许多体操协会），由承继1848年革命的自由主义作风，转为具有侵略性、军国主义和反犹太姿态。此时，爱国精神的旗帜已成为政治右派的所有物，左派不容易掌握它们，虽然在有的地方爱国精神和法国的三色旗一样，认同于革命和人民奋斗的目标。于是，左派人士认为炫耀国名和国旗，可能会有被极右派污染的危险。一直到希特勒上台，法国左翼才重新充分运用激进派的爱国精神。

爱国精神之所以转移到政治右翼，不仅是因为它以前的思想伙伴——资产阶级自由主义——陷于一片混乱，也是因为以往显然使自由主义和民族主义可以配合的那种国际形势，不再有效。一直到19世纪70年代，或许甚至到1878年的柏林会议（Congress of Berlin）为止，国际形势都显示出：一个民族国家的获利，不一定是另一个民族国家的损失。事实上，欧洲地图虽因两个主要的新民族国家（德国和意大利）的创建，和巴尔干半岛上若干小民族国家的形成而改观，可是却没有发生战争或对国家间的国家体系造成不可忍受的破坏。在大萧条以前，像全球自由贸易之类的事物，符合所有国家的利益（或许对英国好处最多）。可是自 19 世纪 70 年代起，这样的宣称听起来已不再真实。而当全球性的冲突再一次逐渐被认为是一种严重的、虽然尚未成为迫切的可能时，那种认为其他国家简直就是威胁者或牺牲者的民族（国家）主义，便因之得势。

在自由主义危机中出现的政治右派运动，一方面培育了这种民族主义，一方面也受到它的鼓舞。事实上，最初以新出现的"民族主义者"一词自称的人，往往是那些因战败刺激而采取政治行动的人，例如 1870—1871 年德国战胜法国之后的莫里斯·巴雷斯（Maurice Barrès，1862—1923）和保罗·德罗列德（Paul Deroulède），以及 1896 年意大利羞耻地败于埃塞俄比亚之手以后的恩里科·柯拉蒂尼（Enrico Corradini，1865—1931）。他们所创建的运动（这个运动使普通词典上出现了"民族主义"一词），在相当程度上是有意反对当时的民主政治（也就是反对议会政治）。[19] 在法国，这种运动一直只是聊备一格，比方说，1898 年创立的"法兰西行动"（Action Francaise），便迷失在不切实际的君主主义和出言不逊的无趣言谈之中。意大利的这种运动，在第一次世界大战以后与法西斯主义相结合，形成一种新的政治运动，建立在沙文主义、仇外以及对于扩张国土、征服甚至战争行动的日渐理想化上。

对那些无法精确解释其不满的人而言，这样的民族主义特别能够替他们表达集体的愤恨。一切都是外国人的错。德雷福斯案使法国的反犹太主义有了特殊武器，不仅因为被告是一个犹太人（一个外国人在法国参谋总部干什么？），也因为他被指控的罪名是替德国当间谍。相反，德国的好国民每当想起他们的国家正遭到其敌对联盟有系统的包围（如他们的领袖常提醒他们的），便吓得战栗不已。与此同时，像其他好战民族一样，英国人已做好准备，要利用那股反常高涨的仇外兴奋情绪，来庆祝世界大战的爆发。这股仇外情绪说服了英国皇室将其日耳曼姓氏改为盎格鲁–撒克逊姓氏——温莎（Windsor）。无疑，每一个土生土长的公民，除了少数的国际社会主义者、几个知识分子、国际性商人和国际贵族及王族俱乐部的成员外，都感受到某种程度的爱国狂热。无疑，几乎所有人，甚至包括社会主义者和知识分子在内，都深深浸染了19世纪的种族优越感（参见《资本的年代》第十四章第2节，以及本书第十章），以至他们很容易相信自己的阶级或民族在先天上便较其他人优越。帝国主义只不过是在各帝国的人民间加强这样的诱惑。但是，无可怀疑的是，最热烈响应民族主义召唤的那些人，多半都介于“社会上已有确立地位的上层阶级”与“最下层的农民和无产阶级”之间。

对于这个发展中的中间阶层来说，民族主义也多少具有实际的吸引力。它提供了他们作为国家“真正捍卫者”的集体身份（回避他们为一阶级的说法），或者作为（他们非常垂涎的）完整的资产阶级身份申请者的集体身份。爱国心补偿了他们在社会上的卑下地位。因此，没有服兵役义务的英国，在1899—1902年的帝国主义南非战争中，其接受招募的工人阶级的曲线，完全反映了经济形势，随失业率而升降，但是中下阶级和白领阶层青年响应招募的曲线，却清楚反映了爱国宣传的吸引力。而且，在某种意义上，军人的爱国心可为他们带来社会报偿。在德国，它为就读中学到 16 岁（即使未能继续学业）的男孩，提供了出任预备军官的机会。在英国，如战争将说明的，甚至连替国家服务的办事员和售货员也可以成为（用英国上层阶级严峻的术语来说）“暂时的绅士”。

3

可是，19 世纪 70 年代到 1914 年的民族主义，不只局限于失意的中产阶级或反自由主义（和反社会主义）的法西斯祖先所诉求的那种意识形态。因为，毫无疑问，在这个时期能够提出或包含全国性诉求的政府、政党或运动，多半可享有额外利益；相反，那些不能或不为者，在某种程度上是居于不利地位。无可否认，1914 年战争的爆发，在主要作战国家激起了真正的（虽然有时是短暂的）大众爱国精神的勃发。而在多民族的国家中，全国性工人阶级运动败给了分解为“以每一个民族的工人为基础”的个别运动。奥匈帝国的劳工和社会主义运动，在帝国尚未崩溃之前便已崩溃了。

不过，作为“民族运动和挥舞国旗的意识形态”的民族主义，与民族性的广泛诉求之间，有一点截然不同。前者看不到国家建立或扩张之后的情形。它的纲领是反抗、驱除、击败、征服、驾驭或淘汰外国人。除此以外，其他任何事情都不重要。只要能在一个爱尔兰民族、日耳曼民族或克罗地亚民族的独立国家（完全属于他们的国家）中，维护其爱尔兰人、日耳曼人或克罗地亚人的特性，宣布其光荣的未来，或为达到这个目标尽一切牺牲，就足够了。

事实上，正是这一点使它的吸引力只能局限在下列范围内：热情的理论家和好战者、寻找凝聚力和自我定义的不定型中产阶级、可以将他们所有的不满归咎于罪恶的外国人的群体（主要是挣扎中的小人物），当然，还有那些对那种“告诉公民说有爱国心便够了的意识形态”大表欢迎的政府。

但是，对大多数人而言，单有民族主义是不够的。矛盾的是，这一点在尚未获得自决的民族的实际运动上最为明显。在本书所论时期，真正得到民众支持的民族运动（并非所有想得到的都能得到），几乎全是那些将民族和语言的诉求与某些更强有力的利害或动员力量（包括古代和现代的）相结合的民族运动。宗教便是其中之一。如果没有天主教会，那么佛兰德斯人和巴斯克人的运动在政治上便会微不足道。没有人会怀疑：天主教信仰赋予受异教统治的爱尔兰和波兰民族主义一种一致性和群众力量。事实上，在这个时期，爱尔兰的芬尼亚勇士团成员（Fenians，最初是一个世俗、事实上反教权的运动，诉诸各种信仰的爱尔兰人）的民族主义已成了一大政治力量，其原因在于他们允许爱尔兰的民族主义认同于信仰天主教的爱尔兰人。

更令人惊异的是，如前所述，那些最初以国际主义和社会解放为主要目标的政党，也发现自己成了民族解放的媒介物。独立波兰的重建，不是19世纪完全致力于独立的无数政党中的任何一个所能领导的，而是由隶属于第二国际的波兰社会主义党完成的。亚美尼亚（Armenian）的民族主义亦然，犹太人的领土民族主义也是如此。建立以色列的不是赫茨尔或魏茨曼（Weizmann），而是俄国人所启发的劳工犹太复国主义运动。虽然有些此类政党在国际社会主义中受到批判，因为它们把民族主义置于社会解放之前，可是这样的批判却不适用于另一些社会主义乃至马克思主义政党，因为后者是在意外地发现它们代表了特定的国家和地区：芬兰的社会党、格鲁吉亚（Georgia）的孟什维克（Mensheviks）、东欧大片地区的犹太人联盟，甚至拉脱维亚绝对非民族主义的布尔什维克党。相反，民族主义运动也觉察到：就算不提出特定的社会纲领，至少也要表现出对经济和社会问题的关心，因为这可带给它们不少好处。其中最典型的是出现于工业化的波希米亚——被同受劳工运动吸引的捷克人和日耳曼人分占——的自称为“民族社会主义”的运动。（1907 年，社会民主党员在第一次民主选举中得到 38% 的捷克选票，成为最大政党。）捷克的民族社会主义者，最后成为独立捷克的代表性政党，并且提供了最后一任总统——贝奈斯（Beneš）。德国的民族社会主义者启发了一个年轻的奥地利人，这个人把他们的名称和他们结合“反犹太极端民族主义”和“含糊的人民主义社会煽动法”的态度，带进了战后的德国。此人便是希特勒。

因而，当民族主义被调成鸡尾酒时，它才真的普受欢迎。它的吸引力不只在于它本身的滋味，也在于它掺和了其他的某种成分或多种成分。它希望能借这些成分来解消费者精神或物质上的干渴。但是，这样的民族主义虽然还是名副其实的，却不是挥舞国旗的右派所希望的那样——它既不那么好斗又不那么专心致志，而且确乎不那么反动。

矛盾的是，在各种民族压力下行将瓦解的奥匈帝国，却展现出民族主义的极限。在 20 世纪最初十年，虽然帝国中绝大多数的人民毫无疑问已意识到自己属于某个民族，但他们之中却很少有人认为这一点和对哈布斯堡君主政体的支持有任何矛盾。甚至在大战爆发之后，民族独立仍然不是重要的争论点。在奥匈帝国的各民族中，只有四个民族（意大利人、罗马尼亚人、塞尔维亚人和捷克人）对政府抱有坚决的敌意，其中三个可以与帝国境外的民族国家认同。然而对大多数民族而言，它们并不特别想要冲破这个某些狂热的中产阶级或中下阶级口中的“诸民族牢狱”。在战争过程中，当不满和革命的情绪真正上升之际，它也是先以社会革命而非民族独立的方式呈现。[20]

至于西方交战国，在战争期间，反战情绪和对社会的不满日渐压制了群众军队的爱国心，但却未曾摧毁。如果要了解 1917 年俄国革命对国际所造成的不寻常影响，我们必须牢牢记住：1914 年心甘情愿，甚至满怀热忱走上战场的人，是受到爱国思想的感召。这种爱国思想不能局限在民族主义的口号中，因为它带有公民责任意识。这些军人奔赴战场，不是因为嗜好作战、嗜好狂暴和英雄气概，也不是要追求右派那种民族自大狂和民族主义的无限制扩张，更不是因为对于自由主义和民主政治的敌意。

正好相反。所有实行群众民主政治的交战国，其国内宣传都说明了：它们所强调的不是光荣和征伐，而是“我们”是侵略或侵略政策的受害者，而“他们”代表了对于“我们”所体现的自由和文明价值观的致命威胁。尤有甚者，男男女女能够因战争而予以动员，唯一的原因是他们感到这场战争不只是一般的武装格斗，还在某种意义上世界将因“我们的”胜利而更好，而“我们的”国家，用劳合·乔治的话来说，将成为“适合英雄居住的国度”。因此，英国和法国政府声称它们是在维护民主和自由，抗御君主权力、军国主义和野蛮习性（“德国兵”），而德国政府则声称它是在维护秩序、法律和文化的价值观，抗御俄国的独裁政体和野蛮习性。征伐和帝国扩张可以是殖民战争的宣传素材，却不是这场大冲突的宣传素材，即使在幕后主宰各国的外交部也一样。

德国、法国和英国的民众，1914 年是以公民和平民的身份走上战场，而非以战士或冒险家的身份走上战场。可是，这个事实恰恰足以说明在民主社会当中，爱国心对政府运作的必要性及其所具有的力量。因为，只有把国家目标视为自己的目标，才可以有效动员民众。1914 年时，英国人、法国人和德国人都有这种想法，他们便是因此而动员。一直到为期三年无比惨烈的屠杀和俄国革命的例子出现，才让他们认识到他们的想法错了。

第七章

资产阶级的不确定性

就尽可能最广义的范围来说……一个人的“自我”，是他能声称属于他的一切事物的总和，不仅包括他的身体和精神力量，也包括他的衣服和他的房屋、他的妻子和儿女、他的祖先和朋友、他的名誉和著作、他的土地和马匹，以及游艇和银行存款。

——**威廉·詹姆斯**（William James）[1]

带着极大的兴致……他们开始购物……他们全力以赴，就好像在为事业冲刺一样；作为这个阶级成员，他们谈的、想的和梦的都是财富。

——H.G. 韦尔斯，1909 年[2]

这个学院是因创办人的爱妻的建议和劝告而创办的……其宗旨是给予上层和中上层的妇女最好的教育。

——**录自霍洛威学院**（Holloway College）**创办宗旨**，1883 年[3]

1

现在让我们反过来看看似乎受到民主化威胁的那些人。在资产阶级从事征服的19世纪，成功的中产阶级对于他们的文明深具信心，他们一般也很自信，而且通常没有财政上的困难，但是一直要到19世纪后期，他们的物质生活才称得上是舒舒服服。在此之前，他们也过得很不错：周围环绕着装饰华丽的牢固物品，身着大量织物，买得起他们认为适合他们身份而不适合比他们低下的人的物品，消耗很多食物和饮料，或许有点儿消耗过量。至少在某些国家，饮食是非常考究的：所谓的“资产阶级食品”(cuisine bourgeoise)，至少在法国是一个赞美美食的词汇。众多的仆人弥补了家中不舒适和不实际的地方，但无法掩盖这些缺陷的地方。一直到19世纪后期，资本主义社会才发明了一种特殊的生活方式和与之相称的物质设备，这些是为了迎合其认定的主力中坚的需要而设计的，这些中坚分子包括商人、自由职业者或较高级的公务人员及其眷属。他们不一定指望贵族的身份或富豪的那种物质报酬，但是他们却远胜于那些买了这样东西便不能买那样东西的人。

许多世纪以来，大多数资产阶级的矛盾之处，是其生活方式是后来才成为“资产阶级式”的，这种转型是由其边缘而非由其中心开始，而且所谓特殊的资产阶级生活方式，却只有短暂的胜利。这或许便是为什么走过当年的人，常常带着怀旧的心情回顾1914年以前的时代，视之为“美好时代”。让我们以探讨这个矛盾，作为综述本书所述时期中产阶级机遇的开始。

这种新的生活方式，当时是指郊区的房子和花园，很久以来，这已不再一定是“资产阶级式的”。像资本主义社会的许多其他事物一样，它也来自典型的资本主义国家——英国。我们最初可在花园郊区中看到，这种花园郊区，是 19 世纪 70 年代像诺曼·萧（Norman Shaw）这样的建筑师，为舒适但不一定富裕的中产阶级家庭所规划开拓的［贝德福特公园（Bedford Park）］。这种聚落一般是为比英国类似聚落的居民更富有的阶层所发明的，它们发源于中欧市郊，如维也纳的小屋区（Cottage-Viertel）与柏林的达伦（Dahlem）和绿林区（Grunewaed-Viertel）。后来又扩及社会较低阶级，出现在中下阶层的郊区，或大城市边缘未经计划的“亭台式”迷宫。最后，通过投机的建筑业者和理想主义的市镇设计者，进入到半独立的街道和聚落，以期为部分舒适工人捕捉以往的村落和小市镇精神。理想的中产阶级住宅不再被视为市街的一部分，例如“城市住宅”或其代用物——一个面朝市街、自命为华厦的大建筑中的一个公寓。相反，它是四周围绕着青葱草木的小公园或花园中的都市化或准确地说郊区化的别墅。它成为非常强烈的生活理想，不过，在非盎格鲁-撒克逊的城市中尚不适用。

这样的别墅和它最初的模型——贵族和士绅的别墅——相比，除了规模较小和成本较低以外，还有一个很大的不同：它的设计目的是为了私生活方便，而不是为了争取地位或装模作样。诚然，这些聚落大致是单一阶层的社区，与社会其他部分隔绝的事实，使它们更容易集中力量来追求舒适生活。这种隔绝的产生，有时甚至不是故意的。在社交上抱理想主义态度的（盎格鲁-撒克逊）设计家，其设计的“花园城市”和“花园郊区”，和那些特意为了中产阶级从比他们低下的人群中移开而开辟的郊区，走的是同一条路线。而这种外移，其本身也表示资产阶级要放弃其统治阶级的身份。1900 年左右，一个当地的富人告诉他的几个儿子说："除了重税和暴政以外，波士顿城什么也不能给你们。你们结婚以后，找个郊区盖幢房子，参加一个乡间俱乐部，并以你们的俱乐部、家庭和子女作为生活中心。"[3]

但是，这些传统别墅或乡间大宅的作用正相反，甚至和其资产阶级的竞争对手和模仿对象——大资本家的豪宅——的作用相反。后者如克虏伯家族的山陵别墅（Villa Hügel）、阿克罗埃家族（Akroyds）和克罗斯雷家族（Crossleys）的堤野大宅（Bankfield House）和美景大厦（Belle Vue），正是后两个家族支配了羊毛业城市哈利法克斯（Halifax）的烟雾腾腾的生活。这样的建筑，是权势的外罩。其设计是为了替统治阶级的某个高级分子向其他高级分子以及较低阶层炫耀其财富和威望，也是为了组织具有影响力和支配性的事业。如果内阁是在奥尼姆公爵（Duke of Omnium）的乡村府邸组成的，则克罗斯雷地毯公司的约翰·克罗斯雷在他 50 岁生日那天，至少要邀请他在哈里法克斯自治市议会的 49 位同事，到他设于英格兰西北湖区的府邸欢聚三日，并在哈里法克斯市政厅开幕当天，招待威尔士亲王。在这样的府邸中，公私生活是不分的，有其被认可的外交与政治上的公开功能。这些职责的要求优于居家安适的要求。我们不认为阿克罗埃家族会只为了其家族用途而建造一座绘有古典神话场景的宏伟楼梯，造一间雕梁画栋的宴客厅、一间饭厅、一间图书室和九间接待用的套房，或可容纳 25 个仆人的厢房。[4] 乡绅无可避免地会在其郡中运用其权力和影响力，正如当地的大企业家不会放弃在伯利（Bury）和茨维考（Zwickau）运用其权力和影响力一样。事实上，只要他住在城市，即使是一名普通的资产阶级，也不容易避免借着选择他的住处，或者至少他公寓的大小或楼层、他能指挥仆役的程度、他的服装和社交往来的礼节，来显出（应说强调）他的地位。一位爱德华时代证券经纪商的儿子后来回忆到：他们家比不上福尔赛一家（Forsytes），他们的房子不能俯视肯辛顿花园（Kensington Gardens），不过离得也还不算太远，因而勉强不失身份。“伦敦的社交季”他们是没分的，但是他母亲平日午后都会正式地“待在家里”，并曾经举行许多晚宴，晚宴中有从惠特来万国百货商店请来的“匈牙利乐队”。同时，在5月和6月，他们也会按时举行或出席几乎每天都有的餐宴。[5]私生活和身份与社会地位的公开展示，是无法明确区分的。

前工业革命时期，上升中的中产阶级，由于他们虽然可敬但仍低下的社会地位，或由于他们清教或虔信派的信仰，再由于资本累积是他们的首要目的，因此大半被排除于这些诱惑之外。是19世纪中期经济增长的好运，使他们跨入成功者的世界。但是，这同时也为他们强加上了旧式精英的那种公共生活方式。不过，在这胜利的一刻，有四项发展鼓励了较不正式、较私人化的生活方式。

如前所述，第一项是政治的民主化。它逐渐降低了除了“最高尚和最不可轻视者”以外的所有中产阶级的公共和政治影响力，在某些情形下，（主要是自由派的）中产阶级实际上被迫完全从政治活动中撤出。这些政治活动已为大众运动或大众选民所支配，这些选民拒绝承认那些不是真正针对他们的“影响力”。在19世纪末叶，维也纳文化一般都被认为是某个阶级和某个民族的文化，即中产阶级犹太人的文化，这个阶级和民族已不再被允许扮演他们所希望的角色，也就是德国的自由主义者，而且即使是非犹太的自由派资产阶级，也找不到太多追随者。[6]布登勃洛克家族（Buddenbrooks）及其作者托马斯·曼（Thomas Mann）——一位古老骄傲的汉萨（Hanseatic）同盟城市贵族之子——所代表的文化，是已经从政治中撤退的资产阶级文化。波士顿的卡伯特家族（Cabots）和洛威尔家族（Lowells），虽然尚未被从政治中逐出，但是他们对于波士顿政治的控制权即将交给爱尔兰人。19世纪90年代以后，英国北部的家长制“工厂文化”宣告瓦解，在这种文化中，其工人可以是工会的会员，但他们仍然追随雇主的政治倾向，并且庆祝其雇主的周年纪念日。1900年后工党出现的原因之一，是在工人阶级选民中具影响力的地方中产阶级，在19世纪90年代拒绝放弃提名地方上的“著名人士”（也就是像他们自己那样的人）竞选国会和市镇议会席位的权力。资产阶级在保持其政治权力这点上，此后它所能动员的恐怕只有影响力，而非徒众。

第二项发展是胜利的资产阶级和清教价值观念中的某些关联变得略微松动。这样的价值观念，以往非常有助于资本累积，而资产阶级也往往以这样的价值观念自我标榜，表示他们与懒散而放荡的贵族和懒惰而好饮贪杯的劳工有别。对地位稳固的资产阶级而言，钱已经赚到了。它可能不直接来自它的出处，而是由纸张所做的规律性付款。这些纸张所代表的“投资”，即使不是源自远离伦敦四周六郡的世界上的某一遥远地区，其性质也可能是隐匿不明的。钱往往是继承来的，或分给不工作的儿子和女性亲戚。19世纪晚期的许多资产阶级是“有闲阶级”——这个名称是当时一位相当有创意的无党派美国社会学家托斯丹·凡勃伦

（Thorstein Veblen）发明的，凡勃伦写了一篇关于它的“理论”的文章。[7]甚至有些真正在赚钱的人，也不需要在这上面花太多时间，至少如果他们是在（欧洲的）银行业、金融和投机买卖中赚钱是如此。总之，在英国，他们剩下足够的时间去追求其他事物。简言之，花钱至少和赚钱一样重要。花钱当然不必像非常富有的人那般挥霍，在“美好时代”，非常富有之人的确多的是。甚至比较不富裕的人也学会了如何花钱追逐舒适和享受。

第三项发展是资产阶级的家庭结构趋于松弛，这种现象反映为家庭妇女某种程度上的解放（下章再讨论这个问题），以及一个比较独立的“青年人”类别的出现，这个类别指的是介于少年和适婚年龄之间的年龄群，他们对于艺术和文学具有强大的影响力（参见第九章）。“青年”和“现代”两个词有时几乎可以互用，如果“现代化”意有所指，则它指的是品位、室内装饰和风格的改变。在 19 世纪下半叶，这两种发展在地位稳固的中产阶级中均已历历可见，而在其最后 20 年间尤其显著。它们不仅影响了休闲方式，也大大增加了资产阶级住宅作为其妇女活动背景的作用。当时休闲的方式是旅游和度假。如维斯康蒂（Visconti）的《魂断威尼斯》（*Death in Venice*）正确说明的，当时进入其荣耀时期的海滨和山间大旅馆是由女客的形象所主宰。

第四项发展是属于或自称属于或热切希望属于资产阶级的人数正在稳定增长，简言之，就是整个中产阶级的人数在稳定增长。将所有中产阶级联系在一起的事物之一，是关于居家生活方式的某种基本构想。

2

同时，政治民主化、自觉意识浓厚的工人阶级的兴起，以及社会流动，都为那些属于或想要属于这些中产阶级某一层次的人，造成了社会身份的新问题。为“资产阶级”下定义出名地不容易（参见《资本的年代》第十三章第3、第4节），当民主政治和劳工运动的兴起使得那些属于资产阶级（这个名称日渐变成不洁的字眼）的人在公开场合否认有这么一个阶级存在时，要为其下定义就更不容易了。在法国，有人主张大革命已废除了所有阶级；在英国，有人主张阶级——不是那种封闭式的世袭阶级——并不存在；在声音越来越多的社会学领域，有人主张社会结构和阶层的形成过于复杂，不能如此简化。在美国，危险似乎不在于民众会以一个阶级的方式动员起来指称压榨他们的人为另一个阶级，而是在于：在他们追求平等的宪法权利时，他们可能会因宣称自己是中产阶级，而减少了原本属于精英分子的有利条件（除了无法争辩的财富事实以外）。社会学这门学科，是1870—1914年间的产物。由于社会学家喜欢以最适合他们意识形态观念的方式重新将人分类，遂使这门学问至今仍受困于有关社会阶级和身份的无穷辩论。

再者，随着社会的流动性增加，加上确定谁属于、谁又不属于社会“中间地位”或“阶层”的传统等级制度已告式微，这个“中间社会区域”（及其内部）的界限遂变得异常模糊。在习惯于较古老分类方法的国家，情况又有不同。以德国为例，如今在资产阶级（Bürgertum）和它下面的中产阶级（Mittelstand）之间，又增添了复杂的区别。资产阶级又分为以财产所有权为基础的有产阶级（Besitzbürgertum）和借由较高教育而取得中产阶级身份的教养阶级（Bildungsbürgertum），而中产阶级则看不起小资产阶级（Kleinbürgertum），西欧的其他语言也只能在“大”或“上”“小”或“低”这些字眼上拨弄资产阶级的变换和不精确分类。但是，究竟该如何决定谁能自称属于任何这样的阶级?

基本的困难在于自称为资产阶级的人数增加了，毕竟，资产阶级构成了社会的最高一层。甚至在古老的土地贵族未被淘汰（例如在美洲）或未被剥夺其应有特权（例如在共和法国）的地方，贵族在“已开发”的资本主义国家的姿态也显然较前为低。英国的土地贵族在19世纪中叶曾经维持了突出的政治参与和绝对多数的财富，但是它现在也处于明显的落后状态。1858—1879年间，在去世的英国百万富翁中，有4/5（117人）尚是地主；1880—1899年间，只有1/3多一点儿，而在1900—1914年间，这个百分比甚至更低。1895年前，在几乎所有的英国内阁中，贵族都占多数。[8]1895年后，他们从来不曾是多数。即使在贵族已经没有正式地位的国家，贵族的称号也绝不会受人轻视。自己无幸取得贵族称号的美国富人，则赶紧借着让女儿缔结“金钱婚姻”的方法，在欧洲购买贵族称号。胜家（Singer）缝纫机公司老板的女儿便因此成为波利尼亚克公主（Princess de Polignac）。不过，即使是古老而且根深蒂固的君主国，如今也承认金钱和门第已是同样有用的标准。德皇威廉二世认为：“满足百万富翁对于贵族勋章和特许状的渴望，是他作为统治者的责任之一。但是要授予他们这些权位却有一个条件，那便是他们必须做慈善捐赠以用于公益事务。或许他是受了英国模式的影响。”[9]观察家大可如此认为。在1901—1920年英国所创造的159名贵族中，除了那些因军功而受封者外，另有 66 名商人（其中大约一半是工业家）、34 名专业人士（其中绝大多数是律师），只有 20 个人是凭借其土地背景。[10]

但是，如果说资产阶级和贵族之间的界限是模糊的，那么资产阶级与较低阶层之间的界限也极不清楚。这一点对“古老的”下层中产阶级或独立工匠、小店主等小资产阶级影响不大。他们的经营规模使他们固着于较低层次，事实上也令他们与资产阶级对立。法国激进派的方案，便是围绕着“小即是美”这个主题而做的一系列变化。“小”这个字，在激进派的集会中总是不断重复。[11] 它的敌人是“大”——大资本、大企业、大金融、大商人。同样的态度也见于德国的同类人士，不过在德国，它带有民族主义、右翼和反犹太色彩，并不是共和和左翼的。19 世纪 70 年代以后，德国的激进派受到快速工业化的强大压力。从高位者的眼光看来，不仅是他们的“小”使他们无法取得较高身份，他们的职业也同样不适合，仅有的例外情形是，他们的财富可大到令人们完全想不起他们原来的出身。不过，财富分配制度的戏剧性转型，尤其是在 19 世纪 80 年代以后，使某些修正成为必须。到今天，“杂货商”一词在上中阶级看来仍旧带有轻视的意味，但是在本书所论时期，有一个靠着袋泡茶致富的立顿爵士，一个借着肥皂赚钱的勒伍豪勋爵（Lord Leverhulme）和一个靠冷冻肉发财的威斯泰勋爵（Lord Vestey），他们取得了贵族的称号和蒸汽游艇。然而，真正的困难是由于服务业的大幅度拓展。这些在公私办公室中工作的人显然居于从属的地位并领取工资酬劳（虽然这样的工资称为“薪水”），但是他们的工作又显然不是体力劳动，而是有赖于正式的教育资格（虽然其资格并不高）。尤有甚者，这些男人（甚至一些女人）大半坚持自己不是劳动阶级的一部分，而且往往付出极大的物质代价来追求可敬的中产阶级的生活方式。这个办事员“下层中产阶级”和高层专业人员，甚或日渐增多的受薪行政主管和大企业经理之间的界限，引起了另一个新问题。

就算不提这些新兴的下层中产阶级，显而易见的，新兴中产阶级或申请中产阶级身份的人，其数目也在迅速增加，这种情形引起了分界和定义的实际问题。而这些问题又由于定义理论标准的不确定性而变得更难解决。“中产阶级”的条件为何，在理论上比那些构成贵族身份（例如出身、世袭称号、土地所有权）或工人阶级的（例如工资关系和体力劳动）条件更难决定。不过在19世纪中期，这个标准是相当明确的（参见《资本的年代》第十三章）。除了受薪的高级公务员以外，这个阶级的人需要拥有资本或投资收入，并且或许是雇用劳工的独立营利企业家或是“自由”职业（一种私人企业）的从业员。重要的是，在英国所得税的呈报上，“利润”和“报酬”是列于同一个项目之下。可是，随着上面提到的改变，要从一大群中产阶级群众中，甚至从更大一群渴望这一身份的众人中辨别出“真正的”中产阶级，这些标准就变得不大管用。他们并非全都拥有资产，但是许多以较高教育程度代替资产而无疑具有中产阶级身份的人，至少在一开始的时候也没有资产，而他们的人数正大量增加。1866—1886年间，法国医生的人数多少稳定地保持在1.2万人左右，但到了1911年时，已增加到2万人；在英国，1881—1901年间，医生的人数由1.5万人增加到2.2万人，建筑师的人数由7 000人增加到1.1万人。在这两个国家，这种增加都远超过成年人口的增长速度。他们既不是企业家也不是雇主（除了是仆人的雇主以外）。[12]但是，谁能说领取高薪的经理不是资产阶级。经理们已日渐成为大企业的一个必要部分，至此，如1892年时一位德国专家所指出的："旧式小企业那种亲密和纯私人的关系，已完全无法运用到这种大型事业上。"[13]

所有这些中产阶级的大多数成员，至少就他们大半是双元革命之后的产物而论（参见《革命的年代》"导言"），有一个共同之处，即他们过去或现在的社会流动性。从社会学的意义上看，正如一位法国观察家在英国所注意到的，中产阶级主要包括正在社会中攀升的家庭，而资产阶级则是已经到达顶点或一般被认为已位于高原之上的家庭。[14]但是这样的快照，几乎拍不出这个动作的发展过程；这个过程，似乎只能由类似于电影的社会学予以捕捉。"新社会阶层"是甘必大（Gambetta）眼中法国第三共和国政权的基本内涵——他无疑是想到像他这样的人，可以在没有事业和财产的背景下，通过民主政治而得到影响力和收入。"新社会阶层"甚至在大家认为"已经到达"之时，也不曾停下脚步。[15]相反，它们已"达到"改变资产阶级性质的程度吗？那些靠着家产悠闲度日的资产阶级第二代和第三代——那些有时会反对仍是资产阶级核心的价值观念和活动的人——不应该算是资产阶级吗？

在本书所论时期，经济学家并不关心这样的问题。一个以追求利润的私人企业为根本的经济（如无疑支配了西方"已开发"国家的经济），不需要其分析家去思索究竟是什么样的人构成"资产阶级"。从经济学家的观点来说，唐纳斯马克亲王（Prince Henckel von Donnersmarck，帝制德国时仅次于克虏伯的第二大富豪）在功能上是一位资本家，因为其收入的9/10是来自他拥有的煤矿、工业和银行股份、房地产合股，以及1 200万—1 500万马克的利息。另一方面，对社会学家和历史学家来说，他的世袭贵族身份绝非无关紧要。因此，将资产阶级界定成一群男女组成的团体，以及这个团体与下层中产阶级该如何区分的问题，和分析这一时期的资本家发展并没有直接关联（只有那些坚信资本制度有赖于个别的私人企业家的人，不这样认为），不过，资本家的发展当然反映了资本主义经济的结构性变化，而且可以阐释其组织形式。（当时有一些思想家主张，官僚化和企业家价值观念的日益不为大众所喜以及其他类似的因素，会逐渐减弱私人企业家的作用，因此也逐渐降低资本主义的作用。韦伯和熊彼特便是持这种意见的代表人物。）

3

因而，对于当时的资产阶级或中产阶级成员乃至以此自称自许的成员来说，尤其是对于那些单凭其金钱还不足以为自身及子孙购买“尊敬和特权身份证”的人来说，确立“可公认的标准”是件迫切的事。在我们所探讨的这个时期，有三种确立这项身份的主要办法变得越来越重要——至少在那些“谁是谁”的不确定性已经上升的国家中正是如此。[收录国家知名人士的参考书——不是像《哥达年鉴》(*Almanach de Gotha*)那类皇家和贵族人物指南——在这个时期开始出版。英国的《名人录》(*Who's Who*，1897年)或许是最早的一本。]这三种办法都必须具备两个条件：它们必须能清楚地区别中产阶级分子和工人阶级、农民与其他从事体力劳动的人；它们也必须提供一个排他的阶级组织，但不能把爬上这个社会阶层的入口封死。中产阶级的生活方式和文化是一个标准；休闲活动，尤其是新发明的体育运动，是另一个标准，但是，正式的教育越来越成为（而且至今仍是）其主要指标。

虽然在一个日益以科学技术为基础的时代，经由学习得来的才智和专门知识可以获得金钱上的报偿，虽然它为接受英才教育的人才开拓了较宽广的事业（尤其是正在扩张中的教育事业本身），但是教育的主要功能却不是功利主义的。它的重要性在于，它说明了青少年可以推迟赚钱维生的时间。教育内容反倒是次要的，事实上，英国“公立学校”男生花费许多时间学习的希腊文和拉丁文，以及 1890 年占法国中学课程 77% 的哲学、文学、历史和地理对就业的价值都不太大。甚至在讲求实际的普鲁士，1885 年时，古典的文科高级中学（Gymnasien）学生仍然比现代的注重技术的理科高级科学语文中学（Realgymnasien）与高级职业学校（Ober-Realschulen）多了三倍。再者，能为孩子提供这样的教育开支，其本身便是社会地位的指标之一。一位普鲁士官员以标准的日耳曼人作风，计算出在 31 年中他花了他收入的 31% 给他的三个儿子接受教育。[16]

在此之前，正式的教育（最好有某种证书）对于一位资产阶级分子的上升是无关紧要的，除非他是从事公务或非公务方面的学术工作。大学的主要功能是训练学术方面的人才，再加上为年轻的绅士提供饮酒、嫖妓或运动的适宜环境。对于这些年轻的绅士来说，实际的考试根本不重要。19 世纪的商人很少是从大学毕业的。法国的综合工科学校在这个时期并不特别吸引资产阶级精英。一位德国银行家在 1884 年劝告一位刚起步的工业家要摒除理论和大学教育，他认为理论和大学教育只是休息时的享受，就像午餐后的一支雪茄烟。他的建议是尽快进入实际操作领域，找一个财务上的赞助人，观察美国并吸取经验，把高等教育留给那些“受过科学训练的技师”——企业家将来会用得着这些技师。从企业的观点来说，这是非常容易理解的常识，不过它却令技术人员感到不满。德国工程师愤恨地要求“与工程师的生活重要性相当的社会地位”。[17]

学校教育主要是提供进入社会上公认的中等和上等地带的入场券，以及使进入者在社交上习惯那些使他们有别于较低阶级的生活方式。在某些国家中，即使是最小的离校年龄（大约是16岁），也可保障男孩子在被征召入伍时可以被归类为具有军官资格的人。随着时代的演进，中产阶级年轻人通常会接受中学教育到18—19岁，在正常的情形下继而接受大学教育或高等职业训练。整体而言，在学的人数仍然不多，不过在中学教育的阶段增加了一些，在高等教育阶段则有比较戏剧性的增加。1875—1912年间，德国学生的数目增加了三倍以上；1875—1910年间，法国学生的数目增加了四倍以上。然而，1910年时，介于12岁到19岁的法国青少年，上中学的比例仍然不到3%，总计7.7万人，而撑到毕业考试的只占这个年龄层的2%——其中半数考试及格。[18]拥有6 500万人口的德国，在进入第一次世界大战时共有12万左右的预备军官，大概是该国年龄介于20岁到45岁男子总数的1%。[19]

这些数字虽然不怎么大，但却比古老统治阶级的一般人数大得多——19世纪70年代时，这个统治阶级的7 000多人，拥有英国全部私有土地的80%，并构成英国贵族的700多个家庭。19世纪早期，资产阶级还可以借由非正式的私人网络将自己组织起来，可是现在这些数字已大到无法形成这样的网络，部分是因为当时的经济高度地方化，部分则由于对资本主义具有特殊喜好的宗教和种族上的少数群体［法国的新教徒、教友派教徒、一位论派（Unitarians）、希腊人、犹太人、亚美尼亚人］，已发展出互信、亲属和商业交易的网络，这样的网络遍布许多国家、大陆和海洋。［关于这种喜好的原因曾有许多讨论，在本书所述时期，尤其值得注意的是德国学者（例如马克斯·韦伯和维尔纳·桑巴特）对这个问题的讨论。不论各家的解释为何——所有这些群体唯一的共同之处是对于其少数身份的自觉——当时的事实依然是：这种小群体，如英国的教友派信徒，已几乎完全将他们自己转化为银行家、商人和制造业者的团体。］在全国性和国际性经济到达最高峰的时候，这种非正式的网络仍然可以发挥作用，因为牵涉在内的人数很少，而有些企业，尤其是银行和金融业，更逐渐集中于一小撮金融中心（通常也就是主要民族国家的首都）。1900 年左右，实际控制世界金融业的英国银行界，只包括住在伦敦一个小地区的几十个家族。他们彼此相识，常去同样的俱乐部，在同样的社交圈走动，并且互相通婚。[20] 莱茵–威斯特伐里亚钢铁辛迪加（Rhine-Westphalian Steel Syndicate）共包括 28 家公司，它们也构成德国钢铁业的绝大部分。世界上最大的一个托拉斯——美国钢铁公司——是在一小撮人的非正式谈话中形成，并在饭后的闲谈和高尔夫球场上定形。

因此，这个非常庞大的资产阶级，不论是旧有的还是新兴的，很容易便可成为精英组织，因为它可运用与贵族类似的办法或贵族的实际技巧（如在英国）。事实上，他们的目的是尽量设法加入贵族阶级，至少通过其子女，或借助于模仿贵族式的生活。可是，如果就此认为他们在面对古老的贵族价值观时会放弃资产阶级的价值观，那就错了。一则，通过精英学校（或任何学校）以适应社会一事，对传统贵族并不比对资产阶级更重要。因为精英学校（如英国的“公立学校”）已将贵族的价值观吸收到针对资产阶级社会及其公共服务而设计的道德系统。再者，贵族的价值观如今已越来越以挥金如土的奢华生活方式作为品评标准，而这种方式最需要的就是钱，不论钱从哪里来。金钱因而成为贵族的判断标准。真正传统的土地贵族，如果他不能维持这样的生活方式并且参加与这样的生活方式有关的种种活动，便会被放逐到一个衰落的狭隘世界之中，忠诚、骄傲，在社交上只是勉强够格，就像西奥多·丰塔纳（Theodore Fontane）《斯特施林》[*Der Stechlin*，古代勃兰登堡（Brandenburg）容克（junker，乡绅）价值观的有力挽歌，1895 年出版] 一书中的人物一样。伟大的资产阶级运用了贵族以及任何精英群体的手法，去达到自己的目的。

中学、大学适应社会需要的真正测验，是为社会中力争上游的人而设，不是为已经到达社会顶端的人而设。它将一个索尔兹伯里（Salisbury）地区非国教派园丁的儿子，转化为剑桥大学的导师，而导师的儿子又经由伊顿公学（Eton College）和国王学院，造就成经济学家凯恩斯。凯恩斯显然是一位充满自信的文雅精英，以至我们对他母亲的童年竟是在外郡的浸信会茅舍中度过一事甚感惊讶。而且，终其一生，凯恩斯都是他那个阶级的骄傲的一员——他日后称这个阶级为“受过教育的资产阶级”。[21]

不足为奇，这种使学生或许可以取得资产阶级身份，乃至一定可以取得资产阶级身份的教育，自然会日渐发展，以适应其不断增加的人数。这些人中，有些是已经得到财富但尚未得到身份的人（例如凯恩斯的祖父），有些是其传统身份有赖于教育的人

（例如贫穷的新教牧师和报酬比较丰厚的专业人员的子弟），更多的是较不为人尊敬、但对其子女抱有很大希望的父母。作为入门必要初级阶段的中学教育成长迅速，其学生的人数从增加一倍（例如比利时、法国、挪威和荷兰）到增加五倍（例如意大利）不等。19 世纪 70 年代晚期到 1913 年间，保证学生能取得中产阶级身份的大学，其学生人数在大多数欧洲国家大致增加了三倍（在这之前的几十年，变动不大）。事实上，到了 19 世纪 80 年代，德国观察家已经在担心大学录取人数已超过经济体系对中产阶级的容纳度。

对“上层中产阶级”——比方说，1895—1907 年间跻身德国波库地区最高纳税阶层的五个大实业家[22]——而言，其问题在于：这种一般性的教育发展，并未提供充分的身份标记。可是，与此同时，大资产阶级不能正式自绝于较其地位低下的人，因为它的本质正是在于它的结构必须接纳新分子，也因为它需要动员或者至少需要安抚中产阶级和下层中产阶级，以对抗活动力日强的工人阶级。[23] 因而，非社会主义的观察家坚持说：“中产阶级”不仅在成长，而且规模异常庞大。德国经济学巨擘古斯塔夫·冯·施穆勒（Gustav von Schmoller）认为，他们占了总人口的 1/4，但是他不仅将“收入不错但不顶多的新官员、经理和技师”包括进去，也将工头和技术工人涵盖进去。桑巴特的估计也差不多，他认为中产阶级有 1 250 万人，而工人阶级则有 3 500 万人。[24] 这些估算数字基本上是可能反对社会主义的选民人数。在维多利亚晚期和爱德华七世时代的英国，一般认为构成“投资大众”的人，从宽估计也不会超出 30 万之多。[25] 总之，真正根基稳固的中产阶级分子，极不愿意欢迎较低阶级加入他们，即使这些人衣冠楚楚也无济于事。更典型的情况是，一位英国观察家草草地将下层中产阶级和工人一律归为“公立小学的世界”。[26]

因而，在大门敞开的各体系中，非正式但明确具有排他性的圈子必须确立起来。这件事在像英国这样的国家最容易办到。1870年以前，英国还没有公立小学教育（在此之后的20年，上小学还不是义务性的），1902年以前，英国尚未设置公立中学教育，除了牛津和剑桥这两所古老大学外，也没有重要的大学教育。（苏格兰的制度比较广泛，不过苏格兰毕业生如果希望升迁发达，最好是能在牛津或剑桥大学再拿一个学位或再考一下试。凯恩斯的父亲在取得伦敦的学位以后便是如此。）1840年起，英国为中产阶级兴办了无数非常名不副实的所谓“公立学校”，其模范为1870年众所公认的9所古老学校，它们已成为贵族和绅士的养育所（尤其是伊顿公学）。到了20世纪最初十年间，公立学校的名单已增加至64—160余所（视排他性或势利的程度而异），这些或昂贵或较不昂贵的学校，声称其目的在于将学生训练成统治阶级。[27]许多类似的私立中学（主要位于美国东北部），也旨在培育体面或者至少是富有人家的子弟，以便他们接受私立精英大学的最后锤炼。

在这些大学中，正如在许多德国大学生团体中，私人协会如学生俱乐部或更有声望的美国大学学生兄弟会（Greek-letter Fraternity，指北美各大专院校的自治互助会组织，通常都采用能表达其目标或理想的希腊字的前几个字母为名称）又吸收了甚至更具排他性的群体作为补充——在古老的英国大学中，其地位为寄宿“学院”所取代。因而，19世纪晚期的资产阶级是一种教育开放和社会封闭的奇异组合。之所以说“开放”，是因为有钱便可入学，或者甚至有好的成绩便可入学（通过奖学金或其他为穷学生所想的办法）。之所以说“封闭”，是因为大家都了解，有的圈子平等，有的圈子不平等。这种排他性是在社交上的。德国大学联谊会中的学生愿意为了决斗而醉酒受伤，因为决斗可以证明他们有别于较低阶级，是绅士而非平民。英国私立学校地位的微妙等级，是以那些学校彼此在运动场上的竞技输赢来决定。美国精英大学的团体，至少在东部，事实上是由运动竞技的社交排外性来决定，它们只在“常春藤联盟”（Ivy League）内部举办各种竞赛。

对于那些刚爬升到大资产阶级地位的人而言，这些社会化的手法，为他们的子弟确立了无可置疑的身份。女儿们的学术教育没有硬性规定，而在自由和进步的圈子外也没有保障。但是，这种手法也有一些明显的实际好处。19 世纪 70 年代以后迅速发展的“校友”制度，说明了教育机构的产物已构成了一个堪称全国性乃至国际性的网络，也将年轻和年长的校友结合在一起。简而言之，它使一群异质的新成员，有了社交的凝聚力。在这一点上，运动也提供了许多正式的黏合剂。借由这些方法，一所学校、学院、一个联谊会或兄弟会——经常有校友重访并往往出资协助——构成了一种可能的互助群体（往往也是在商业上的），并进一步结成“大家庭”网络，这个“家庭”的成员可以说均具有相同的经济和社会地位。这个网络，在本地或区域性的亲戚关系和商业范围之外，提供了可能的联络渠道。正如美国大学学生兄弟会的指南在谈到校友会迅速发展一事时，便曾指出［1889 年，“生命、学识、友谊兄弟会”（Beta Theta Phi）在 16 个城市中设有分会，1912 年更扩及 110 个城市］，这些校友会形成了“有教养人士的圈子，若非借它之力，这些人根本不会相识”。[28]

在一个全国性和国际性企业的世界，这种网络的实际潜力可以由下列事实说明。“Delta Kappa Epsilon”这个美国兄弟会，1889年时拥有6位参议员、40位众议员、1位洛奇（Cabat Lodge，美国政坛同名祖孙档中的祖父）和那位西奥多·罗斯福。到了1912年时，它更拥有18位纽约银行家（包括摩根在内）、9位波士顿富豪、标准石油公司的3位董事，以及中西部具有类似分量的人物。一位未来的企业家［例如皮奥瑞亚（Peoria）］在一所常春藤大学通过“Delta Kappa Epsilon”兄弟会的严酷入会仪式，对他确实不会有什么坏处。

当资本家的集中情形日益具体，而纯粹地方性乃至区域性的实业又因缺乏与较大网络的联结而告萎缩时——如英国“乡村银行”的迅速消亡——上述这些组织除了社会上的重要性外，更有了经济上的重要性。可是，虽然这种正式和非正式的教育制度，对于已有确立地位的经济和社会精英分子是方便的，它对于那些想加入或者想借其子弟的同化而得以加入的人而言，却是必要的。学校是中产阶级较低下分子的子弟借以高攀的阶梯。即使是在最以培育英才为宗旨的教育系统中，也很少有几个农民之子，更少有几个工人之子，能爬到最低的台阶以上。

4

虽然“最顶层的一万人”（upper ten thousand，意指上流社会）的排他性比较容易建立，却无助于解决“最顶层的10万人”的问题（这些人居于顶尖人物和老百姓之间的不明确地带），更无助于解决更为庞大的下层中产阶级的问题。下层中产阶级与下层工资较高的技术工人之间，在财产上差距极小。他们的确属于英国社会观察家所谓“雇得起佣人的阶级”，在约克（York）这样的地方大城，他们占了总人口的29%。虽然19世纪80年代以后，家仆的人数不再上升或者甚至下降，因而赶不上中产阶级的发展速度，可是除了美国以外，中层甚至下层中产阶级不雇用用人还是一件无法想象的事。就这一点而言，中产阶级还是一个主子阶级（比较《资本的年代》），或者更准确地说，是可使唤几名女仆的主妇阶级。他们一定会让他们的儿子，甚至越来越多地包括他们的女儿，接受中等以上的教育。因为这可使男人有资格担任预备军官（或1914年英国平民军队中的“暂时绅士”），也可使他们成为有望驾驭其他人的主子。但是，他们之中有为数庞大而且不断增加的成员，在正式的意义上已不再是“独立的”，他们已成为从雇主那里赚取工资的人，即使这样的工资用了其他比较委婉的名称。在旧日那种特指企业家或独立专业人士的资产阶级，以及那些只承认上帝或政府权威的人士之外，现在有一个新的中产阶级逐渐壮大，这些人是在政府团体和高科技资本制度中工作的受薪经理、行政主管和技术专家，这样的公私阶层制度，其兴起曾引起韦伯的警告。与旧日独立工匠和小店主等小资产阶级并肩而立而且夺其光彩的，是正在成长中的办公室、商店和行政部门的小资产阶级。这是一个在数目上确实十分庞大的阶级，而经济活动由第一、第二产业逐渐向第三产业转移的趋势，又注定使这个阶级更加蓬勃。到了1900年，它们在美国已经比实际的工人阶级更大，不过这是一个例外情形。

这些新的中层和中下层中产阶级的人数太多，而就其个人而言，往往又太无足轻重。他们的社会环境太过松散无名（尤其是在大城市），而经济和政治运作的规模太大，不能像计算“上层中产阶级”或“上等资产阶级”那样以个人或家庭来计算他们。无疑，在大城市当中情形一直是这样，可是1871年时，住在10万人以上城市的德国人不到5%，而1910年时却提高到21%。于是渐渐地，确认中产阶级的方式不再完全以“列入”该阶级的个人为对象，而是按照集体表征：他们所接受的教育、他们所住的地点、他们的生活方式以及风俗习惯。这些集体表征可以标识出他们相对于其他人的地位，可是就个人而论，还是同样无法指认。对于公认的中产阶级而言，这些表征指的是收入和教育的结合以及和民众出身者之间的明显距离，这种距离可表现在，比方说，在与不比他们身份低下的人交际时，他们还是惯常使用文雅的标准国语和代表高尚身份的口音。下层中产阶级，不论是新是旧，显然是身份不同而且较为低下，因为他们“收入不足，才能平庸，而又与民众出身者相近”。[29]“新兴”小资产阶级要设法与工人阶级划清界限，这一目标往往使他们成为政治上的激烈右翼。“反动”便是他们谄上傲下的方式。

“坚实”而无可置疑的中产阶级主体，人数不多。20世纪早期，死于联合王国并留有超过300镑遗产（包括房子、家具等）的人，不到全民的4%。可是，即使超过舒适程度的中产阶级收入（例如一年700镑到1000镑）或许是高薪工人阶级的10倍之多，却不能与真正的富人，遑论与巨富相提并论。在地位稳固、可识别和富裕的上层中产阶级与当时所谓的财阀之间，还有一道深广的鸿沟。一位维多利亚晚期的观察家说：“这道代表了世袭贵族与财富贵族中间那条传统界限的鸿沟，已被抹去大半。”[30]

居住地带的隔离（往往是在一个适当的郊区），是将这些舒适的人群组织成一个社会群体的方法之一。如前所述，教育是另一个办法。19 世纪最后 25 年间，体育运动已经制度化，并成为将上述两种方法联系在一起的枢纽。大约这个时期在英国定型的运动（英国也赋予它模式和词汇），就像野火一样蔓延到其他国家。一开始，它的现代形式基本上是与中产阶级有关，而不一定与上等阶级有关。以英国的情形为例，年轻的贵族可能会在任何形式的体能勇技上一试身手，但是他们的专长是与骑马和杀人或动物有关的运动，或是攻击人与动物。事实上在英国，“运动”（sport）一词原本只限于这类事情，今日所谓的游戏或体能竞赛的“运动”，当时是归类为“娱乐”。和以往一样，资产阶级不仅采纳而且也改变了贵族的生活方式。贵族之流照例也喜欢显示昂贵的事物，如新发明的汽车。在 1905 年的欧洲，人们正确地将汽车形容为“百万富翁的财产和有钱阶级的交通工具”。[31]

新的运动也渗入工人阶级，甚至在 1914 年以前，工人已经热衷于某些运动（当时在英国或许有 50 万人玩足球），许多群众更是热切地观看和仿效。这个事实为运动设立了一个判断的标准——业余性质，或者正确地说，对于“专业运动员”的禁令和严格的阶级隔离。没有一个业余运动员可以有优异的成绩，除非他可以拿出比劳动阶级花得起的更多时间在一项运动上，除非他有报酬可拿。中产阶级最典型的运动，如草地网球、橄榄球、美式足球（虽然有些辛苦，当时仍是大学生的运动），或者尚未发展成熟的冬季运动，都顽强地拒绝职业化。业余性的理想更有联结中产阶级和贵族的好处，它在 1896 年初创的奥林匹克运动会（Olympic Games）中被奉为神圣定律。奥运会是一位赞赏英国公学制度的法国人顾拜旦所创办的，并以它的运动场为灵感。

运动被视为构成新统治阶级的一项重要因素，而这个统治阶级又以公学训练出来的资产阶级“绅士”为榜样，学校在将运动介绍给欧洲大陆时所发挥的作用，便足以说明这个事实。同样清楚的是：运动具有爱国，甚至军国主义的一面。但是，它也有助于创设中产阶级生活和团结的新模式。1873 年发明的草地网球，迅速成为中产阶级郊区的典型运动，这主要因为它是由两性一起玩的游戏，所以为伟大的中产阶级的子女提供了一个结交异性朋友的途径。这些年轻人不是经过家庭介绍的，但无疑具有类似的社会地位。简言之，它们拓宽了中产家庭狭隘的交友圈，而且，通过“草地网球收费俱乐部”的交际网络，从许多独立的家庭小组织中创造出一片社交天地。“客厅很快便萎缩成不重要的场合。”[32] 如果没有郊区化和中产阶级妇女的逐渐解放，网球是不可能盛行的。登山、新兴的骑自行车运动（欧洲大陆最早的工人阶级大众运动），以及从滑雪衍生出的各种冬季运动，也相当得力于两性间的吸引力，因此也在无意间对妇女的解放运动发挥了重要作用。

高尔夫球俱乐部在盎格鲁-撒克逊中产阶级专业和商业人士的男性世界，也将发生同样重要的作用。上面我们已经谈到在高尔夫球场上所达成的一项早期商业交易。高尔夫球场是块广大的不动产，需要俱乐部会员花大钱修建和维持，其设计的目的，是为了将在社交上和财务上不合格的人士排斥在外。这种游戏的社交潜力，像乍现的启示一样惊醒新兴中产阶级。1889 年以前，整个约克郡只有两座高尔夫球场；1890—1895 年间，新成立了 29 座。[33] 事实上，在 1870 年到 20 世纪早期，各种有组织的运动形式征服资产阶级社会的不寻常速度，表明它满足了一种社会需要。感受到这一需要的人，比真正喜欢户外运动的人多。矛盾的是，至少在英国，大约与此同时，工业上的劳工阶级和新的资产阶级或中产阶级，皆以具有自我意识的群体出现，以集体的生活方式或行动风格为自己定位，以显示彼此间的差别。运动是中产阶级创造的，如今则分化为明显能够标志阶级身份的两类。它是自我定位的一个主要办法。

5

因而，在社会上，1914 年之前几十年的中产阶级，是以三项主要发展为特色的。在较低的那一头，有点儿资格自称为中产阶级的人数已经增加。这些人是从事非体力劳动的雇员，他们与工人的差别，不在于收入的多寡，而在于他们引以为自豪的工作服式（“穿黑色外套的人”，或者，如德国人所说的“硬领”的劳工阶级），以及他们自称自许的中产阶级生活方式。在较高的那一端，雇主、高级专业人士和较高级经理、受薪行政人员和资深职员之间的界限越来越模糊。当英国的户口调查在 1911 年首次按照阶级登记人口时，这些人实际上都被分类为“第一阶级”。与此同时，靠二手利润为生的资产阶级男女——清教徒的传统可从英国内地税捐处（British Inland Revenue）将这样的利润归类为“不劳而获的收入”一事上透露出来——也增长得相当迅速。当时只有相对少数的资产阶级真正从事“赚钱”的工作，但可以分给他们亲属的累积财富却比以前大得多。在中产阶级的最顶端则是极为富有的财阀。1890 年早期，美国已经有 4 000 多个百万富翁。

对于大多数人而言，战前的几十年都是好日子；对于比较幸运的人而言，这几十年更是异常安逸。新兴的下层中产阶级在物质上的收益很少，因为他们的收入可能不比技术工匠多（虽然这是以“年”而非“周”或“日”计算），但工人不必花很多钱修饰外表。然而，他们的身份无疑使他们居于劳动大众之上。在英国，下层中产阶级的男人甚至可以自认为是“绅士”。“绅士”一词原指有土地的上流社会人士，但是，在这个资产阶级的时代，它特有的社会意义已经消失，成为泛指任何实际上不从事体力劳动的人（它从来不等同于工人）。他们大多数都认为自己比父母过得好，而且希望将来他们的子女会过得更好。不过这种体认似乎不曾减轻他们对地位较高及较低者的愤恨之感。这种无可救药的愤恨感，似乎是这个阶级的特色。

那些毫无疑问属于资产阶级世界的人，实在是没有什么可抱怨的了。因为，任何一个年收入几百英镑（绝对算不上大钱）的人，都可过上非常如意的生活，而此刻的生活方式，又非常令人称心满意。伟大的经济学家马歇尔以为［见《经济学原理》（*Principles of Economics*）］：一位教授每年花费 500 英镑便可享有不错的生活，[34] 他的同事——凯恩斯的父亲——证实了他的说法。老凯恩斯每年有 1 000 英镑收入（薪水加上继承的资产）。这样的收入，使他可以住在一幢贴有莫里斯壁纸（Morris-wallpaper）的房屋，雇三名正规的仆人和一位女家庭教师，每年度两次假（1891 年时，在瑞士的一个月假期花了这对夫妇 68 英镑）。他每年设法节省出 400 英镑，便可以尽情享受他集邮、捕蝴蝶、研究逻辑和打高尔夫球的嗜好。[35] 每年想办法花比这多 100 倍的钱，并不是难事。而“美好时代”极端富有的人，例如美国的大富翁、俄国的大公爵、南非的黄金巨豪以及各式各样的国际资本家，正是在竞相奢侈花费。但是，一个人不必是大亨，便可享受到人生极大的欢乐。比方说，1896 年时，一套用自己姓、名的第一个字母编成图案的碗碟，可以在伦敦商店以不到 5 英镑的价格购得。19 世纪中期因铁路发展而建筑的国际性大饭店，在 1914 年以前的 20 年间达到最高点。到今天，它们有许多还沿用当时最著名的大厨师的名字——利兹（César Ritz，Ritz 一词目前就是豪华饭店的意思）。超级富翁可能常常光顾这些华厦，但这些饭店主要并不是为他们而建，因为超级富翁会修建或租用他们自己的华屋。它们招徕的顾客，是中等的富人和过得不错的人。罗斯伯里勋爵在新开的塞西尔饭店（Hotel Cecil）用餐，但吃的不过是 6 先令一份的标准餐。以真正富有者为对象的活动，其价码是根据另一个标准。1909 年时，一套高尔夫球杆和球袋，在伦敦索价 1.5 英镑，而新推出的奔驰汽车，其基价是 900 英镑。[文邦夫人（Lady Wimborne）和她的儿子拥有两辆这样的奔驰汽车，另有两辆戴姆勒（Daimler）、三辆达拉克（Darracq）及两辆那比尔（Napier）。] [36]

1914 年前的日子，无疑是资产阶级历史上的黄金时代。同样不需怀疑的是，吸引最多公众注意力的那种有闲阶级，又是如凡勃伦所说的那些大肆挥霍，以此来建立个人身份和财富的人。这些人的竞争对象并不是较低下的阶级，因为后者身份太低，甚至引不起他们的注意；他们是在与其他大亨竞争。摩根对于“维持一艘游艇要花多少钱”这个问题的回答（“如果你得问这个问题，那么你便维持不起”），以及洛克菲勒在听说摩根死后留下 8 000 万美元遗产时同样不一定可信的评语（“我们还以为他是有钱人呢”），便可说明这个现象。在那镀了金的几十年间，这样的现象比比皆是：艺术品商人［例如约瑟夫 · 杜维恩（Joseph Duveen）］说服亿万富翁，让他们以为只有搜集古代大艺术家的作品，才能确保他们的身份；成功的杂货商如果没有一艘大游艇便称不上体面；没有哪个矿业投机家不养几匹赛马以及拥有一幢（最好是英国的）华丽别墅和松鸡狩猎场，而他们单是在爱德华时代一个周末浪费的食物的分量和种类（乃至食物的消耗量）都令人难以想象。

可是，事实上如前所述，最大部分的私人收入多半是花费在富有人家的妻子、儿女以及其他亲戚所从事的非营利活动上。我们在下面将会看到，这是妇女解放运动中的一项重要因素（参见第八章）。弗吉尼亚 · 伍尔芙（Virginia Woolf）以为，为了这个目的，必须要有“自己的一个房间”，亦即一年 500 英镑，而韦布夫妻伟大的费边式联姻，是以她在结婚时获赠的一年 1 000 英镑为基础。许多良好的奋斗目标都从不支薪的协助和财务赞助中获益，这些目标从借由对穷人进行社会服务以达成和平和节制饮酒——这是中产阶级积极分子清理贫民窟的时代——到支持非商业性艺术。20 世纪早期的艺术史，充满了这样的赞助。一位叔父和一连串贵妇的慷慨，成全了里尔克（Rilke）的诗歌，卢卡奇（Lukacs）的哲学和斯蒂芬 · 格奥尔格（Stefan George）的诗歌，以及卡尔 · 克劳斯的社会评论，也都是由其家族的企业所资助；家族企业也使托马斯 · 曼在他的文学生涯开始获利之前可以专心写作。引另一位私人收入的受益者福斯特的话：“红利进门，高尚的思想升起。”它们在别墅和公寓内外升起，这些地方的陈设，是采用“艺术及工艺”运动（art-and-crafts movement）的风格，这项运动仿自中古工匠对那些付得起工资者所采用的办法。它们也在“有教养的”人家升起，对这些人家而言，只要口音和收入是对的，即使此前认为是不可敬的职业，也可以如德国人所云：请进家来。后清教徒时代中产阶级的另一奇怪发展，是到 19 世纪末它已随时愿意让它的子女走上职业性舞台——这时舞台已获得公众的认可。比彻姆药品公司（Beecham's Pills）的继承人托马斯·比彻姆爵士（Sir Thomas Beecham），选择把时间花在指挥戴留斯［Delius，布拉德福特（Bradford）羊毛贸易业人家的子弟，英国著名作曲家］和莫扎特（Mozart，无此优异条件）的乐曲上。

6

可是，当越来越多的资产阶级成员在这个富裕的年代开始游手好闲，并迅速远离此前赋予他们身份、责任和奋发精力的清教徒伦理——强调工作、努力、节约致富、责任和道德热诚的价值观——这个富有征服性的资产阶级时代还繁荣得起来吗？如我们在本书第三章中已经看到的，恐惧（不，应该说是耻辱）、害怕和羞于在未来当寄生虫的想法困扰着他们。闲暇、文化、舒适都是很好的事。（这个“阅读《圣经》的一代”仍牢记上帝对金牛崇拜者的惩罚，对于以奢侈浪费公开炫耀财富之举，仍然抱相当的保留态度。）但是，这个把 19 世纪据为己有的阶级，不是正在从它的历史命运中退缩吗？它如何（如果办得到的话）能将它过去和现在的价值观念调和在一起？

这个问题在美国几乎尚未出现。在美国，虽然有些企业家为他们的公共关系发愁，但是这些生气勃勃的企业家，并未感觉到什么不确定的痛苦。只有在新英格兰那些献身于大学教育和专业服务的世家当中，如詹姆士家族（Jameses）和亚当斯家族（Adamses），才能找到对其社会感到十分不舒服的男女。关于美国的资本家，我们只能说：他们有的赚钱赚得太快，而且赚进的是天文数字，以至他们的教育强迫他们反对下面这项事实，即对人类、甚至对资产阶级而言，单是资本积累本身，并不是人生的充分目标。（卡内基说："聚积财富是一种最坏的偶像崇拜，没有任何偶像崇拜比对金钱的崇拜更有损人格。如果我再继续因商业而忧虑不已，而且专心致志于在最短的时间里赚钱，必将使自己沦落到万劫不复的地步。"）[37] 然而，绝大多数的美国商人不能与公认非凡的卡内基相提并论，卡内基捐了 3.5 亿美元给世界上各种杰出的奋斗目标和个人，同时却没有明显影响到他在斯基波堡（Skibo Castle）的生活方式。他们也不能和洛克菲勒相提并论，洛克菲勒仿效卡内基慈善基金的新办法，在他于 1937 年逝世之前，其所捐出的款项已较卡内基更多。这种大规模的慈善事业，像搜集艺术品一样，有意想不到的好处：可使他们在日后公众的心目中留下慈善家的形象，以美化他在其工人和商业竞争对手眼中的无情掠夺者形象。对于绝大多数的美国中产阶级来说，致富，或者至少相当富有，仍然是人生的一个充分目标，也是其阶级和文明的充分理由。

在进入经济转型时代的西方小国中，我们也觉察不出什么大资产阶级的信心危机。例如，易卜生曾写过一部著名的戏剧来叙述一群挪威地方市镇上的"社会栋梁"（1877 年出版）。和俄国的资本家不一样，他们没有理由感觉到整个传统社会的分量和道德，由大公们到农夫，更别说受他们压榨的工人，都跟他们针锋相对。与此正相反，在俄国这个国家的文学和生活中，我们看到令人惊奇的现象，如以其胜利为耻的那个商人［契诃夫所著《樱桃园》（*Cherry Orchard*）中的洛巴克兴（Lopakhin）］，以及资助列宁等共产党员的伟大纺织业巨子兼艺术赞助人萨瓦·莫洛佐夫（Savva Morozov）。不过，即使是在俄国，迅速的工业进步也为他们带来自信。矛盾的是，后来将1917年的二月革命转化为十月革命的，是俄国雇主在前20年间所得到的信念，即“在俄国，除了资本主义之外，不可能有其他经济制度”，而且俄国的资本家有足够的力量迫使其工人就范。（如一位中庸的工业领袖在1917年8月3日所云：“我们必须坚持……目前的革命是资产阶级的革命，在当前这个时代，资产阶级的制度是不可避免的，而由于不可避免，便应该得到一个完全合乎逻辑的结论：那些统治国家的人，应该按照资产阶级的方式思想和行动。”）[38]

无疑，在欧洲已开发的部分，许多商人和成功的专业人员，仍然感到时机对他们有利，可以扬帆乘风破浪。不过，传统上支撑这些帆的两根桅杆，此刻正在发生明显的变化。这两根桅杆，一是由业主所经营的公司，另一是以男性为中心的家庭。当时，一位德国的经济史家确曾如释重负地谈道：受薪职员所经营的大企业和自主企业家在卡特尔中失去的独立，“距离社会主义还很远”。[39]但是，单是私人企业和社会主义可以如此相提并论一事，已经说明了这个时期的新经济结构，与众所公认的私人企业理想有多大的距离。至于资产阶级家庭基础的削弱（其妇女成员的解放是一大要因），如何能不损伤到这个对其仰赖甚巨的阶级的自我诠释（参见《资本的年代》第十三章第2节）？对这个中产阶级而言，“可敬”即等于“道德”，而道德又极端仰赖于其妇女的外在行为。

资产阶级长久以来的特殊意识形态和忠诚，在这段时期所发生的危机，除了对某些自命虔诚的天主教群体以外，至少在欧洲，又使这个问题更为严重，而且还毁坏了19世纪资产阶级的强固轮廓。因为资产阶级向来不仅信仰个人主义、自我尊重和财产，也信仰进步、改革和温和的自由主义。在19世纪上层社会永恒的政治战斗（“运动”或“进步”派与“秩序派”之间的战斗）中，大多数的中产阶级，无疑是站在“运动”的一方，不过，他们对秩序也非完全无动于衷。但是，我们在下面将会看到，进步、改革和自由主义此刻都出现了危机。当然，科学和技术的进步毋庸置疑，而至少在大萧条的怀疑与犹豫心态之后，经济的进步似乎还是可以断言的，虽然它引起了通常由危险颠覆分子所领导的有组织的劳工运动。如前所见，就民主政治而言，政治进步是一个充满问题的概念。至于文化和道德领域的情形，则似乎越来越使人感到迷惑。什么样的时代能塑造出尼采和巴雷斯？他们在20世纪成为年轻一辈的精神领袖，而这些年轻人的父辈当年在思想上却是受到赫伯特·斯宾塞（Herbert Spencer，1820—1903）和欧内斯特·勒南（Ernest Renan，1820—1882）的指引。

随着德国资产阶级世界的得势和成功，这种情势的知识面显得更令人迷惑。在德国，中产阶级的文化向来与启蒙运动理性主义的简单明了的风格不太亲近，然而，启蒙运动却深植于法英两国的自由主义当中。德国在科学和学术上，在工艺和经济发展上，在礼貌、文化和艺术上，以及同样重要的在国势上，无疑都是一个巨人。或许，就各方面来说，它是19世纪最可观的国家成功故事。它的历史显示了进步。但是，它真的信奉自由主义吗？就算它信奉自由主义，19 世纪末德国人所谓的自由主义，与 19 世纪中叶为大家所接受的各种真理，又有什么共同之处？德国大学甚至拒绝传授在其他地方已普遍接受的那种经济学（参见第十一章）。伟大的德国社会学家韦伯，是来自完美的自由主义背景，毕生自视为资产阶级自由主义者，而事实上，就德国的标准而言，也是一个十足的左翼自由主义者。可是，他也激烈地信仰军国主义和帝国主义，并且至少一度倾心于右翼民族主义，以至加入了泛日耳曼联盟。或者还可以看一看托马斯·曼两兄弟的文学内战。海因里希·曼［Heinrich，德国以外的人之所以知道他，或许（而且不公平的）是因为他的作品曾被改编成玛琳·黛德丽（Marlene Dietrich）所主演的电影《蓝天使》（*Blue Angel*）］是一位古典理性主义者和亲法的左翼分子。托马斯·曼却激烈地批评西方“文明”和自由主义，并拿它们（以熟悉的条顿民族方式）与德国的“文化”对比。可是，托马斯·曼的整个事业，尤其他对希特勒兴起和胜利的反应，说明他的根源和内心是属于 19 世纪自由主义的传统。这两个兄弟中，哪一个是真正的“自由主义者”？德国资产阶级的立场又是什么？

再者，如前所述，当各自由政党的优势在大萧条期间纷纷崩溃之际，资产阶级政治也变得更为复杂、分化。在英国，从前的自由主义者转趋保守；在德国，自由主义分化式微；在比利时和奥地利，它的支持者转向左派和右派。所谓“自由主义者”究竟是代表什么？或者，甚至在这些情形下的“自由主义者”究竟是什么意思？一个人必须是思想上或政治上的自由主义者吗？毕竟，20 世纪时，在大多数国家中，典型的企业和专业阶级成员，往往公然站在政治中心的右方，而且，在他们的下面，还有人数日增的新兴中层和下层中产阶级。这些人对公然反对自由主义的右翼，具有发自内心的亲近感。

旧有的集体认同逐渐削弱的情形，又因两个越来越迫切的问题而显得更为明显。这两个问题是：民族主义—帝国主义（参见第三章和第六章）和战争。在此之前，自由资产阶级并不热衷于帝国征服，虽然（矛盾的是）其知识分子应该对治理印度这个最大的帝国主义财产的方法负责（参见《革命的年代》第八章第4节）。资产阶级虽然可以让帝国的扩张和自由主义取得协调，但是往往无法使它们融洽一致。关于征服，最激烈的鼓吹者通常更为右倾。另一方面，信奉自由主义的资产阶级，在原则上既不反对民族主义也不反对战争。然而，他们向来只不过把“国家”(包括他们自己的国家在内）视为演化的一个临时阶段，这个演化将朝向一个真正的全球性社会和文明。他们对那些在他们看来显然无生活能力之弱小民族的独立要求，抱有怀疑态度。至于战争，虽然有时是必要的，但是应该予以避免，战争只能在信奉军国主义的贵族和不文明的人群中引起热切的情绪。俾斯麦那句切合实际的名言，即德国的问题只能以“铁和血”来解决，其用意便在于恐吓19世纪中叶信仰自由主义的资产阶级民众。而到了19世纪60年代，它也果然达到了这个目的。

显然，在这个帝国纷建、民族国家主义扩张和战争日渐迫近的时代，这些情操已经不再切合世界的政治实况。一个人如果曾在20世纪重述那些在19世纪60年代，乃至19世纪80年代被认为是资产阶级普遍经验的常识，那么到了1910年时，他会发现上述常识已与这个时代格格不入［萧伯纳（Bernard Shaw）的戏剧，在 1900 年后便因这样的冲突而得到一些喜剧效果]。[40] 在这种情形下，我们可以预期：现实取向的中产阶级自由主义者，多半会对其自身的立场动摇采取迂回曲折、避重就轻的解释，要不便是保持缄默。事实上，这正是英国自由党政府首脑所采用的办法，他们一面答应让英国参战，一面又假装不答应。但是我们看到的还不止于此。

当资产阶级的欧洲在越来越舒适的物质生活中走向灾难时，我们观察到一个资产阶级的奇异现象，或者至少是在其大部分年轻人和知识分子中间的奇异现象。他们心甘情愿地，甚至热切地跃进地狱。我们都知道那些像坠入情网般为第一次世界大战爆发而欢呼的年轻男子。（1914 年前，未来年轻女子的那种好斗性，还不容易看出来。）一位平常极其理性的费边社会主义者和剑桥使徒——诗人鲁珀特 · 布鲁克（Rupert Brooke）——写道："感谢上帝让我们生活在这一刻。"意大利未来派作家马里内蒂（Marinetti）写道："只有战争知道如何使智力回春、加速和敏锐，使神经更愉快、更活泼，使我们从每日背负的重压下解放，使生命添加滋味，使白痴具有才能。"一位法国学生写道："在军营的生活和炮火之下，我们将体验到我们内在法国力量的最大迸发。"[41] 但是，很多较年长的知识分子——他们之中有的命长到懂得懊悔的时候，也将以欣喜和骄傲的宣言迎接战争。在 1914 年之前的许多年，已有人观察到欧洲人弃绝和平、理性和进步的理想，而追求狂暴、本能和激烈的发展。有一部研究那个时期英国历史的重要著作，便把其书名定为"自由主义英国的离奇死亡"。

我们可以将这个书名延伸到整个西欧。在他们新近收获的物质享受中，欧洲中产阶级却感到浑身不自在（虽然当时新世界的商人还没有这样）。他们已丧失了他们的历史使命。那些无条件地衷心赞颂理性、科学、教育、启蒙运动、自由、民主和人类进步——这些资产阶级一度骄傲显示的事物——的歌曲，如今只能出自那些思想结构属于过去那个时代、跟不上新潮流的人。在其1908年发表的《进步的幻象》（*The Illusions of Progress*）一书中，才华横溢而又富反叛性的思想怪杰索雷尔，就针对工人阶级而非资产阶级做出此警告。知识分子、年轻人和资产阶级政客，在瞻前顾后之余，仍无法相信这一切都是或将是为了最好的未来。然而，欧洲上等和中等阶级的一个重要部分，却保持了对未来进步的坚定不移的信念，因为这个信念是以他们最近处境的惊人改进为基础的。这一部分包括妇女，尤其是1860年后出生的妇女。

第八章

新女性

按照弗洛伊德（Freud）的说法，妇女的确不能从读书中获益，而且就整体而言，妇女的命运也不能借以改善。再者，在性的升华上，妇女也不能和男子有同样的成就。

——《维也纳心理分析学会会议记录》，1907 年 [1]

母亲 14 岁那年离开学校。她马上得去某个农场工作……稍后，她到汉堡去帮佣。但是他们允许她的兄弟学点儿东西，他成为一名锁匠。当他失业时，他们甚至让他再做一次学徒，跟随一位印刷业者。

——格雷特·亚潘（Grete Appen）
谈她的母亲（1888 年出生）[2]

女性主义运动的要旨，在于恢复女性的自尊。其最重大的政治胜利、最高的价值也止于此。它们教导妇女不要贬低自己的性别。

——凯瑟琳·安东尼（Katherine Anthony），1915 年 [3]

1

乍看起来，由西方中产阶级的脉络来思考本书所论时期一半人的历史，似乎是荒谬的。毕竟，西方的中产阶级，即使是在“已开发的资本主义国家”或开发中的资本主义国家，也不过是一个较小的群体。可是，就历史学家将其注意力集中在妇女身份的改变和转型这一点来说，这样做却是合理的。因为这些改变和转型中有最惊人的一项——“妇女解放运动”。在这一时期，其开拓与推进几乎仍限于社会的中产阶级，并以不同的方式存在于就统计数字而言较不重要的社会上层阶级。虽然这一时期也产生了数目虽小但却前所未有的活跃妇女，在以前完全属于男人的领域成就卓著，例如罗莎·卢森堡、居里夫人（Madame Curie）、贝丽阿特斯·韦布，但在当时，妇女运动的规模仍然相当有限。尽管如此，它还是大到不仅可以推出一小群开拓者，也能够在资产阶级的环境中，造就一种新人类——“新女性”。由 19 世纪 80 年代起，男性观察家开始对她们进行思考与争论。她们也是“进步作家”的主人翁，比如易卜生笔下的娜拉（Nora）和丽贝卡·威斯特（Rebecca West），以及萧伯纳的女主角——或者更准确地说——反派女主角。

就世界绝大多数的妇女而言，那些住在亚洲、非洲、拉丁美洲以及东欧和南欧农业社会的妇女，其情形尚没有什么改变；任何地方的大多数劳工阶级妇女，其境况的改变也都很小。不过，有一个非常重要的部分是例外的，即 1875 年后，“已开发”世界的妇女生育子女数目开始显著下降。

简而言之，世界上的这一部分，显然是在经历所谓的“人口学上的变迁”，由古老模式的某个形态，大致说来便是由高死亡率所中和的高生育率，改变到现在所熟悉的模式，也就是为低死亡率所补偿的低生育率。这一转变如何又为何发生，是人口史家所面对的大难题之一。就历史来说，生育率在“已开发国家”的陡降是相当新鲜的事。附带一提：世界上绝大部分地区的生育率和死亡率无法同时下降，造成了两次世界大战以后全球人口的壮观激增。虽然部分由于生活水准提高，部分由于医学革命，死亡率已呈戏剧性下降，可是在第三世界绝大部分地区，生育率仍然很高，直到战后 30 年才开始下降。

在西方，生育率和死亡率的配合较好。生育率和死亡率显然影响到妇女的生活和感情，因为影响死亡率的最突出的因素，是一岁以下婴儿死亡率的陡降，而这种陡降在 1914 年以前的几十年间也成为明确的趋势。比方说，在丹麦，19 世纪 70 年代，1 000 个新生儿中，平均有 140 个夭折，但是在 1914 年前的倒数 5 年中，这个数字保持在 96 左右。在荷兰，这两个数字是将近 200 和 100 多一点儿。（在俄国，20 世纪最初十年的早期婴儿夭折率大约是 250‰，而 19 世纪 70 年代，大约是 260‰。）不过，我们可以合理地假定：较少的子女生育数要比更高的子女存活率对妇女的人生改变更为显著。

妇女的晚婚、不婚（假定非婚生子女的人数不增加），或某种形式的节育办法（所谓节育，在 19 世纪几乎等同于禁欲或中止性交），都可确保较低的生育率。（在欧洲，我们可以不考虑大规模杀婴。）事实上，西欧行之已有数百年的特殊婚姻模式，都曾使用过上述办法，但以前面两种居多。不同于非西方国家的一般婚姻模式——也就是女孩子早婚，而且几乎没有一个不婚——前工业时代的西方妇女往往晚婚（有时 20 多近 30 岁才结婚），而单身男子和老小姐的比例也很高。因此，即使在 18、19 世纪人口快速增加的时期，在“已开发”或“开发中”的西方国家，欧洲的生育率也比 20 世纪第三世界的生育率低，而其人口增长率，不论照过去的标准看来如何惊人，也比 20 世纪第三世界的人口增长率低。不过，当时已有妇女结婚率提高的一般倾向，而且她们的结婚年龄也较前提早，然而生育率却呈现下跌之势，这意味着刻意的节育必然已经相当普遍。对于这个令人激动的问题，有的国家正在自由讨论，有的国家则讨论得较少。但是无论如何，这种讨论的重要性，远比不过无数对夫妇有力而沉默地决定“限制其家庭人数”。

在过去，这样的决定大多是维持和扩大家族财力策略的一部分。由于绝大多数的欧洲人都住在乡下，因此这个策略的目的便是确保土地可以世代相传。19 世纪控制后裔人数的两个最惊人的例子，是大革命后的法国和大饥荒后的爱尔兰，其动机主要是农民想借由减少土地可能的继承人数目，来防止家族土地分散零落，在法国的情形是减少子女的人数；在比较虔信宗教的爱尔兰，则是借由将平均结婚年龄提高到欧洲有史以来的最高点，使单身男子和老小姐的数量增多（最好是用宗教上受人尊敬的独身形式），当然还包括将多余的后嗣全部送到海外充当移民等方式。因而，在这个人口增长的世纪便出现了罕见的例子：法国的人口保持在只比稳定多一点儿的水平，而爱尔兰的人口事实上是下降的。

控制家庭大小的新形式，几乎可以确定不是基于同样的动机。在城市中，它们无疑是源于对较高生活水准的渴望，这种情形尤以人数日增的下层中产阶级为然。这些人无力承担同时支付许多幼小子女的开销和购买现在有可能购买的更多日用品与服务的重负。因为在 19 世纪，除了贫穷的老年人以外，没有人比收入低而又有一屋子小孩的夫妇更为贫穷。但是，节育的原因或许也部分是由于这个阶段的某些改变，使子女更多地成为父母的拖累。例如：子女上学和受训练的时期越来越长，他们在经济上必须依靠父母，而有关童工的禁令和工作的都市化，也减少或淘汰了子女对于父母来说微薄的经济价值。比方说，在农场里，他们可以干一点儿活。

同时，在对待子女的态度上，以及在男人和女人对人生的期望上，节育都指出了重大的文化变迁。如果希望子女日后能比父母过得好（对前工业时代的大多数人而言，这是既不可能也不为人所期望的），则必须让他们的人生拥有较好的机会，而较小的家庭可使父母给每一个子女更多的时间、关怀和财力。而且，这个“改变和进步的世界”已经打开了改善社会和就业机会的大门，如今的每一代都可期望比上一代拥有更多机会，而这也告诉了男男女女：他们自己的人生，不必只是他们父母人生的重复。道德家或许会对只养育一个或两个孩子的法国家庭大摇其头，可是无可怀疑的，在夫妇私下的枕边谈话中，节育却暗示了许多新希望。

因此，节育的兴起指出了新结构、新价值和新期望。在某种程度上，这些改变已渗透到西方劳动阶级的妇女圈内。不过，她们之中，绝大多数只受到极微小的影响。事实上，她们大致皆居于“经济系统”之外。传统上所谓的“经济系统”，只包括那些自称受雇或有“职业”的人（家庭雇用不算）。19 世纪 90 年代，在欧洲的已开发国家和美国，大约 2/3 的男性，都在这个标准下被分类为“有职业的”，而大约 3/4 的女人（在美国是 87%）是

"无职业的"。(不同的分类法可能产生不同的数字。因而，奥匈帝国的奥地利那一半，包括 47.3% 的就业妇女，而在经济状况迥然不同的匈牙利那一半，只包括不到 25% 的就业妇女。这些百分比是以全民为根据的，孩童和老人都算在内。[4])更精确地说，在所有介于 18 岁到 60 岁之间的已婚男人之中，95% 在这个意义上都是"就业者"(如在德国)，而 19 世纪 90 年代时，所有已婚妇女当中，只有 12% 的人是"就业者"。不过一半的未婚女人和大约 40% 的孀妇，都是有职业的。

即使是在乡村，前工业时代的社会也不全是一成不变。生活的条件在改变，甚至妇女生存的模式也不会代代相同。不过，除了气候或政治灾祸以及工业世界的影响会造成戏剧性的改变以外，在这 50 年中，我们几乎看不出任何戏剧性的变化。对于世界"已开发"地区之外的绝大多数农村妇女而言，工业世界的影响是微乎其微的。她们生活的特点，是家庭责任和劳动的不可分割。她们在同一个环境里恪尽这两种责任。在这个环境中，绝大多数的男人和妇女从事他们因性别而不同的工作——不论这个环境是在我们今日所谓的"家庭"或"车间"。农夫需要妻子做饭和生小孩以外，也需要她们种田；手艺工匠需要妻子帮着做活。有某些职业——例如军人或水手——可以长期地将许多男人单独集合在一起，而不需要女性，但是却没有任何一种纯粹的女性职业(或许卖淫或与之类似的公共娱乐是例外)，其大多数时间通常不是在某个家庭环境中工作的。因为，即使是受雇为仆人或农业劳工的未婚男女，也是住在雇主家中。只要世界上大部分的妇女继续像这样生活，为双重的劳动和比男性低微的身份所桎梏，那么对于她们，我们所能说的顶多也不过是孔子、穆罕默德或《旧约》时代所能说的那一套。她们不是不在历史里面，而是不在 19 世纪的历史里面。

诚然，其生活模式当时正受到经济革命所改变（不一定变好）的劳动阶级妇女，其人数很多，而且日益增加。改变她们的那种经济，其第一个方面便是今日我们所谓的“初始工业化”，即适应广大市场而出现的家庭手工业和外包工业的惊人增长。只要这样的工业继续在结合了家庭与生产的环境中作业，那么它便无法改变妇女的地位。不过，有些家庭手工制造业特别适合女性（像制造花边或编草帽），因而给了农村妇女稀有的优越条件：她们可以不必依赖男人而赚取一点儿现金。然而，家庭手工业一般所促成的，却是减弱传统上男女工作的差异，尤其是家庭结构和策略的转型。一旦两个人达到工作的年龄，便可以成家；子女是家庭劳动力的可贵生力军，因此在生孩子时，不需要考虑农民担心的土地继承问题。因此，传统上用来平衡下一代与其赖以维生的生产方式的复杂机制，即控制结婚年龄、选择婚姻对象与控制家庭的大小和继承等，也宣告崩溃。对于人口增长的后果曾有许多讨论，但是与本章有关的，是它对于妇女生活史和生活模式的较为直接的影响。

偏巧，到了 19 世纪晚期，各种初始工业，不论是男性工业、女性工业或男女双性工业，都成了较大规模制造业的受害者，正如工业化国家中的手工生产一样。就全球而言，日益盘踞在社会调查者和各政府心头的“家庭工业”，仍然不少。19 世纪 90 年代，它占德国全部工业就业人口的 7%，瑞士是 19%，奥地利或许多到 34%。[5] 这样的工业一般被称为“苦工”，在新出现的小规模机械化（值得注意的是缝纫机）和声名狼藉的低廉工资与被压榨劳力的协助之下，这些工业在某些情形下甚至还有所发展。然而，当其劳力越来越女性化，而义务教育又剥夺了它们的童工（通常是它们必要的一部分）时，它们便越来越失去其“家庭制造业”的性质。在传统的初始工业渐被淘汰之际（手摇纺织、支架编结等），绝大部分的家庭工业都不再是一种家庭事业，而成为报酬过低的工作——妇女可以在简陋小屋、阁楼上和后院中进行的工作。

家庭工业至少让她们一边有可以赚钱的事做，一边又可以照顾家庭和孩子。这便是为什么需要钱花但又离不开厨房和幼小子女的妇女，相率从事这种工作的原因。因而，工业化对于妇女地位的第二项重大影响，是更为剧烈的：它将家庭和工作场所分开。如此一来，妇女便大致被排除于公认的经济（领工资的经济）以外，使妇女传统上相对于男性而言的低下地位，因经济上的依赖性而更变本加厉。例如，农民没有妻子便几乎不能称其为农民。农场的工作需要男人也需要女人，虽然其中一性被认为具有支配力量，但若就此假定家庭收入乃由一性而非两性赚取，却是荒谬的。但是在新式经济中，家庭收入通常越来越是由某位特定的成员赚取。这类成员外出工作，在固定的时候由工厂或办公室回家。他们所带回来的钱，则分配给其他家庭成员使用。这些其他成员，即使其对家庭的贡献在其他方面也是同样必要的，却显然不直接赚取金钱。虽然主要的“赚取面包者”通常是男人，带钱回家的人却不一定只有男人。但是，不容易由外面带钱回家的人，通常却是结了婚的女人。

这种家庭与工作场所的分离，顺理成章地造成一种性别—经济的划分。对于妇女而言，她主要的功能是理家，尤其是在家庭收入不固定和不宽裕的情况下。这一点可以解释中产阶级为什么经常抱怨劳动阶级妇女在这方面的不足。类似的抱怨在前工业时代似乎并不普遍。当然，除了富有之外，这个情形也造成了夫妻间的一种新互补性。只是，无论如何，妻子不再赚钱回家。

主要的“养家者”必须设法赚到足够养活全家人的钱。因而，他（因为他通常是男性）的收入最好固定在足够维持大家生活的层次，不需要家中其他人出力赚钱养家。相反，其他家庭成员的收入，最多不过被认为是贴补家用，而这一点，又加强了传统认为妇女（当然还有儿童）的工作低下而且待遇不佳的想法。毕竟，付给妇女的工资可以少一点儿，因为她不必赚钱养家。收入高的男人的工资会因收入差的妇女的竞争而减低，他们自然便要设法尽可能排除这样的竞争。如此一来，妇女便被迫在经济上依靠男人，或从事永远的低工资职业。同时，从妇女的观点来说，依赖就成了最适宜的经济策略。由于靠自己赚取一种好生活的机会很少，她得到好收入的机会，便在于和能赚大钱的男人结合。除了高级娼妓（想当高级娼妓，不比日后想当好莱坞影星容易）以外，她最有前途的事业便是婚姻。但是，即使她想赚钱过日子，婚姻也使她极不容易这样做，部分因为家事和照顾丈夫子女使她离不开家；部分是由于大家认为所谓的好丈夫是好的“养家者”，因而男人更坚持传统上不想让妻子工作的态度。在社会上，让人家看到她不需要工作，即是她的家庭并不穷困的明证。所有这一切都旨在使一个已婚妇女沦为依附者。习惯上，妇女在婚前都会外出工作。而当她们孀居或被丈夫遗弃时，更往往不得不外出工作。但是她们在为人妻时，一般是不出外工作的。19 世纪 90 年代，德国已婚妇女中只有 2% 从事为人所认可的职业；1911 年的英国，也只有 10% 左右。[6]

由于许多成年的男性“赚取面包”者，其本身显然无法赚取足够的家庭收入，因此女工和童工的工资事实上对家庭的预算而言往往是必要的。再者，由于女工、童工的工资出名的低廉，而对他们又很容易施以威吓（尤其因为许多女工是年轻的女孩），资本主义经济就鼓励尽量雇用他们，只要男人不反对，法律和习俗不禁止，或者工作的性质不过分耗用体力。因此，即使是根据人口调查的有限资料来看，从事工作的女人还是很多。人口调查无疑过分低估了“受雇”已婚妇女的数量，因为她们许多有报酬的工作并未申报，或与妇女的家事无法区分：如招收寄宿者，兼差为清洁妇、洗衣妇等。19 世纪 80 年代和 19 世纪 90 年代，10 岁以上的英国妇女 34% 均“受雇于人”，男人则有 83%，而在“工业界”，德国的妇女占 18%，法国的妇女占 31%。[7] 在本书所论时期刚开始时，妇女在工业界的工作仍然几乎完全是集中在少数几种典型的“女性”部门，尤其是纺织业和成衣业。不过，食品制造业雇用的妇女也越来越多。然而，大多数以个人身份赚取收入的妇女，却是在服务业中工作。奇怪的是，家仆的人数和比例却有极大的差异。它在英国所占的比例或许比任何其他地方都高（或许比法国或德国高两倍），但是到了 19 世纪末，却开始显著下降。以英国这个极端的例子而言，1851—1891 年间，这一数目增加了一倍（由 110 万人上升到 200 万人），而在这段时期的其余年份，又几乎保持稳定。

就整体而言，我们可以把 19 世纪的工业化（用其最广泛的意义），视为一个往往将妇女（尤其是已婚妇女）排挤出经济体系的过程。在这个经济体系的正式定义中，唯有能从中获取个人现金收入者，才算是“受雇者”。这种经济学至少在理论上将娼妓的收入算作“国民所得”，但不将其他妇女类似但无报酬的婚姻或婚外活动纳入“国民所得”；它将有报酬的仆人算作“受雇者”，但无报酬的家务劳作排除在外。它使经济学上所承认的“劳动”在某种程度上男性化，就好像在对妇女工作深具偏见（参见《资本的年代》第十三章第2节）的资产阶级世界，它造成了企业的男性化一样。在前工业时代，亲自照顾产业或事业的妇女虽然并不普遍，但是仍得到承认。到了19世纪，除了下层社会以外，她们越来越被视为反常的怪物。在下层社会，穷人和较低阶级的卑下地位，使人们不可能将为数众多的女性小店主和市场女贩，旅馆和宿舍女管事、小商人和放利者看得那么“反常”。

如果说经济被如此男性化，那么政治也是。因为，当民主化挺进而地方性和全国性的投票权在1870年以后逐步扩大时（参见第四章），妇女却被有计划地排除在外。因此，政治基本上成为男人的事，只在男人所聚集的酒馆或咖啡馆中，或在男人参加的集会中讨论。而妇女则被局限于私人的生活中，因为当时认为只有这样才适合她们的天性。这也是一种相当新的想法。在前工业社会的大众政治（从村落的舆论压力，到赞成旧式的“道德经济”暴动，乃至革命和临时建筑的防御工事）中，贫穷的妇女不但是其中的一部分，也具有为大众所承认的地位。在法国大革命期间，游行到凡尔赛宫，向国王表达人们对控制食物价格之要求的是巴黎的妇女。在政党和普选的时代，她们却被撇在一边。如果她们还能施展任何影响力，那也必须通过她们的男人。

事实上，最受这些过程影响的是19世纪最典型的新阶级妇女，即中产阶级和劳动阶级的妇女。对农村妇女、小工匠和小店主等的妻女而言，她们的情况改变不大，除非她们和她们的男人也被卷进这个新经济体系当中。事实上，在新处境中经济无法独立的妇女，与在旧日卑下处境中的妇女，其差异并不很大。在这两种处境中，男子都是具有支配力的一方，妇女则是次等人——由于她们根本没有公民权，我们甚至不能称她们为次等公民。在这两种处境下她们都得工作，不论她们有没有工资。

在这几十年间，工人阶级和中产阶级的妇女，都看到她们的地位因为经济的关系而有相当大的变化。首先，结构的转型和科技本身已改变并大大增加了妇女就业赚取工资的范围。除了帮佣业的式微外，最惊人的变化首推出现了许多以女性为主要从业人员的职业：商店和办公室中的职业。在德国，女性店员由 1882 年的 3.2 万人（总数的 1/5），增加到 1907 年的 17.4 万人（大约是总数的 40%）。在英国，1881 年时，中央和地方政府雇用了 7 000 名妇女，但是 1911 年时却雇用了 7.6 万名。“商业和企业书记”的数目，由 6 000 人增加到 14.6 万人——这得归功于打字机。[8] 小学教育扩大了教学的行业，这种职业在若干国家（例如美国，在英国也日渐普遍）惊人地演变成女性的行业。甚至在 1891 年的法国，应征成为“共和国黑色轻骑兵”那种待遇不好的终身军人的女性数量也首次超过男人；[9] 因为妇女可以教导男孩，但让男人去承受教育人数日益增加的女学生的诱惑，却是不可思议的。于是，某些这种新空缺遂可加惠于工人乃至农民的女儿，不过更多的是加惠于中产阶级和新旧下层中产阶级的女儿。她们尤其感到有吸引力的，是那些相当为社会所尊敬或者（牺牲其较高工资水准）被视为为了赚取“零用钱”而工作的职位。（“管理仓库的女孩子”和秘书通常来自家境好一点儿的人家，因而往往可得到其父母的津贴……在几种行业中，例如打字员、秘书和店员……我们可以看到现代女孩子那种“打工”的现象。[10]）

妇女社会地位和期望的改变，在19世纪的最后几十年间呈现得异常明显。不过，妇女解放运动比较明显的各方面，当时还大致局限于中产阶级的妇女。我们不需要过分注意其最壮观的一面——有组织的女性“参政权扩大论者”（suffragists）和“妇女参政权论者”（suffragettes）为妇女投票权所做的积极的，（在英国等国家）甚至戏剧化的活动。以一种独立的妇女运动来说，它除了在少数国家（尤其是美国和英国）以外，并不具太大的重要性。而即使是在这几个国家，它也要到第一次世界大战以后才达到目的。在像英国这样的国家，主张妇女参政已成为一种重要现象，它虽然可衡量出有组织女权运动的公众力量，但在进行的同时，却也显示出它的重要缺陷——其诉求主要仅限于中产阶级。像妇女解放运动的其他方面一样，在原则上，妇女选举权受到新兴劳工和社会主义政党的强烈支持，而至少在欧洲，这些政党事实上对解放后的妇女，提供了可以参与公共生活的绝佳环境。然而，虽然这个新的社会主义左翼（不像过去强烈男性化、激烈民主和反教权的左翼部分）与主张妇女参政的女权主义重叠，而且有时受它吸引，但却无法不看到大多数工人阶级妇女在疾苦下的辛劳。这些疾苦比政治权利被剥夺更为迫切，而且不大可能因取得投票权而自动消除。然而，绝大多数的中产阶级妇女参政权论者却不重视这些问题。

2

回想起来，这个解放运动似乎是很自然的，甚至连它在19世纪80年代的加速发展，乍看之下也不足为奇。如同政治上的民主化一样，赋予妇女较大程度的平等权利和机会，早已暗含在自由主义的资产阶级意识形态中，不论它对家长的私生活会造成多大的不方便和不相宜。19世纪70年代以后资产阶级内部的各种转型，无疑为妇女（尤其是女儿）提供了更多机会。因为，如前所述，它造就了一个相当庞大的经济独立的妇女有闲阶级（不论婚姻状态为何），她们遂要求从事种种非家务性的活动。再者，当越来越多的资产阶级男子不再需要从事生产时，他们之中有许多人便开始从事以前吃苦耐劳的商人喜欢留给其女眷参加的文化活动。如此一来，性别的差异无可避免地缩小了。

再者，某种程度的妇女解放，对于中产阶级的父亲而言或许是必要的。因为，绝非所有中产阶级家庭，以及几乎没有什么下层中产阶级家庭，富足到可以给其不结婚又不工作的女儿一个舒适的生活。这可以解释，为什么那么多拒绝妇女进入俱乐部和职业协会的中产阶级男子，热衷于教育其女儿，以便将来她们可以独立一点儿。无论如何，我们根本没有理由怀疑自由主义的父亲对这些事情是真正信服的。

劳工和社会主义这类解放无特权者的重大运动，其兴起无疑也鼓励了妇女去追求自身的自由。她们构成1883年成立的（小资产阶级和中产阶级的）费边社（Fabian Society）的1/4会员，不是一件偶然的事。而且，如前所述，服务业和其他第三产业的兴起，为妇女提供了范围较广的工作，而消费经济的兴起，又使她们成为资本主义市场的中心目标。

虽然“新女性”的出现，其原因可能不像乍看上去那么简单，但我们却不需要花太多时间去寻找这些原因。举例来说：在这段时期进入第一个光荣时代的广告业，以其一贯无情的现实主义，认识到妇女因控制购物篮而日渐占有经济上的中心地位。不过，我们却没有确切的证据说明这个事实严重地改变了妇女的地位。在一个即使是在穷人中也能发现大众消费的经济中，广告业必须针对妇女，因为他们的赚钱对象，是决定家庭采购单的那个人。至少，她必须受到资本主义社会这个体制的较大尊重。销售系统的转型，如复合商店和百货商店逐渐侵蚀街角的小店和市场，而邮购也日益淘汰沿街叫卖的小贩，经由顺从、奉承、展示和广告，资本主义将这种尊重制度化了。

然而，虽然比较贫穷或绝对贫穷的人，其绝大部分的花销都是购买必需品或为习惯所固定，但资产阶级的贵妇，却久已被当作有价值的顾客看待。此时，被视为家用必需品的范围已经扩大，但是妇女个人的奢侈品，比如化妆用品和日新月异的时装，主要还是限于中产阶级。妇女的市场力量尚未对改变其身份发挥多少作用，尤其是对早已具有这种力量的中产阶级而言。我们甚至可以说：广告业者和新闻记者认为最有效的技巧，甚至可能使妇女行为的传统框架更为稳固。不过在另一方面，妇女市场的确为妇女专业人员开创了相当数目的新工作职位，而许多这样的专业人员，对于女权主义也相当积极。

不论这个过程有多么错综复杂，起码就中产阶级而言，在1914年以前的几十年间，妇女的地位和希望无疑有了惊人的改变。这个情形最明显的征兆，是女子中学教育不寻常的扩展。

在法国，我们所讨论的这个时期，男子公立中学的数目大致稳定在330—340所之间。但是女子公立中学，却由1880年的一所也没有，增加到1913年的138所。而在这些公立中学就读的女孩，其数目（大约3.3万）业已达到中学男生的1/3。英国在1902年以前尚未建立国立中学系统，1904—1905年到1913—1914年间，男子中学的数目由292所上升到397所，但是女子中学的数目却由99所上升到与男子中学类似的数目（349所）。[男女合校（几乎总是地位较低）增长得较缓慢，由184所增到281所。]在约克郡，到了1907—1908年，在中学就读的女生数目大致与在中学就读的男生相等。但是，更有趣的是：到了1913—1914年，16岁以上仍继续就读英国国立中学的女孩，其数目比同类的男孩多得多。[11]

并非所有的国家对（中层和下层中产阶级）女孩的正式教育，都有类似的热忱。它在瑞典的进展比在其他斯堪的纳维亚国家的进展慢得多，在荷兰几乎没有任何进展，在比利时和瑞士进展很小。意大利只有7 500个学生，几乎谈不上有这样的教育。相反，到了1910年，德国大约有250万的女孩接受中等教育（比奥地利多得多）。而颇令人惊奇的是，1900年的俄国也已达到这个数目。它在苏格兰的增长比在英格兰和威尔士的增长慢得多。女子大学教育就没有这么不均匀，唯一的例外是沙皇统治下的俄国以及理所当然的美国。俄国的女大学生人数从1905年的2 000人，增加到1911年的9 300人，而美国1910年的大学女生总数是5.6万人，虽不到1890年的两倍，但已是其他国家大学系统所望尘莫及的数字。1914年时，德国、法国和意大利大学女生的人数在4 500—5 000人之间，奥地利是2 700人。值得注意的是：在俄国、美国和瑞士，1860 年起女子便可上大学，但是在奥地利要到 1897 年，在德国要到 1900—1908 年（柏林）。除了医学以外，及至 1908 年，只有 103 名妇女由德国大学毕业。而在同一年，第一位妇女受聘为德国大学教授［在曼海姆（Mannheim）的商业学院］。到当时为止，各国在女子教育进步上的差异，尚未引起史学家的特别注意。[12]

这些女孩（除了一小撮渗透进男性大学的以外）都无法接受和同龄男孩同样的教育。但是，即使是中产阶级妇女接受正式中学教育的情形已为人所熟悉，而且在若干国家的某些圈子里已经是正常现象的这个事实，也堪称史无前例。

年轻妇女地位改变的第二项，也是比较难以计量的征兆，是她们在社会上取得较大的行动自由，不论是在自己个人的权利上，或是在她们与男人的关系上。对于“可敬”家庭的女孩子而言，这一点尤其重要，因为传统上她们所受到的约束最大。在公共跳舞场合经常可见的非正式社交舞会（也就是不在家中或为特殊事件举办的舞会），反映了习俗约束的放松。到了 1914 年，西方大城市和游憩胜地比较开放的年轻人，已经相当熟悉富有煽动情欲作用的韵律舞蹈。这些舞蹈暧昧而又富有异国情调（例如起源于阿根廷的探戈舞、起源于美洲黑人的切分法舞步），不时可见于夜总会和（更惊人的）旅馆的下午茶时间或餐宴上。

这种行动自由不仅表现在社交上，也表现在实际的“行动”上。虽然妇女的时装一直到第一次世界大战以后才戏剧性地解放，可是在那种于公共场合捆绑女体的织物和鲸须制甲胄消失以前，已经出现了宽松和飘拂的衣裙。19 世纪 80 年代唯美主义的风气、新艺术，以及 1914 年前夕的时装风尚，都有助于这种衣裙的流行。与此同时，中产阶级妇女由资产阶级昏暗的或灯光照明的室内逃避到露天来一事，也具有重大意义。因为它也意指得以——至少在某些场合——从衣着和束腹所造成的行动局限中解脱，而束腹也在1910年后为更具伸缩性的胸罩所取代。易卜生在描述其女主角的解放时，以“一股新鲜空气进入她位于挪威的家”作为象征，并非偶然。运动使青年男女可以在家庭和亲属的范围以外相逢和结伴。妇女（虽然为数不多）成为新成立的旅游俱乐部和登山俱乐部的会员，而伟大的自由器械——自行车——解放女人的比例比解放男人来得高，因为女人更需要自由行动。它带给女人的自由，超过贵族女骑士所享有的自由。因为这些女骑士出于女性的羞怯，冒着相当大的受伤危险，仍然采用侧骑。通过日渐增加而且不大规矩的夏日游乐场度假（冬季运动除了两性混合滑冰外，尚在萌芽时期），中产阶级的妇女还可再得到多少自由？（她们的丈夫通常留在城里的办公室中，只偶尔和她们一起前往这些游乐场。）（对于心理分析有兴趣的读者，可能已经在弗洛伊德的病历中，注意到假日对于病人好转所发生的作用。）总之，虽然有许多人反对，但男女在一起游泳时无可避免会暴露的身体尺度，是维多利亚时代的廉耻观所无法容忍的。

我们很难说这种行动自由的增加，如何造成中产阶级妇女更大的性解放。未婚的性关系，确实还只限于这个阶级中故意解放的女孩；几乎可以肯定她们也想要其他解放的表现，不论是政治性的或其他的。一位俄国妇女回忆道：在1905年以后，“对一个‘进步的’女孩来说，很难不费唇舌就拒绝进步的要求。外地的男孩子要求不多，接吻便够了，但是由首都来的大学生……却很不容易拒绝。‘小姐，你是老古板吗？’谁愿意当老古板？”[13]这种解放的年轻妇女到底有多少，我们不得而知，但几乎可以确定的是，她们在沙皇统治下的俄国人数最多，在地中海国家几乎没有（这个情形可以解释俄国流亡妇女在像意大利这样的国家的进步和劳工运动中所发挥的作用），而在西北欧（包括英国）和奥匈帝国的城市中或许相当多。私通几乎可以确定是中产阶级妇女最普遍的婚外性活动形式，它或许随着或许未随着她们的自信而增加。由闭塞生活中解放的乌托邦梦想式的私通［例如19世纪《包法利夫人》（*Madame Bovary*）式的小说中所描写的］，同法国中产阶级夫妇所享有的婚外情自由（例如见于19世纪法国的通俗戏剧），是非常不同的。（附带一句，这些19世纪的小说和戏剧都是出自男人的手笔。）然而，19世纪的私通和19世纪的性一样，都无法予以量化。我们只能确定：这种行为在贵族和时髦的圈子里，以及在容易保持体面的大城市中（得到像旅馆这样考虑周到和非人格化的制度之助）最为普遍。（这些观察完全只限于中等和上等阶级。它们不适用于农民和都市劳动阶级妇女的婚前和婚后性行为，当然，这些妇女所占的人数最多。）

然而，如果研究数量的历史学家有点儿为难，那么研究性质的历史学家却无法不惊讶于这个时期男性有关妇女的刺耳言论，在他们的言谈之间，妇女已逐渐被认定是淫荡的。许多这样的说法，都旨在以文学和科学的方式，重申男性在体力和智力上的优越，以及妇女在两性关系中的被动地位和辅助功能。这些内容是不是足以显示他们对妇女优越性的恐惧，似乎不是十分重要。哲学家尼采经常被人引用的对男人的训谕——去找女人时不要忘记带鞭子［《查拉图斯特拉如是说》（*Thus Spake Zarathustra*，1883年）］[14]——事实上并不比克劳斯对妇女的赞美更具性别歧视。像克劳斯一样坚持不把那些能保障男人善用其天分的东西赋予妇女的观念，[15] 或者像心理学家麦比乌斯（Möbius）所坚持的“与自然疏远的文化男人，需要自然的妇女与之搭配”的说法，可能带有（例如对麦比乌斯来说）所有为妇女而设立的较高教育机构均应予以毁弃的意味，也可能（如对克劳斯来说）不具这个意思。不过，它们的基本态度是相似的。然而，当时有一种确切而新颖的坚定信念：妇女对于性欲具有强烈兴趣。对克劳斯而言，“妇女的淫荡是男人智力充电的地方”；19 世纪末的维也纳，这个现代心理学了不起的实验室，提供了对妇女性欲最复杂世故也最无拘束的认可。克里姆特（Klimt）画笔下的维也纳妇女，遑论一般妇女，是带有强烈情欲的形象，而不只是男人性幻想的形象。而这些形象显然反映了奥匈帝国中等和上等阶级的某些“性”实况。

改变的第三个征兆，是公众对于妇女的注意力显著增加，妇女被视为具有特殊利益的团体和拥有特殊希望的个人。无疑，商业的嗅觉最先捕捉到特殊妇女市场的气味，例如，新创办的《大众日报》有为中产阶级的下层妇女开设的专属版面，另外还有一些为新近具有读写能力的妇女所出版的杂志。但是，甚至市场也体会到把女人视为有成就者而不仅是纯消费者，在宣传上会极具价值。1908 年盛大的英法国际博览会，便捕捉到这种时代风格。展出者的促销攻势，不仅和第一个专为奥林匹克设计的运动场相配合，也和一个位于博览会中心地位的“妇女工作大厦”（Palace of Women's Work）相配合。后者展出死于 20 世纪最初十年以前的皇室、贵族和平民出身的杰出妇女遗物，如维多利亚女王年轻时的素描、《简·爱》（*Jane Eyre*）一书的手稿、南丁格尔（Nightingale）的克里米亚马车等，也陈列了妇女的针线活儿、工艺、书籍插画、摄影等。［然而，当时的一般情形是：妇女艺术家大多喜欢在“艺术大厦”（Fine Arts Palace）展出其作品。但妇女工业会议（Women's Industrial Council）却向《泰晤士报》投诉，说1 000多名受雇于博览会的妇女，其工作环境令人难以忍受。[16]］我们也不应忽视在竞争场合（运动再次成为一个明显的例子）脱颖而出变得卓然有成的妇女。温布尔登（Wimbledon）在男子网球单打开始举办的6年之后举办女子网球单打，又隔了6年之后，法国和美国的网球锦标赛也开始举办女子网球单打，在当时，这是我们今日无法想象的革命性创举。因为，甚至不过20年前，可尊敬的甚至已婚的妇女，若没有家庭男人的陪同而在这种公共场合抛头露面，还是不可思议的事。

3

基于明显的原因，历史学家比较容易记录追求妇女解放的有意识运动，以及成功深入此前属于男性生活的禁区的妇女。两者都包括能言善辩，以及因为稀少而有记录可稽的西方少数中等和上等阶层妇女。这些记录之所以完善，是因为她们的努力，或者在某些情形下只是因为她们的存在，便曾引起无数的抗拒和辩论。这些少数妇女的高可见度，减低了人们对妇女社会地位发生了历史性改变的注意。历史学家对于这种历史性的改变，只能间接觉察。诚然，如果将注意力集中于其好斗的发言人，甚至妇女解放运动的有意识发展，也无法完全予以把握。因为这个运动的重要部分，以及英国、美国、（可能）斯堪的纳维亚和荷兰以外的大多数运动参与者，并不认同于特殊的女权主义。相反，她们比较认同于一般性解放运动（如劳工和社会主义运动）中的妇女解放部分。不过，我们还是必须简略看一看这少数人。

如前所述，各种特殊的女权运动规模不大，在许多欧洲大陆国家，它们的组织只包括几百或者最多一两千人。它们的成员几乎完全来自中产阶级，而它们与资产阶级的认同，尤其是与资产阶级自由主义的认同，给了它们力量，也决定了它们的极限。在富裕和受过教育的资产阶级以下，妇女的投票权、受高等教育的机会、外出工作和参加专门职业团体，以及争取和男性一样的法律地位和权利（尤其是财产权），都不容易像其他问题那样引起共同为社会除恶的热忱。我们也不应该忘记，中产阶级妇女之所以能有相当的自由去争取这些要求，至少在欧洲，是因为她们将家事的重担交给一群人数多得多的妇女——她们的仆人。

中产阶级女权主义的极限，不仅是社会和经济的，也是文化的。她们的运动所渴望的那种解放——也就是在法律上和政治上与男人享有同样的待遇，以及以个人（不论性别）的身份参加社会生活——是建立在一种与传统“女人的地位”非常不一样的生活模式想象上的。举一个极端的例子来说，想要借着将其妻子由蛰居带进“客厅”，以表示他们西化的孟加拉男子，却在他们与妇女之间造成了始料未及的紧张气氛。因为这些女人不明白，在她们失去无疑是属于她们的那部分家庭——虽然是附属性，但却可以完全自主——之后，她们能得到什么。[17] 定义明确的“妇女范围”——不论是妇女个人在家庭的关系上，或集体作为社会的一部分成员上——或许会让进步人士认为那只是压抑妇女的一个借口，而且，事实显然也是如此，然而，随着传统社会结构的削弱，却更是如此。

可是，在这种限制范围之内，它已赋予妇女个人和集体力量，而这些力量不完全是可以忽视的。比方说，她们是“语言、文化和社会价值观念”的承传者，“舆论”的基本制造者，某些公共行动（如保卫“道德经济”）世所公认的发起者，而同样重要的是，她们不但是学会操纵她们男人的人，也是在某些主题和形势上，男人应当顺从的人。男人对女人的统治，不论在理论上有多么绝对，在集体的实行上并非没有限制。这个情形和专制君主的神权统治并非无限制的专制政治一样。这个说法并不是要为那种统治辩护，但是它可以有助于解释：为什么许多在没有更好的办法之下已学会操纵这个制度的妇女，会对自由主义中产阶级的要求冷淡以对，这些要求看起来并无法提供这种实际的有利条件。毕竟，在资产阶级的自由主义社会，绝不愚蠢、往往也不被动消极的中产阶级和小资产阶级法国妇女，也没有群起支持争取妇女投票权的奋斗。

由于时代在改变，加上妇女的附属性又是普遍、公开而且令男子骄傲的事实，因此妇女解放运动还是有充分的活动空间。矛盾的是，这些运动之所以在本时期有可能得到妇女大众的支持，并非因为它们是什么特殊的女权运动，而是因为它们是人类普遍解放运动中的妇女那一部分。因而，遂成了新社会革命和社会主义运动的诉求之一。它们特别致力于妇女的解放：德国社会民主党领袖有关社会主义最受欢迎的阐述，是倍倍尔的《妇女和社会主义》（*Woman and Socialism*）。事实上，社会主义运动为演艺人员和极少数甚受人喜爱的精英女士以外的妇女，提供了最优惠的公共环境，去发展她们的个性和才能。但是它们的目标尚不止此，它们还允诺社会的整体转型，而如同每个重视实际的妇女都很明白的，这表示必须改变男女两性的古老模式。（这并不是说这种转型将如社会主义和无政府主义运动所预料的，只采取社会革命的形式。）

就这一点而言，欧洲大多数妇女真正的政治选择，不在于选择女权主义或男女混合的政治运动，而在于选择教会（尤其是天主教会）或社会主义。各教会与19世纪的进步拼命斗争（参见《资本的年代》第六章第1节），维护在传统社会秩序中妇女所拥有的权利。它们的热忱日趋强烈，因为它们的信徒以及在许多方面它们的实际成员，都正在戏剧性地女性化。到了19世纪末，几乎可以确定的是：自中世纪以来，当时的女性宗教专业人员比任何时期都多。19世纪中叶以后，最著名的天主教圣人都是女性一事，显然不是偶然的：圣女贝尔纳黛特（St. Bernadette of Lourdes）和圣女特雷莎（St. Teresa of Lisíeux）（两人均在20世纪早期被封为圣徒），而教会又明显鼓励崇拜贞女圣母马利亚。在天主教国家，教会为妻子提供对付丈夫的最强有力而且为其所憎恨的武器。因而，如在法国和意大利，许多反教权主义都带有明显的反女性色彩。而另一方面，各教会拥护其妇女的代价，是要它们的虔诚支持者接受其传统的服从和附属地位，并且责难社会主义者所提出的妇女解放运动。

在统计数字上，选择通过虔敬的行为去维护自己的妇女，远远超过选择解放的妇女。诚然，虽然从一开始，社会主义的运动便吸引了异常能干的妇女先锋（如人所料，主要是从中等和上等阶级），但是，1905年以前，在劳工和社会主义政党中却看不出具有重要地位的妇女。19世纪90年代，向来势力都不很大的法国工人党，只有不到50名妇女党员，约占2%—3%。[18]当她们大批被征召时（例如1905年后的德国），其中大多是信仰社会主义的男子的妻女或母亲。在1914年前，虽然德国的百分比已经相当大，但却还比不上（例如说）20世纪20年代中期奥地利社会民主党几乎占30%的妇女党员，或20世纪30年代英国工党几乎占40%的妇女党员。[19]工会中的妇女会员百分比始终不大——19世纪90年代，除了英国以外，几乎都可略去不计；20世纪最初十年通常不超过10%。然而，由于妇女当时在大多数国家中并没有投票权，我们没有表明她们政治取向的最方便指标，因此进一步的推测是没有什么意义的。[1913年妇女在有组织工会中所占的百分比如下：英国10.5，德国9，比利时（1923）8.4，瑞典5，瑞士11，芬兰12.3。][20]

因此，绝大多数的妇女都置身于任何形式的解放运动之外。再者，即使是那些其生活、事业和意见都显示她们极其关心打破传统“女性范畴”的妇女，她们对于正统女权主义的奋斗，也没有表现出多少热忱。妇女解放运动早期曾经造就了一群杰出妇女，但是她们之中有些最卓越的代表（如罗莎·卢森堡和贝阿特丽斯·韦布），并不认为应该把她们的才能局限于任何一性的奋斗目标上。诚然，到这个时候，取得公众的承认比较容易一点儿了：1891年起，英国的参考书《当代男士》（*Men of the Time*）将其书名改为《当代男士和女士》（*Men and Women of the Time*），而那些以妇女或妇女特别感兴趣的事物（如儿童福利）为目的的公共活动，如今也为自身赢得一些名声。不过，妇女在男人世界的前进道路仍然崎岖，成功需要极大的努力和天分，而成功的人为数不多。

她们之中，绝大多数都从事通常认为与传统妇女气质一致的活动，例如表演和（中产阶级妇女，尤其是已婚者的）写作。1895 年所记载的英国“当代妇女”，绝大多数都是作家（48 人）和舞台人物（42 人）。[21] 法国的柯莱特（Collette，1873—1954 年）便兼有两种身份。在 1914 年前，已经有一位妇女获得诺贝尔文学奖［瑞典的塞尔玛·拉格洛夫（Selma Lagerlöf），1909 年］。专业性事业之门也为妇女敞开，例如，在教育界和新兴的新闻业，前者是随着女子中学和高等教育的大幅增长而开始；后者则是始于英国。在我们所探讨的这个时期中，政治活动和激进公共活动成为另一种有前途的选择。1895 年的英国杰出妇女中，最大的一个百分比（1/3）是列为“改革家、慈善家”等。事实上，如来自专制政体下的俄国而在各个不同国家从事活动的若干妇女［罗莎·卢森堡、维拉·查苏利奇（Vera Zasulich）、亚历山德拉·柯伦泰（Alexandra Kollontai）、安娜·库里斯齐奥夫（Anna Kuliscioff）、安吉莉卡·巴拉班奥夫（Angelica Bala-banoff）、爱玛·戈德曼（Emma Goldman）］，以及其他国家的少数几位妇女［英国的贝阿特丽斯·韦布，荷兰的亨丽埃塔·罗兰-霍尔斯特（Henrietta Roland-Holst）］所说明的，社会主义和革命性政治活动，为她们提供了别处赶不上的机会。

在这方面，它与保守的政治活动不一样。保守政治活动在英国（不过很少在别的地方）得到许多贵族女权主义者的效命，但它却不曾提供上述机会。［女权主义的《英国妇女年鉴》（*Englishwoman's Year-Book*，1905 年），共包括了 158 位有爵位的贵妇，其中有 30 位公爵夫人或女公爵、侯爵夫人或女侯爵、子爵夫人或女子爵以及伯爵夫人或女伯爵。该书涵括了英国所有公爵夫人或女公爵的 1/4。[22]] 而它也与自由党的政治活动不一样，在这段时间，从事自由党政治活动的政客，基本上都是男人。不过，诺贝尔和平奖颁赠给一位妇女 [伯莎 · 冯 · 苏特内尔（Bertha von Suttner），1905 年]，象征着妇女如今在公共领域中成名的可能性提高了些。虽然妇女在医学上建立了小规模但迅速拓展的滩头阵地（1881 年，英格兰和威尔士有 20 位女医师，1901 年有 212 位，1911 年有 447 位），可是，妇女最艰巨的工作，却在于抵抗有组织的专业男人的制度化或非正式的强烈抗拒。这一点或可帮助我们衡量居里夫人（专制俄国的另一产物）的不平凡成就，她在这段时期曾两度获得诺贝尔科学奖（1903 年、1911 年）。虽然这些大师不足以说明妇女对男人所主宰的世界的参与情形，但由于牵涉的人数很少，这样的参与可能是相当可观的。我们可联想到一小群解放妇女在 1888 年后的劳工运动复兴中所发挥的作用：她们包括安妮 · 贝赞特（Annie Besant）和埃莉诺 · 马克思（Eleanor Marx）；我们也可联想到对于幼小的独立劳工党很有贡献的巡回宣传家：伊妮德 · 斯泰西（Enid Stacy）、凯瑟琳 · 康韦（Katherine Conway）和卡罗琳 · 马丁（Caroline Martyn）。不过，虽然所有这些妇女几乎都支持女权，而且（尤其是在英国和美国）她们绝大多数也强烈支持政治上的女权主义运动，可是，她们对它的注意却很有限。

那些集中注意它的人，通常致力于政治运动，因为，她们所要求的权利和投票权一样，需要政治和法律上的改变。她们几乎不能寄望于保守政党和宗教政党，她们与自由主义和激进政党的关系（中产阶级女权主义的思想方式与自由主义和激进政党相近），有时也是紧张的，这种情形尤以英国为然。1906—1914 年间，阻碍英国来势强劲的妇女参政运动的正是自由党政府。偶尔（例如在捷克和芬兰人中间），她们也会与主张国家解放的反对运动结合。在社会主义和劳工运动中，妇女被鼓励集中注意力于女性的事物，而许多社会主义的提高女权论者果真如此。其原因不仅在于劳动妇女的被压榨情形明显需要采取行动予以纠正，也在于她们发现：虽然她们的运动在意识形态上致力于追求平等，可是在这个运动中却需要特别为妇女的权利和利害奋斗。因为，一个自由或革命好战者的小规模先锋，其与大规模劳工运动之间的差异，是在于后者所包括的不仅主要是男人（也许是因为大半赚取工资的和甚至更多的有组织的工人阶级都是男性），而且这些男人对妇女的态度也是传统的；他们基于工会会员的利益，又倾向将待遇低廉的竞争者排除到男人的工作范围之外，而妇女正是廉价劳动力的典型。然而，在各种劳工运动之内，这些问题却因妇女组织和委员会的增加而减色，并在某种程度上削弱，尤以1905年后为然。

在提高女权运动的各种政治问题中，议会选举投票权是最为突出的。1914年前，虽然女子在美国几个州以及某种程度上的地方政府议会选举中拥有投票权，但是除了澳大利亚、芬兰和挪威，全国性的妇女投票权尚不存在。除了美国和英国，妇女投票权并不是一个动员妇女的运动，或在全国性政治中扮演主要角色的议题；不过，在美国和英国，它已在上等和中等阶级的妇女中得到大力支持，在政治领袖和社会主义运动的积极分子中也得到不少协助。这项运动在1906—1914年间，因妇女社会和政治同盟（Women's Social and Political Union，也就是“妇女参政权论者”）的直接行动战术而变得戏剧化。然而，我们不能因为关注主张妇女参政的运动，而忽视为了其他奋斗目标而形成的妇女压力团体的广大政治组织，这些目标包括与其性别有关的——如反对“白奴贸易”，也包括和平和禁酒运动。如果她们的第一项努力不幸未获成功，她们对于第二项努力的获胜（亦即美国宪法第十八修正案——禁酒令），却是贡献良多。不过，在美国、英国、低地国家和斯堪的纳维亚以外的地区，妇女的独立政治活动（除了作为劳工运动的一部分以外）仍旧是不重要的。

4

当时，还有另外一股女权主义混入关于妇女的政治性和非政治性辩论之中，此即性解放。这是一个棘手的问题，许多妇女公开传播类似节育这种得到正派人士支持的主张，却遭到无情迫害，由此可知一斑。1877 年，贝赞特夫人的子女抚养权因此被剥夺；玛格丽特·桑格（Margaret Sanger）和玛丽·斯托普斯（Marie Stopes）的子女抚养权稍后也被剥夺。但是，最棘手的是，它不太容易进入任何运动的组织。只要在必要时能够保持体面，普鲁斯特（Proust）伟大小说中的巴黎上等阶级社会，或像纳塔莉·巴尼（Natalie Barney）这类独立而且往往准备充足的女同性恋，会很轻易地接受性自由，不论它是正统还是异端。但是，像从普鲁斯特的小说中可以看出的，他不将性解放和社会或私人的幸福，乃至社会的转型混为一谈，而且，他也不欢迎这样的转型。相反，社会革命分子的确致力于妇女性选择的自由［恩格斯和倍倍尔所赞美的傅立叶（Fourier）性乌托邦，尚未完全被遗忘］，而这样的运动吸引了反传统者、乌托邦主义者、狂放不羁者，以及各种各样的反文化宣传者，包括那些宣称与任何人以任何方式共寝的人。像爱德华·卡彭特（Edward Carpenter）和奥斯卡·王尔德（Oscar Wilde）这样的同性恋，像哈夫切克·埃利斯（Havelock Ellis）这样拥护性宽容的人，以及像贝赞特和奥利弗·施赖纳（Olive Schreiner）这类各具品位的解放妇女，均被吸引到19世纪80年代英国社会主义运动的小圈子里。没有结婚证书的自由结合不仅被接受，在反教权运动特别强烈的地方，它简直是必需。可是，从列宁日后与太过注意性问题的女性同志发生小冲突一事，可以看出关于“自由恋爱”应该指什么，而它在社会主义运动中又占了什么样的地位，大家的意见仍然很不一致。心理学家奥托·葛罗兹（Otto Grosz，1877—1920）是一名罪犯、吸毒者，也是弗洛伊德早期的学生。他的成功，是通过海德堡（Heidelberg）的知识和艺术环境［至少是通过他的情人里希特霍芬（Richthofen）姊妹——韦伯、劳伦斯（D. H. Lawrence）等人的情人或妻子］，通过慕尼黑、阿斯科那（Ascona）、柏林和布拉格。像他这样提倡无限制解放本能的人，是对马克思没有什么好感的尼采派哲学家。虽然他受到一些1914年前狂放不羁的无政府主义者的赞颂（但也遭到其他人的反对，说他是道德之敌），而且赞成任何会毁灭现存秩序的事物，但他却是一个几乎无法放进任何政治组织的自负者。简而言之，就作为一项方案而言，性解放所引起的问题比它所解决的问题要多。在反传统先锋的圈子外，它的计划吸引不了太多人。

它所引起的一个大问题，是在一个拥有平等权利、机会和待遇的社会中，妇女的未来确切性质是什么。在此，要紧的是家庭的未来，因为它的关键在于为人母的女性。妇女由家务的负担中解放出来比较容易想象，中等和上等阶级（尤其是在英国），大致借着用人和借着将其男性子孙及早送进寄宿学校的办法，摆脱家务的负担。在一个用人不容易请到的国家，美国的妇女向来鼓吹节约劳动力的家庭技术转型，如今也开始如愿以偿。在1912年的《妇女家庭杂志》（*Ladies Home Journal*）中，克里斯蒂娜·弗雷德里克（Christine Frederick）甚至将"科学管理"引进家庭（参见第二章）。1880年以后，煤气炊具开始普及，不过速度不是很快。自战前的最后几年起，电气炊具也开始普及，而且比较快速。"真空吸尘器"一词在1903年出现，而1909年以后，电熨斗已出现在持怀疑态度的公众面前。但是它们的胜利还有待两次大战的间歇期的到来。衣服的烫洗也开始机械化（尚未在家庭中出现），1880—1910年间，美国洗衣机产量增加了5倍。[23] 社会主义者和无政府主义者对于工艺技术的理想国抱有同样的热忱。他们赞成比较集体化的安排，也集中注意力于幼儿学校、托儿所和食堂的供应（如早期的学校餐厅），以便妇女可以将为人母的责任与工作和其他活动结合在一起。

妇女解放运动难道不会指向以某种其他的人类组合方式，取代现有的核心家庭吗？在这个民族学空前发达的时代，人们已知道核心家庭绝不是历史上唯一的家庭形式。芬兰人类学家韦斯特马克（Westermarck）的《人类婚姻史》（*History of Human Marriage*, 1891）到1921年时已销售了五版，并被译为法文、德文、瑞典文、意大利文、西班牙文和日文，而恩格斯的《家庭、私有制和国家的起源》（*Origin of the Family, Private Property and the State*）已做出必要的革命性结论。可是，虽然乌托邦和左翼革命分子已开始实验新的公社形式（其最持久的产物将是位于巴勒斯坦的犹太移民屯垦制度），但我们却可以有把握地说：绝大多数的社会主义领袖和甚至更绝大多数的支持者，更别提没有那么“进步”的个人，他们对未来的展望，是虽有转型核心但基本不变的家庭。但是，对于以婚姻、家庭管理和做母亲为其主要事业的妇女，大家的看法却不一致。正如萧伯纳向一位已解放的女性记者所说的，妇女的解放主要是关于她自己。[24] 虽然有些社会主义的温和派为家庭和炉灶辩护（例如德国的“修正主义者”），但左翼的理论家一般都认为妇女的解放将因其出外就业或对外界的兴趣而达成，所以他们极力地鼓励之。可是，一旦把解放和为母之道结合起来，问题就没那么容易解决了。

这个时期中，大量（或许大多数）已解放的中产阶级妇女，如果她们选择在男人的世界闯出一番事业，则对这个问题的解决方法，将是不生育、拒绝结婚和往往（例如在英国）真的守贞。这种现象不仅反映了对男性的敌意，有时也伪装女性对另一性别的优越感，如在盎格鲁–撒克逊投票权运动的边缘所看到的那样。它也不只是当时人口结构的副产品，那个时候，有的国家女性多于男性（1911 年在英国，女性较男性多 133 万多人），使许多女人不可能结婚。结婚仍是许多非体力劳动的职业女子所企望的事情。她们会在结婚的那天放弃教书或办公室职位，即使并不需要这样做。这种情形反映了将两种要求很高的职业结合在一起的真正困难。在那个时候，只有异常的物力和协助才能使一个女人同时胜任这两项工作。在缺乏这样的物力和协助的情形下，像阿马莉·里巴·塞德尔（Amalie Ryba Seidl，1876—1952）这样的工作人员和女权主义者，不得不放弃在奥地利社会主义政党中毕生的尚武政策达五年之久（1895—1900 年），以便为她的丈夫生三个孩子。[25]而照我们的标准来说更不可原谅的是，杰出但为人所忽略的历史学家伯莎·纽沃尔（Bertha Philpotts Newall，1877—1932），认为她必须辞去剑桥大学格顿学院（Girton College）的教职，因为她的父亲需要她而她也非去不可，这已是迟至1925年的事了，[26]但是，自我牺牲的代价很高。选择事业的妇女——例如罗莎·卢森堡——知道她们必须付出这个代价，而且正在付出这个代价。[27]

那么，在1914年以前的50年间，妇女的情况有了多大的变化？这不是一个如何去衡量变化的问题，而是一个如何去判断变化的问题。这些变化，就任何标准来说，对为数甚多的妇女（或许对都市化和工业化西方的绝大多数的妇女）而言，都是很可观的，而对于少数的中产阶级妇女，更是戏剧性的。（但是，值得重新说明的是：这些妇女全部加起来，也只构成全人类女性的一个小百分比。）根据玛丽·沃尔斯通克拉夫特（Mary Wollstonecraft，她要求男女平等权）简单而初步的标准，在妇女进入此前认为是男性专利的职业和专业上，当时已有极大的突破。在此以前，男性往往不顾常识，甚至不顾资产阶级的习俗，独占这些职业和专业。例如男性的妇科医生主张：由妇女去医治妇女的特殊疾病是尤其不适合的。到1914年时，虽然只有很少妇女能跨过这道鸿沟，但是在原则上，这条路已经打通了。虽然表面上与此相反，妇女为争取平等公民权的奋斗（以投票权为象征）却行将获得重大胜利。不论在1914年前遭到如何激烈的反驳，不到十年，在奥地利、捷克、丹麦、德国、爱尔兰、荷兰、挪威、波兰、俄国、瑞典、英国和美国，妇女在全国性选举中都已初次获得选举权。[事实上，在欧洲只有拉丁语系国家（包括法国）、匈牙利、东南欧和东欧比较落后的地区，以及瑞士，妇女尚未享有投票权。] 显然，这个了不起的改变，是 1914 年前奋斗的极致。至于在民法面前的平等权利，虽然有些比较重大的不平等已经废除，但得失却没有这么明显。在工作待遇的平等上，这时并没有重大进展，除了可以不计的例外情形，妇女与男子做同样的工作，可预期的待遇却低得多。她们可望得到的工作，由于被视为“妇女的工作”，待遇因此也很低。

我们可以说，在拿破仑以后的一个世纪，法国大革命所高唱的“人权”，现在也延伸到妇女身上。女性行将和男性一样获得相等的公民权，而且，不论怎么吝啬和狭窄，事业之门现在也向她们的才能开放，就像对男性一样。如今回顾，我们很容易看出这些进步的局限性，就好像看出最初“人权”的局限性一样。它们是受到女性欢迎的，但并不足够，尤其是对于绝大多数因贫困和婚姻而不得不依靠男性为生的女性而言，是不够的。

但是，即使是对那些认为解放乃势所必然的妇女——地位稳固的中产阶级妇女（虽然也许不包括新旧小资产阶级或下层中产阶级的妇女），以及适于工作年龄的年轻未婚女性——来说，它也产生了一大问题。如果解放是指从私人和往往独立存在的家庭、家人以及个人关系的范围中解脱出来，也就是由她们长久以来禁锢其间的场所中逃出，她们能不能，又如何能保持她们特有的妇女气质——那些并不是在一个为男子所设计的世界中男人强加给她们的气质？换句话说，女性如何能以女性的身份，在一个为不同构造的性别而设计的公共活动范围内与他们竞争？

由于每一代关怀妇女社会地位的人所面对的情况都不同，这个问题或许根本没有永恒的答案。每一个答案或每一组答案，可能都只能满足回答者所面对的历史。那些投身解放运动的第一代西方城市女性，她们的答案是什么？我们对于在政治上活跃、文化上能言善辩的杰出开拓先锋，所知甚多，但对于不活跃和不能言善辩的先锋却所知甚少。我们只知道：在第一次世界大战以后风靡西方的解放妇女的风尚，亦即采自1914年以前“前进分子”（尤其是大城市的艺术放任主义者）所预见的风格，是结合了两个非常不同的因素。其一是化妆品的普遍使用，化妆在以往虽然是以取悦男子为业的女性（妓女和其他若干演艺人员）的特色，可是战后的“爵士乐一代”已公开地普遍使用化妆品。她们现在开始展示身体上的若干部分，由双腿开始（19世纪的女性必须将双腿遮起来，不让好色的男人看见）。其二是战后的流行款式，这些款式是要尽量减少使妇女看上去与男子不同的第二性征——剪短传统的长发，将胸部弄得尽可能平坦。和短裙一样，束腹的抛弃和胸罩的行动自如，都是自由和呼唤自由的象征。这些是老一辈的父亲、丈夫或其他掌握传统家长权威的人所不可能容忍的。它们还暗示了其他什么吗？或许，在职业妇女先锋可可·香奈儿（Coco Chanel，1883—1971）所发明的“小黑裙”的流行风潮中，它们也反映了妇女在工作和公开场合中的非正式装扮，也必须展现出优雅的一面。但是这一点我们只能臆测。可是，我们很难否认：解放后的流行迹象，指出的是相反而不一定相容的方向。

正如战争期间的许多其他事物一样，1918年的妇女解放流行风潮，最初都是由战前的前卫款式中拓展出来的。更精确地说，它们在大城市的波希米亚区域中流行，像是在格林尼治村（Greenwich Village）、蒙马特区（Montmartre）和蒙巴纳斯区

（Montparnasse）、切尔西（Chelsea）、施瓦宾格（Schwabing）等。因为资本主义社会的构想，包括其意识形态上的危机和矛盾，往往可在其艺术中找到虽然经常令人迷惑难解，但却具有特色的表现。

第九章

文艺转型

他们（法国的左翼政客）对于艺术非常无知……但是他们都假装多少懂一点儿，好像他们是真的爱好艺术……他们之中的一个佯作剧作家，另一个乱拉小提琴，还有一个假扮着迷的瓦格纳崇拜者。他们都搜集印象派的绘画，阅读颓废派的文学作品，而且以对喜好某种极端贵族式的艺术为傲。

——罗曼·罗兰（Romain Rolland），1915年[1]

在具有教育出的聪慧、敏感的神经和消化不良的人中间，我们找到了悲观主义的信仰……因此，悲观主义的信条不大可能对坚强而实际的盎格鲁-撒克逊民族产生影响力。我们只能在某些非常有限的所谓唯美主义的诗歌和绘画中，在它们赞美病态和自觉理想的倾向中，找到悲观主义的蛛丝马迹。

——莱恩（S. Laing），1885年[2]

过去必然比不上未来。这是我们所希望的。我们怎么能承认我们最危险的敌人有任何优点？……这便是我们何以要否认逝去的好几个世纪令人魂牵梦萦的光辉，也是我们何以要与高奏凯歌的机械技巧合作，这种技巧，将世界牢牢地掌控在它的速度之网中。

——未来派作家马里内蒂，1913年[3]

1

也许没有什么能比19世纪70年代到1914年之间的文艺史，更足以阐明资本主义社会在这一时期中所经历的身份危机。在这个时代，创作性文艺和其欣赏大众都失去了方向。前者对这个形势的反应，是朝着创新和实验发展，逐渐和乌托邦主义或似是而非的理论衔接。后者，除非是为了流行和附庸风雅，否则便会喃喃地维护自己说："他们不懂艺术，但是他们知道他们喜欢什么。"或者，他们会退缩到"古典"作品领域，这些作品的优异，已为累世的舆论所保证。但是，所谓舆论这种概念，其本身也正受到批评指责。由16世纪起一直到19世纪末，大约有100件古代雕刻品具体表现了大家一致同意的雕塑艺术的最高成就。它们的名称和复制品，是每一个受过教育的西方人所熟悉的：《拉奥孔》（*Laocoön*）、《望楼的阿波罗》（*Apollo Belvedere*）、《垂死的格斗者》（*Dying Gladiator*）、《除刺的男孩》（*Boy Removing a Thorn*）、《哭泣的尼奥比》（*Weeping Niobe*）等。或许除了《米罗的维纳斯》（*Venus de Milo*）以外，几乎所有这些雕像均在1900年后的两代之间被遗忘。《米罗的维纳斯》于19世纪早期被发现之后，便被巴黎卢浮博物馆保守的主管人员挑出来，一直到今天还深受大众赞赏。

再者，到了19世纪末叶，传统高尚文化的领域又受到甚至更为可怕的敌人的侵袭。这个敌人是投普通人所好（部分文学例外），并在工艺和大众市场联手影响下发生了巨变的艺术。在这方面最不寻常的革新是电影。电影和爵士乐及其各种不同的衍生音乐，当时虽然尚未奏捷，但是1914年时，电影已在许多地方出现，并且行将征服全球。

当然，夸大这一时期资产阶级文化中大众性和创造性艺术家的分歧，是不明智的。在许多方面，他们的意见仍然相同，而那些以革新者自命并因此遭到拒绝的作品，不但被吸收到有教养的人士视为“出色”又“普及”的艺术主体中，而且以淡化的、有选择性的形式，融入广大群众的艺术中。20 世纪后期深受大众喜爱的音乐会曲目，不仅有 18 和 19 世纪的“古典作品”，也有这一时期作曲家的作品。“古典作品”仍是主要的演奏曲目，例如马勒（Mahler）、理查德·施特劳斯（Richard Strauss）、德彪西（Debussy），以及许多在本国知名的作曲家［埃尔加、沃恩·威廉斯（Vaughan Williams）、雷格尔（Reger）、西贝柳斯（Sibelius）］。国际性的歌剧曲目正不断扩大［普契尼（Puccini）、理查德·施特劳斯、马斯卡尼（Mascagni）、列昂卡瓦洛（Leoncavallo）、亚纳切克（Janáĉek），当然还包括瓦格纳——瓦格纳在 1914 年前的 20 年便已成名］。事实上，大歌剧曾盛极一时，甚至还为了迎合时髦的观众，以芭蕾舞的形式吸取了前卫艺术（avant garde art）。在这一个时期享有盛名者，到今天仍是传奇人物，如卡鲁索（Caruso）、夏里亚宾（Chaliapin）、梅尔巴（Melba）、尼金斯基（Nijinsky）。“轻古典作品”、轻松活泼的小歌剧，以及基本上以方言演唱的歌曲和小品，也盛极一时，例如奥匈帝国的轻歌剧［雷哈尔（Lehar，1870—1948）］和“音乐喜剧”（musical comedy）。从旅馆大厅和茶室管弦乐队、音乐台，以及时至今日仍在电梯等公共场合播放的音乐曲目，均可证明其吸引力。

这一时期“严肃的”散文文学，今日看来，已经拥有并且能够保持住它的地位，不过在当时，它却不一定广受欢迎。如果托马斯·哈代（Thomas Hardy）、托马斯·曼或普鲁斯特的名望今日已实至名归地上升（他们绝大部分的作品是发表在 1914 年以后，不过，哈代的小说却大半是在 1871—1897 年间问世），那么阿诺德·本涅特（Arnold Bennett）和韦尔斯、罗曼·罗兰和马丁·杜加尔（Roger Martin du Gard）、德莱塞（Theodore Dreiser）和拉格勒夫的运气，就比较变化无常。易卜生和萧伯纳、契诃夫和（在其本国的）霍普特曼（Hauptmann），均已熬过了最初的丑闻期，而成为古典剧坛的一部分。就这一点而言，19 世纪晚期视觉艺术的革命分子——印象派和后期印象派画家——到 20 世纪已被接受为“大师”，而不是其仰慕者的现代性指标。

真正的分界线贯穿这一时期。这指的是战前最后几年的实验性前卫艺术，除了在“进步的”一小群人士（知识分子、艺术家和批评家，以及具有流行感的人）之外，它始终未曾在广大的群众中得到真正自发的欢迎。他们可以自我安慰地说未来是属于他们的，但是，就勋伯格（Schönberg）来说，未来却没有出现——没有像瓦格纳那样有前途。[不过，我们却可以说斯特拉文斯基（Stravinsky）已享有名声。] 凡·高的未来出现了，立体派（Cubist）艺术家却没有。陈述这一事实并不是要评判艺术作品，更不是要低估其创造者的才能，有许多画家的才华确实非常超群。巴勃罗·毕加索（Pablo Picasso，1881—1973）是一个禀赋超常且极其多产的画家。可是，我们很难否认，今人是把他当一个特殊人物来赞美的，而不是因为出于对他的深远影响的景仰，或因为对他作品的单纯欣赏（除了几幅画，主要是他前立体派时期的作品）。他很可能是文艺复兴以来第一个具有全方位才能的艺术家。

可是如前所述，以他们的成就来整体考虑这个时期的艺术，就像史学家对 19 世纪早期艺术所采用的方法，是没有什么意义的。但是，我们必须强调：艺术在这段时期是异常兴盛的。单是可以花较多时间在文化上的都市中产阶级人口和财富增加的事实，以及下层中产阶级和部分工人阶级，这些具有读写能力和对文化如饥似渴之人的数量大增，就足以保障这一发展。1870—1896 年间，德国的剧院数目增加了三倍，由 200 家增加到 600 家。[4] 在这段时期，英国的漫步音乐会（Promenade Concerts，1895 年）开始举办；新成立的美第奇学会（Medici Society，1908 年）为渴望文化的人大量生产伟大画家的廉价复制品；蔼理士（以研究性学知名）编辑了收录伊丽莎白女王和詹姆士一世时代剧作的廉价的美人鱼丛书（Mermaid Series），而像世界名著（World's Classics）和人人文库（Everyman Library）这样的丛书，又将国际文化带给没有什么钱的读者。在顶级富豪当中，古代画家的作品和其他昂贵的艺术品，其价格由于美国百万富豪的竞购，达到有史以来的最高点。为这些富豪出主意的是商人和与他们共事的专家，如伯纳德·贝伦森（Bernard Berenson），这两种人都从艺术品的交易中获取了暴利。某些与文化圈关系较深的富人（偶尔也包括巨富）和经费充足的博物馆（主要是在德国），不仅购买了旧日最好的艺术作品，也收藏新近最佳的艺术创作，包括极端前卫派的作品。前卫艺术之所以能在经济上挺下来，主要是由于一小撮这类收藏家的资助，例如俄国商人莫洛佐夫和史楚金（Shchukin）。文化修养较低之士，则请约翰·辛格·萨金特（John Singer Sargent）或波蒂尼（Boldini）为他们自己，或者更常为他们的妻子画像，并请时髦的建筑师为他们设计住宅。

因此，如今那些更富有、更具文化修养也更民主化的艺术欣赏者，无疑也更富热忱和接纳性。毕竟，长久以来作为富有中产阶级地位指标的文化活动，在这段时期取得其具体象征，得以表现更多人的渴望或少许的物质成就。这样的象征之一是钢琴。由于可分期付款，许多人在财务上都负担得起。它现在进入急于表现其时髦的职员、工资较高的工人（至少在盎格鲁–撒克逊国家）以及生活舒适的农民的客厅中。再者，文化不仅代表个人的也代表集体的热望，这种情形，在新兴的大规模劳工运动中尤为显著。在一个民主的时代中，艺术也成为政治的手段和成就，这种现象使建筑家和雕刻家得到许多物质报偿。建筑家为国家的自我庆贺和帝国的宣传建造巨大的历史纪念物，[5]将大量石造物竖立在新兴的德意志帝国、爱德华七世时代的英国和印度。而雕刻家更以各式各样的历史人物雕像，大至德国、美国的巨型人像，小至法国乡村的半身塑像，来供应这个被称为“雕像狂”的黄金时代。

艺术不能以纯粹的数量来衡量，而其成就也不仅是开支和市场要求的函数。可是，不能否认的是，在这段时期，有更多人想当创作艺术家谋生，或者这样的人在劳动力市场中占了较以前更高的比例。有人指出，艺术之所以纷纷脱离举办官方公开展览的官方艺术组织［如“新英国艺术俱乐部”（New English Arts Club），维也纳和柏林的直言不讳的“分离组织”（Secessions）等，以及19世纪70年代早期法国印象派画展的后继者］，主要是由于这个行业和其官方机构已过于拥挤，而这两者又多半是掌握在年纪较大或已成名的艺术家手中。[6]我们甚至可以说：因为每日和定期出版物（包括绘图出版物）的惊人增长，广告业的出现，再加上由艺术家—手工匠和其他拥有专业地位者设计的日用必需品的广受欢迎，当个职业创作家现在比以前更容易维持生活。广告业至少开创了一种新的视觉艺术形式，并于19世纪90年代陶醉在其小规模的黄金盛世——海报的时代。无疑，由于专业创作者的剧增，自然产生了许多商业化作品，或是其文学和音乐从业者所愤恨的作品。他们在写作轻歌剧或流行歌曲的时候，心中梦想的是交响乐；或者，像乔治·吉辛（George Gissing）那样，在艰苦地撰写书评、"论说文"或文艺专栏时，脑中所想的却是伟大的小说和诗歌。但是这样的工作有报酬可拿，而且报酬还不错。心怀热望的女记者（或许是新妇女专业人员中最大的一群），光是供稿给澳大利亚的报纸，便可保证每年150英镑的收入[7]。

再者，无可否认，这个时期艺术创作本身也相当发达，而其涵盖的西方文明范围，也较以前任何时期更广。音乐在此之前已拥有一张国际性的曲目单，尤其是源自奥地利和德国的曲目。可是，就算我们不把音乐算在内，本时期的艺术创作也显得前所未有的国际化。我们在前面谈到帝国主义的时代时，已经提到异国影响（19世纪60年代以后来自日本，20世纪最初十年来自非洲）对西方文学的促进作用（参见第三章）。在通俗文学上，由西班牙、俄国、阿根廷、巴西以及尤其是北美传来的影响，广泛传播于整个西方世界。但是，即使是公认的精英文化，也因为个人可以在较宽广的文化地带移动自如而显著地国际化。我们并不认为被某些国家文化威望所吸引的外国人，是真正的"归化"。这种威望曾使希腊人莫里亚斯（Moreas）、美国人斯图尔特·梅里尔（Stuart Merrill）、弗朗西斯·维雷–格里芬（Francis Vielé-Griffin）和英国人王尔德，用法文写作象征主义作品，也帮助波兰人康拉德和美国人詹姆斯、庞德（Ezra Pound）在英国树立声誉，并确保巴黎派（cole de Paris）的画家，出现本国人少而外国人多的现象，其中著名的代表人物包括：西班牙人毕加索、格里斯（Gris），意大利人莫迪利亚尼（Modigliani），俄国人夏加尔（Chagall）、利普希茨（Lipchitz）、苏丁（Soutine），罗马尼亚人布朗库西（Brancusi），保加利亚人帕斯金（Pascin）和荷兰人凡东根（Van Dongen）。在某种意义上，这只是知识分子向全球扩散的一个方面。在这个时期中，他们以移民、访客、定居者和政治难民的身份，或是通过大学和实验室，散布于全球各城，孕育国际性的政治和文化。[由俄国来的这类流亡异国者在其他国家政治上的作用，是大家所熟悉的，如：罗莎·卢森堡、帕尔乌斯和拉狄克（Radek）在德国，库里斯齐奥夫和巴拉班奥夫在意大利，拉帕波特（Rappoport）在法国，多布罗贾努-盖雷亚（Dobrogeanu-Gherea）在罗马尼亚，戈德曼在美国。] 相反，我们也可联想到 19 世纪 80 年代发现俄国和斯堪的纳维亚文学（译本形式）的西方读者，在英国艺术和工艺运动中找到灵感的中欧人，以及 1914 年前征服时髦欧洲的俄国芭蕾舞。自 19 世纪 80 年代以后，高尚文化的基础是本地制品和进口品的合并。

然而，如果对那些在 19 世纪 80 年代和 19 世纪 90 年代以被视为"颓废"自傲的文学艺术和创作人才而言，这是正确的说法，那么在这个时期，民族性的文化，至少就其较不因袭保守的表现而言，显然是健康发展的。要在这个模糊领域做出价值判断是出名的困难，因为，民族情感易于使人夸大其民族语言所能达到的文化成就。再者，如前所述，这个时期有许多进步的书面文学，只有极少数的外国人能够了解。对于我们绝大多数人而言，以盖尔文、匈牙利文或芬兰文写成的散文以及（尤其是）诗，其伟大之处必然仍是人云亦云，正如对不懂德文或俄文的人来说，歌德或普希金（Pushkin）诗歌的伟大之处，也必然是人云亦云。在这方面，音乐比较幸运。无论如何，或许除了前卫派的称誉，当时并没有公认的判断标准，可将某个民族性人物从其同时代人中挑选出来，说他享誉国际。鲁本·达里奥（Rubén Dario，1867—1916）可说是当代拉丁美洲最好的诗人吗？他很可能是。不过我们所能确知的，只是这个尼加拉瓜国民是以一位有影响力的西语世界诗歌改革者的身份，享誉国际。建立文学评判国际标准的困难，使诺贝尔文学奖（1897 年创设）得主的选择，永远令人不满意。

在那些于高尚文艺上拥有“公认威望”和“持续成就”的国家，文化的成果或许不大看得出来。不过即使是在这些国家，我们也注意到 19 世纪 80 年代以后，法国第三共和国和德意志帝国文化上（与世纪中叶相较）的活泼生气，以及此前相当光秃秃的创作性文艺树枝上的新叶的成长，其中包括英国的戏剧和作曲，奥地利的文学和绘画。但是，尤其可观的却是在小型和边远国家，或此前不大为人注意或久已沉寂的地区，文艺的发展欣欣向荣，例如在西班牙、斯堪的纳维亚或波希米亚。这一点在国际性的时尚上尤为明显，例如 20 世纪后期名目繁多的新艺术［青春风格（Jugendstil）、自由风格（Stile Liberty）］。它的核心地区不仅限于一些大型文化首都（巴黎、维也纳），在多少处于边缘地带的文化首都尤为明显，如布鲁塞尔和巴塞罗那、格拉斯哥（Glasgow）和赫尔辛基。比利时、加泰罗尼亚和爱尔兰，都是显著的例子。

或许自 17 世纪以来，世界上的其余部分都不曾需要像 19 世纪的最后几十年那样注意低地国家南部的文化，因为这段时期，梅特林克（Maeterlinck）和维尔哈伦（Verhaeren）曾短期成为欧洲文学上的大名人［他们之中的前一位至今仍为我们所熟悉，因为他是德彪西《佩莱亚斯与梅丽桑德》(*Pelléas et Mélisande*)的剧作者]，詹姆斯·恩索尔（James Ensor）成为绘画上一个熟悉的名字，而建筑家霍塔（Horta）开创了新艺术，凡·德·威尔德（Van de Velde）将从英国人那里学来的“现代主义”带入德国建筑，康斯坦丁·默尼耶（Constantin Meunier）又发明了无产阶级建筑那种千篇一律的国际型。至于加泰罗尼亚，或者更准确地说是现代主义的巴塞罗那[在其建筑家和画家中，高迪（Gaudi）和毕加索最负盛名]，在1860年时恐怕只有最富自信心的当地人才曾幻想过这样的光荣。而1880年的爱尔兰文艺观察家，也不会预料到30年后这个岛上会培育出这么多的杰出作家（主要是新教徒）：萧伯纳、王尔德、伟大的诗人叶芝（W. B. Yeats）、约翰·M. 辛格（John M. Synge）、年轻的詹姆斯·乔伊斯（James Joyce）和其他比较地方性的名人。

可是，单是将本书所论时期的文艺历史写成一篇成功者的故事是不行的，虽然就经济和文化的民主化来说，它的确是一篇成功者的故事，并且在低于莎士比亚和贝多芬的层次上，就其创作成就的广泛分布而言，它也是一个成功者的故事。因为，即使我们留在“高雅文化”的范围之内（而高雅文化已经因工业技术的发展而即将过时），被归类为“优良的”文学、音乐及绘画的创作家和公众，他们都不这么看待这个时期。当时当然仍有一些充满信心和胜利的表现，尤其是在艺术创作与工业科技重叠的边缘地带，如纽约、圣路易、安特卫普、莫斯科（非凡的喀山站）、孟买和赫尔辛基的伟大火车站，这些19世纪的公共华厦仍旧被建造成艺术上的宏伟不朽之物。单是科技工艺上的成就——如埃菲尔铁塔和新奇的美国摩天大楼所说明的——便能使那些否认其美学吸引力的人为之目眩。对于那些渴望读写能力并日渐拥有这类能力的人来说，单是可以接触到高雅文化本身，便是一种伟大的胜利（高雅文化当时仍被视为过去和现在的连续，“古典”和“现代”的连续）。（英国的）“人人文库”以丛书的方式呈现高雅文化的成就，从荷马到易卜生，从柏拉图到达尔文。[8]当然，以公共雕像和公共建筑墙壁上的雕刻绘画来歌颂其历史文化的活动［如巴黎索邦大学和维也纳城堡戏院（Burgtheater）、大学及艺术史博物馆的墙壁上］，也是前所未有的蓬勃。意大利和德国民族主义在蒂罗尔地区（Tyrol）的争斗，便因双方分别在该地塑立对但丁和中世纪抒情诗人沃尔瑟·冯·德·福格威德（Walther von der Vogelweide）的纪念物而白热化。

2

不过，19世纪后期并不是一个充满胜利和文化自信的时代，而“世纪末”（fin de siècle）一词为人所熟悉的含义，更是相当引人误解的“颓废”。19世纪80年代和19世纪90年代，许多已成名的艺术家和渴望成为艺术家的人（我在此想起年轻时的托马斯·曼），均以“颓废”为傲。普遍的情形是：“高雅”艺术在社会中显得局促不安。不知何故，长久以来被视为与人类心灵同步发展的资本主义社会，其在文化领域所显现的历史进程却与预期的不一样。德国知识界第一位伟大的自由主义历史学家格维努斯（Gervinus）在1848年前宣称：德国政治事务的安排，是德国文学另一次繁荣发展不可缺少的先决条件。[9]在新德国真正成立以后，文学史教科书满怀信心地预测这个黄金时代即将来临。但是，到了 19 世纪末，这种乐观的预测转变成对古典传统的赞颂，以及对当代作品的批驳，认为它是令人失望或不可取的。对于比好为人师的一般腐儒更伟大的人物来说，“1888 年的德国精神代表了 1788 年德国精神的退化”（尼采语）一事，似乎已显而易见。文化似乎是庸才的一种斗争，借以使自己变得坚强，以对抗暴民和怪人（两者大致连为一体）的支配。[10] 在革命年代的今古之争中，今人显然获得胜利；可是如今，古人（不只限于古典时代）又再一次掌握大权。

教育普及所造成的文化民主化，甚至因中层和下层中产阶级对文化如饥似渴者的增加所造成的文化民主化，其本身已足以驱使精英人物找寻更具有排他性的文化身份象征。但是，这个时期文艺的主要危险，乃在于当代文艺和“现代”文艺之间日益加深的分歧。

最初，这种分歧并不明显。事实上，1880 年以后，当“现代主义”成为口号，而现代意义的“前卫”一词开始偷偷溜进法国画家和作家的会话中时，公众性与富有冒险性的文艺之间的间隙，实际上似乎是在缩小。其中的原因，部分是（尤其是在经济不景气和社会呈紧张状态的那几十年间）各种有关社会和文化的“进步”看法似乎正在自然融合；部分是因为中产阶级的许多重要品位显然更具伸缩性，这点或许是由于公众认识到已解放的（中产阶级）妇女和年轻人是一个独立群体，加上资产阶级已进入比较无拘无束和以休闲为取向的时期（参见第七章）。地位稳固的资产阶级大众，其堡垒——大歌剧——在 1875 年时，曾被比才（Bizet）作品《卡门》（*Carmen*）中的平民主义所震撼，到了 20 世纪的最初十年，却不仅接受了瓦格纳，也接受了以下层民众为主题的抒情格调和社会写实主义的奇异结合［马斯卡尼《乡村骑士》（*Cavalleria Rusticana*，1890）；夏庞蒂埃（Charpentier）的《路易丝》（*Louise*，1900）］。它已准备就绪，随时可以使像理查德·施特劳斯这样的作曲家功成名就。施特劳斯1905年的独幕歌剧《莎乐美》（*Salome*），结合了所有为震撼1880年的资产阶级而设计的因素，包括根据一个好斗而且声名狼藉的唯美主义者（王尔德）的著作所写的象征主义歌词，以及不妥协的后瓦格纳音乐的格调。在另一个商业性更重的层次，反传统的少数人的品位如今已可在市场出售，这一点，可以从伦敦家具制造商希尔斯（Heals）和纺织品商利伯蒂（Liberty）的财富上看出。在英国这个文体风格地震的震中，早在1881年，吉尔伯特（Gilbert）和沙利文（Sullivan）这两个传统思想的代言人，便以轻歌剧《忍耐》（*Patience*）讽刺了一个王尔德笔下的人物，并且攻击上流社会年轻妇女对手持百合花的象征主义诗人而非健壮的骑兵军官的偏好；不久以后，莫里斯和艺术工艺运动，又为舒适而且受过良好教育的资产阶级（经济学家凯恩斯口中所称的"我的阶级"）的别墅、农村小屋以及居家设计，提供了范本。

当时，人们使用同样的字眼来描述社会、文化和审美上的各种革新，更加说明了这种辐辏的现象。"新英国文艺俱乐部"、新艺术，以及国际马克思主义的主要杂志《新时代》（*Neue Zeit*），均使用加诸"新女性"之上的相同形容词。年轻和春天是用来形容德国版的新艺术，例如，"年轻维也纳"（Jung-Wien）的艺术叛徒，以及以春天和成长作为五一劳动节示威象征的设计家。未来是属于社会主义的，瓦格纳的"未来音乐"具有一种自觉的社会政治表象，甚至左翼政治革命分子［萧伯纳，奥地利社会主义领袖阿德勒，俄国马克思主义先驱普列汉诺夫（Plekhanov）]，都认为他们觉察到了其中的社会主义因素（今天，我们之中的绝大多数人是觉察不出的）。事实上，信仰无政府主义的左派，甚至可在尼采这个伟大但绝非政治“进步”派的天才中，发现其意识形态的优点。尼采这个人，不论他还有什么其他特点，都无疑是“现代的”。[11]

无疑，“先进的”概念自然会与那些受“人民”启发的艺术风格相契合，或与那些以被压榨人民，甚至劳工奋斗为题材的艺术风格紧密相连。在社会已经意识到的萧条期，这类作品为数甚多，其中许多（如绘画）是出自不赞同任何艺术反叛宣言的人之手。“先进分子”自然会赞美那些视粉碎资产阶级为“正当”题材的人。他们喜欢俄国小说家（大半由“进步分子”发掘并在西方宣扬）、易卜生［在德国，还包括其他斯堪的纳维亚人，如年轻的汉姆生（Hamsun）和更出人意料的斯特林堡（Strindberg）］，特别是极端“写实”的作家或艺术家。这些人都被可敬的人物指控为将注意力过分集中于社会的污秽底层。他们往往（有时是暂时地）又被各种民主的左翼派别所吸引，如左拉和德国剧作家豪普特曼。

同样不足为奇的是，艺术家超越了不动感情的“写实主义”，并以新方式表现他们对受难人群的热情。例如，当时尚默默无闻的凡·高，挪威社会主义者蒙克（Munch），以《1889年耶稣基督进入布鲁塞尔》一文呼吁社会革命的比利时人恩索尔；或纪念手摇纺织机织工反叛的凯绥·柯勒惠支（Käthe Kollwitz）。可是，好斗的唯美主义者和信仰为艺术而艺术的人、拥护“颓废派”的人和类似“象征主义”这类有意使大众无法接近的学派，也宣称他们同情社会主义（如王尔德和梅特林克），或者至少对无政府主义表现出相当兴趣。胡斯曼（Huysmans）、勒贡特·德·列尔（Leconte de Lisle）和马拉美（Mallarmé），都是《反叛》（*La Révolte*，1894 年）的读者。[12] 简而言之，在 20 世纪到来之前，政治上和艺术上的“现代性”之间，并不存在裂缝。

以英国为基地的建筑和应用艺术革命，说明了两者之间的关系，以及其最后无法和谐的共存。产生包豪斯派建筑（Bauhaus）的“现代主义”，竟是植根于英国的哥特式建筑。在这个烟雾弥漫的世界工厂，这个因利己主义而破坏艺术的社会，这个小工匠已被工厂浓烟吞噬无形的地方，由农民和工匠所构成的中世纪，长久以来一直被视为更令人满意的社会和艺术典范。由于工业革命是一个无法更改的事实，中世纪遂无可避免地成为他们对未来世界的灵感，而非可以保存或可以复原的事物。从莫里斯身上，我们看到一个晚期浪漫派的中古崇尚者如何变成一位马克思派的社会改革者。使莫里斯及其艺术工艺运动具有如此深远影响的原因，是他的思想方式，而非他作为设计家、装饰家和艺术家的多方面天才。这项艺术革新运动，其宗旨在于重铸艺术与生产工人之间一度断裂的链锁，并企图将日常生活的环境——由室内陈设到住宅，乃至村落、城市和风景——予以转型，因此，它并不以有钱有闲阶级的品位改变为满足。这项工艺运动具有异常深远的影响，因为它的冲击超出了艺术家和批评家的小圈子，也因为它启发了那些想要改变人类生活的人，以及那些对于生产实用物品和相关教育部门有兴趣的实际人士。同样重要的是，它吸引了一群思想进步的建筑师。这些人在很容易吸引他们的“理想国梦想”和其宣传家的鼓吹之下，纷纷投入新颖而迫切的“都市计划”之中——“都市计划”一词，在 1900 年后为大家所熟悉。埃比尼泽·霍华德（Ebenezer Howard）于 1898 年所建的“花园城”，或者至少是“花园郊区”，便是他们的作品之一。

随着这个艺术工艺运动的发展，艺术的意识形态已不仅是创作者和艺术鉴赏家之间的风尚，因为它对社会变迁的许诺，使它和公共制度以及改革派的公共机关官员发生了联系，而这一点又使它介入到公共事务当中，诸如艺术学校的设立、城市或社区的重建或扩大等。它也使艺术工艺运动中的男人（以及显著增加的）女人实际接触到生产，因为它的目的基本上是要生产“实用艺术”，或在真实生活中可以使用的艺术。莫里斯留下来的最持久的纪念物，是一组让人惊叹的壁纸和织物设计，这些设计在 20 世纪 80 年代的市场上还可以买到。

这种社会审美观和工艺、建筑、改革结合的极致，是 19 世纪 80 年代在英国的示范和宣传推动下横扫欧洲的新风格。这种风格有各种不同的名称，其中“新艺术”（art nouveau）一词最为大家熟悉。这是一种具有审慎的革命性、反历史、反学院并一再强调其“当代性”的风格。它充分结合了不可或缺的现代科技——其最杰出的不朽代表是巴黎和维也纳的大众运输车站——和传统工匠寓装饰于实际的工艺。直到今天，这种结合主要还是指一种繁复的曲线装饰，这种装饰乃是以生物的图案（植物或妇女）作为模仿基础的。它们是当代特有的自然、青春、成长和律动的比喻。而事实上，甚至在英国以外的地方，具有这一风格的艺术家和建筑师，均与社会主义和劳工有关——比如在阿姆斯特丹兴建工会总部的贝尔拉格（Berlage），在布鲁塞尔兴建“人民之家”的霍尔塔。基本上，新艺术的胜利，是借由家具、室内装饰图案以及无数较小的家用物件——从蒂芙尼（Tiffany）、莱丽（Lalique）和渥克斯达特（Wiener Werkstätte）等商店出售的昂贵奢侈品，到通过机械仿制使它们得以扩散进郊区住宅的台灯和餐具。它是最早征服一切的“现代”风格。（在写完这一段以后，作者用一只韩国制造的茶匙搅拌茶叶，这只茶匙的装饰图案，显然就是出于新艺术。）

可是，在新艺术的核心地区却有一些瑕疵，这些瑕疵很可能是它很快便从文化场合至少是高雅文化场合消逝的原因。这便是驱使先锋艺术走向孤立的各种矛盾。无论如何，在精英主义与民粹主义对“先进”文化的渴望之中，即在对全面更新抱有希望的受过教育的中产阶级在面对“群众社会”的悲观之中，它们之间的紧张状态只是暂时隐藏。自 19 世纪 90 年代中期起，当人们已清楚看出社会主义的大跃进，其结果不是革命而只是有希望但依照惯例是有组织的民众运动时，艺术家和唯美主义者便认为它们已不具有启示性。在维也纳，最初为社会民主所吸引的克劳斯，已在新的世纪与它脱离。它已无法使他感到兴奋，因为这个运动的文化政策必须考虑其无产阶级好斗者的传统品位，但又得在现实中与低俗的恐怖小说、浪漫小说和其他种种垃圾文学所造成的影响进行艰苦战斗。[13] 创造一种人民艺术的梦想，与“先进”艺术的欣赏者基本上是上等与中等阶级人士这一事实发生冲突，只有极少数艺术家的创作主题可以在政治上为工人好斗者接受。与 1880—1895 年间的先锋艺术家不一样，新世纪的先锋艺术家，除非是上一代的遗老，否则均不为激进政治活动所吸引。他们不关心政治，有些派别甚至转向右倾，如意大利的未来派。一直要到第一次世界大战、十月革命，以及伴随两者而来的氛围，才能再度将文艺革命与社会革命融合在一起，并在立体派和“构成主义”（constructivism）上面投射一道回溯性的红色光辉：1914年以前，这样的关系并不存在。老马克思主义者普列汉诺夫在1912—1913年抱怨道：“今日大多数的艺术家都采取资本主义观点，并且完全抗拒当代伟大的自由理想。”[14]而巴黎的先锋艺术家的确是将全部精力都投注于技术的辩论，不涉足任何思想和社会活动。[15]1890年时，谁会预料到这种情形？

3

可是，在前卫艺术当中尚有更多矛盾之处。这些矛盾都与维也纳分离派格言中所提到的两件事的本质有关（“给我们的时代以艺术，给艺术以自由”），或与“现代性”和“真实”的本质有关。“自然”仍旧是创造性艺术的题材。甚至日后被视为纯粹抽象派先驱的瓦西里·康定斯基（Vassily Kandinsky，1866—1944），在1911年时也拒绝与它完全断绝关系，因为如此一来便只能画出“像领带或地毯上”的那种图案。[16]但是，如我们在下文将看到的，当时的艺术是以一种新起的、根本上的不确定感，去回应自然是什么这个问题（参见第十章）。它们面对着一道三重难题。姑且承认一棵树、一张脸、一件事具有客观和可描写的真实性，那么描述如何能捕捉它的真实？在“科学”或客观意义上创造“真实”的困难，已经使得印象派艺术家，远远超越象征性传统的视觉语言（参见《资本的年代》第十五章第5节），不过，事实证明他们并未越出一般常人理解的范围。它将他们的追随者进一步带进修拉（Seurat，1859—1891）的点彩法，以及对基本结构而非视觉外表的真实追寻。立体派画家借助塞尚（Cézanne，1839—1906）的权威，认为他们可以在立体的几何图形中看到基本结构。

其二，在“自然”和“想象”之间，或在作为描绘的沟通艺术与作为概念、情感和价值观的沟通艺术之间，存在着二元性。困难不在于该由它们之中选择哪一个，因为即使是极端实证主义的“写实主义者”或“自然主义者”，也不会认为自己是完全不动感情的人类照相机。困难在于被尼采的尖锐眼光诊断出来的19世纪价值危机，也就是将概念和价值观转化为创造性艺术的（描述性或象征性）传统语言危机。1880—1914年间，传统格调的官方雕像和建筑物狂流，淹没了整个西方世界，从自由女神像（Statue of Liberty，1886年）到伊曼纽尔纪念碑（Victor Emmanuel Monument，1912年），它代表着一个正在死亡的——1918年后显然死亡的——过去。可是，对于其他（往往是异国情调的）风格的寻求，不仅反映了对旧风格的不满，也反映了新风格的不确定感。西方人从古埃及和日本到大洋洲岛屿以及非洲的雕刻品中，追寻这种另类风格。在某种意义上，新艺术可说是一种新传统的发明，不过这种新传统日后并未成立。

其三，当时还有真实性和主观性如何结合的问题。由于“实证主义”的部分危机（下章中将详细讨论）是坚持“真实”不仅是存在的、有待发现的，也是一件可借由观察家的心灵，去感觉、塑造甚至创造的事物。这种看法的“弱势”说法是，真实在客观上的确存在，但是只能通过那个了解和重建它的个人的想法去了解，例如，普鲁斯特对法国社会的观察，是一个人对其记忆进行漫长探索的副产品。这种看法的“强势”说法则是，除了创作者本身以及其以文字、声音和颜料所传达的信号外，真实性一无所有。这样的艺术在沟通上一定会出现极大的困难，而它也必定会趋近唯我论的纯主观主义。于是，无法与之共鸣的批评家便以这个理由将它草草了结、不予考虑。

但是，先锋艺术家除表现其心境和技巧外，当然也想传达点儿什么。然而，它想要表现的“现代性”，却给莫里斯和新艺术致命一击。沿着罗斯金—莫里斯路线的对于艺术的社会革新，并没有赋予机器真正的地位，而机器却是此时资本主义的核心，套用瓦尔特·本雅明（Walter Benjamin）的话来说，在资本主义的时代，科技已学会复制艺术品。事实上，19 世纪后期的先锋派艺术家，想要延续旧时代的方法去创造新时代的艺术。“自然主义”以扩大题材的方法，尤其是将穷人的生活和性包括进去，将文学领域扩大为“真实”的再现。已确立地位的象征主义和讽喻语言，被修改或改编为新概念和新希望的表示法，如社会主义运动中的新莫里斯图像学，以及“象征主义”的其他先锋派。新艺术是这一企图的极致——以旧语说新事。

但是，新艺术如何能精确表达工艺传统所不喜欢的世界，即机器社会和现代科学？伴随新艺术而来的商业时尚，以大量生产的方式复制了树枝、花卉和女性等装饰图案和理想主义，而这不正是莫里斯工艺复兴的反证吗？正如威尔德——他最初是莫里斯和新艺术潮流的追随者——所感受到的情感主义、抒情风格和浪漫精神，难道不会和生活在机器时代的新理性现代人相矛盾吗？艺术一定不能表现那种反映科技经济的新人类理性吗？在简单实用的功能主义与工匠的装饰快乐之间，难道没有矛盾吗（新艺术便是从这种快乐中拓展出错综复杂的装饰）？建筑家阿道夫·鲁斯（Adolf Loos，1870—1933）宣称“装饰便是罪”，而这句话同样是受莫里斯和相关工艺启发的。显然，已有许多建筑师，包括最初与莫里斯乃至新艺术有关的人，比如荷兰的贝尔拉拉、美国的沙利文、奥地利的瓦格纳、苏格兰的麦金托什（Mackintosh）、法国的奥古斯特·佩雷（Auguste Perret）、德国的贝伦斯（Behrens），乃至比利时的霍尔塔，如今都走向功能主义的乌托邦，回复到不受装饰物遮蔽的纯净线条、形式和素材，并采用那种不再和泥瓦匠、木匠混为一谈的科学技术。正如其中一位建筑家穆特修斯（Muthesius，一如当时的风气，穆特修斯热爱英国的“本土风格”）在1902年所主张的：“机器只能创造出朴实无华的形式。”[17] 我们已置身于包豪斯和勒柯布西耶（Le Corbusier）的世界。

即使这种理性的纯粹性牺牲了将结构与雕刻、绘画和应用艺术等装饰完全融合的堂皇热望（这种理想是莫里斯从他景仰的哥特式大教堂中看到的，那是一种视觉上的瓦格纳式“整体艺术”），但对建筑家来说，其吸引力是可以理解的，对于他们兴建的建筑物结构来说，工艺传统是不相干的，而装饰则是应用修饰。以新艺术为极致的艺术，此时还希望能看到两者的结合。但是，即使我们能了解朴素对新建筑家的吸引力，我们也应该说：绝没有使人信服的理由足以说明，为什么革命性科技在建筑上的使用，必须伴随着剥夺装饰的“功能主义”（尤其是它往往成为反实用功能的审美观）；或者为什么除了机器之外，任何东西看上去都应该像机器。

因此，我们大可合理地用传统建筑的21响礼炮，去向革命性科技的胜利致敬。建筑上的现代主义运动，并没有强迫性的“逻辑”。它所传达的主要是一种情感上的信念：传统以历史为根据的视觉艺术语言，对现代世界来说，已不适宜也不够用。更精确地说，他们认为这样的语言，不可能表达 19 世纪所创造的新世界，只会使它更晦涩不明。长成庞然大物的机器，似乎粉碎了它以前所藏身的艺术外观。他们认为旧日的风格再也无法传达人类悟性和价值观的危机，是这个革命的时代造成了这一危机，现在又被迫面对它。

马克思曾经指责 1789—1848 年间的革命分子，说他们“用咒语召遣过去的灵魂和魔鬼为自己服务，并且从它们那儿借来名目、战争口号和服装样式，以便用这种由来已久的伪装和借来的语言，展示世界历史的新景致”。在某种意义上，先锋派艺术家也用同样的理由责备传统主义者和世纪末的现代主义者。[18] 他们所缺乏的只是一种新语言，或者他们不知道这种新语言会是什么。尤其是当新世界最可辨认的一面是旧事物的瓦解时（科技不算），什么样的语言可以用来代表这个新世界呢？这便是新世纪开始之际“现代主义”的困境所在。

因此，指引先锋派艺术家的，不是对未来的幻想，而是对过去幻想的逆转。事实上，如在建筑和音乐领域，他们往往是传统风格的杰出运用者。他们之所以放弃传统，如极端瓦格纳派的勋伯格，是因为他们感觉到这些风格已不可能再改良。

当新艺术将装饰推到极致之后，建筑家遂抛弃了装饰；当音乐沉溺在瓦格纳时代的伪色觉当中时，作曲家就抛弃了音调。长久以来，画家们的困扰是，旧有的画法不足以再现真实的外在和他们内心的感觉。但是，除了在大战前夕开拓完全“抽象”领域的极少数人（值得注意的是几个俄国先锋派艺术家）外，他们都很难放弃画点儿什么的行为。先锋派艺术家向不同的方向发展，但是大致说来，他们多半采纳如马克斯·拉斐尔（Max Raphael）这样的观察家所言的色彩与形式较内容重要的观点，或选择专心追求情感形式的非象征性内容［“表现主义”（expressionism）］，或者接受以各种不同的方法拆卸象征性真实的传统因素，并以不同的秩序或无序予以重组（立体派）。[19] 只有因依赖具有特定意义和发音的文字而备受拘束的作家们（虽然是少数人）已开始尝试，但大多数却感到还不容易发动类似的正式革命。抛弃文学写作传统形式（如押韵诗和格律）的实验，既不新颖也不算有野心。于是作家们引申、扭曲和操纵能以一般词汇叙述的内容。幸运的是，20 世纪早期的诗作乃是 19 世纪晚期象征主义的直接发展，而非对象征主义的反叛。因此它能产生里尔克、阿波利奈尔（Apollinaire，1880—1918）、格奥尔格（George,1868—1933）、叶芝、布洛克（Blok，1880—1921）和许多伟大的西班牙作家。

自从尼采以来，当代人从不怀疑艺术的危机反映了 19 世纪自由主义资本主义社会的危机；这场危机正在以不同方式逐渐摧毁它的生存基础——构成这个社会并作为其秩序的价值、惯例和知识体系。日后的历史学家曾从一般和特殊的——如“世纪末的维也纳”——艺术层面，来探索这场危机。在此，我们只需注意两件事。第一，是 19 世纪末和 20 世纪的先锋派艺术家，曾在 1900—1910 年间的某一个时刻明显决裂。对于业余的历史学家来说，这个决裂的年代可以有若干选择，而 1907 年立体主义的诞生不失为一个方便的分水岭。在 1914 年的倒数前几年，几乎所有后 1918 年的“现代主义”的不同特征，均已出现。第二，自此以后，先锋派便发现它所前进的方向，是大多数公众既不愿意也不能够追随的。理查德·施特劳斯这位背离曲调通性的艺术家，在1909年的《埃勒克特拉》（*Elektra*）失败以后，认为公众将不再拥护他这位商业大歌剧的供应者了。于是他东山再起，回复到比较接近《玫瑰骑士》（*Rosenkavalier*，1911年）的风格，并获得极大成功。

因此，在“有文化修养的”主流品位和各种不同的少数派之间，便裂开了一道鸿沟。这些少数派高举他们持异议的反资产阶级的叛徒身份，表现出对大多数人无法接近并以为可耻的艺术创作风格的赞赏。这道鸿沟上只有三座桥梁。第一座是一小撮像德国工业家瓦尔特·拉特瑙（Walter Rathenau）这样的既开明又富有的赞助者，或像康维勒（Kahn-weiler）这样的经纪人，他们能够欣赏这个规模虽小但在金钱上极具回报性的市场的商业潜力。第二座是时髦上流社会的一部分，他们比以前更热衷于千变万化但肯定不属于资产阶级的风格，特别是富有异国情调和惊世骇俗的风格。第三座桥竟是商业，这显得很矛盾。由于缺乏对审美的先入之见，工业遂能认识到建筑的革命性技术和实用风格的经济价值——工业一向如此，而商业也看出前卫派技术用于广告会相当有效。“现代主义”的评断标准对于工业设计和机械化大量生产，具有实际价值。1918年后，商业赞助和工业设计将成为贯通最初与高尚文化前卫艺术有关的各种风格的主要作用力。然而，1914年前，它还局限在孤立的包围圈中。

因而，除非把他们当作祖辈看待，否则过分注意1914年前的“现代主义”先锋派艺术家，很容易使人产生错觉。当时，绝大多数人（即使是有高度文化修养的人）或许从未听过，比方说，毕加索或勋伯格。另一方面，19世纪最后25年的革新家，已成为中产阶级文化包袱的一部分。新的革命者属于彼此，属于城市特定区域咖啡馆中异议青年的好辩团体，属于新“主义”[立体主义、未来主义、旋涡主义（vorticism：未来主义的一支，以旋涡纹构成图画）] 的批评家和宣言起草人，属于小杂志和少数对于新作品及其创作者具有敏锐观察力和品位的经理和收藏家。例如迪亚吉列夫（Diaghilev）和阿尔玛·辛德勒（Alma Schindler）。甚至在 1914 年前，辛德勒已经由马勒前进到科柯什卡（Kokoschka）、格罗皮乌斯（Gropius）以及表现派的弗朗茨·魏菲尔（Franz Werfel）（这是较不成功的文化投资）。他们被部分高级时髦人物所接纳。如此而已。

尽管如此，1914 年倒数前几年的先锋派艺术家，仍然代表了自文艺复兴以来艺术史上的一个基本断裂。但是他们未能实现的，却是他们志在促成的 20 世纪真正的文化革命。这个革命当时正在发生，它是社会民主化的副产品，是由将目光投注在完全非资产阶级市场的企业家居间促成的。不论是借助平民版本艺术工艺方式，还是借由高科技，平民艺术即将征服世界。这项征服，构成了 20 世纪文化最重要的发展。

4

平民艺术的较早阶段并不一定都很容易回溯。在 19 世纪晚期的某一个时刻，群众大量拥向迅速增长中的大城市，一方面为通俗戏剧娱乐打开了有利市场，一方面也在城市中占领了属于他们的特殊区域。狂放不羁的流浪者和艺术家也觉得这些区域极富吸引力，如蒙马特区和施瓦宾区。因此，传统的通俗娱乐形式被修改、转型和专业化，并随之产生了通俗艺术的原始创作形式。

当然，高雅文化圈，或者更准确地说，高雅文化圈的狂放边缘，也察觉到这些大城市娱乐区的通俗戏剧圈。富于冒险精神的年轻人、先锋派或艺术浪子、性叛逆者，一直赞助拳师、赛马骑师和舞蹈家的上等阶级纨绔子弟，在这些不体面的环境中感到万分自如。事实上，在巴黎，这些通俗的成分被塑造成蒙马特区的助兴歌舞和表演文化，这些表演主要是受惠于社会名流、旅客和知识分子。而其最伟大的归化者——贵族画家劳特雷克——更在其大幅广告和石版画中，使这些表演永垂不朽。先锋派资产阶级的下层文化，也在中欧表现出发展的迹象。但是在英国，自 19 世纪 80 年代以来深受唯美主义知识分子欣赏的杂耍戏院，却比较名副其实地是以通俗听众和观众为对象。知识分子对它们的赞美是公正的。不久之后，电影便会将英国穷人娱乐界的一位人物，转化为 20 世纪上半期最受大家赞赏的艺术家——卓别林（Charlie Chaplin，1889—1977）。

在比较一般的通俗娱乐层次，或是穷人提供的娱乐——酒店、舞厅、有人驻唱的饭馆和妓院，国际性的音乐革新在 19 世纪末开始出现。这些革新的溢出国界和漂洋过海，部分是通过旅游和音乐舞台的媒介，主要是借由在公共场合跳交际舞的新风气。有些只限于在本地流行，如当时正处于黄金时代的那不勒斯民谣（canzone）。另一些具有较大扩张力的，则在 1914 年前进入到欧洲上流社会，例如安达卢西亚的弗拉门戈舞（flamenco，19 世纪 80 年代以后西班牙的平民知识分子热切地予以接纳），或布宜诺斯艾利斯妓院区的产物——探戈舞。这些异国情调和平民创作，后来都不及北美非洲裔的音乐风格那般辉煌并享有世界声誉。这种风格（又是通过舞台、商业化的通俗音乐以及交际舞）

在1914年时已经横渡大洋。它们与大城市中的半上流社会（demimonde）艺术相融合，偶尔也得到落魄狂放之士的支援和高级业余人士的欢呼致敬。它们是民俗艺术的都市对应物，现在已形成商业化娱乐业的基础，不过它们的创造方式却与它们的宣传方式完全无关。但是，更重要的，这基本上是一种完全不拜资产阶级文化之赐的艺术，不论是“高雅”艺术形式的资产阶级文化，或是中产阶级轻松娱乐形式的资产阶级文化。相反，它们行将由底层改变资产阶级的文化。

真正的科技艺术革命是建立在大众市场的基础上，此时它正以前所未有的高速向前推进。其中两项科技——经济媒体，即“声音的机械广播”和报刊，当时还不太重要。留声机的影响力受到其硬件成本的限制，大致上只有比较富有的人家才买得起。报刊的影响则受限于对老式印刷字体的依赖。稳固的中产阶级精英阅读《泰晤士报》《辩论报》（*Journal des Débats*）和《新自由报》（*Neue Freie Presse*）；一般报刊的内容多半打碎成小而独立的专栏，以便没有受过多少教育也不太愿意全神贯注的读者容易阅读。它那种纯视觉化的革新——粗体标题、版面设计、图文混排，尤其是广告的刊登——是极富革命性的。立体派画家认识到了这一点，遂将报纸的片段放进他们的画里。但是，唯一名副其实在报刊的兴盛下得以创新的沟通形式恐怕是漫画，它甚至可以说是现代连环漫画的最早形式。报纸将它们从通俗小册子和大幅印刷物中接收过来，并为了技术上的理由而予以简化。[20] 大众报刊自19世纪90年代开始销量达到100万份以上，它改变了印刷物的环境，但没有改变它的内容或各种共生体。这或许是因为创办报纸的人多半都受过良好教育而且一定是富人，所以他们所体认到的基本上是资产阶级文化的价值观。再说，在原则上，报纸和期刊也没有什么新颖之处。

电影（后来还通过电视和录像带）日后将主宰并改变20世纪的所有艺术。不过在这个时期，电影却是全新的，不论在技术上、制作方式上或在呈现真实的模式上。事实上，电影是第一种在20世纪工业社会来临之前不可能存在的艺术。在较早的各种艺术中，都找不到类似的事物或先例，甚至在静态的摄影术中也找不到（我们可以认为摄影不过是素描或绘画的一个替代物，参见《资本的年代》第十五章第4节）。有史以来第一次，动作的视觉呈现从直接的现场表演中被解放出来；有史以来第一次，故事、戏剧或壮观的场面，得以从时间、空间和人物的约束中解放出来，更别提从旧日对舞台幻影的限制中解放出来。摄影机的移动、其焦点的可变性、摄影技巧的无限范围，特别是能将纪录影片剪成合适的大小而后随心所欲予以组合或重新组合，立刻都成为明显的事实，也立刻为电影制作人所运用。这些电影制作人对于先锋派艺术通常不具任何兴趣和共鸣。可是，没有其他艺术比电影更能戏剧性地表现一种完全非传统的现代主义的要求和意外胜利。

就成功的速度和规模而言，电影堪称是举世无双。一直到1890年左右，移动式摄影才具有技术上的可行性。虽然法国人是放映这类活动影片的主要开拓者，电影短片却几乎是在1895—1896年间，同时在巴黎、柏林、伦敦、布鲁塞尔和纽约首次放映，当作赛会场所、露天市场或杂耍表演的新奇玩意儿。[21] 不过短短12年，美国每周去电影院看电影的人数便高达2 600万，也就是说高达当时全美国人口的20%。他们大多数是去为数8 000到1万家的镍币影院。[22] 至于欧洲，甚至在落后的意大利，当时各大城市中已几乎共有 500 家电影院，其中单是米兰便有 40 家。[23] 到了 1914 年，美国的电影观众已上升到几近 5 000 万人。[24] 到了这个时候，电影已成为大产业了。电影的明星制度已经发展出来［1912 年卡尔·莱姆勒（Carl Laemmle）为玛丽·璧克馥（Mary Pickford）所制定的］。而电影业业已开始在洛杉矶的山坡上植根，这个地方正在逐渐成为它的全球性首都。

这种不寻常的成就，首先应归功于这些电影先驱除了为大量民众提供有利润的娱乐以外，对其他事物一概没有兴趣。他们以马戏杂耍等娱乐主持人，有时甚至是以小规模赛会表演商人的身份进入电影工业，比如第一位电影显要人物法国的夏尔·百代（Charles Pathé，1863—1957），不过，他并不是典型的欧洲娱乐业者。比较常见的情形是（与美国的情形一样），他们是贫穷但精力旺盛的犹太移民商人，如果衣服、手套、毛皮、五金器具这些行业拥有同样的利润，他们也会很乐意从事。他们为了充实他们的片库而制片。他们毫不迟疑地以受过最少教育、最不聪明、最不复杂世故和最不长进的人们作为对象，这些人坐满了镍币影院。而环球电影公司（Universal Films）的莱姆勒、米高梅公司（Metro-Goldwyn-Mayer）的梅耶（Louis B. Mayer）、华纳兄弟和福克斯公司（Fox Films）的福克斯（William Fox），都是在 1905 年左右从这些小电影院起家的。在 1913 年的《国家》杂志（*The Nation*）中，美国的平民党对较低阶级用 5 美分入场券所获得的这个胜利大表欢迎，而欧洲的社会民主党为了给工人生活添加一些较高尚的事物，遂将电影贬抑为劳动阶级堕落者寻求逃避的消遣。[25] 因此，电影的发展，乃根据自古罗马以来屡试不爽的大受欢迎的模式。

再者，电影享有一项始料未及但绝对重要的有利条件。由于在 20 世纪 20 年代晚期之前，它只能放映影像而无法发出声音，所以不得不以默片方式呈现，只有音乐伴奏的声音间歇打断默片的放映。这一点，使得二流的乐器演奏者就业机会大增。因而从巴别塔的束缚中解放出来之后，电影发展出一种世界语言。这种世界语言使它们可以不必顾忌实际上的语言隔阂，从而开发出全球市场。

毫无疑问，电影这项艺术的革命性创新（几乎全是 1914 年前在美国发展出来的），在于它需要完全借由受技术操纵的眼睛向可能是全球性的公众讲话。同样毫无问题的是，这些把高雅文化的先锋派艺术勇敢地抛在后头的创新，大受群众欢迎，因为这种艺术除了内容以外，把一切都改变了。公众在电影中所看到和喜好的，正是自有专业娱乐以来，使听众 / 观众惊讶、兴奋、发笑和感动的那些事情。矛盾的是，这却是高雅文化对美国电影业具有重要影响的唯一一点。1914 年时，美国的电影业已向征服和完全支配全球市场迈进。

当美国那些马戏团主持人依靠来自移民和工人的五美分使自己变成百万富翁时，其他的戏剧和杂耍表演主持人（更别提某些镍币影院唯利是图的商人），正在梦想着如何开发体面的家庭观众的较大购买力和较高“品位”，尤其是美国新女性和其子女的流动资金。（因为镍币影院时代的观众，75% 是成年男性。）他们需要昂贵的故事和声望（“银幕古典作品”），而美国电影制片削价竞争的无政府状态，却无意冒这样的风险。但是，这类影片可以从电影先驱法国或其他欧洲国家进口，当时法国的电影产量尚占全世界的 1/3。由于欧洲拥有正统戏院及其固定的中产阶级市场，因此遂成为富有野心的娱乐电影的天然源头。如果《圣经》故事和世俗古典作品［左拉、大仲马（Dumas）、都德（Daudet）、雨果（Hugo）的作品］搬上舞台可以成功，那么搬上银幕为什么不能成功？由成功女演员如莎拉·伯恩哈特（Sarah Bernhardt）主演的剧服华丽的进口电影，或拥有史诗般壮阔场面的外来电影（意大利人的专长），在大战前几年间，从商业的角度看来都是成功的。1905—1909年间逐渐明显的趋势是由纪录片转向剧情片和喜剧片。受到这一戏剧性转向的刺激，美国的电影制作人家开始着手自行制作电影小说和史诗。而这些，又给了像格里菲斯（D. W. Griffith）这类美国白领的二流文学人才一个机会，去将电影转化成一种主要的和原创的艺术形式。

好莱坞的基础是建立在下列两者的交会上，一是镍币影院的平民主义；二是人数同样庞大的美国中产阶级所企盼的戏剧和情感。它的长处和短处，皆在于它的注意力完全聚焦于大众市场的票房。它的长处首先是经济上的。欧洲的电影选择了受过教育的观众，而牺牲了未受教育的大众，虽然这个选择曾遭受到平民党演艺人士的抗拒。［“我们的这项行业是借着其通俗的吸引力而进步，它需要所有社会阶级的支持。它绝对不能沦落到只给富有阶级当宠物的地步，这些人可以花几乎和去剧院同样的钱购买电影票。”——《电影生涯》（*Vita Cinematografica*），1914年。[26]］若非如此，谁会去制作20世纪20年代德国著名的乌发电影合股公司（UFA Films）的电影？与此同时，美国电影业已充分开发其大众市场，虽然在理论上，其人口基础不超过德国人口基础的1/3。这一点，使它可以在国内降低成本并赚取到高额利润，因而能用削价竞争的办法征服世界其他地方。第一次世界大战将使这个具有决定性的有利条件更为有利，并使美国的地位天下无敌。无限的资源也将使好莱坞能从世界各地重金聘请人才，尤其是从战后的中欧。不过它却不一定能充分利用这些人才。

好莱坞的弱点也同样明显。它创造了一个具有不寻常潜力的不寻常媒体，但是至少在20世纪30年代以前，这个媒体在艺术上是微不足道的。今日还在上映或受过教育的人还记得的美国默片，除了喜剧以外，为数寥寥。就当时制片的异常高速而言，它们只占所有产品的一个完全不具意义的百分比。诚然，在意识形态上，它们的信息绝非无效或微不足道。如果说已没有什么人还记得当年大量推出的低成本B级电影，那么它们的价值观却已在20世纪后期慢慢注入美国的高层政策。

无论如何，工业化的大众娱乐引起了20世纪的艺术革命，而这件事与先锋派艺术没有什么关联。因为在1914年前，先锋派艺术并不是电影的一部分，而它似乎也对电影不感兴趣，只有一位俄国出生的立体派艺术家例外，据说1913年时，他曾构想一系列的抽象影片。[27]一直到大战中期，先锋派艺术才开始重视这个媒体，而那个时期它已几乎成熟。1914年以前，典型的先锋派艺术表演形式是俄国的芭蕾舞，伟大的经纪人迪亚吉列夫为这种芭蕾动员了最具革命性和异国情调的作曲家和画家。但是俄国芭蕾毫不犹豫地以富有和出身良好的文化精英为对象，正如美国的电影制作人尽可能以人类的共同特性为对象。

于是，20世纪的“现代”或确确实实的“当代”艺术，出乎意料地发达起来。它为文化价值观的守护者所忽视，而它发展的速度之快使人联想起一场名副其实的文化革命。但是，除了在一个极其重要的方面——它是极度的资本主义——之外，它不再是，也不再能是资产阶级世界和资产阶级世纪的一部分。它算得上是资产阶级式的“文化”吗？1914 年时，绝大多数受过教育的人士，几乎都会回答说他们不这么认为。可是，这项新颖而富革命性的大众传媒，却比精英文化强有力得多。它对表现大千世界的新方法的追寻，占了 20 世纪艺术史的绝大篇幅。

1914 年时，维也纳的两位作曲家比绝大多数的其他艺术家更明显地代表了旧日传统，不论是以因袭的形式还是以革命的形式。他们是埃利希·沃尔夫冈·科恩戈尔德（Erich Wolfgang Korngold）和勋伯格。科恩戈尔德是中产文化音乐界的神童，当时已热衷于交响乐、歌剧等。日后，他成为好莱坞有声影片最成功的作曲家之一，也是华纳兄弟电影公司的导演。勋伯格在促成 19 世纪古典音乐的革命之后，在维也纳度过一生。他毕生都没有赢得听众的喝彩，但是得到许多音乐家的赞美和经济资助。这些音乐家比较善于适应环境并且富有得多。他们不需借助从勋伯格那儿学到的东西便可从电影业中赚钱。

因而，造成 20 世纪艺术革命的那些人，并不是那些以这项革命为己任的人。在这方面，艺术和科学截然不同。

第十章

确定性的基石：科学

物质世界由什么构成？以太、物质和能。

——莱恩，1885 年[1]

一般人都同意，在过去的 50 年间，我们对于遗传学基本定律方面的知识，有了极大提高。事实上，我们可以公正地说，在这段时期这方面所取得的进展，比这个领域有史以来所取得的总和更多。

——雷蒙德·珀尔（Raymond Pearl），1913 年[2]

就相对论的物理学而言，时空不再是宇宙基本内容的一部分。现在大家都承认它们是结构。

——伯特兰·罗素（Bertrand Russell），1914 年[3]

有的时候，人类理解和建构宇宙的整个方式，会在相当短暂的时期内改变，而第一次世界大战之前的几十年，正是这样一个时期。这种转变，在当时还只有很少的国家中极少数人可以理解，乃至可以观察到。有时，甚至在正值转型的知识和创造性活动领域之内，也只有少数人能够了解和观察到。当然，并不是所有的领域都有转变发生，或以同样的方式被改变。比较完整的研究，必须区别那些人们意识到直线前进而非转型（例如医学）的领域与那些已经发生革命的领域（例如物理学）；区别那些经过巨变的旧科学与其本身便构成各种革新的新科学（因为它们诞生于我们所探讨的这个时代，例如遗传学）；区别那些注定会成为新舆论或正统的科学理论与那些将留在其学科边缘的科学理论（例如心理分析）。它也必须区别经受过挑战，但已成功地重建为大家所接受的理论（例如达尔文学说），与 19 世纪中期知识传统的若干其他部分——那些除了在较浅易的教科书中可以看到，此外已不见踪影的部分，如开尔文勋爵（Lord Kelvin）的物理学。而它也当然必须区别自然科学和社会科学，在这个时期，像传统的人文科学领域一样，社会科学正日渐与自然科学分离，并造成了一道日甚一日的鸿沟。大半在 19 世纪被视为“哲学”的学术，似乎正消失在这道鸿沟中。而且，不论我们如何形容这个全球性的表现，它都是真实的。这个时期的知识景观——那些命名为普朗克（Planck）、爱因斯坦和弗洛伊德的高峰，此刻正在浮现，遑论勋伯格和毕加索——显然与 1870 年聪明的观察家自以为看到的知识景观极不相同。

这个转型可分为两种。在知识上，它意味着不再以建筑师或工程师的方式去理解宇宙：一个尚未完成的建筑，不过为期不远；一个以“事实”为基础的建筑，为因果律和自然律的坚实骨架所维系，用理性和科学方法的可靠工具所建造；一个知识的建构，但也传达了越来越逼真的宇宙客观真理。在洋洋得意的资产阶级世界的观念中，由17世纪承继而来的巨大的静态宇宙结构，加上17世纪以后因延伸到新领域而扩张的结构，不仅产生了永恒感和可预测性，也造成了转型。它产生了演化（至少在与人类有关的事情上，演化可轻易被等同于长期的“进步”）。然而，现在已经崩溃的，正是这种宇宙模型和人类对它的了解方式。

但是，这种崩溃有非常重要的心理因素。在资产阶级世界的知识建构中，古代宗教的力量已从对宇宙的分析中剔除，在这个宇宙内部，超自然和神奇的事物并不存在。而且，除了视宇宙为自然律的产物外，在相关的分析中也几乎不带感情。不过，除了次要的例外情形，知识的宇宙似乎与人类对物质世界的直觉把握（“感官经验”）相吻合，也与人类推理作用直觉的看法相一致。因而，当时仍然可以用机械（撞球式的原子）模型去思考物理和化学。（事实上，在被忽略了一段时期之后，不久将被打碎成较小粒子的原子，这个时期又恢复成物理科学的基本结构单元。）可是，宇宙的新建构却越来越不得不抛弃直觉和“常识”。也可以说，“自然”变得较不自然但更容易理解。事实上，虽然我们今天都根据以新科学革命为基础的技术生活，也与它共存；虽然我们生活其中的世界，其视觉外观已因它而改变，而一般受过教育者的谈论也经常模仿它的概念和词汇，可是甚至到今天，我们还完全不清楚这场革命究竟被一般公众的思想吸收了多少。我们可以说，它是在存在上而非在知识上被接受了。

科学和直觉的分离过程，或许可以用数学这一极端例子予以说明。在19世纪中叶的某一时刻，数学思想的进步，开始不仅造成一些与感官了解的真实世界相冲突的结果（例如非欧几何学），而且也造成震撼数学家的结果——他们像伟大的康托尔（Georg Cantor）一样，发现“我看到，但是我不相信”。[4]布尔巴基（Bourbaki）所谓的“数学的病理学”于此开始。[5]在19世纪数学“两个精力充沛的有待研究领域”之一的几何学中，好像各种各样不可思议的现象都出现了，如没有正切（tangent）曲线。但是当时最戏剧性和“不可能”的发展，或许当推康托对于无穷数的探究。在这项探究所造成的世界中，直觉的“较大”和“较小”概念不再适用，而算术的规则不再产生预期的结果。用希尔伯特（Hilbert）的话来说：它是一种令人兴奋的进展，一个新的数学“乐园”，而前卫的数学家拒绝被排斥于这个乐园之外。

一个随后被大多数数学家遵循的解决办法，是将数学从它与真实世界的对应中解放出来，并将它转化为任何假定，只要它具有严格的定义，并且不会自相矛盾。自此以后，数学便断绝了对任何事物的信任，除了游戏规则外。罗素对于重新思考数学基本原则一事贡献极大，这或许是有史以来第一次，数学成了舞台的中心。用罗素的话来说：数学是一门没有任何人知道它在说什么的科目，也没有任何人知道它所说的话里面哪些是真的。[6]它的基本原则，是借着严格排除任何诉诸直觉的事物而重新加以明确表达。

这种情况造成了巨大的心理困难，也造成了若干的知识困难。虽然从数学形式主义者的观点来说，数学和真实世界的关系是互不相干的，但这种关系的存在却是不可否认的。20世纪“最纯净的”数学，曾一再在真实世界中找到某种对应，而且的确有助于解释这个世界或有助于我们借助科技主宰这个世界。哈代（G. H. Hardy）是一位专门研究数论的纯数学家，他曾骄傲地声称他所做的任何事都没有实用价值。可是，即使是哈代，也曾提出一项实用理论，一项现代人口遗传学的基础理论［所谓的哈代–温伯格定律（Hardy-Weinberg law）］。数学游戏和与之对应的真实世界的结构，其关系的性质为何？这个问题对于数学家的数学能力来说或许是不重要的，但是，事实上即使是许多形式论者，如伟大的希尔伯特，似乎也曾相信一个客观的数学真理，那就是：数学家如何看待他们所运算的数学实体的"性质"或他们的定理的"真实性"并非无关紧要。由法国人庞加莱（Henri Poincaré，1854—1912）发起，荷兰人布劳威尔（L. E. J. Brouwer，1882—1966）领导的"直观论"（intutionism）学派，激烈地排斥形式主义，如果需要，他们甚至不惜放弃许多最杰出的数学推理上的成果，这些简直令人难以置信的成果，曾经引发对数学基础的重新思考，尤其是康托尔在 19 世纪 70 年代提出的集合论（set theory），这项理论是在某些人的激烈反对下提出的。这场发生于纯思想尖端领域的战役，其唤起的激情，足以说明借由数学来了解世界的旧日链锁一旦崩溃，将会带来多么深刻的知识和心理危机。

再者，重新思考数学基本原则这件事，也绝不是没有问题的。因为想要把它建筑在严格定义和不会自相矛盾的说法上的企图，其本身也遭遇到一些困难，这些困难日后将 1900—1930 年这一段时期，转化为"基本原则的大危机时期"（布尔巴基）。[7] 强行将直觉排除在外这件事，只有借着缩小数学家视野的办法才能做到。在这个视野以外，存在着许多矛盾，这些矛盾如今已为数学家和数理逻辑学家所发现，20 世纪的第一个十年，罗素便系统地说明了若干矛盾，而这些矛盾也提出了最深刻的难题。最后，在 1931 年，奥地利数学家哥德尔（Kurt Gödel）证明：为了某些基本目的，矛盾根本不能被淘汰，我们不能用不导致矛盾的有限步骤，去证明数学的若干公理是一贯的。然而，到了那个时候，数学家们已经习惯与其学科的不确定性共存。不过，19 世纪 90 年代和 20 世纪第一个十年的数学家，离这点还远得很呢！

除了对少数人，数学的危机一般是可以忽略的。然而为数多得多的科学家，到最后，甚至绝大多数受过教育的人们，却都牵涉进伽利略或牛顿物理宇宙的危机之中。大致可以确定这场危机开始于 1895 年，而其结果则是爱因斯坦的相对论宇宙取代了伽利略和牛顿的宇宙。这场危机在物理学界遭遇的抵抗比数学革命来得少，也许是因为它没有公然向传统的对于确定性的信仰和自然律挑战。这一挑战要到 19 世纪 20 年代才会到来。另一方面，它却从外行人那里遭遇到巨大阻力。事实上，迟至 1913 年，一位学识渊博而且绝不愚笨的德国科学史家，在其长达四册的科学评介中，断然不提普朗克——除了视他为认识论学者外——也不提爱因斯坦、汤姆逊（J. J. Thomson），或一些今日不大可能被遗漏的人士；他也否认当时科学界有任何不寻常的革命正在发生，他指出："认为科学的基本原理现在似乎变得不稳固，而我们的时代必须着手进行重建，乃是一种偏见。"[8] 如我们所知，现代物理学离绝大多数的外行人都很遥远，甚至离那些往往抱着雄心大志想要向外行人诠释其内容的人也很远，这样的企图在第一次世界大战以后激增。这种情形，正如烦琐神学的较高领域离 14 世纪欧洲绝大多数的基督教徒十分遥远一样。左翼思想家日后排斥相对论，说它与科学的概念不相容；右翼思想家则将它贬为犹太人的想法。简言之，自此以后，科学不仅成为很少人可以了解的事物，也成为许多人明知自己对其依赖日深，却又不表赞许的事物。

科学对经验、常识和广为大家接受的概念所造成的冲击，或许可从以太（luminiferous ether）这个问题得到最充分的说明。这个问题就像在 18 世纪化学革命发生以前用以解释燃烧的“燃素”问题一样，现在几乎已被大家遗忘。以太据说是一种充满宇宙的物质，具有可以伸缩、稳固、无法压缩和无摩擦性等性质。当时人并没有证据可以证明以太的存在，但是，在一个本质上是机械性的而又不相信任何所谓“远距离行动”的世界观中，它非存在不可。这主要是因为 19 世纪的物理学充满了波，由光波开始（其实际速度到这时初次确定），后又因电磁学研究的进展而大量增加，自麦克斯韦（Maxwell）以后，电磁学也开始研究光波。然而，在一个机械观的物质世界，波必须是某种东西的波，正如海的波浪是水的波浪一样。当波的运动越来越成为这个自然世界观的中心时（引一位绝不天真的当时人的话），“就所有有关它存在的已知证据都是在这段时期所搜集的来说，以太是 19 世纪所发现的。”[9] 简而言之，它之所以被发明，是因为正如所有权威物理学家所主张的［持异议者非常少，其中包括发现无线电波的赫兹（Heinrich Hertz，1857—1894）和著名的科学哲学家马赫（Ernst Mach，1836—1916）］，“我们将不可能懂得光、辐射、电或磁；如果没有它，或许不会有像万有引力这样的东西”。[10] 因为机械性的世界观需要它通过某种物质媒介来发挥作用。

可是，如果它存在，它必然具有机械的特性，不论这些特性有否借着新的电磁学概念而被人详细叙述。这个问题引起了相当大的困难，因为自法拉第（Faraday）和麦克斯韦的时代起，物理学便采用两种观念上的体系，这两种体系不容易结合，而且事实上彼此越走越远。其中之一是个别的“粒子”（matter）物理，另一个是连续的“场”（field）物理。最简便的假设似乎是：就移动中的物质而论，以太是固定的。洛伦兹（H. A. Lorentz，1853—1928）曾经详细说明这种理论，洛伦兹是一位杰出的荷兰科学家，他与其他的荷兰科学家共同致力于使本书所述时期成为可以与 17 世纪相媲美的荷兰科学黄金时代。但是这个理论如今已可进行测试，而两位美国人——迈克耳孙（A. A. Michelson，1852—1931）和莫雷（E. W. Morley，1838—1923）——在 1887 年一项著名而且富想象力的实验中，曾尝试验证这个理论。这项实验的结果似乎不可解释。由于它不可解释，加上它又与根深蒂固的信念不符，因此在 1920 年以前，科学家们不断尽可能地小心重复这项实验，可是结果都一样。

地球在静止以太中的移动速度为何？将一道光线分为两部分，沿互相成直角的两道等长通路来回移动，而后又再度合为一道光线。如果地球循这道光线其中之一的方向移动，则在光这一部分的前进中，仪器的移动应使两部分光线的路线不相等。这应该是可以检测出来的。但结果却不能。以太（不论它是什么）看起来好像是和地球一起移动，似乎也随着任何其他被度量的东西一起移动。以太似乎根本没有物理特征，或者是任何与物质有关的理论都无法解释的。在这种情况下，唯一的选择，就是抛弃已经确立的宇宙科学形象。

不会使熟悉科学史的读者感到意外的是，洛伦兹喜欢理论甚于事实。因此，他想要把迈克耳孙和莫雷的实验搪塞过去，以便挽救那个被认为是“现代物理学杠杆支点”的以太。[11] 他那种不同寻常的理论使他成为“相对论的施洗者约翰”。[12] 假设时间和空间可以稍微拉开一点儿，以便当一个物体在面对它移动的方向时，看上去比当它静止或面对反方向时短，那么，迈克耳孙和莫雷的仪器可能掩盖了以太的静止性。有人认为，这个假说非常近似爱因斯坦的狭义相对论（1905 年）。但是洛伦兹和他同时代人所做的，却是打碎了那个他们竭力想要保全的传统物理学。可是爱因斯坦不然。当迈克耳孙和莫雷得到令人惊奇的结论时，爱因斯坦还是一个小孩。他在进行研究之际，随时准备扬弃以往的古老观念。没有绝对的移动。没有以太，就算有，物理学家也对它不感兴趣。无论如何，物理学的旧秩序已注定要消亡。

从这个富有教育意义的插曲中，我们可以得到两个结论。第一个结论符合科学和科学史家承自 19 世纪的唯理主义理想，即事实胜于理论。由于电磁学的发展和许多种新辐射能的发现——无线电波（赫兹，1883 年）、X 线［伦琴（Röntgen），1895 年］、放射能［贝克勒尔（Becquerel），1896 年］，由于将正统理论延伸为各种奇形怪状的需要日增，由于迈克耳孙和莫雷的实验，理论迟早将做根本更动以符合事实。无足为奇的是，这种改变没有立刻发生，但其速度已经够快了。我们可以相当肯定地说，这个转变发生在 1895—1905 这十年间。

另一个结论正好相反。在 1895—1905 年间瓦解的自然世界观，其立足点不是事实，而是对于宇宙的先验假设。这个假设部分立足于 17 世纪的机械模型，部分立足于甚至更古老的感官直觉和逻辑。将相对论应用在电动力学（electrodynamics）或者任何其他事物之上，其困难并不比应用在古典力学上更大。自伽利略起，古典力学的地位已被视为理所当然。关于两个牛顿定律都适用的体系（如两列火车），物理学只能说：它们是相对的移动，而非有一个处于绝对的"静止"。以太之所以被发明，是因为大家所接受的宇宙机械模型需要像它这样的东西，也因为在某种意义上，绝对移动和绝对静止之间竟没有任何区别，在直觉上是不可思议的。正是它的发明使得相对论无法延伸到电动力学或一般的物理学定律。简言之，使这场物理学革命如此富有革命性的，不是新事实的发现（虽然确乎有一些事实的发现），而是物理学家的不情愿重新考虑其典范。照例，愿意承认国王没穿衣服的，绝非那些复杂世故的聪明人，他们花了大量时间去发明理论，以便解释这些衣服为什么既华丽又看不见。

这两个结论都是正确的，但是第二个结论对历史学家来说要比第一个有价值得多，因为第一个结论无法充分解释为什么物理学会发生革命。旧日的范式通常不会（那时也不曾）抑制研究的进行，或抑制那些似乎不但与事实符合而且在知识上也相当丰硕的理论的形成。它们只会产生一些如今回顾起来认为不必要和复杂得不恰当的理论（如以太的情形）。相反，物理学上的革命分子——主要属于"理论物理学"，这门学问当时尚未在数学和实验室仪器之间取得被承认的特有领域——基本上并没有什么意愿去廓清介于观察与理论之间的矛盾之处。他们自有一套想法，有时甚至是为纯粹哲学或形而上学的成见所感动，例如普朗克所追寻的"绝对"。这些想法驱使他们在教师的反对之下进入物理界，教师们认为，物理学中只剩下一些小角落有待整理；这些想法也激励他们进入别人认为没有趣味的那部分物理学。[13] 普朗克的量子论（quantum，1900年宣布），代表了新物理学的第一项公开突破。然而在他晚年所写的自传中，最令人惊奇的却是他的孤立感、被误解感和几乎近于失败的感觉。这些感觉似乎始终不曾离开他。然而，在其本国或国际上，很少有几个物理学家比他在世时享有更大的荣誉。1875年，普朗克完成其学位论文，此后25年间，年轻的普朗克想要让他敬仰的资深物理学家了解、回应，甚至只是阅读他的著作却徒劳无功（这些物理学家有的日后终于同意了他的理论），在他看来，其著作的确定性是毋庸置疑的。他之所以会有上述感觉，大半便是由于这个事实。我们可以从回顾中看到，科学家们已逐渐认识到其领域中未解决的问题，并着手尝试解决，有的路走对了，大半却走错了。但是事实上，如科学史家提示我们的：至少从托马斯·库恩（Thomas Kuhn）的时候起（1962年），这已不是科学革命的运作方法。

那么，我们该如何解释这个时期的数学和物理学转型？对于历史学家来说，这是一个非常重要的问题。再者，对于那些不把焦点放在理论学家专门性辩论上的历史学家来说，这个问题不仅关系到宇宙科学形象的改变，也牵涉这项改变与其同时代事物的关系。知识的形成并不是自发的。不论科学和其所在社会之间的关系性质如何，它与其发生的那个特殊历史时机之间的关系性质又如何，这种关系总是存在的。科学家所认识到的问题、他们所用的方法、那些他们认为一般而言尚令人满意或在特殊情形下够用的理论、他们用来解决这些理论的构想和模型，上述这些问题直到今天仍是那些生活与实验室或书房只有部分关系的男男女女的问题。

这些关系之中，有的非常单纯，几乎一眼即可看出。细菌学和免疫学的发展原动力，大部分是来自帝国主义，因为各大帝国提供了征服热带疾病的强烈诱因，因为像疟疾和黄热症这样的热带疾病，抑制了白人在殖民地区的活动。[14] 因而在英国首相约瑟夫·张伯伦（Joseph Chamberlain）和 1902 年诺贝尔医学奖得主罗纳德·罗斯爵士（Sir Ronald Ross）之间，便产生了直接关联。民族主义的作用也绝不可忽视。1906 年，德国官方力促瓦塞尔曼（Wassermann）加紧研究梅毒测试（该研究为血清学的发展提供了诱因），因为他们认为法国人在这项研究上进展超前而急欲迎头赶上。科学和社会之间的这种直接关联，有些是出于政府或企业的资助与压力；有些较为重要的科学成果则是在工业技术的需求刺激下产生的。[15] 虽然忽视这类直接关联是不明智的，但是仅以这类关联进行分析，却也无法令人满意，尤其是在 1873—1914 年间。如果我们撇开化学和医学不谈，那么，科学与其实际用途之间的关系绝非密切。因而在 19 世纪 80—90 年代，德国的工学院经常抱怨说其数学家不肯只教授工程师所需要的数学，而到了 1897 年，工程教授更与数学教授公开交战。大多数的德国工程师虽然受到美国进步的启示而在 19 世纪 90 年代设置了工艺实验室，但实际上却与当时的科学没有密切接触。相反，工业也抱怨各大学对它的问题不感兴趣，只专心于本身的研究，不过即使是其本身的研究也进展得相当缓慢。在 1882 年以前不让他儿子上工学院的克虏伯，一直到 19 世纪 90 年代中期才对（与化学截然不同的）物理学发生兴趣。[16] 简而言之，大学、工学院、工业和政府之间，并没有协调彼此的兴趣和工作。政府所资助的研究机构的确正在出现，但是它们还谈不上先进。虽然基础研究以前也曾得到过私人资助，可是主要的协调机构威廉皇帝学会［Kaiser-Wilhelm-Gesellschaft，今天的马克斯·普朗克学会（Max-Planck-Gesellschaft）］，一直要到1911年才告成立。再者，虽然各政府无疑已开始委托进行甚至督促它们认为重要的研究工作，但是我们还不能说政府已成为基础研究的主要委托者，除了贝尔（Bell）实验室外，工业亦然。再者，除了医学以外，此时只有化学已充分整合了研究与应用，然而化学在本书所论时期根本没有发生基本或革命性的转型。

在当时的工业经济中，有许多技术进步。电力可以任意取得，真空排气机和正确的度量仪器也被发明出来。如果没有这些技术进步，上述的变化是不可能的。但是，任何解释中的必要因素，其本身并不是充分的解释。我们必须继续寻找。我们能够借着分析科学家的社会和政治成见，来了解传统科学的危机吗？

这些成见，显然主宰了社会科学。而且，即使是在那些似乎与社会和社会问题直接有关的自然科学中，社会和政治因素往往也非常重要。在本书所论时期，这种情形相当明显。在生物学直接和社会人接触的那些领域，以及在所有那些可以和“进化”的概念及达尔文这个越来越政治化的姓名扯得上关系的领域，社会和政治因素都很重要。两者都带有高度的意识形态力量。19世纪时，种族歧视的重要性说多大便有多大。就种族歧视来说，生物学对于理论上主张人类平等的资产阶级意识形态来说是必要的，因为它将可见的人类不平等，由责备社会转而责备“自然”（参见《资本的年代》第十四章第2节）。穷人之所以穷，是因为他们生而低下。因此，生物学不仅可能是政治右派的科学，也可能是那些怀疑科学、理性和进步者的科学。很少有思想家比哲学家尼采更怀疑19世纪中叶的真理，包括科学在内。可是他自己的著作，尤其是他最雄心壮志的《权力意志》(*The Will to Power*),[17] 却可视为社会达尔文主义的衍生物。该书的论点是以"物竞天择"为根据,在天择的演进下,注定会产生一个"超人"新种族。它将支配较愚笨的人,正如人类在自然界支配和利用牲畜一样。而生物学和意识形态之间的联系,在"优生学"和"遗传学"这门新科学之间的相互作用上尤其明显。遗传学大约在 1900 年左右出现,不久之后(1905 年)由威廉·贝特森(William Bateson)命名。

优生学比遗传学早得多。它指的是将农业和畜牧业常用的选育法运用在人类身上。其名称出现在 1883 年。它基本上是一项政治性运动,几乎完全局限于资产阶级或中产阶级分子。他们力促政府采取积极或消极的行动,去改良人类的遗传条件。极端的优生学家相信,如要改良人类和社会情况,只有对人种做遗传上的改良,即集中全力鼓励优良的种系[通常认为是资产阶级或像"北欧人"(Nordic)那种肤色适宜的种族],而淘汰不喜欢的种系(一般认为是穷人、殖民地人民和不受欢迎的陌生人)。相对温和些的优生学家,则为社会改革、教育和一般环境的改良留下一些余地。不过,优生学虽然可以变成一门法西斯主义或种族歧视的伪科学,并在希特勒手下成为有意识的种族绝灭,可是,在 1914 年前,它并不特属于中产阶级政治的任何一支,反倒是与当时暗含优生学意义的种族理论相似。在这项运动盛行的国家中,优生学的理论可见于自由主义者、社会改革者、费边派社会主义者,以及其他左翼派别的意识形态激烈辩论中。(节育运动与这些优生学的主张息息相关。)不过在遗传与环境的战斗中,或者套用卡尔·皮尔森(Karl Pearson)的话,在"天性"与"教养"的战斗中,左派不可能独钟遗传。于是,在这段时期,医学界显然对遗传学缺乏兴趣。因为当时医学的伟大胜利是建立在环境上面，一方面借着治疗微生物疾病的新方法［这些治疗方法始于巴斯德和科赫（Koch）的时代，并促成细菌学这门新科学的诞生］，一方面则通过公共卫生的改良。皮尔森认为：把 150 万英镑花在鼓励健康的繁衍上，胜于在每一个镇区为消灭肺结核病兴建一所疗养院。可是，医生和社会改革家都不大愿意相信他的话。[18] 而他们是对的。

使优生学"科学化"的，正是 1900 年后遗传学的兴起。遗传学似乎表示：环境可以根除遗传的影响，而大多数或所有的特征，都由一个单一的基因所决定，即可以用孟德尔学说的方法选育人类。虽然有些科学家投身于遗传研究，是由于"种族文化至上的影响所致"［比如弗朗西斯·高尔顿爵士（Sir Francis Galton）和皮尔森］，[19] 我们却不能据此认为遗传学是出自优生学的偏见。另一方面，在 1900—1914 年间，遗传学和优生学之间的关系显然是密切的。虽然 1914 年前至少在德国和美国，科学和带有种族歧视的伪科学之间的分野绝不清楚，可是英国和美国的杰出科学家均与这个运动有关。[20] 不过在战争期间，这种情形却使得严谨的遗传学家离开专心致志的优生学家的组织。无论如何，遗传学中的"政治"因素是相当明显的。未来的诺贝尔奖得主缪勒（H. J. Muller）于 1918 年宣布："我从来没有对抽象观念的遗传学感兴趣，我对遗传学的兴趣始终是源自它和人类的基本关系——人的特点与其自我改进的方法。"[21]

如果我们必须从对社会问题的迫切关注这个脉络来看待遗传学的发展（优生学声称它能对这些问题提供生物学的解决办法，有时还可替代作为社会主义方案），遗传学所符合的演化理论，也有其政治上的重要性。近年来，“社会生物学”的发展也再度使我们注意这件事。“物竞天择”这个理论，从一开始便与社会问题结下了不解之缘，“物竞天择”的关键模型“生存竞争”，当初便是从社会科学中得来的［马尔萨斯（Malthus）］。19 世纪末 20 世纪初，观察家们注意到“达尔文主义中的危机”。这个危机造成了各式各样的臆测——所谓的“生机论”（vitalism）、“新拉马克主义”（neo Lamarckism，1901 年时的称谓）等。这场危机不仅是出于对已成为 19 世纪 80 年代的正统生物学的达尔文主义的科学性的质疑，也是对其较广泛的意义存疑。从社会民主党员对达尔文学说的明显热衷，便可看出它的影响绝不仅限于科学性的。另一方面，虽然在欧洲具有支配性的政治达尔文主义认为它有助于加强马克思的看法，即自然和社会的演化过程与人类的意志和意识无关，而每一位社会主义者也都知道它终将造成什么样的结果，然而在美国，“社会达尔文主义”却强调自由竞争，并将它奉为自然的基本定律，认为最适应环境的人（如成功的商人）终将战胜不适应的人（如穷人）。对于低下种族和民族的征服，或敌对国家之间的交战，也可以说明乃至保障适者生存的说法［德国的贝恩哈迪将军（General Bernhardi），在他 1913 年的著作《德国和下一次战争》（*Germany and the Next War*）中，便曾如此表示］。[22]

这类社会论题也进入到科学家自身的辩论之中。因此，在遗传学早期，孟德尔派学者（在美国和实验主义者当中最具影响力）便和所谓的生物统计学家（biometricians，在英国和数学统计学家当中较受强调），展开了一场难以休止的争论。孟德尔长期为人所忽视的遗传律研究，1900 年在三个国家同时分别被发现，而且，不管生物统计学如何反对，它已成为现代遗传学的基础。不过有人说，20 世纪的第一个十年被生物学家硬塞进其麝香豌豆报告中的遗传因子理论，是 1865 年时孟德尔在他修道院的菜圃中不曾想到的。对于这个论题，科学史家曾提出好几个理由，而其中一组理由显然具有清楚的政治意义。

经过大幅度修改的“达尔文主义”能恢复其作为科学正统理论的地位，主要得归功于孟德尔遗传学和下述新发明的携手合作，即将不可预测和不连续的遗传学“跃进”、变种或反常现象，引进“达尔文主义”当中。这些变异大多无生存或生育能力，但偶尔可带来演化上的好处，物竞天择便建立在其基础上。雨果·德弗里斯（Hugo De Vries）将它们称为“突变”（mutations）。德弗里斯是好几个在同一时代重新发现孟德尔遗传规律的学者之一，他曾受到英国最主要的孟德尔派学者贝特森的影响，贝特森对变异方面的研究（1894 年），特别注意物种原始的突变性。但是连贯和突变不只限于植物育种。生物统计学大师皮尔森，甚至在对生物学发生兴趣以前便拒绝接受突变理论，因为他认为：“没有任何一个可永久有助于社会任一阶级的伟大重建工作，是由革命达成的……人类的进步，像自然一样，从不跃进。”[23]

皮尔森的主要反对者贝特森，绝不是一名革命分子。如果这位不同寻常的人的看法有任何鲜明的特色，那便是他嫌恶现存社会（不包括剑桥大学，他希望剑桥大学不要有任何改革，除了可招收女生入学之外，一切保持原状），厌恨工业资本主义和“污秽的小商人利益”，以及他对封建过去的怀念。简而言之，对于皮尔森和贝特森来说，物种变异是一个科学问题，但也是一个意识形态问题。在特殊的科学理论和特殊的政治态度之间画上等号是无意义的，而事实上也往往是不可能的，尤其在像“演化”这样的领域——这个领域适用于各式各样不同的意识形态比喻。用科学家的社会阶级来分析它们也是无意义的。在这个时期，几乎所有这方面的科学家在定义上都属于有职业的中产阶级。不过，在生物学这样的领域，政治、意识形态和科学是分不开的，因为它们之间的关系太过明显。

虽然理论物理学家，甚至数学家也都是人，但是在他们身上，这样的关系却不太明显。有意识或无意识的政治影响可以硬塞进他们的辩论之中，但是意义不大。帝国主义和大众劳工运动可能有助于说明生物学的发展，但是简直不可能有助于符号逻辑和量子力学的发展。1875—1914 年间，研究之外的世界大事并没有直接干涉他们的工作。这种情形和 1914 年以后或 18 世纪末 19 世纪初不一样。在这个时期，知识界的革命不能和外在世界的革命相提并论。可是，令每一位历史学家惊奇的是：科学世界观在这段时期的革命性转变，已成为更一般性和戏剧性趋势的一部分，即放弃长久以来为人所接受的价值观、真理、看待世界的角度，以及在概念上组织世界的方式。普朗克的量子论、孟德尔的重新被发现、胡塞尔（Husserl）的《逻辑研究》（*Logische Untersuchungen*）、弗洛伊德的《梦的解析》（*Interpretation of Dreams*）和塞尚的《静物和洋葱》（*Still Life with Onions*），这些都发生在 1900 年。我们也可随机选择奥斯特瓦尔德（Ostwald）的《无机化学》（*Inorganic Chemistry*）、普契尼的《托斯卡》（*Tosca*）、柯莱特第一本描写克劳丁（Claudine）的小说，或罗斯丹（Rostand）的《雏鹰》（*L. Aiglon*）作为新世纪的开始。但是，在若干领域中的戏剧性创新，却是异常惊人的。

上面我们已经提到过这项转变的线索。它是负面而非正面的，因为它未能以相等的替换物取代一个被视为有条有理、可能包罗万象的科学世界观，在这个世界观中，理性与直觉是不冲突的。如前所述，理论家本人也感到困扰和迷惑。普朗克和爱因斯坦都不愿意放弃那个合理、因果律和决定论的宇宙，虽然这个宇宙为他们的工作带来极大麻烦。普朗克和列宁同样对马赫的新实证主义（neopositivism）怀有敌意。相反，马赫虽然是 19 世纪末自然宇宙体系的少数几个怀疑者之一，日后却也对相对论持同样的怀疑态度。[24] 如前所述，数学家的小圈子曾为数学真理是否可以超越形式而发生争执，进而走向分裂。布劳威尔认为，至少自然数字和时间是"真"的。真实的情形是，理论家发现他们正面对着无法化解的矛盾，因为甚至连符号逻辑学家致力克服的那些"疑题"（也就是"矛盾"的委婉说法），也没有令人满意地解决，如罗素日后承认的，即使是他和怀特海（Whitehead）辛苦半天的《数学原理》（*Principia Mathematica*，1910—1913 年）一书，也未能予以解决。最容易的解决办法，是退回到新实证主义——它将成为 20 世纪最有望被大家接受的科学哲学。19 世纪晚期出现的新实证主义倾向［其代表人物有迪昂（Duhem）、马赫、皮尔森以及化学家奥斯特瓦尔德］，不可以和新科学革命发生以前主宰自然和社会科学的那种实证主义混为一谈。那个实证主义认为它可以找到有条理的世界观。这个世界观即将受到真实理论的挑战，即受到用科学方法发现的自然"事实"的挑战。而这些与神学和形而上学随便臆测判然有别的"可靠"科学，将为法律、政治、道德和宗教提供坚实的基础。简单地说，也就是为人类赖以结合和构筑希望的方式提供坚实的基础。

像胡塞尔这样的非科学批评家指出：19 世纪下半期，现代人的整体世界观完全由实证科学所决定，并被它们造成的“繁荣”所蒙蔽，这意味着当时的人正冷漠地避开真正与人性有关的决定性问题。[25] 新实证主义将注意力集中于实证科学本身的概念性缺点上。有些科学理论现在看起来已不够用，它们似乎也被视为“一种语言的束缚和定义的曲解”，[26] 而有些图示的模型（如撞球式原子）又无法令人满意。在面临这样的理论和模型时，他们选择两种互为关联的方法来解决这个困难。一方面，他们提议在不带感情的经验主义乃至唯实论的基础上重建科学；另一方面，他们则主张将科学的基础严格地加以公式化和定理化。如此一来，便可在不影响到科学实际运作的情况下，将人们的诠释从“真实世界”中剥离开来，即剔除掉那些有关内部一致性和命题实用的不同“真理”。如彭加勒所云：科学的理论“既不真也不假”，只是有用而已。

有人指出，19 世纪末叶新实证主义的兴起有助于科学革命的产生，因为它容许物理概念在没有先验宇宙观、因果律和自然律的干扰下进行转型。不论爱因斯坦对马赫如何推崇，这种说法显然都过分高估了科学哲学家，也过分低估了当时公认的科学普遍危机——新实证主义的不可知论和数学、物理学的再思考，只是这个危机的某些方面而已。如果我们想从历史的脉络中观察这项转型，我们就必须把它视为这项普遍危机的一部分。而如果我们要在这项危机的诸多方面找出一个共同特性，一个程度不等地影响到几乎所有思想活动特性，那么答案必然是：19 世纪 70 年代以后，它们全都要面对“进步”始料未及、不可预测和往往无法理解的结果。说得更精确点儿，便是要面对进步所导致的各种矛盾。

我们可以拿“资本的年代”最骄傲的事物来做比喻。人类修筑的铁路，可望将旅客带到他们从不知道也尚未去过的目的地，虽然旅客对这些目的地一无所知、全无体验，但他们却不曾怀疑这些地方的存在和性质。正如儒勒·凡尔纳（Jules Verne）笔下的月球旅客，他们既不怀疑这颗卫星的存在，也不怀疑到了那儿之后他们将会看到和将会发现的事物。根据外推法，他们可以预测20世纪必定是19世纪中叶更进步、更辉煌的版本。（不过，热力学第二定律却预言宇宙最后将以冰冻终结，因而为维多利亚时代的悲观主义提供了基础。）可是，当人类火车稳稳驰向未来之际，旅客在放眼窗外时，看到的却是一派出乎意料、充满迷惑而且令人烦恼的景色，这真是车票上指明前往的地方吗？他们是不是上错了火车？更糟糕的是：他们上对了火车，只是火车却不知为何要将他们载向他们既不想要又不喜欢的方向。如果真是这样，这个噩梦般的形势是如何发生的？

1875年以后的几十年间，知识史上充满的不仅是期望变为失望之感（如一位幡然醒悟的法国人的玩笑话：“当我们还有一位皇帝时，共和国是多么美好。”），更是期望适得其反之感。我们在前面已经看到：这种逆转的感觉同样困扰着这个时代的思想家和实践者（参见第四章）；文化领域也不例外。在文化领域，自19世纪80年代起，它产生了一个描写现代文明衰亡的资产阶级文学形式，这种形式的规模虽小，却也兴盛了一阵子。日后的犹太复国主义者马克斯·诺尔道（Max Nordau）所著的《退化》（*Degeneration*）一书便是一个好例子——狂热得恰到好处的好例子。尼采以其能言善辩、充满威吓的口吻预告了这场即将来临的灾难，虽然他没有清楚地说明这场灾祸的确切性质。尼采比任何人都更善于表达这种期望的危机，他借着一连串充满空幻直觉、未明真理的诗歌和预言警句，来传述这种危机感，虽然这种方式与他奉行的理性主义哲学讨论方式互相矛盾。自1890年起，他的中产阶级（男性）追随者人数便不断上升。

在尼采看来，19世纪80年代先锋派艺术的颓废、悲观和虚无主义，不仅仅是一种时髦；它们是"我们伟大的价值观和理想的必然结果"。[27]他认为，是自然科学造成它自己的内部崩溃，塑造出它自己的敌人，一种反科学。19世纪政治经济所接受的思想方式，足以导出极端的怀疑论。[28]这个时代的文化，正受到其自身产物的威胁。民主政治产生了社会主义；平庸造成了天才的不幸覆没；软弱成就了力量。这正是优生学家所弹的调子，只不过他们的论调比较平淡并带有实证主义的味道。在这种情形下，全盘考虑这些价值观和理想以及它们所属的概念体系，不是非常重要的事吗？因为无论如何，"重估一切价值"已经在进行之中。当19世纪行将结束之际，这类反思已比比皆是。唯一坚守19世纪对科学、理性和进步信仰的严肃思想是马克思主义。马克思主义之所以能不受这种对当下充满幻灭感的影响，是因为它展望未来的"民众"胜利。而这些"民众"的兴起，正在中产阶级思想家中间造成极大的不安。

打破已确立的解释规范的科学发展，其本身便是这种期望转型和倒逆过程的一部分。在这个阶段，这种过程可出现在任何男女身上，出现在他们面对当下并拿它和自己或父母的期望相比较时。我们能否假定，在这种气氛中，思想家会比其他时候更易于质疑既有的知识方法，更容易去思索，至少是去考虑当时仍认为不可思议的事情？和19世纪早期不同，这种反映在心智产物上的革命，当时并非正在进行，而是正在被期待。它们隐含在资产阶级世界的危机之中，这个世界已不能再以其旧日的方式去了解。以全新的角度看待大千世界，进而改变个人的展望，不仅是比较轻松的，也是绝大多数人一生中必须以这种或那种方法做到的。

然而，这种知识上的危机感，完全是一个少数人的现象。在接受过科学教育的知识分子当中，这种危机感只局限于直接牵涉到19世纪世界观崩溃的少数人，而非所有人都深切感受到。当时牵涉其中的人数非常少，因为即使是在科学教育已戏剧性发展的地方——例如德国，1880—1910年间，德国研修科学的学生人数增加了8倍，他们仍是以千计而非以万计。[29]而绝大多数的理工科学生，在学成之后不是进入工业界，便是投身于相当刻板的教学工作。他们不大会为宇宙形象的崩溃而发愁。（1907—1910年间，英国自然科学专业1/3的毕业生，都出任小学教师。）[30]在专业科学家中人数比例最高的化学家，当时尚处于新科学革命的边缘。直接感受到思想震撼的是数学家和物理学家，而这两种人的数目尚未快速增长。1910年时，德国和英国物理学会的会员加起来大约700人，而英国和德国化学学会的会员人数，加起来是前者的10倍以上。[31]

再者，即使是就它最广泛的定义来说，现代科学仍是一个集中于少数地区的团体。新诺贝尔奖得主的分布，说明现代科学的主要成就仍然集中于传统上科学进步的地区，也就是中欧和西北欧。在最初的76名诺贝尔科学奖得主中，[32]除了10名以外，其余皆来自德国、英国、法国、斯堪的纳维亚、低地国家、奥匈帝国和瑞士。只有3名来自地中海区域，2名来自俄国，3名来自迅速成长但尚属次要的美国科学界。欧洲以外地区的科学和数学成就，主要是来自在英国进行的研究工作，这类成就有的非常重要，例如新西兰物理学家欧内斯特·卢瑟福（Ernest Rutherford）的情形。事实上，科学团体的地理集中度更高。在所有的诺贝尔奖得主中，60% 以上来自德国、英国和法国的科学中心。

同样，尝试发展 19 世纪自由主义替代品的西方知识分子，即欢迎尼采和非理性主义的资产阶级知识青年，人数也不多。他们的代言人只有几十个，而他们的公众基本上是属于受过大学教育的新一代。除美国之外，这些教育精英还是极少数。1913 年时，在比利时和荷兰总数 1 300 万—1 400 万的人口中，只有 1.4 万名大学生。在斯堪的纳维亚（减去芬兰）几乎 1 100 万的人口中，只有 1.14 万名大学生。即使是在教育发达的德国，其 6 500 万人口中，也只有 7.7 万名大学生。[33] 当新闻记者谈到"1914 年的那一代"时，他们所指的通常是坐满一个咖啡桌四周的年轻人，在替他们结识于巴黎高等师范学院（École Normale Supérieure）的一群朋友说话，或者是剑桥大学或海德堡大学某些自命为思想潮流领导者的少数人。

然而这个事实，不应使我们低估新思想的影响，因为数字不能说明知识上的影响。获选进入小规模剑桥讨论会的总人数（这些人一般称为"使徒"），在 1890 年到第一次世界大战之间只有 37 人。但是这些人中，却有哲学家罗素、摩尔（C. E. Moore）和维特根斯坦（Ludwig Wittgenstein），未来的经济学家凯恩斯、数学家哈代，以及好几个在英国文学界极负盛名的人物。[34] 在俄国的知识圈，1908 年时，物理学和哲学革命已经造成极大的影响，以至于列宁认为他不得不提笔写一本大书来反驳马赫，他认为马赫对于布尔什维克的政治影响既严重又有害，这本书的书名是

“唯物主义与经验批判主义”（*Materialism and Empiriocriticism*）。不论我们对列宁的科学判断有何想法，他对于政治实况的评估却是高度实际的。再者，在一个（如克劳斯这位新闻界的讽刺家兼敌人所云）已经由现代媒体塑造的世界中，重大知识改变的扭曲而通俗化的概念，不用多久便会渗透到广大的公众之中。1914 年时，爱因斯坦的名字只限于这位伟大物理学家自己的家中，根本不是一个家喻户晓的名字。但是到了大战晚期，“相对论”已成为中欧娱乐餐厅里的笑话主题。虽然在第一次世界大战前几年，爱因斯坦的理论对绝大多数的外行人来说都是无法理解的，但他却成为继达尔文之后，唯一一个其姓名和形象广为世界各地受过教育的外行群众所熟悉的科学家。

第十一章

理性与社会

他们相信理性，就好像天主教徒相信圣母马利亚一样。

——罗曼·罗兰，1915 年[1]

在精神病患者身上，我们看到侵略的本能受到抑制，然而阶级意识却予以解放。马克思说明了文明如何使得侵略的本能合理化：借助了解压抑的真正原因，也借助适当的组织。

——阿尔弗雷德·阿德勒，1909 年[2]

我们不同意下述那种陈腐说法，即认为文化的整体现象可以被推论成“物质”利害的产物或函数。不过，我们却相信：特别注重用经济条件去分析社会现象和文化事件，是富有创意和想象力的。只要能谨慎应用这个原则并不受武断偏见的束缚，在可预见的将来，这种方法仍会继续下去。

——马克斯·韦伯，1904 年[3]

或许在此应该提一提另一种面对知识危机的方式。因为当时对于不可思议的事物的思考方法，有一种是同时拒绝理性和科学。我们不容易度量19世纪最后几年这种知识逆流的强度，甚至今日回顾起来，也不容易了解其强度。因为，它那些能言善辩的斗士，有许多是属于才智上的地下群体或声名狼藉的群体社会，如今早已为人遗忘。我们很容易忽略当时流行的神秘主义、巫术、魔术、心灵学（parapsychology，曾盘踞在一些杰出英国知识分子心头），以及横扫西方文化边缘的各种东方神秘主义和狂热信仰。不可知和不可解的事物，比浪漫时代早期以来的任何时刻更受人欢迎（参见《革命的年代》第十四章第2节）。我们可以附带一提，早期这些事物原本主要是盛行在自学成才的左派之间，如今却往往飞速转向政治上的右派。因为这些非正统科目已不像从前那样，是那些以往的学术怀疑者所喜欢的伪科学，比如颅相学、顺势疗法（homeopathy）、通灵术和其他形式的心灵学，而是对科学和所有科学方法的排斥。然而，这些反启蒙主义对于先锋派艺术虽然有相当大的贡献（例如通过画家康定斯基和诗人叶芝），它们对自然科学的贡献却是微乎其微的。

事实上，它们对一般大众也没有多大的影响。对于大多数受过教育的人（尤其是受过新式教育的人）来说，古老的知识真理并没有出现什么问题。相反，它们已经由那些认为“进步”尚有无限前途的男男女女的成功予以证实。1875—1914年间，主要的知识发展是民众教育和民众自修的大跃进以及公众阅读行为的普及。事实上，自修和自我成长是新兴劳动阶级运动的一个主要任务，也是对其斗士的主要吸引力。而新式教育教导给大众的或受到政治左派欢迎的，是19世纪那种合理、确实的科学，是迷信和特权的敌人，是教育和启蒙运动的主宰精神，是进步的确定和保证以及下层阶级的解放。马克思主义比其他社会主义更具吸引力，关键便在于它是“科学的社会主义”。达尔文和发明活字印刷的谷登堡（Gutenberg），与潘恩（Tom Paine）和马克思一样，备受激进分子和社会民主党员尊敬。社会主义者不断在其言词中引用伽利略“而它仍然在转动”这句话，用以说明劳动阶级的奋斗终将获得胜利。

民众不断在前进，也不断在接受教育。19世纪70年代中期到第一次世界大战期间，小学教员的数目大增。在法国这类学校较多的国家，增加了大约1/3；在英国、芬兰这类以往学校较少的国家，更增长了7—13倍；其他国家则介于两者之间。中学教员人数可能增加了四或五倍（挪威、意大利）。这种不断前进也不断接受教育的事实，足以将古老科学的阵线向前推进，虽然其后方补给基地即将陷入重组状态。对于学校教员来说，至少在拉丁语国家，科学课程意味着培养百科全书编纂者（Encyclopaedists）的精神，意味着进步和理性主义，以及一本法国手册称为“精神解放”[4]的现象（1898年）——一般人很容易把它视为“自由思想”或从教会和神的控制下解放。如果说这样的男男女女有什么危机，那也绝不是科学或哲学的危机，而是那些靠特权、压榨和迷信维生的人的世界危机。而在西方民主政治和社会主义以外的世界，科学即使在相对实际的意义上，也意指权力和进步。它意味着现代化的意识形态，由那些科学家、那些受实证主义启蒙的寡头政治精英，强加在落后和迷信的农村民众身上，例如老共和国时期的巴西和波尔菲里奥·迪亚斯（Porfirio Diaz）时期的墨西哥的民众。它意味着西方科技的秘密。它也意味着使美国富豪合法化的社会达尔文主义。

最足以显示科学和理性这种简单的福音快速进展的证据，是传统宗教的戏剧性退却，这种退却至少发生在资产阶级社会的欧洲心脏地带。这并不代表当时的大多数人都即将成为“自由思想家”（套用当时的俗语）。当时的大多数人，几乎包括其全数妇女，仍然深信本地本族宗教中的那些鬼神及仪式。如前所述，各基督教会便是因此而显著女性化。当我们考虑到所有大型宗教都不信任妇女并且坚持她们的地位低下，而且有一些，比如犹太人，更几乎将她们排除于正式的宗教崇拜之外，那么，妇女对神祇的效忠对理性主义的男人来说似乎是不可理解和令人惊异的。他们往往认为这正是妇女卑下的另一证据。因此，神祇和反神祇合谋对付她们。只不过在理论上主张男女平等的自由思想者，在这样做的时候会感到惭愧而已。

再者，在绝大部分的非白人世界中，宗教仍然是谈论宇宙、自然、社会和政治的唯一语言。它既表达了人们的思想与行为，也认可了人们的思想与行为。宗教已成为动员男男女女的力量，这个力量可使他们完成西方人企图用世俗词汇加以说明却无法充分表达的目的，英国政客可能希望将圣雄甘地贬低为利用宗教唤醒迷信大众的反帝国主义煽动家。但是，对这位圣雄来说，神圣的精神生活不只是用来获得独立的政治工具。不论意义为何，在意识形态上，宗教是无处不在的。20世纪第一个十年的年轻孟加拉恐怖分子，日后所谓的印度马克思主义的温床，最初乃是受到一位孟加拉苦行修道者及其传人辨喜（Swami Vivekananda）的启发。（辨喜的吠陀哲学教义，今日是通过一种删改过的加利福尼亚版本而为人所知。）这些恐怖分子将辨喜的教义解释成一种呼吁，呼吁附属于外国势力的这个国家发动起义，并赐给全人类一种普世信仰。（“噢！印度……凭着你优雅的怯懦，你能得到只有果敢和英勇才能得到的那种自由吗？……噢！力量之母，请除去我的懦弱，除去我的懦弱，让我成为一个大丈夫。”——辨喜。[5]）据说，受过教育的印度人“最初是通过半宗教团体而非世俗政治，培养出他们以全民族为基础的思想和组织习惯”。[6]当地中产阶级对于西方的接纳［通过梵天运动（Brahmo Samaj）］这样的团体（参见《革命的年代》第十二章第 2 节）以及对于西方的排斥［借由 1875 年成立的雅利安社（Ary Samaj）］，便是采用这种方法，遑论“通神学会”（Theosophical Society）——下面我们将谈谈这个团体与印度民族主义的关系。

如果说连印度已获解放而且支持西化的受教育阶级，都认为他们的想法和宗教分不开（或者就算认为分得开，也得小心隐藏这个想法），那么，纯粹世俗化的意识形态措辞，显然对民众没有什么吸引力。他们进行反叛之际，很可能便是打着其神祇的旗帜，就像第一次世界大战之后，穆斯林因其共同的主人土耳其苏丹的失势而发起的抗英行动，或在“基督国王”的名号下展开的反对墨西哥革命的行动。简而言之，若以全球而论，认为宗教势力在 1914 年时已比 1870 年或 1780 年弱小许多，是很荒谬的想法。

可是，在资产阶级的心脏地带（虽然也许不包括美国），不论是作为一种知识上的力量或是民众之间的影响力，传统宗教都正以空前的速度消退。在某种程度上，这几乎是都市化的自然后果，因为我们大可肯定，在其他方面一律相当的情形下，城市对宗教虔信的反对态度要比乡村来得强烈，而大城市又常比小市镇更严重。而且，当来自虔诚乡村的移民与不信宗教或持怀疑态度的当地市民同化之后，城市的宗教感遂变得更为淡漠。[7]在马赛，1840年时有一半的人星期天会上教堂，但是1901年时，只有16%的人上教堂。更有甚者，拥有欧洲45%人口的天主教国家，在本书所论时期，其信仰的崩溃速度尤其惊人。因为它受到（引一句法国教士的抱怨）中产阶级理性主义和学校教师社会主义的联合进攻，[8]更受到解放理想与政治思考的联手出击——政治上的思考，使得与教会的斗争成为关键性的政治问题。"反教权"一词最初于19世纪50年代出现在法国，而自19世纪中叶起，反教权主义便成为法国中间派和左派政治活动的中心，互助会的组织曾一度为反教权者所控制。[9]

反教权主义之所以成为天主教国家的政治重心，有两个主要原因。其一，罗马教会选择了完全排斥理性和进步的态度，因而只能与政治右派站在同一边；其二，对于迷信和反启蒙主义的斗争，不但未曾分裂资本家和无产阶级，反倒使自由资产阶级和劳工阶级联合一致。精明的政客在呼吁所有好人团结合作之际，一定会牢记这一点。法国以联合阵线来化解德雷福斯事件，并且立刻终止了政府对天主教会的支持。

这场斗争造成了教会和法国政府在1905年的分裂，它的副产品之一，是好斗的脱离基督教化运动（de-christianization）的加快进行。1899年时，利摩日（Limoges）教区只有2.5%的孩童没有受洗；这个运动正值最高潮的1904年，这个百分比已高达34%。[10]但是，即使是在教会和政府的斗争并非政治中心议题的地方，平民劳工运动的组织或普通男人（因为妇女对信仰要虔诚得多）对政治生活的参与，也都造成了同样的后果。在19世纪末叶的意大利北部，原本信仰虔诚的波河流域，如今也频频发出宗教式微的抱怨。1885 年时，2/3 的曼图亚（Mantua）居民，已不在复活节时做弥撒。1914 年前迁徙到洛林（Lorraine）炼钢厂的意大利劳工，几乎都不信神。在西班牙（或应说是加泰罗尼亚）的巴塞罗那和比克（Vich）教区，1900—1910 年间，在出生第一周受洗的婴儿已减少了一半。[11] 简而言之，在欧洲的绝大部分地区，进步和世俗化是携手并进的。由于各教会所享有的官方垄断地位已日渐遭剥夺，于是，进步和世俗化挺进得更快。在 1817 年以前仍然拒斥和歧视非英国国教徒的牛津大学和剑桥大学，很快便不再是英国国教教士的安全岛。虽然 1891 年时牛津各学院的院长大多仍旧是神职人员，但已经没有任何一个教授仍具有神职人员的身份。[12]

当然，当时也有一些反方向的小涡流。例如，上流社会的英国国教徒改宗血统更纯的罗马天主教，19 世纪末叶的唯美主义者为多彩多姿的仪式所吸引，特别是非理性主义者和反动派对宗教的支持态度。对非理性主义者而言，传统信仰在知识上的悖理性，正是它优于理性的明证；对反动派来说，即使他们已不相信古代的传统和阶级壁垒，他们还是会予以坚守，例如法国保皇派和极端天主教派“法兰西行动”的思想领袖莫拉（Charles Maurras）。诚然，有许多人依然奉行宗教，而在学者、科学家和哲学家中，更有许多是虔诚的信徒，但是他们的宗教信仰却很少显露在他们的著作中。

简而言之，在思想上，西方的宗教在 20 世纪第一个十年的早期，已较任何其他时候都更受到压制，而在政治上，它又全面撤退，至少是撤退到对外来攻击设防的信仰圈子中。

民主化和世俗化的携手并进，自然使政治和意识形态的左派大受其惠。而古老资产阶级所信仰的科学、理性和进步，正是在这些派别中开花结果。

这种（已经过政治和意识形态的转化）旧日的确定性体系最重要的继承者是马克思主义，其理论学说的主体，是在马克思死后由他和恩格斯的著作中推演出来的，并体现在德国社会民主党中。在许多方面，考茨基式的正统马克思主义，是 19 世纪实证主义科学信念的最后胜利。它是唯物主义的、决定论的、必然论的、演化论的，并且坚决地主张“历史法则”和“科学法则”是同一回事。考茨基最初只把马克思的历史理论视为“不过是将达尔文学说应用到社会发展上”，并于 1880 年指出，社会科学中的达尔文主义教导他们“从旧世界观转变到新世界观的过程是无法抗拒的”。[13] 矛盾的是，像马克思主义这种牢牢附着于科学的理论，竟会对当代科学和哲学的戏剧性创新抱持怀疑的态度。也许是因为，它们看来似乎会削弱唯物论（也就是自由思想和决定论）所强调的许多极具吸引力的确定事物。只有在新知荟萃的维也纳知识界，马克思主义才与这些发展保持接触。然而，即使俄国知识界的革命分子对这类创新贡献更多，但激进分子更依附于马克思主义宗师的唯物论。[例如，弗洛伊德接收了奥地利社会民主党领袖维克多 · 阿德勒在维也纳伯加锡路（The Berggasse）的公寓；心理分析家中忠诚的社会民主党员阿尔弗雷德 · 阿德勒（与维克多无亲戚关系），则于 1909 年在这个公寓中宣读了一篇研究“马克思主义心理学”的文章。同时，维克多的儿子弗里德里克，是一位科学家和马赫的仰慕者。[14]] 因此，这个时期的自然科学家，没有什么专业上的理由要对马克思和恩格斯感兴趣。而且，虽然他们之中有一些在政治上属于左派（如在德雷福斯事件时的法国），也很少有人对马、恩产生兴趣。在该政党唯一一位职业物理学家的劝告下，考茨基甚至不曾发表恩格斯的《自然辩证法》（*Dialectics of Nature*），德意志帝国曾针对这位物理学家通过所谓的《艾伦法》（*Lex Arons*，1898 年），禁止社会民主党学者在大学任教。[15]

然而，不论马克思个人对于 19 世纪中叶自然科学的进步具有什么样的兴趣，他却将他的时间和思考能力完全投注在社会科学上。对于社会科学和历史学，马克思主义的影响是相当深远的。

马克思主义的影响是直接的，也是间接的。[16] 在意大利、中欧、东欧，尤其是在专制俄国，即濒临社会革命和瓦解的区域，马克思立刻吸引了许多极端聪颖之士的支持，虽然有的支持为时短暂。在这些国家和地区中，有的时候（如 19 世纪 90 年代）几乎所有年轻的学界知识青年，都是某种革命分子或社会主义者。而且如同日后第三世界历史上常见的情形，他们大多数自认为是马克思主义者。在西欧，虽然为追求马克思主义的社会民主所举行的大众劳工运动规模很大，但富有强烈马克思主义色彩的知识分子为数却很少，奇怪的是，当时正进入早期工业革命的荷兰却是一个例外。德国社会民主党从哈布斯堡王朝和帝制俄国引进马克思主义理论家，前者如考茨基和希法亭，后者有罗莎·卢森堡和帕尔乌斯。马克思主义在德国的影响力，主要是借助于当时的一些批评人物而扩大的，这些人可充分感受到它在政治及思想上的挑战，并批判它的理论或对它所提出的知识问题找出非社会主义的回应。不论是马克思主义的支持者或批评者，当然更包括 19 世纪 90 年代晚期开始出现的前马克思主义者或后马克思主义者，如杰出的意大利哲学家克罗齐（Croce，1866—1952），对他们而言，政治因素显然是具有支配性的。在英国这种不需要为强大的马克思主义劳工运动发愁的国家，没有什么人会去多注意马克思一眼。但在劳工运动势力强大的国家，即使是像欧根·冯·庞巴维克（Eugen von Böhm-Bawerk，1851—1914）这么杰出的奥地利教授，也得从他们的教师和阁员职务中抽出时间，去反驳马克思的理论。[17] 当然，如果马克思主义的想法没有相当程度的知识吸引力，它也不大会激发出这么丰富的重量型著作，不论是赞成它的还是反对它的。

马克思对社会科学的冲击，说明了这一时期社会科学和自然科学发展的困难。因为社会科学研究的对象基本上是人类的行为和问题，而人类在观察他们自己的事情时，绝不会是中立和不带偏见的。如前所述，即使是在自然科学上，当我们由无生命世界移向生命世界时，意识形态便会顿时重要起来，尤其是对于直接牵涉到人类的生物学。社会和人类科学，完全是在那些最具爆炸性的地带运作，其所有理论都直接牵连到政治，而意识形态、政治和思想家的处境，也都会造成莫大的干扰。在我们所探讨的这个时期或任何时期，一个人很可能既是杰出的天文学家又是马克思主义者，如潘涅库克（A. Pannekoek，1873—1960）。潘涅库克的专业同事无疑会认为他的政治活动与他的天文学是不相干的，而他的同志也会觉得他的天文学与阶级斗争没有关系。然而如果他是一位社会学家，则没有人会认为他的政治活动和他的理论毫不相干。社会科学往往为了这个理由在同一领域曲折盘旋、反复穿越，或是绕着一个圈圈打转。和自然科学不一样，它们缺乏普遍为人所接受的知识、理论主体，缺乏一个有组织的研究领域，一个可借着理论的调整或新发现声称获得进步结果的领域。而在本书所述时期，“科学”这两个支脉的分歧更是日甚一日。

在某种意义上，这是一种新现象。在信仰进步的自由主义全盛时期，似乎绝大多数的社会科学——民族学、人类学、语言学、社会学和若干经济学的重要学派——和自然科学，都有一个共同的研究理论架构，即进化论（参见《资本的年代》第十四章第 2 节）。社会科学的核心研究，是有关人类如何由原始状态发展到现在的状态，以及对现在的理性探求。一般认为，这个过程是人类历经不同“阶段”的进化，虽然在其边缘会留下较早阶段的残余，或类似的活化石。对于人类社会的研究，就像地质学或生物学这类演化学科一样，都是一门正面的科学。作家写一本名为“物理学和政治，或论“物竞天择”及“遗传”原理在政治社会上的应用”（Physics and Politics，Or thoughts on the application of the principles of ‘natural selection’and‘inheritance’to political society）的书，似乎是一件非常自然的事。19 世纪 80 年代，将这样一本书收纳在伦敦出版商的“国际科学丛书”（International Scientific Series）之中，并和《能量保持》（*The Conservation of Energy*）、《光谱分析研究》（*Studies in Spectrum Analysis*）、《社会学研究》（*The Study of Sociology*）、《肌肉和神经生理学通论》（*General Physiology of Muscles and Nerves*）以及《货币和交易技巧》（*Money and the Mechanism of Exchange*）并列，也似乎是非常自然的事。[18]

然而，这种演化论既不契合哲学和新实证主义的新风尚，也不被那些开始怀疑进步似乎走错方向的人所接受，这些人显然也反对演化必然产生的“历史法则”。成功地整合入进化论的历史学和科学，现在又被分离开来。德国的学院派历史家拒绝把“历史法则”视为归纳科学的一部分。在致力于研究特殊、独特和不可重复的事物，乃至“以主观心理学的方式看待事物”的人文学科中，归纳科学都没有存在的空间——在主观心理学与马克思主义者的原始客观主义之间，隔了一道鸿沟。[19]19 世纪 90 年代，在欧洲资深史学期刊《史学杂志》(*Historische Zeitschrift*) 的动员之下，对历史法则理论发起了大力攻击，虽然最初是针对那些过于偏向社会学或其他科学的历史家，然而不久却可看出，他们主要的开炮对象是社会民主党员。[20]

另一方面，那些可望使用严格的数学论据或自然科学实验方法的社会和人文学科，也抛弃了历史的演化论，有时还会因此松一口气。甚至是那些不可能运用上述方法的学科，如心理分析学，也这么做。一位知觉敏锐的历史学家，曾经形容心理分析学是“一种非历史性的人类和社会理论”，它可以（如对弗洛伊德那群维也纳自由主义朋友来说）使脱轨和失控的政治世界变得较容易忍受。[21]19 世纪 80 年代，一场经济学的激烈“方法战”，也将矛头指向历史。得胜的一方，在另一位维也纳自由主义者卡尔·门格尔（Carl Menger）的领导下，不但代表科学方法的观点（演绎而非归纳），也代表有意将此前广阔的经济学视野狭隘化的看法。持历史性想法的经济学家，或是被驱逐到怪人和鼓动者的地狱边缘（如马克思），或是如当时主宰德国经济学的“历史学派”所要求的，将他们重新划归到别的行业，如经济史家或社会学家，而将真正的理论交给那些新古典平衡状态的分析家。这种情况意味着历史动力学的问题、经济发展的问题以及那些经济波动和危机的问题，大致均被排除在这项新学术正统之外。因而，经济学成为这个时期唯一不受非理性问题干扰的社会科学，就定义来说，所有不能以某种理性方式加以描述的事物，均不属于经济学的范畴。

像经济学一样，曾经是社会科学中最早出现而且最具信心的语言学，现在似乎对其以往最伟大的成就——语言演化模型——失去了兴趣。身后启发了二次大战之后所有结构主义方法的费尔迪南·德·索绪尔（Ferdinand de Saussure，1857—1913），当时却是将全副精力集中于沟通的抽象和静态结构，而词语正好是这种沟通的一个可能媒介。社会和人文科学的从业人员，尽可能与实验科学家同化。例如，一部分心理学家冲入实验室去追求有关过程、学习和行为实验模式的研究。这类研究催生了美俄两国的"行为主义"（behaviourism）理论［巴甫洛夫（I. Pavlov，1849—1936）、华生（J. B. Watson，1878—1958）］，但这种理论几乎无法用来指引人类心智。因为人类社会太过错综复杂，即使是一般的人类生活和人际关系，也不适用实验室那群实证主义者的简化法，不论他们有多么杰出；关于随着时间而出现的变化的研究，也不能用实验方法加以进行。实验心理学影响最深远的实际后果是 1905 年以后比奈（Binet）在法国创始的智力测验，因为它发现用显然具有永久性的智力商数来决定一个人智力发展的极限，比决定这个发展的性质、过程或结果更容易一些。

这种实证主义或"严格的"社会科学日渐发展，滋生了许多大学学系和专业。但是在它们身上，却看不到什么可以和革命性的自然科学相提并论的意外发展和震撼力。事实上，当时它们正处于转型期，这种转型的开拓者已在稍早完成了他们的工作。边际效应和平衡状态的新经济学，可以追溯到杰文斯（W. S. Jevons，1835—1882）、瓦尔拉斯（Léon Walras，1834—1910）和门格尔。他们的创新工作，完成于 19 世纪 60—70 年代。虽然第一本以实验心理学命名的杂志要到1904年才由俄国人别赫捷列夫（Bekhterev）创立，但该学科却可追溯到19世纪60年代成立的德国冯特（Wilhelm Wundt）学派。在语言学家当中，革命性的索绪尔的名声尚不出洛桑（Lausanne），因为他的盛名是建立在身后发表的讲义上面。

社会人文科学比较富戏剧性和争议性的发展，均与资产阶级世界知识上的世纪末危机密切相关。如前所述，这场危机以两种形式出现。社会和政治本身，在这个群众的时代似乎都需要再思考，尤其是社会的结构和凝聚的问题，或（就政治而言）公民效忠和政府合法性的问题。经济学之所以能免除重大的思想震动，或许是因为西方资本经济当时没有面临同样严重的问题，就算有，也只是暂时性的。总而言之，对于19世纪有关人类理性和事物自然秩序的假定，当时又有了新的怀疑。

这场理性危机在心理学上尤其明显，从它不妥协于实验案例，而尝试面对人类整体心灵一事便可看出。一个借着将个人的有用才干发挥到最大极限以追求合理目标的善良公民，最后会留下什么？如果这种追求是奠基在动物般的"直觉"之上［麦克特嘉（MacDougall）］[22]；如果理性只是摇晃于无意识波动潮流上的一叶小舟（弗洛伊德）；甚至如果理性只是一种特殊的意识，"在它周围只有以薄幕相隔，而且全然不同于其他潜在意识"（詹姆斯）？[23]这些疑问对于文学巨著的读者、艺术的爱好者，或者偏于内省的成熟成年人来说，当然是再熟悉不过。可是，它们要到这个时期，才成为所谓人类精神科学研究的一部分。它们无法融进实验式或问卷式的心理学，而这两种针对人类精神的调查方式，是以不融洽的形态共存的。事实上，这个领域最富戏剧性的创新者弗洛伊德，创造了精神分析这门学科。精神分析自绝于其他心理学派。自一开始，传统科学界便对它自称具有科学地位和治病功能持怀疑态度。另一方面，它却对少数解放的外行男女知识分子，发挥了快速惊人的影响力，其中有些人主修的还是人文社会科学（韦伯、桑巴特）。至少在德意志和盎格鲁–撒克逊文化中，1918 年后，含糊的弗洛伊德式专门名词已渗透进外行受教者的一般言谈之中。纵有爱因斯坦，弗洛伊德恐怕仍是这个时期唯一一个尽人皆知的科学家。无疑，这是因为他的理论提供了一个很方便的借口，可让男男女女将他们的错误行为，归咎于他们无可奈何的事，例如他们的无意识状态。这更是因为，世人可以正确地将弗洛伊德视为性禁忌的破除者，或可不正确地认为他赞成不要压制性欲。在我们所探讨的这个时期，性欲已成为公开讨论和调查的主题，而在文学当中，又完全不避讳地大肆着墨［只要看看法国的普鲁斯特、奥地利的阿瑟 · 施尼茨勒（Arthur Schnitzler）和德国的弗兰克 · 魏德金（Frank Wedekind）。普鲁斯特谈论男性和女性同性恋。施尼茨勒是一位医生，他对男女随便杂交有直白的描写。魏德金描写青少年的性欲］，而性也正是弗洛伊德理论的中心。当然，弗洛伊德不是唯一、甚至不是第一个深入研究性欲的作家。1886 年，理查德 · 冯 · 克拉夫特–埃宾（Richard von Krafft-Ebing）的《性精神病》（*Psychopathia Sexualis*）一书发明了“受虐狂”（masochism）一词。此书出版后，立刻出现了一群为数日增的性学家。弗洛伊德并不是一位名副其实的性学家，和克拉夫特–埃宾不一样，性学家大多数都是改革家。他们想要设法使公众宽容各种形式的非传统（“不正常”）性倾向，并为具有那些性倾向的少数人提供咨询，进而解除其罪恶感［霭理士、马格努斯·赫兹菲尔德（Magnus Hirschfeld, 1868—1935）]。[霭理士在1897年开始发表他的《性心理学研究》（*Studies in the Psychology of Sex*）。赫兹菲尔德医师于同年开始发表他的《性不明确事件年鉴》（*Jahrbuch für sexuelle Zw ischenstufen*）。] 特别关切性问题的公众，对弗洛伊德的兴趣不大。对他感兴趣的，是许多已获解放的男女读者。他们刚从传统犹太—基督教的禁忌中逃离出来，开始接受他们久已察觉到的力量巨大、无处不在而且多种多样的性冲动。

不管是弗洛伊德派还是非弗洛伊德派，是个人性还是社会性，心理学所注意的不是人类如何推理，而是他们的推理能力对于他们的行为影响有多大。在这样做时，它往往以两种方式反映这个大众的政治和经济时代。这两种方式都非常重要：一种是借由勒庞（Le Bon，1841—1931）、塔尔德（Tarde，1843—1904）和特罗特（Trotter，1872—1939）等有意反民主的"群众心理学"，这些人主张，在群聚的民众当中，所有人都会失去理性行为；另一种方式是通过广告业。广告业对心理学的热衷是众人皆知的，这门行业早就发现不能用论理的方式来卖肥皂。谈论广告心理学的著作，1909年以前便已问世。然而，多半是以个人为对象的心理学，不必与一个演变中的社会的各种问题纠缠不清。变了形的社会学则不然。

社会学或许是我们这个时期社会科学最富创意的产物。或者，更准确地说，它是努力钻研构成本书主要内容的那些历史性变化的最重要的尝试。因为，该领域最著名代表人物全神贯注的基本问题便是政治性问题。在过去，社会的凝聚是出于习俗和传统上对宇宙秩序的接受，这样的秩序通常是由某种宗教认可，并一度赋予社会服从和规则的正当理由。可是，这种情形已成往事。那么，如今社会该如何凝聚？在这样的情况下，各社会如何发挥政治体系般的功能？简而言之，一个社会如何应付民主化和大众文化无法预知而且使人烦恼的后果？或者，更广泛地说，它如何应付资产阶级社会演化的后果，这种演化，看来似乎正要导出另一种社会？这一组问题，使得今人眼中的社会学创造者，有别于那些受到孔德和斯宾塞启发而现今大半被遗忘的实证主义演化论者（参见《资本的年代》第十四章第 2 节）。在此之前，后者代表了社会学。

新社会学不是一门已确立甚或有严格定义的学科，日后也不曾对它的确切内容达成国际性的一致意见。最多，只是在这个时期的某些欧洲国家出现了一个类似的学术“领域”。它围绕着少数几个人、几种期刊、几个学会乃至几个大学讲座发展，其中值得注意的，是法国的涂尔干和德国的韦伯。只有在美洲，尤其是美国，冠上社会学家称号的人才比较多。事实上，许多现在被划归为社会学的作品，其作者皆以其他科目的学者自居：凡勃伦自视为经济学家，厄恩斯特·特勒尔奇（Ernst Troeltsch, 1865—1923）自视为神学家，帕累托自认是经济学家，莫斯卡自以为是政治科学家，甚至克罗齐也以哲学家自居。赋予这个领域某种一致性的，是想要了解社会的企图，而这个社会已无法再通过自由主义的经济和政治理论来了解。然而，不像社会学较后时期的风气，在这一时期它所注意的主要是如何遏制改变而非如何进行转变，更别提彻底改革社会。因此，它与马克思的关系亦不甚明确。在今天，马克思往往和涂尔干及韦伯共同被视为 20 世纪社会学的开山鼻祖，但是他的信徒并不是很喜欢这种标签。正如当代一位德国学者所云：“暂且不说他的学说的实际后果，以及其追随者的组织，即使从科学的观点来看，马克思所打下的结，我们也必须花很大的气力才能解开。”[24]

某些新社会学的从业者，将注意力集中于各社会的实际运作，以区别于自由主义理论对它们的假定。因而，在今日被称为“政治社会学”的领域，便产生了大量的出版物，这些出版物多半是以新兴选举式民主政治和民众运动的经验为基础（莫斯卡、帕累托、米歇尔斯、韦布夫妇）。有的集中讨论社会的凝聚力量，这些力量足以抵挡因阶级群体冲突所产生的社会分裂；有的则将焦点放在自由社会将人类贬为一群分散迷惑的无根个人的倾向（社会的反常状态）。因此，像韦伯和涂尔干这类最杰出的思想家，即使他们几乎都持不可知论和无神论的立场，也全神贯注于宗教现象。他们主张所有的社会既不需要宗教，也不需要具有相同功能的事物来维持它们的结构，而且所有的宗教成分都可在澳大利亚原住民的仪式中找到，澳大利亚原住民在当时被视为是人类婴孩时期的残余（参见《资本的年代》第十四章第 2 节）。相反，在帝国主义的协助及要求下，人类学家得以就近研究的原始野蛮部落，此时已不再被视为过去演化阶段的展示，而被视为具有实际功能的社会制度。

但是，不论各社会结构和凝聚力的性质为何，新社会主义都无法避免人类历史演化的问题。事实上，社会演化仍然是人类学的核心。资产阶级社会由哪儿来，又将到哪儿去，这个问题对韦伯的重要性并不亚于对马克思主义者，而两者所持的理由也相仿。因为韦伯、涂尔干和帕累托这三个不同程度的自由主义怀疑论者，都将全副精力贯注于新兴社会主义运动，并且想借着从更普遍的观点来描述社会演化，以反驳马克思，或者说是反驳马克思的“唯物史观”。我们可以说他们正在想方设法对马克思式的问题提出非马克思式的答案。这个现象在涂尔干身上最不明显，因为在法国，马克思除了为旧日激进民主主义者和巴黎公社分子的革命学说提供略带红色的色彩以外，并没有什么影响力。在意大利，帕累托（在后人的记忆中，他是一位才华横溢的数理经济学家）接受了阶级斗争学说，但是认为它不会导致所有统治阶级的覆灭，只会使一批统治精英取代另一批精英分子。在德国，韦伯被称为“资产阶级的马克思”，因为他接手了非常多的马克思式的问题，并以不同于“历史唯物论”的方法加以回答。

总而言之，在我们所讨论的这个时期，激励和决定社会主义发展的，是对资产阶级社会的危机感，以及人们的认识，即有必要采取某种方法，以防止它崩溃或转变为各种不同的（无疑较不可取的）社会。它彻底改变社会科学了吗？或者甚至为其开拓者想要建筑的一般社会科学提供充分的基础了吗？对于这个问题有种种不同的看法，但大多数人或许持怀疑的态度。但是，另一个相关问题的答案却比较肯定。他们曾提出一种办法以避免他们所希望阻止或扭转的革命崩溃吗？

他们不曾。因为随着时序推进，革命和战争的同时到来已越来越迫近。我们接着就要探究这个问题。

第十二章

走向革命

你听说过爱尔兰的新芬党（Sinn Fein）吗？……它是一个最有趣的运动，与印度所谓的极端主义者运动非常相似。他们的政策不是祈求恩惠，而是夺取恩惠。

——尼赫鲁（时年 18 岁）与父亲的谈话，

1907 年 9 月 12 日[1]

在俄国，君主和人民都是斯拉夫人。人民只因为受不了专制政治的迫害，便愿意牺牲百万的生命以追求自由……但是当我看到我的国家时，我更是情绪激昂。因为，它不但有像俄国一样的独裁政体，而且 200 年来，我们都生活在外来蛮族的践踏之下。

——一位中国革命分子，约 1903—1904 年[2]

俄国的工人和农夫，你们不孤独！如果你们成功地推翻、打倒和毁灭封建的、受警察支配的、属于地主的专制俄国，那么，你们的胜利将是全世界对抗暴政和资本斗争的导火线。

——列宁，1905 年[3]

1

到此为止，我们探讨了 19 世纪资本主义的回春期，认为它是一段社会和政治的稳定时期：许多政权不但生存下来，而且昌盛兴隆。事实上，如果我们把注意力集中于“已开发”资本主义国家，这一点似乎是相当可信的。在经济上，大萧条那些年的阴影尽除，代之而起的，是 20 世纪第一个十年阳光璀璨的扩张和繁荣。原先的政治体系不大知道如何应付 19 世纪 80 年代的社会骚动、矢志革命的大规模劳工阶级政党，以及公民为了其他理由而发起的大规模动员，而今，它们似乎发现了颇具灵活性的办法，可以先遏制和整合一些，然后孤立另外一些。1899—1914 年之所以是“美好时代”，不仅是因为这些年是繁荣景气的年份，对于有钱人来说，生活异常具有吸引力，对于最顶尖的富者来说，更是前所未有的黄金岁月，也是因为绝大多数西方国家的统治者或许会为未来发愁，但并不真正害怕现在。他们的社会和政权，大致说来似乎仍罩得住。

可是，世界上有许多地区却显然不是这样。在这些地区，1880—1914 年间，是一个经常可能发生、可能就要发生甚或真正已经发生革命的时代。虽然有些这样的国家不久即将陷入世界大战，可是对它们来说，1914 年并不是一个突发的分水岭，平静、稳定和秩序的时代不是在这一年突然破裂、瓦解的。在某些国家，例如奥斯曼帝国，世界大战本身只是若干年以前便已开始的一连串军事冲突中的一段插曲。在另一些国家，可能包括俄国但一定少不了奥匈帝国，世界大战基本上是其国内政治问题无法解决的后果。而在另一些国家（中国、伊朗、墨西哥），1914 年的战争根本没有发生任何作用。简而言之，对地球上的广大地区，即构成1908年列宁称之为“世界政治火药库”的地区而言，[4]就算没有1914年这场大灾难的干扰，稳定、繁荣和自由进步也绝对不可能继续下去。相反，1917年后的态势已经非常明显，稳定富裕的西方资产阶级国家，将会以某种方式被拖进全球性的革命动乱之中，而这种动乱会从这个互相依靠的单一世界体系的边缘展开。

资产阶级的世纪，主要是以两种方式造成其边缘地区的不稳定：一种方式是逐渐破坏其经济的古老结构和其社会的平衡；另一种方式是摧毁其固有政权和政治制度的生存能力。第一种方式的效应比较深远，比较具有爆炸性。它说明了俄国和中国革命与波斯和土耳其革命的差别。但是第二种却更清楚可见。因为除了墨西哥以外，1900—1914年间的全球地震带，主要便涵盖了那个庞大的古帝国区，其中有些帝国甚至可追溯到远古。这个地理区是由东方的中国延伸到奥匈帝国，再延伸到西边的摩洛哥。

就西方资产阶级民族国家和帝国的标准来说，这些古老的政治结构是东倒西歪、陈旧过时的，而且如许多当时信仰社会达尔文主义的人所主张的，注定会消失。它们的崩溃和分裂，为1910—1914年的革命提供了环境，也为欧洲未来的世界大战和俄国革命提供了土壤。在这些年间覆亡的帝国，是历史上最古老的政治势力。中国虽然有时会陷于分裂，偶尔也曾遭受征服，可是至少有2 000年之久，它都是一个伟大的帝国和文明中心。伟大的帝国科举考试筛选出学者士绅纳入中国的统治阶级，这项制度定期举行了1 000余年，只有偶尔的间断。当科举考试在1905年遭到废除时，帝国的末日也为期不远了（事实上只有6年）。

波斯在类似的一段时期也曾是一个伟大的帝国和文化中心，不过它的命运起落更戏剧化。它比它伟大的敌手罗马帝国和拜占庭帝国都存在得更久，在被亚历山大大帝（Alexander the Great）、穆斯林、蒙古人与土耳其人征服以后，又数次复活。奥斯曼帝国虽然年轻得多，却是一连串游牧征服者的最后一个，这些征服者自匈奴王阿提拉汗（Attila the Hun）的时代起，便由中亚乘骑出征，推翻并占领了东西地域，使柔然人（Avars）、蒙古人、各系突厥人相继臣服。由于奥斯曼帝国首都设在君士坦丁堡[之前的拜占庭（Byzantium），"帝王之都"]，它遂成了罗马帝国的直系后裔，罗马帝国的西面一半在公元5世纪已告崩溃，但是东面一半却继续存在了1000年，一直到被奥斯曼土耳其人征服为止。虽然自17世纪末叶起，奥斯曼帝国已告式微，它却仍拥有横跨三大洲的庞大疆域。再者，它的绝对统治者苏丹，也被世界上大多数穆斯林视为教主，因此也成为先知穆罕默德和那些公元7世纪征伐者的传人。上述三大帝国在6年之间，都转型为西方资产阶级式的君主立宪国或共和国。在世界史上，这6年显然标志着一个重要时期的结束。

俄罗斯和奥匈这两个庞大而摇摇欲坠的多民族欧洲帝国，此时也行将崩溃。它们不是很相似，不过却都代表同一种政治结构——把国家当家族财产般统治——这种结构越来越像19世纪的史前遗迹。再者，这两个帝国都声称继承了恺撒[Caesar，罗马皇帝的称谓，俄国的"沙皇"（Tsar）和哈布斯堡的"皇帝"（Kaiser）都是由这个字转音而来]的称号，前者是通过其仰赖东罗马帝国的野蛮祖先，后者则是托其中古祖先唤起了西罗马帝国记忆之赐。事实上，它们都是晚近的帝国和欧洲强权。再者，不像古老的各大帝国，它们位于欧洲，位于经济开发地区和落后地区的边界，因此从一开始，便部分被整合进经济上的“先进”世界，而其“强权”身份，又使它们完全整合进欧洲的政治体系——欧洲这个大陆的定义，基本上便是政治性的。（因为亚洲大陆向西延伸到我们称之为欧洲的地带，这块地区与亚洲的其余部分并没有显著的地理界线。）如果与中国、墨西哥或伊朗革命那种较为微弱或纯区域性的影响相比较，俄国革命和奥匈帝国的崩溃对欧洲和全球政治的影响，都是非常巨大的。

欧洲衰弱帝国的问题，是它们同时跨处两个阵营：进步的和落后的、强势的和衰弱的、狼的与羊的。那些古老帝国只是纯粹的受害者。除非它们能设法从西方帝国主义那里取得富强的秘诀，否则便注定崩溃、被征服或附属于人。到了 19 世纪末，这种态势已经非常清楚，而古老帝国世界当中的大型国家和统治者，也在各种不同程度上，尝试学习它们所谓的西方教训。但是，只有日本成功完成了这个艰难的工作，到了 1900 年时，它已变成狼中之狼。

2

在伊斯兰教王国最西边的摩洛哥，苏丹政府曾经尝试扩张其管辖权，并对无政府、顽强而且家族互斗不休的柏柏尔人实行某种有效控制，不过不怎么成功。事实上，摩洛哥在 1907—1908 年发生的事件，甚至不一定称得上是革命。如果不是由于帝国主义扩张的压力，在古老的但 19 世纪已呈朽腐之态的波斯帝国，同样不可能发生革命。波斯当时受到俄国和英国的双重压力，它竭力想逃避这样的压力，于是从比利时（日后的波斯宪法便以比利时为蓝本）、美国和德国等西方国家请来顾问和帮手，不过他们也发挥不了什么制衡作用。当时的波斯（伊朗）政治已经隐含了三股革命潜力，这三股力量将在日后汇聚成引爆 1979 年更大规模革命的力量：对国家衰弱和社会不公具有深切体会的西化知识分子，对外国经济竞争富有深刻感受的市场商人，以及伊斯兰教导师团体——这些宗教导师代表了伊斯兰教什叶派（Shia），该派拥有波斯国教的地位，足以动员传统民众。上述人士都深切了解到西方影响与《古兰经》无法相容。激进分子和宗教导师的联合，已在 1890—1892 年间展示其力量。在 1892 这一年，帝国政府不得不取消一位英国商人的烟草专卖权，因为国内发生了暴动、起义以及一次相当成功的对烟草出售和使用的联合抵制，甚至波斯国王的妻妾也参与这项抵制。1904—1905 年的日俄战争以及俄国的第一次革命，暂时消除了加诸波斯的折磨，而给了波斯革命分子鼓励和方略。因为，打败这个欧洲皇帝的强国，不仅是亚洲国家，而且还是一个君主立宪国。因而，不仅是激进解放分子将宪法视为西式革命的明显标志，较广大的公众也将它看成一种“神秘的力量”。事实上，许多宗教领袖相率前往圣城库姆（Qom），以及许多市场商人协同逃往英国公使馆（连带造成德黑兰商业的停顿），在 1906 年时，为波斯赢得了议会选举和一纸宪法。然而英俄两国 1907 年的和平瓜分波斯协议，却使波斯的政治改革胎死腹中。因此，波斯的第一次革命实际上已在 1911 年结束，不过在名义上，波斯仍保有一纸类似 1906—1907 年的宪法，一直到 1979 年革命为止。[5] 另一方面，没有其他帝国强权向英国和俄国挑战，反倒使波斯这个国家和它的君主政体得以生存下来。波斯君主除了一旅哥萨克（Cossack）军队外，根本没有什么权力；第一次世界大战后，这旅哥萨克军队的旅长，建立了最后一个王朝，史称巴列维王朝（Pahlavis，1921—1979 年）。

在这方面，摩洛哥比较不幸。摩洛哥位于非洲西北角，是地球上一个特别具有战略价值的地方。它看上去是法国、英国、德国、西班牙和任何海军攻击范围内的国家都适合攻占的对象。而这个君主国内部的软弱，使它更易为外国的野心所乘，而各个掠夺者之间的争执所引起的国际危机，特别是 1906—1911 年的危机，对第一次世界大战爆发具有重大的催化作用。摩洛哥最后遭到法国和西班牙瓜分，并以在丹吉尔（Tangier）设立自由港来照顾国际上（例如英国）的利害关系。另一方面，虽然摩洛哥失去独立，但其苏丹已不再控制互相争战的柏柏尔人家族，遂使法国尤其是西班牙，对这一区域的实际征服变得困难而且旷日持久。

3

伟大的中国和奥斯曼帝国，其内部危机都是古老而深刻的。自 19 世纪中叶起，中国的清朝政府便承受了许多重大危机的震撼（参见《资本的年代》）。它方才克服了太平天国的革命威胁，为此付出的代价，几乎是放弃帝国中央的行政权而听凭外国人摆布。这些外国人在中国境内建立了享有治外法权的租界，而且几乎霸占了帝国的主要财源——中国海关总署。慈禧太后（1835—1908）虽能震慑其国人，但外国人却不那么怕她。在她的统治下，这个衰弱的帝国似乎注定会在帝国主义联合的猛攻下消失。俄国进入东三省，其敌手日本又将俄国从东三省逐出。

在 1894—1895 年的甲午海战之后，日本夺取了中国台湾和朝鲜，并且积极准备下一步侵略。与此同时，英国已经扩大了其香港殖民地，并且觊觎西藏。德国在中国北部占据了一些基地；法国人在其印度支那帝国周围施加影响力，并在中国南方扩展其阵势；甚至弱小的葡萄牙，也在 1887 年迫使中国割让澳门。可是虽然群狼愿意联合对付其猎物——比方说，1900 年以镇压所谓的义和团之乱为借口，英国、法国、俄国、意大利、德国、美国、奥地利和日本联合占领并抢劫北京城——但在如何分割这一庞大帝国的问题上，却无法达成协议。尤其是因为美国这个新兴的帝国强权，坚持对中国采取“门户开放”政策，即它也要享有与早期帝国主义者同样的权利。和摩洛哥的情形一样，这些在太平洋上对中华帝国进行的你争我夺，也促成了第一次世界大战。较为直接的结果是，它们一方面保住了中国名义上的独立，一方面却造成了这个世界最古老政治实体的崩溃。

当时，在中国有三大股反抗力量。第一股是中国朝廷中的儒家资深官吏，他们很清楚地认识到：只有西式的（或者更准确地说，只有受西方启发的日本式）现代化，可以拯救中国。然而，西化却正意味着必须摧毁他们所代表的道德和政治体系。即使没有受到宫廷阴谋与分裂的掣肘，没有因为对技术的无知而削弱，并能免除每几年便来一次的外国侵略，保守人士领导的改革还是注定会失败。其次，人民起义和秘密会社这个古老而强大的反对传统，仍旧和往日一样强大。19 世纪 70 年代，在中国北部有 900 万—1 300 万人死于饥荒，而黄河决堤证明了负有护堤责任的帝国的失败。虽然太平天国失败了，但是各种不满成分还是结合起来强化了这个传统。1900 年的义和团运动，事实上就是一次群众运动，其领导阶级乃由义和团的组织所构成，这个组织便是庞大而古老的白莲教秘密会社。可是，基于明显的理由，这些反叛的锋刃表现为杀气腾腾的仇外情绪和反现代化。它是针对外国人、基督教和机器而来的。虽然它为中国革命提供了某些力量，但却无法提供规划或前景。

当时只有在中国南部，也就是商业和贸易一直占重要地位而外来帝国主义又为本地某些资产阶级奠定发展基础的地方，才具有这种转型的基础，尽管它是狭小而不稳定的。当地的统治群体已经在悄悄脱离清王朝。只有在这里，古老的秘密会社才会与意欲建立民主共和国家的现代化具体方案相结合，甚至对它发生兴趣。孙中山（1866—1925）从南方新兴的共和革命运动中脱颖而出，成为革命第一阶段的主要领导者。孙中山领导的中国同盟会怀有对清朝根深蒂固的敌意，都痛恨帝国主义，这种痛恨可用传统的仇外言辞或假借西方革命思想的现代民族主义加以明确阐述；也都支持社会革命的概念，革命分子从古代反朝廷起义的论调，转变为现代西方革命的论调。[6] 孙中山著名的“三民主义”——民族、民权、民生（或者更准确地说，土地改革）——虽然是承继自西方的政治词汇（尤其是穆勒的措辞），但事实上，甚至是那些缺乏西方背景（孙中山乃是接受教会教育而且到处旅行的医生）的中国人，也可将它们视为反清老调的合理延伸。而对于一小群主张共和的城市知识分子来说，秘密会社对于接触都市，尤其是乡村的民众，更是不可或缺。它们也有助于在海外组织华侨的支持团体，孙中山的革命运动最初便是在政治民族主义的诉求上，动员这些团体。

不过，秘密会社（如日后共产党也将发现的）绝对不是新中国的最佳基础，而来自南方沿海的西化或半西化激进知识分子，其人数和影响力仍然不够强大，组织也不够完善，无法取得大权。同时，启发他们的西方自由主义典范，也不曾提供治理清朝帝国的具体办法。清朝帝国在 1911 年的一场（南部和中部的）革命中覆亡。然而，实际上，一时取代清朝的不是一个新政权，而是一堆不稳定的地区性临时政府，临时政府的权力主要都握在“军阀”手中。之后的将近 40 年间，中国不曾出现稳固的全国性政权，直到 1949 年共产党胜利为止。

4

奥斯曼帝国久已摇摇欲坠，不过，与任何其他古老帝国不同，它的军事力量一直强大到足以使列强军队焦头烂额。自 17 世纪末叶起，它的北面疆界因俄国和奥匈帝国的挺进，而被迫退到巴尔干半岛和外高加索。巴尔干诸国那些信仰基督教的附属民族，则日渐骚动。在敌对列强的鼓励和协助下，巴尔干半岛的大部地区已被转化为一群多少带点儿独立成分的国家，这些国家不断蚕食奥斯曼帝国的领地。帝国大多数的边远地区，例如北非和中东，久已不在奥斯曼经常性的有效统治之下。它们现在渐渐（虽然不一定是正式地）落入英国和法国帝国主义者之手。到了 1900 年，形势已经很清楚。除了部分地区以外，从埃及和苏丹（Sudan）西边延伸到波斯湾的广大地区，都已落入英国的统治和影响之下。黎巴嫩以北的叙利亚是一个例外，法国人掌握了这一带的大权。阿拉伯半岛的大部分地区是另一个例外，由于当时尚未在半岛上发现石油或其他有商业价值的东西，列强遂大方地把它留给当地部落酋长和贝都因（Bedouin）传教士的伊斯兰教复兴运动去争夺。事实上到了1914年，奥斯曼土耳其几乎已经完全从欧洲消失，也从非洲剔除。它只在中东维持一个软弱的帝国，而中东的这部分也未熬过第一次世界大战。可是，不像波斯和中国，奥斯曼土耳其可为其崩溃中的帝国找到直接的替换物：一大群居住在小亚细亚，拥有共同血统、语言的土耳其穆斯林。这些人口可以作为“民族国家”的基础，而这种民族国家，乃是以它们所接受的19世纪西方模式为基础。

这种情形，几乎不是那些西化官员当初所设想的。西化公职人员在法律和新闻等新兴世俗专业人员的协助下（伊斯兰教律法不需要立法这一行业。1875—1900年间，具有阅读书写能力的人增加了2倍，为更多的期刊打开了市场），想用革命的办法来复兴帝国，因为帝国本身不太热衷推动的现代化计划已告搁浅。以“青年土耳其”一名为人所熟知的团结进步委员会，成立于19世纪90年代。它在俄国革命的余波中于1908年初掌政权，企图塑造一种以法国18世纪启蒙信念为基础的超越民族、语言和宗教的差异的全奥斯曼爱国主义。这些人最珍爱的那种启蒙运动，乃是经受孔德的实证主义所启发。它结合了对科学和现代化的热切信仰、等同于宗教的世俗地位、非民主式的进步（引实证主义者的一句格言：“秩序和进步。”），以及自上而下的社会改造计划。可想而知，这种思想方式自然会吸引落后、传统国家的一小群执政精英，因为他们想用最大的力量，在最短的时间内，将其国家推进20世纪。这种思考方式或许从不曾像在19世纪末叶的非欧洲国家那么具有影响力。

和其他帝国的情况相同，土耳其的1908年革命也以失败收场。事实上，它加速了土耳其帝国残余部分的崩溃，又为政府添上古典自由主义宪法、多党派议会制度等负担。这些体制都是为资产阶级国家设计的，对资产阶级国家而言，政府的统治越简单越好，因为社会事物皆掌握在元气充沛而且具有自我调节能力的资本主义经济之下。"青年土耳其"政权继承了帝国在经济和军事上对德国的承诺。这一点是它的致命伤，因为它将土耳其带到第一次世界大战失败的那方。

因此，土耳其的现代化是从自由主义和议会政治的结构转移到军事和独裁体制，从对世俗帝国政治效忠的希望，转移到纯粹土耳其民族主义的现实。由于它再也无法忽视族群内部的效忠，也无法驾驭非土耳其民族，1915年后，土耳其不得不使自己成为一个民族单一的国家，即将尚未被整批驱逐或屠杀的希腊人、亚美尼亚人、库尔德人（Kurds）等强行同化。建立在族裔和语言之上的土耳其民族主义，甚至染有以世俗民族主义为基础的帝国美梦。因为，西亚和中亚的大多数地区（主要在俄国境内），其居民皆说着不同的土耳其语，土耳其当然想把这些人包括在"泛土耳其"同盟之中。因而，在"青年土耳其"内部，其政策便由主张西化和跨民族的现代化，转变到西化但具有强烈民族性乃至种族歧视性的现代化——如民族诗人和思想家格卡尔普（Zia Gökalp，1876—1924）代表的那种。以实际上废除帝国本身为发端的真正土耳其革命，要到1918年后，才在这类思想的支持下展开。但是，它的内容已隐含在"青年土耳其"的宗旨之中。

于是，土耳其和波斯及中国不一样，它不仅消灭了一个旧政权，而且也相当快速地建立了一个新政权。土耳其革命或许缔造了当代第一个推行现代化的第三世界政权。这个政权激烈地推行进步、反传统的启蒙运动，以及一种不受自由辩论困扰的民粹主义。由于缺乏革命性的中产阶级，或任何革命阶级，于是知识分子和（战后尤其是）军人接掌了政权。他们那个强硬而成功的领袖凯末尔将军（Kemal Atatürk），日后残忍无情地实行“青年土耳其”的现代化计划：他宣布共和国成立；废止以伊斯兰教为国教；以罗马拼音代替阿拉伯文字；摘下妇女的面纱并将她们送进学校；如果需要，还可以军事力量强迫男人戴圆顶高帽或其他西式头饰，而非传统头巾。土耳其革命的弱点主要在于它的经济，它不被数目庞大的农村土耳其人接受，也无法改变农民社会的结构。不过，这次革命的历史性意义非常重大，历史学家从来都不曾充分认识这一点。他们只注意到 1914 年前土耳其革命的直接国际性后果——帝国的崩溃和它对第一次世界大战的催化——以及 1917 年后伟大得多的俄国革命。在这些事件的争辉之下，土耳其当代的各项发展遂显得毫不重要。

5

一场更被人忽视的革命于 1910 年在墨西哥展开。这场革命在美国以外的地区，都没有引起什么注意。这部分是因为在外交上，中美洲是美国独家的专属后院（它那位被推翻的独裁者曾说过：“可怜的墨西哥，离上帝那么远，离美国那么近。”），部分是因为在一开始，这场革命的含义尚未清楚表露。19 世纪拉丁美洲共爆发了 114 起武装政变——直到今天，这些政变所导致的“革命”，仍是为数最庞大的一种——而墨西哥革命在一时之间，似乎与它们没有明显区别。[7] 等到墨西哥革命出现时，它作为第三世界农业国家最早的一次大型社会动乱，却又因俄国革命的爆发而备受忽视。

尽管如此，墨西哥革命的意义却不容忽视。一方面，因为它是直接根源于帝国世界的内部矛盾；另一方面，因为它是殖民地和非独立世界爆发的第一场大革命——在这样的世界中，劳动阶级具有相当重要的作用。因为，虽然反帝国主义以及日后所谓的殖民地解放运动，确实在新旧殖民帝国境内进展着，可是它们似乎不曾严重威胁到帝国的统治。

大体看来，对殖民帝国的控制还是像取得它们一样容易。唯一的例外，是阿富汗、摩洛哥和埃塞俄比亚这类尚在抗拒外来征服的山岳战士控制的地带。"土著起义"往往不需花费多少气力便可平定，不过有时所采用的手段也相当残忍野蛮，如德属西南非［今天的纳米比亚（Namibia）］赫雷罗人（Herero）所遭遇的情形。在社会和政治比较复杂的被殖民国家，反殖民和主张自治的运动诚然已开始发展，不过却往往无法联合受过教育的少数西化人士和仇外的古代传统护卫者，以波斯为例，这些传统主义者可形成相当大的政治力量。这两种人的互不信任可想而知，从而使殖民强国坐收渔人之利。在法属阿尔及利亚，反抗的中心力量是伊斯兰教导师，他们那时已为了这个目的结为组织，然而世俗的进步分子却想成为共和左派的法国人。在突尼斯（Tunisia）保护国，反抗的中心是受过教育和主张西化的人士，这些人已在筹组立宪政党。这个新宪法党（Neo-Destour Party）的领袖哈比卜·布尔吉巴（Habib Bourguiba）在1954年成为突尼斯独立国的领袖。

在伟大的殖民强国中，只有最古老、最伟大的英国，出现了无法永久统治的严重征兆（参见第三章）。它默许白人殖民地实质上的独立（1907年后称为“自治领”）。由于这种政策不会引起反弹，因此也很少造成任何问题，甚至在南非也一样。在经过一场艰苦的战争之后，被英国兼并的布尔人似乎因为自由党所做的宽大安排，加上英国和布尔白人必须共同对付占多数的有色人种，因而遂与英国取得一致。事实上，南非并未在两次世界大战中造成任何问题。之后，布尔人又再度接掌这个次大陆。英国的另一个“白色”殖民地爱尔兰，曾是而且到现在还是麻烦不断。不过，土地联盟（Land League）和帕内尔领导的那段火爆岁月，在19世纪90年代以后，似乎已因爱尔兰政治上的纷争，以及政府采取压制与土地改革并用的政策而暂告平息。1910年后，英国的国会政治使爱尔兰问题复活，但是其暴动分子的大本营仍然狭小不稳，以至于他们想要扩大其势力的战略，基本上只是另一次注定失败、注定招致殉难的反叛。英国对这次反叛的镇压，使得爱尔兰人起而抗暴。这正是1916年复活节起义（Easter Rising）之后的形势，这次起义是由一小撮完全孤立的武装好战分子所发起的失败的小暴动。和往常一样，战争暴露了看似牢固的政治建筑物的脆弱。

在其他地方，英国的统治似乎没有遭遇直接威胁。可是，其最古老和最新近的两个属地，显然已发展出名副其实的殖民地解放运动。即使在1882年阿拉比巴夏（Arabi Pasha）的青年士兵暴动平定以后，埃及也不甘心被英国占领。由土耳其派任的埃及总督和当地大地主构成的统治阶级（其经济已整合进世界市场），以明显的不热衷态度，接受了英国殖民总督克罗默勋爵（Lord Cromer）的管辖。日后称为华夫脱（Wafd）的自治运动组织和政党已逐渐形成。英国的控制仍然相当稳固，事实上要到

1952年才告结束，但是这种直接的殖民统治十分不受欢迎，以至于在第一次世界大战后（1922年）遭到废止，改以比较间接的管辖方式，后者意味着政府要在某种程度上埃及化。在同一年中（1921—1922年），爱尔兰赢得了半独立，埃及赢得了半自治，这个事实显示出帝国已开始进行第一次部分撤退。

印度的解放运动情况更是严重。在这个几乎有3亿居民的次大陆，一个具有商业、金融、工业和专业影响力的资产阶级与一群由受过教育的英印官员构成的重要骨干，越来越愤恨英国人的经济压榨，也越来越不满于自己在政治和社会上的低贱地位。我们只要读一读福斯特的《印度之旅》（*A Passage to India*），便可以明了其中的原因。主张自治的运动已经出现。这个运动的主要组织是印度国大党（Indian National Congress，1885年成立，日后成为民族解放政党），它率先反映了这种中产阶级的不满情绪，也显示出聪明的英国行政官［例如艾伦·奥克塔文·休姆（Allan Octavian Hume），休姆事实上创立了这个组织］想借着承认令人起敬的抗议的办法来解除骚乱的武装。然而，到了20世纪早期，因为显然非政治性的神智学的影响，国大党已开始逃避英国的保护。作为东方神秘主义的仰慕者，这门哲学的西方大师往往对印度深表同情。其中有一些，如前世俗主义者和前社会主义好战分子贝森特夫人，轻而易举地转变成印度民族主义的支持者。受过教育的印度人和锡兰人，自然乐意看见西方人认可他们的文化价值观。然而，国大党虽然日渐强大，同时持严格的世俗和西方思想，仍然是一个精英组织。不过，一种以诉诸传统宗教的方式来动员未受教育民众的方法，已经在印度西部出现。提拉克（Bal Ganghadar Tilak，1856—1920）针对外人威胁而发起的护卫圣牛运动，便获得相当普遍的成功。

再者，到了20世纪早期，已有了另外两个甚至更为庞大的印度民众运动养成所。印度移居到南非的移民已开始形成集体组织，以应付该地的种族歧视。而如前所述，印度不合作运动的主要代言人，是一位年轻的古吉拉特（Cujerati）律师甘地。甘地在1915年回到印度后，转而成了为争取国家独立而动员印度民众的主要力量（参见第三章）。甘地展现了圣人政治家在第三世界政治中的强大作用。与此同时，一种比较激进的政治解放运动也在孟加拉出现。孟加拉有其复杂精致的本土文化、庞大的印度中产阶级、人数异常众多的受过教育而且具有普通职位的下中阶级以及知识分子。英国人要将这个大省份划归伊斯兰教统治区的计划，使反英骚动在1906—1909年间大规模蔓延（这个计划后来流产）。从一开始，比国大党更激进的孟加拉民族主义运动，便没有整合到国大党中。在这个阶段，它结合了以印度教为诉求的宗教意识形态，以及类似于爱尔兰和俄国民粹主义者（Narodniks）的西式革命运动。它在印度制造了第一个严重的恐怖主义运动——第一次世界大战发生之前，印度北部还有其他的恐怖活动组织，主要是以从美国回来的旁遮普移民［“卡德尔党”（Ghadr Party）］为基础——到了1905年，它已成为警方的头痛问题。再者，最初的印度共产党党员［例如罗易（M. N. Roy，1887—1954）］也是在大战期间出现于孟加拉恐怖主义运动之中。[8] 虽然当时英国人对印度的控制力仍然强大，可是聪明的行政官员已经看出：朝向适度自治的退化发展，虽然进行得很慢，却终将是不可避免的。事实上，自治的建议最初是由伦敦方面在第一次世界大战期间提出的。

全球帝国主义最脆弱的地方，是非正式的殖民灰色地带而非正式的殖民帝国，或第二次世界大战之后所谓的“新殖民主义”。墨西哥当时的确是一个在经济和政治上都依靠其强邻的国家，但是在技术层面上，它却是一个独立自主的国家，有它自己的政治制度和决策。它是类似于波斯那样的国家，而非印度那样的殖民地。再者，如果经济帝国主义是一股可能的现代化力量，那么墨西哥的本土统治阶级并非不愿接受。因为在拉丁美洲各地，构成当地统治精英的那些地主、商人、企业家和知识分子，日日夜夜都梦想着进步的到来，那种能赐予他们机会去完成国家使命的进步。他们知道自己的国家落后、衰弱又不受人尊敬。他们知道自己的国家处于西方文明的边缘，而他们又自视为这个文明的一个必要构成部分。进步意指英国、法国以及越来越显现的美国。墨西哥的统治阶级，尤其是紧邻美国强势经济影响力的墨西哥北部统治阶级，虽然轻视英美商人和政客的粗野、没风度，却不反对将自己融入世界市场，并进而加入进步和科学的世界。事实上，在革命中脱颖而出的，便是墨西哥最北一州经济上最先进的农业中产阶级领袖。相反，现代化最大的阻碍，是广大的农村人口。这些人大半是印第安人，他们僵化冷漠，完全陷在无知、传统和迷信的深渊。有些时候，拉丁美洲的统治者和知识分子就像日本的统治者和知识分子一样，对他们的人民感到失望。在资产阶级世界盛行一时的种族歧视影响下（参见《资本的年代》第十四章第 2 节），他们甚至渴望对其人口结构进行一次生物学转型，以便他们接受进步的观念。巴西和南美洲南端的地区是借着大量引进欧洲人，日本则借着大量与白人通婚。

墨西哥的统治者并不特别喜欢白人大量移入，这些人绝大多数是北美洲人。他们已在反抗西班牙的独立战争中，借着诉诸一段大致虚构的独立历史，借着与前西班牙时代的阿兹特克帝国认同而得到合法化。因此，墨西哥的现代化排除了生物学幻想，而直接致力于利润、科学和进步，这些都是由外国投资和孔德哲学促成的。被称为“科学家”的那群人，将全部精力投注在这些目标上。自 19 世纪 70 年代以来，也就是世界帝国主义经济向前大挺进的整个时期，墨西哥出现了一位无可匹敌的全国政治领袖——迪亚斯总统。在其总统任内，墨西哥的经济发展相当可观，不少墨西哥人从中获利，尤其是那些能够挑拨欧洲敌对企业家［如英国石油和建筑大亨威特曼 · 皮尔逊（Weetman Pearson）］，并让他们与俨然具有支配地位的北美人闹翻，以坐收渔人之利的人。

当时和现在一样，介于格兰德河（Rio Grande）与巴拿马之间的各政权的稳定性，皆取决于华盛顿特区的态度是否友善。华盛顿特区是个好斗的帝国主义特区，而它当时所持的看法是：“墨西哥只不过是美国的经济属地。”[9] 迪亚斯希望借着挑起欧洲与北美投资者的不悦来保住其国家的独立。为此，美墨边界以北的人都非常不喜欢他。当时美国非常热衷于以武力干预中美洲小国，但墨西哥面积太大，不适合做军事干预。然而到了 1910 年时，华盛顿已无意再浇爱国者（如标准石油公司，这家公司被英国在墨西哥这个主要产油国中享有的影响力所激怒）冷水，这些人早已想将迪亚斯推翻下台。毫无疑问，墨西哥革命分子由北方的友善邻居身上受惠很多。使迪亚斯政权更脆弱的是，在以军事领袖身份夺得大权之后，他便大量减缩军队，理由很明显，他认为兵变比民众造反的危险性更大。没想到他却面临了一次大规模的群众武装革命，而他的军队，不像大多数拉丁美洲军队，无法镇压这场革命。

迪亚斯之所以会激起群众革命，正是因为他成功地推动了惊人的经济发展。他的政权偏袒富有生意头脑的地主，尤其因为全球性的繁荣和铁路的快速发展，使以前无法到达的地方转眼成为极具潜力的财宝库。中部和南部某些村社，原是在西班牙皇家法律下面受到保护的组织，并在独立的最初百来年日益强化，然而在迪亚斯上台 30 年间，他们的土地却被有计划地剥夺。于是他们构成了这起农业革命的核心分子，其领袖和代言人是埃米利亚诺·萨帕塔（Emiliano Zapata，1879—1919）。碰巧，莫雷洛斯（Morelos）和格瑞洛（Guerrero）这两个农业动荡状态最严重、也最容易动员的州，离首都都很近，于是，对国家大局的决定性就更大了。

第二个不平静的地区在北方。墨西哥北方已迅速［尤其是在 1885 年击败阿帕切（Apache）印第安人以后］由一个印第安边疆转型为经济活力充沛的边区，与邻近的美国边区互相依存。当地住有许多潜在的反叛者。他们来自以前攻打印第安人的拓荒群落，现在其土地已被剥夺；来自愤恨自己被击败的亚基（Yaqui）印第安人；来自新兴和日渐成长的中产阶级，以及大量充满自信的流浪客，他们拥有自己的枪支和马匹，在空旷的牧野和矿区中四处可见。维拉（Pancho Villa）就是其中的典型人物，他是土匪、牛贼，最后成了革命将军。此外还有成群有权有钱的大地主，如梅德若家族（Maderos）——梅德若家族或许是墨西哥最富有的家族。这些大地主会与中央政府或当地的地主联盟来竞争该州的控制权。

这些可能的反动群体，事实上很多都是迪亚斯时代大量外国投资和经济增长的受益人。使他们产生异议，或者更准确地说，将一场有关迪亚斯总统再度当选或可能退休的普通政治争论转化为革命的原因，或许是墨西哥经济日渐整合进世界经济，或者更准确地说，整合进美国经济。美国 1907—1908 年的经济衰退，对墨西哥造成了灾难性影响。它直接造成墨西哥国内市场崩溃以及对墨西哥企业的压榨，同时间接引起在美国失去工作的墨西哥赤贫劳工，大批涌回墨西哥。于是，现代和古老的危机碰在一起，周期性的经济衰退和农作物的歉收，使食物价格高涨，超过了穷人的购买能力。

在这种情形下，一场选举战争遂变成了大地震。迪亚斯虽然错误地允许对手公开竞选，却轻易地击败了其主要挑战者弗朗西斯科·马德罗（Francisco Madero）。但是，令大家都感到意外的是，这位失败的候选人竟照例发动叛乱，在北方边区和农民反叛中心造成一场社会和政治动乱，使政府无法进行有效控制。迪亚斯失势，马德罗接掌政权，但不久被暗杀。美国想在互相争雄的将军和政客中找出一个容易驾驭的腐败者，扶植他建立一个稳固政权，但是没有成功。萨帕塔在南方将土地重新分配给他的农民徒众；维拉在他必须付钱给他的革命军队的时候，没收了北方地主的土地。他宣布，作为一个穷人出身的有钱人，他这样做是在照顾自己人。到了 1914 年，谁也料想不到墨西哥接着会发生什么事，但是无可怀疑，这个国家正在承受社会革命的震撼。一直到 20 世纪 30 年代末期，后革命时代的墨西哥形势才渐渐明朗化。

6

有些历史学家认为，19 世纪后期经济发展最迅速的俄国，要不是因为那场随第一次世界大战而来的革命，终将继续演变成一个繁荣的自由主义社会。对于当时人来说，这种想法是不可思议的。如果要问当时人世界上有哪一个国家需要革命而且必定会发生革命，答案无疑是沙皇统治下的俄国。俄国当时是一个庞大、行动迟缓而且无效率的国家。它在经济上和技术上皆处于落后状态，1897 年时全俄 1.26 亿人口中，有 80% 是农民，1% 是世袭贵族。对 19 世纪晚期欧洲所有受过教育的人来说，俄国的组织都太过老式陈腐，完全是一种官僚化的独裁政治。因此，除非能说服沙皇推行自上而下的政治大改革，否则唯一能改变这个国家的方法是革命。第一个办法在大多数人看来是行不通的，但这并不表示第二个办法就行得通。由于几乎每一个人都认识到改变的必要性，因此从中庸保守到极端左派的俄国人士，都不得不成为革命分子。唯一的问题是：什么样的革命？

沙皇政府自克里米亚战争（1854—1856 年）后便了解到，俄国如要保住其强权地位，便不能再完全依靠它的广大幅员、众多人口，以及随之而来的庞大但原始的军队。它需要现代化。俄国和罗马尼亚一样，是欧洲最后的农奴制度根据地。1861 年农奴制度的废除，原是为了将俄国农业拉进 19 世纪，然而，这项政策既未造成一个令人满意的农民阶级（参见《资本的年代》第十章第 2 节），也未使农业现代化。1898—1902 年间，欧俄部分的谷物平均产量，只有每英亩不到 9 蒲式耳，而同时的美国却有 14 蒲式耳，英国更高达 35.4 蒲式耳。[10] 虽然如此，大片开辟的外销谷物生产区，还是使俄国成为世界的主要谷物供应国。由 19 世纪 60 年代早期到 20 世纪第一个十年，全俄谷物的净收获量增加了 160%，外销也增加了五到六倍，然而这却也使俄国农民更依赖于世界市场价格。在世界农业的不景气期间，小麦的价格几乎下跌了一半。[11]

虽然1891年的饥荒使人注意到农民的不满情绪，可是由于农民在村落之外基本上无人闻问，这为数几近一亿人的不满，很容易被忽略掉。然而这种不满，不仅因贫穷、缺乏土地、重税和低谷价而尖锐化，同时也可通过集体村社这个潜在的重要组织予以凝聚。矛盾的是，这些集体村社是因为农奴解放而加强了其受官方认可的地位；1880年，又由于某些官吏认为它们是对抗社会革命分子的忠诚基地，而予以增强。不过却有另一群人持相反的立场，他们基于经济自由主义的意识形态，催促尽快将村社废除，把土地转为私人财产。革命分子也因类似的辩论而分裂。民粹主义者（参见《资本的年代》第九章）认为革命的农民公社，可以作为俄国直接社会主义化的基础，从而避开资本主义发展的惨剧。可是俄国马克思主义分子却认为这已不再可能，因为公社已经分裂成互具敌意的农村资产阶级和无产阶级。他们也欢迎这种发展，因为他们比较相信工人。在这两种辩论中，双方都宣称农民公社是重要的。在保有公社的50个欧俄省份中，公社拥有80%的土地，这些土地定期按照公社的决定而重新分配。诚然，在比较商业化的南方地区，公社的确正在崩溃，但比马克思主义者所想象的要慢；在北部和中部，它几乎仍然和最初一般坚实。在它仍然坚实强固的地方，它有时会为神圣俄国的沙皇表达村落舆论，但有时也会发出革命的呼声。在它遭到侵蚀的地方，它将绝大多数的村民聚集在一起，发动声势浩大的抗御。事实上，对革命而言幸运的是，马克思主义者所预言的“村落阶级斗争”尚未充分发展，还不足以妨碍全体农民（不论贫或富）一致参与大规模运动，以对抗乡绅和政府。

不论他们持什么样的看法，俄国公众生活（不论合法或非法）中的每一个人，几乎都同意沙皇政府对于土地改革处理不当而且忽视农民。事实上，政府将农业人口的资源用在19世纪90年代由政府主持的大规模工业化之上，遂使农民原已强烈的不满更为强烈。因为乡村代表俄国的大宗税收，而这份税收同高保护性关税以及庞大的外来资金一样，都是专制俄国实行经济现代化以增加国力所必需的。私人资本主义与国营资本主义的混合，其结果十分可观。1890—1904年间，俄国铁路长度增加了一倍（部分是由于修筑了横越西伯利亚的铁路），而在19世纪的最后5年间，煤、铁和钢的产量也都增加了一倍。[12] 但是另一方面，专制俄国现在出现了一个迅速成长的工业无产阶级，这个阶级集中在几个主要工业中心的庞大工厂复合体中。因此，俄国也开始出现劳工运动，而劳工运动显然致力于社会革命。

迅速工业化的第三个后果，是俄国西方和南方边陲区域不成比例的发展，而这两片地区皆不属于大俄罗斯民族的居住地，例如波兰、乌克兰以及阿塞拜疆（石油工业）。社会和民族的紧张状态都为之升高，尤其是因为俄国专制政府想要借助19世纪80年代以后有系统的教育，推行俄国化政策，加强它对这些地区的政治控制。如前所述，足以证明社会和民族不满情绪已经结合的事实是，在若干（或许绝大多数）少数民族的政治动员中，有些新兴社会民主（马克思主义）运动的衍生活动，已经变成事实上的“民族”政党（参见第六章）。斯大林以一名格鲁吉亚人而成为革命俄国的统治者，这与拿破仑以一名科西嘉人而成为革命法国的统治者相比，更不是历史上的偶然事件。

专制俄国占领了被瓜分的波兰的最大部分。自从1830年起，欧洲所有自由主义者都熟悉也同情以士绅为基础的波兰抗俄民族解放运动。不过，自从1863年的起义被击败之后，革命性的民族主义已销声匿迹。（俄国所兼并的部分，形成了波兰核心。在被德国兼并的部分，也由少数波兰民族主义分子进行了势力较弱的反抗。不过，被奥地利兼并的部分却与哈布斯堡王朝达成相当不错的妥协。哈布斯堡王朝需要波兰的支持，以在其互相斗争的诸民族中保持政治平衡。）1870年后，在"全俄罗斯之专制君主"统治的帝国心脏地区，可能就要爆发一场革命的新想法，已是欧洲自由分子所熟悉而且支持的论调。一方面是因为这个专制政体已显出内在、外在的软弱迹象，一方面也是由于当时出现了一个高能见度的革命运动。这个运动的参与者最初几乎全是来自所谓的"知识分子"：贵族士绅、中产阶级和其他受过教育的阶层的子弟，以及比例之高前所未有的女性，而且有史以来第一次包括了相当数目的犹太人。这类革命分子的第一代主要是民粹党人（参见《资本的年代》第九章），他们仰赖农民，但是农民却不在意他们。他们在小团体的恐怖行动上表现得较为成功，其中最富戏剧性的是1881年事件——在该事件中，他们暗杀了沙皇亚历山大二世。虽然恐怖主义不曾严重削弱专制政治，它却使俄国革命运动引起了国际的注意，而且有助于促成除了极右派外几乎普遍具有的共识，即俄国革命既是必要的，也是不可避免的。

民粹派在1881年后遭到消灭或驱散，不过在20世纪第一个十年他们再度以一个"社会革命党"（Social Revolutionary Party）的形式复兴，到了此时，各村落已愿意聆听他们的诉求。他们后来成为左派的主要农村政党，不过他们也使其恐怖主义支派再度复活，此时恐怖主义已为秘密警察所渗透。[秘密警察长阿泽夫（Azev，1869—1918）面临着复杂的任务，一方面，他得暗杀够多的杰出人士以满足他的同志，另一方面他又得交出够多的同志满足警方，以不失去双方对他的信任。] 像所有寄望于俄国革命的人一样，他们大量吸收西方传来的适当理论，而借助第一国际和第二国际，他们也致力于研读社会主义革命最具权威的理论家马克思的著作。由于西方自由主义的解决办法在社会和政治上并不可取，因此在俄国，那些如果生在别处便会是自由主义分子的人，在1900年以前都成为马克思主义者。因为，马克思主义至少曾做出如下预测：资本主义的发展终将走向被无产阶级推翻的阶段。

因而，无不为奇的是，19世纪70年代在民粹主义运动废墟上成长的革命运动，便是马克思主义运动。不过，它们在19世纪90年代之前尚未组织成一个俄国的社会民主党，或者，更准确地说，尚未组成一个隶属于共产国际的社会民主组织，这个组织基本上是个互相敌对、不过也偶尔合作的复合体。虽然在这个时期最强力支持社会民主政治的群众，或许仍然是栅栏移民区[Pale，犹太联盟（Jewish Bund，1897年）的根据地] 北部的无产阶级工匠和户外劳动者，可是以工业无产阶级为基础建立一个政党的构想，已有某种实际根据。在追溯俄国社会民主党派的发展过程时，我们已习惯于将脉络放在马克思革命组织的某个特殊派别身上，这个派别是由列宁领导的，列宁的兄弟曾因暗杀沙皇而遭处决。列宁拥有结合革命理论和实践的非凡禀赋，因此使得这个派别显得特别重要，尽管如此，我们仍应记住下面三件事。首先，布尔什维克（Bolsheviks，俄文的bolshe为"多数"之意，由于他们在1903年俄国社会民主工党第一次有效大会上暂居多数，故名之）只是俄国社会民主政党发展中的若干倾向之一，而社会民主政党又与帝国其他以民族为基础的社会主义政党有别。其次，它要到 1912 年才成为一个独立政党，因为到那时它才真正成为有组织的工人阶级的主要力量。最后，在外国社会主义者或一般俄国人眼中，不同社会主义者之间的区别，似乎是无法理解或次要的；它们都应受到支持和同情，因为它们都是专制政治的仇敌。布尔什维克与其他社会主义者的不同，在于它的组织较好、较有效率，且较可信赖。[13]

虽然农村的动荡状态在农奴解放以后已平息了好几十年，可是沙皇政府却明白地看出：社会和政治的动荡状态不但方兴未艾，而且甚具危机性。如 1881 年后一拨拨对犹太人的屠杀所显示的，专制政府不但不曾阻挠，有时反而鼓励大众反犹，而民众对反犹运动也给予了大力支持，只是俄国中部和东北部的大俄罗斯人不如犹太人集中的乌克兰和波罗的海地区居民那么热衷。日渐遭受虐待、歧视的犹太人，越来越为革命运动所吸引。另一方面，了解到社会主义潜在危险的俄国政权，遂开始玩弄劳工立法，甚至在 20 世纪第一个十年，在警察的保护下，组织过短暂的反贸易工会，而这些组织日后有效地发展成真正的工会。实际上，1905 年革命的导火线，正是因为工会的示威群众遭到屠杀。总之，自 1900 年起，俄国的局势已经非常明显：社会动荡正在迅速上升。长久以来半隐半露的农民骚动，在 1902 年左右纷纷爆发。同时，工人也在顿河边的罗斯托夫（Rostov-on-Don）、敖德萨（Odessa）和巴库（Baku）发动几近全面的罢工（1902—1903 年）。

不稳定的政权最好避免危险的外交政策，可是俄国的专制政府却一头栽了进去。作为一个强权（不论它是如何懦弱），它坚持在帝国主义的征服中发挥它自认为应当发挥的作用。它选定的地盘是远东，横越西伯利亚的铁路便是为了渗透远东而修筑的。在此，俄国的扩张遇上了日本的扩张，两者都以中国的权益作为牺牲。除了中国这个无可奈何被迫与日本交战的倒霉大国之外，俄罗斯帝国是20世纪第一个低估日本的国家。1904—1905年的日俄战争，虽然有8.4万名日本人被杀，14.3万名日本人受伤，[14]但对俄国而言，却是一场迅速而屈辱的灾祸，并且凸显了俄国专制政府的软弱。甚至自1900年开始组成政治反对势力的中产阶级自由主义者，也大胆进行公开示威。沙皇意识到革命风潮日渐升高，就加速议和。可惜和约尚未缔结，革命便于1905年1月正式爆发。

如列宁所言，1905年革命是一场“用无产阶级的方法进行的资产阶级革命”。说它用的是“无产阶级的方法”或许过于简单，首先促使政府退却，日后再度施压使政府在10月17日颁布类似宪法文件的，是首都的大规模工人罢工，以及帝国大多数工业城市的响应性罢工。再者，自动将自己组织成委员会（苏维埃）的，无疑是拥有村庄经验的工人。在这些苏维埃中，10月13日成立的“圣彼得堡工人代表苏维埃”（St Petersburg Soviet of Workers' Deputies），其作用不仅是一种工人会议，它还曾短暂扮演首都最有效的实际权威。社会主义政党很快便认识到这些会议的重要性，并且积极参与，如圣彼得堡年轻的托洛茨基（L. B. Trotsky, 1879—1940）。（其他著名的社会主义者大多处于流放之中，无法及时回到俄国采取积极行动。）工人的干预虽然十分重要（他们集中在首都和其他政治敏感中心），可是，使专制政府不胜抵抗的，却是在黑土（Black Earth）区、伏尔加河流域以及乌克兰部分地方的大规模农民暴动以及军队的崩溃［此一崩溃因战舰“波将金号”（Potemkin）的兵变而更为戏剧化］。弱小民族同时动员的革命抵抗，也具有同样重大的意义。

当时人可以，而且也确实把这场革命视为“资产阶级”革命。不仅中产阶级压倒性地赞成革命，学生（和1917年10月不一样）也为它全面动员，而且自由主义者和马克思主义者几乎无异议地接受下列看法：如果革命成功，也只能建立一种西式资产阶级的议会制度，赋予人民言论、行动以及政治自由权，在这个制度中，马克思阶级斗争的最后阶段还得延续下去。简而言之，当时人一致认为由于俄国太过落后，因此无法把社会主义列入当前的革命日程表中。不论在经济和社会上，俄国都还没做好采用社会主义的准备。

这一点是大家都同意的，只有社会革命党人例外，社会革命党仍旧梦想着将农民公社转化为社会主义单位，只是这个美梦已越来越难以实现。矛盾的是，这个梦想只在巴勒斯坦的屯垦区（kibbutzim）真正实现过。这样的屯垦区是典型的帝俄农民产物，由信仰社会民族主义的都市犹太人在1905年后由俄国移植到圣地。

可是，列宁和帝俄当局一样清楚地认识到：俄国自由主义或其他任何资产阶级，在数量和政治上都太过微弱，不足以接管帝俄，正好像俄国的私人资本主义企业也太过薄弱，不足以在没有外国企业和政府的主动协助下完成俄国的现代化。即使是在革命的最高峰，官方也只做了有限的政治让步。让步的结果根本谈不上是资产阶级的自由主义宪法，只不过是一个间接选出的杜马（Duma，国会）。这个国会对于财务只有有限的权力，对于政府和宪法则一点儿权力也没有。当 1907 年革命的动荡状态大致平息，而人为操纵的选举仍然无法产生一个态度温和的国会时，宪法的大半内容已遭废除。俄国诚然没有回复到专制政体，但实际上其帝制已经重建。

但是，如 1905 年证明的，这个帝制是可以推翻的。与孟什维克派（Mensheviks）这个主要的劲敌相比较，列宁的独到之处在于他认识到：由于资产阶级过于软弱或根本不存在，资产阶级革命必须在没有资产阶级的情况下制造出来。它将由工人阶级制造出来，由职业革命家（列宁对 20 世纪政治的惊人贡献）组织和领导，并依靠渴望土地的农民大众的支持——农民在俄国政治上具有左右大局的力量，而其革命潜力也已获证明。大致说来，这便是列宁派在 1917 年以前的立场。由工人自行掌权，跳过资产阶级革命而直接进行下一阶段社会革命（“不断革命论”），这种想法在革命期间确曾短暂浮现于人们心头，即使它不过是为了刺激西方的无产阶级革命。当时人认为，没有西方的无产阶级化，俄国社会主义政权将不具备长期存在的机会。列宁曾经思考过这种论调，但最终予以驳斥，认为它不切实际。

列宁派的前景，主要是建立在工人阶级的成长之上，建立在仍旧支持革命的农民身上，以及民族解放力量的动员和联合之上，只要它们与专制政府为敌，这些力量便明显是革命的资产。（因此，虽然布尔什维克党是一个全俄罗斯的政党，一个好像非民族性的政党，列宁却仍坚持自决权乃至与俄国脱离的权利。）当俄国在 1914 年倒数前几年进入另一回合的大规模工业化时，无产阶级确实在不断成长。而蜂拥进入莫斯科和圣彼得堡工厂的年轻农村移民，又比较倾向于激进的布尔什维克而非温和的孟什维克。更别提那些笼罩在悲惨烟雾之下的煤、铁、纺织和烂泥营区——顿涅茨盆地（Donets）、乌拉尔山区、伊凡诺夫（Ivanovo），这些地方一直都倾向于共产主义。在1905年革命失败后的几年间，无产阶级的士气虽然低落，可是1912年后，他们再度掀起不安的巨浪。这道巨浪因西伯利亚勒拿河（Lena）金矿区200名罢工工人被屠杀而变得汹涌澎湃。

但是，农民会是永远的革命分子吗？在能干而有决心的大臣斯托雷平（Stolypin）的主持下，沙皇政府对1905年革命的回应，是创造一个人口众多而且倾向保守的农民团体，同时借着全心全力投入俄国式的英国“圈地运动”（enclosure movement），以改进农业的生产率。为了维护那些拥有商业头脑的企业性地主阶级的利益，农村公社已有系统地被打碎成一块块私人土地。如果说斯托雷平押在“强大稳重者”身上的赌注赢了，那么在村落富人和拥有土地的穷人之间，必定会发生社会两极化的现象，也就是列宁所宣称的农村阶级分化。但是，在面临真正的可能性时，列宁以其对政治实情惯有的无情眼光，认识到这种分化并无助于革命。我们无法确知斯托雷平的立法终究会不会达成预期的政治效果，这种立法在比较商业化的南方省份广被接纳，尤其是在乌克兰，但在别处效果便差得多。[15] 然而，由于斯托雷平本人在1911年被逐出沙皇政府，不久后被暗杀，加上1906年时帝国本身只剩下8年的和平岁月，因此这个问题不可能有实际的答案。

不过我们可以清楚指出的是，1905年革命的失败，既未为帝制创造出“资产阶级”代替物，也未赋予帝制超过6年的喘息时间。到了1912—1914年，俄国显然再度沸腾着社会动荡。列宁相信，革命的形势已再度到来。到了1914年夏天，革命的障碍只剩下沙皇官僚、警察和军队的赤诚效忠。和1904—1905年不一样的是，这些军队既未丧失士气，也未忙于别的事。[16] 另一个有碍革命的因素，或许是中产阶级知识分子的消极态度。这些知识分子因1905年的失败而消沉，大致已放弃政治激进主义而接受非理性主义和前卫艺术。

和欧洲许多其他国家一样，大战的爆发使不断升温的社会和政治骚动低落下来。当人们对战争的热情消失之后，帝俄的末日便已昭然若揭。1917年，它灭亡了。

在1914年时，革命已震撼了由德国边界到中国诸海的所有古老帝国。如墨西哥革命、埃及骚动和印度民族主义所显示的：革命开始正式或非正式地侵蚀新帝国主义。然而，它的结果在各地都尚未明朗化，而在列宁所谓的“世界政治火药库”中闪烁的火花，其重要性也被轻率地低估了。当时人们还无法看出俄国革命会造就一个共产党政权（世界上的第一个），而且会成为20世纪世界政治史上的核心事件，正如法国大革命是19世纪政治史上的核心事件一样。

可是，当时人们已经可以清楚看出的是，在全球广大社会地震带的所有爆发中，俄国革命无疑具有最大的国际影响力，因为即使是1905—1906年的暂时震动，也导致了戏剧性的直接后果。它几乎促成波斯和土耳其的革命；或许也加速了中国的革命。而且，在其刺激之下，奥地利皇帝采纳了普遍选举权，而这项制度却使奥匈帝国的政治难题为之转型，并且统治更趋不稳。因为俄国是一个“强权”，是欧洲国际体系的五块基石之一，而且若以国内的疆域计，它是面积最大、人口最多、资源最丰富的一个。在这样一个国家发生的社会革命，注定会有深远的全球性影响。

基于完全相同的理由，在 18 世纪后期的无数革命中，法国大革命也因之成为最具国际重要性的一个。

但是，俄国革命潜在的影响力会比 1789 年的法国大革命更为广大。俄罗斯帝国由太平洋一直延伸到德国边界，单就其幅员和多民族性来说，它的崩溃也较欧洲或亚洲比较边远或孤立国家的崩溃更具影响力。俄国身跨征服者和受害者、进步者和落后者世界这个极为重要的事实，更使它的革命在欧洲和亚洲都激起广泛回响。俄国既是一个重要的工业国家，又是一个科技上的中古农业经济国家；它既是一个帝国强权，又是一个半殖民地。俄国社会的文化和思想成就，足以媲美西方世界最进步的文明，可是 1904—1905 年间，它的农民士兵却对其日本对手的现代化感到惊讶。简而言之，俄国革命似乎对西方的劳动组织者和东方的革命分子具有同等影响力，德国和中国都随其震荡而摇晃。

帝制俄国说明了帝国的年代全球的所有矛盾。一俟世界大战枪响，它们便会同时迸发。这场世界大战的爆发，是欧洲日渐了然却又无力阻止的。

第十三章

由和平到战争

在（1900年3月27日的）辩论中，我解释道……据我了解，所谓的世界政策，其任务只是支持和推进我们的工业、我们的贸易，扩张我们人民的劳动力、活动和才智。我们无意执行侵略性的扩张政策。我们只想保护我们在世界各地顺理成章地取得的极重要利益。

——**德国首相冯·比洛**（von Bülow），1900年[1]

如果她的儿子是上前线去，那个妇人不一定会失去他。事实上，矿坑和铁路调车场是比军营更危险的地方。

——**萧伯纳**，1902年[2]

我们将赞颂战争——世界唯一的保健法——的尚武精神，爱国精神，带来自由者的破坏性姿势，值得一死的美丽构想，以及对妇女的藐视。

——**马里内蒂**，1909年[3]

1

自1914年8月起，欧洲人的生活便受到战争的包围、充塞和萦绕。在本书写作之际，欧洲大陆绝大多数70岁以上的人，在其一生中都至少经历过两次世界大战的一部分。除了瑞典人、瑞士人、南部爱尔兰人和葡萄牙人以外，所有50岁以上的欧洲人，都曾至少经历过一次世界大战。即使是那些在1945年后出生的人，即在欧洲境内战火不再交织以后出生的人，也几乎未见过哪一年是全球太平无事的。而且，他们永远都生活在第三次世界核战争的阴影里。几乎所有政府都告诉其人民，核战争之所以能制止，只是因为国际军备竞赛已经造成战争一起大家便同归于尽的态势。即使已经在很长一段时期里避开了全球性的灾祸，几乎就像欧洲列强在1871—1914年间躲过了大规模战争一样，但我们怎么能把这个时期称为和平时期呢？因为，如伟大的哲学家托马斯·霍布斯（Thomas Hobbes）所云：

> 战争不只包括会战或作战行动，它还包括一段时间，在这段时间中，双方都明白表现出以会战作为斗争手段的意念。[4]

谁能否认这正是1945年后的世界大势呢？

1914年前的情形与此相同。在那个时候，和平是欧洲生活的正常和预期状态。自1815年以后，还不曾发生过将全欧列强一道卷入的战争。自1871年以后，更不曾有任何一个欧洲强权命令其军队向另一个欧洲强权开火。列强在弱国中寻找它们欺侮的对象，也在非欧洲世界物色它们下手的对象。不过它们有时错估了对手的抵抗力：布尔人给英国人带来的麻烦远超出预期，而日本人则在1904—1905年轻轻松松地打败俄国，并使自己成为强权。在离欧洲最近的领土最大的潜在受害者——长期以来已陷于分崩离析的奥斯曼帝国——境内，战争的可能性的确永远存在，因为其附属诸民族皆想要争取独立和扩大地盘，于是彼此争战不休，并将列强卷入它们的冲突之中。巴尔干一向以欧洲火药库著称，事实上，1914年的全球性爆炸也是由此开始。但是"东方问题"是国际外交日程上非常熟悉的一项，虽然它百年来连续不断地制造了许多国际危机乃至一场相当严重的国际战争（克里米亚战争），但它却从来不曾完全失控。不像1945年后的中东，对大多数未在那儿住过的欧洲人来说，巴尔干半岛是属于冒险故事的领域，是德国儿童作家卡尔·梅这类作者的作品场景或轻歌剧的舞台。19世纪一般人对巴尔干战争的印象，是萧伯纳《武器和人》（*Arms and the Man*）中所描写的样子。这本书和其他类似的作品一样，后来由维也纳的一位作曲家于1908年改编为以音乐为主的电影——《巧克力士兵》（*The Chocolate Soldier*）。

当然，当时有人已预见到一场欧洲大战的可能性，而且，这种可能性不仅盘踞在各国政府及其参谋本部心头，也盘踞在广大公众心头。自19世纪70年代早期起，英法小说和未来学陆续推出一般而言并不切实际的未来战争描绘。19世纪80年代，恩格斯已着手分析世界大战的可能性，而哲学家尼采更以疯狂但富预见性的口吻赞扬欧洲的逐步军国主义化，并且预言未来的那场战争"将向野蛮人招手，甚至唤起我们的兽性"。[5]19世纪90年代，战争的忧虑促成了多次"世界和平会议"[World（Universal）Peace Congress，第21届"世界和平会议"原定1914年9月在维也纳举行]、诺贝尔和平奖以及最初的"海牙和平会议"（Hague Peace

Conferences，1898 年）。出席这些国际会议的，是大致抱着怀疑态度的各国政府代表。这些只是最初的集会，自从各国政府在会议中对于和平理想提出坚定但理论性的承诺之后，类似的集会便不断开下去。20 世纪的第一个十年，战争显然是快要发生了。到了 20 世纪的最初 20 年，它的逼近已是众人心知肚明的。

可是，大家并未真正预期到它的爆发。甚至是在 1914 年 7 月国际危机最紧急的时刻，采取毁灭性步骤的政治家也不曾认识到他们正在挑起第一次世界大战。和过去一样，他们当然能想出一个解决办法。而反战者也无法相信他们长久以来预言的灾祸，现在真的降临了。甚至到了 7 月底，奥地利已向塞尔维亚宣战之后，国际社会主义领袖聚集一堂，他们虽然深深感到困扰，但仍然相信一场全面战争是不可能爆发的，和平解决危机的办法总会找到。7 月 29 日，奥地利社会民主党领袖阿德勒说："我个人并不相信会发生全面战争。"[6] 甚至那些按下毁灭按钮的人，他们之所以这样做，不是因为想打仗，而是因为阻止不了这场战争。比方说，德皇威廉直到最后一刻还在询问他的将军们：这场战争究竟能不能不同时攻打俄国和法国，而仅局限在东欧？将军们的答案是：很不幸，这是办不到的。那些亲手构筑战争工厂的人，以一种目瞪口呆无法置信的神情，注视着战争巨轮的转动。1914 年以后出世的人们，很难想象那种认为世界大战不可能"真正"爆发的想法，是如何根植于大灾难之前的生活结构中的。

因而，对大多数西方国家，以及对 1871—1914 年的大部分时间来说，欧洲战争只是一种历史回忆或关于某个不确定未来的空谈。在这一时期，军队在西方社会的主要功能是非战斗性的。除了英国和美国之外，所有的重要强国当时都实行征兵制，不过并非所有的年轻人都被征召。随着社会主义群众运动的兴起，将军和政客们对于带有革命倾向的无产阶级加入军队，深感不安，事后证明这种不安是多虑了。对于一般征召入伍的士兵而言，他们所感受到的似乎是军队生活的劳苦而非光荣。入伍成为一个男孩的成年仪式，之后将有两三年的辛苦操练和劳役。军装对女孩子具有莫名的吸引力，勉强使服役的苦日子容易忍受一点儿。对于职业军人来说，军旅是一种职业。对于军官来说，它是成人玩的儿童游戏，是他们较平民优越的象征以及阳刚和社会地位的象征。对于将军们来说，如同历史上的惯例，它是政治阴谋和事业猜忌的场所——在军事领袖的回忆录中充斥着这类记载。

对于政府和统治阶级来说，军队不仅是攘外安内的武力，也是取得公民效忠乃至积极热忱的办法，因为有些公民会对群众运动产生令人困扰的同情，而这样的运动又会逐渐损毁社会和政治秩序。和小学一样，兵役或许是政府手上最有力的办法，可借以灌输正当的公民行为，至少可将村落居民转化为国家（爱国）公民。通过学校和兵役，意大利人就算还不会说标准国语，至少也听得懂。而军队也将意大利面这种原本属于贫穷的南方地区的食物，转化成全意大利的习惯。对非战斗性的公民而言，多彩多姿的街头军事表演——游行、仪式、旗帜和音乐——也为他们增添了不少娱乐、灵感和爱国心。对于 1871—1914 年间欧洲非军事性的居民来说，军队最令人熟悉而且无所不在的那一面，或许当推军乐队。公共场合和公园若少了它们，简直不可想象。

自然，士兵偶尔也会执行他们的首要任务。当社会面临危机之际，他们可能被动员来镇压骚动和抗议。各国政府，尤其是那些必须担忧舆论和其选民的政府，通常会小心防范军队射杀民众的可能性。士兵对平民开火的政治后果往往很坏，而士兵拒绝对平民开火的政治后果甚至更危险，如1917年的彼得格勒（Petrograd）事件。不过在这段时期，军队还是经常被动员，在其镇压之下的国内受害者人数已多到无法忽略，即使是在一般认为并未濒临革命的中欧和西欧国家——如比利时和荷兰——也不例外。在像意大利这样的国家，死于军队镇压的人数自然非常可观。

对于军队来说，镇压国内平民是一项安全的任务，但是偶尔爆发的战争，尤其是殖民地的战争却比较危险。不过，这里所谓的冒险是医学上而非军事上的。1898年为美西战争动员的27.4万名美军中，阵亡的只有379人，受伤的只有1 600人，但是死于热带疾病的却不下于5 000人。无怪乎各国政府竭力支持医学研究。在这个时期，医学终于可以相当程度地控制黄热病、疟疾，以及当时仍被称为“白种人坟墓”区的其他祸患。1871—1908年间，法国每年平均在殖民地的开拓中丧失8名军官，包括其中唯一可能导致严重伤亡的越南，在这37年总数约300名的阵亡军官中，有半数死于该地。[7]我们不应低估这些战役的严重性，特别是因为受害者的损失惨重得不成比例。即使对侵略国家来说，这类战争也绝不是乘兴出游。1899—1902年间，英国共派遣15万士兵前往南非，阵亡和受伤致死者共2.9万人，死于疾病的有1.6万人，而花费则高达2.2亿英镑。这样的代价当然不可忽略。不过，在西方国家，士兵的职务危机大致比不上某些平民工人，尤其是运输工人（特别是海运）和矿工。在这段歌舞升平岁月的最后三年间，英国每年平均有1 430名煤矿工人丧生，16.5万名（劳动力的10%以上）受伤。而英国的煤矿意外事故发生率，虽较比利时和奥地利为高，却比法国低一点儿，比德国低30%，而只有美国的 1/3 强。[8] 冒着最大的生命和肢体风险的并非军人这一行。

因此，如果不计英国的南非战争，我们可说强国的士兵和水手，其生涯是相当平静的。不过帝俄和日本军队的情形例外。帝俄在 19 世纪 70 年代与土耳其缠斗，1904—1905 年间又与日本打了一场惨烈战争。日本人则在对中国和俄国的战争中获胜。这样的生涯，仍可在好兵帅克［Schwejk，1911 年哈谢克（Jaroslav Hašek）杜撰的人物］完全没有战斗的回忆和奇事中看出。帅克是奥地利皇家军队著名的第九十一团前士兵。参谋本部自然是尽责备战。他们大多数也照例根据上一次重大战事的经验或回忆来进行战备改良。身为最伟大的海军强国，英国自然对陆上战争只做有限准备。不过，在 1914 年之前几年与法国同盟者安排合作事宜的将军们，越来越明白未来战争对他们的要求会多得多。但是就整体而言，预言战争将因军事技术进展而发生可怕转型的人，是平民而非士兵。将军们，甚至某些在技术方面比较开明的海军将官，对于这些进展的了解也相当迟缓。资深的业余军事家恩格斯常常提醒大家注意他们的迟钝。但是 1898 年在圣彼得堡发表厚达六册的《未来战争的技术、经济和政治诸种方面》（*Technical, Economic and Political Aspects of the Coming War*）的，却是犹太人资本家伊凡 · 布鲁赫（Ivan Bloch）。在这部预言性的著作中，他预测到壕堑战的军事僵局将导致长久冲突，而这种冲突必须付出的经济和人力代价，将使交战国陷入耗竭或社会革命。这本书迅速被翻译成数种语言，但是对军事计划却没有任何影响。

虽然只有某些平民观察家了解未来战争的灾难性，不知情的各国政府却一头栽进军备竞赛中——这种军备的新奇性，足以促成这些灾祸。19 世纪中叶已经逐步工业化的杀伐技术（参见《资本的年代》第四章第 2 节），在 19 世纪 80 年代有了戏剧性的进展，不仅是由于小型武器和大炮的速度、火力在本质上发生了革命，也是因为更有效率的涡轮机、更有效的保护性铁甲和足以承载更多大炮的能力，造成了战舰的改变。附带一提，甚至非战斗性的杀戮也因“电椅”的发明（1890 年）而改变，不过在美国以外的地方，行刑人仍旧坚持使用古老而历经考验的办法，例如绞刑或砍头。

军备竞赛的明显后果之一，便是钱花得越来越多，尤其是因为各国都想跑在前面，或至少不落于人后。这场军备竞赛开始于 19 世纪 80 年代晚期，起初并不激烈；20 世纪逐渐加速，并在第一次世界大战前几年达到高潮。英国的军费开支，在 19 世纪 70—80 年代大致都保持稳定，不论就整体预算所占的百分比或平均每人的负担而言皆如此。但是，随后便从 1887 年的 3 200 万英镑，上升到 1898—1899 年的 4 410 万英镑，以及 1913—1914 年的 7 700 万英镑。其中增长最壮观的显然是海军，因为其投射武器乃是当时的高科技军备。1885 年时，海军花了政府 1 100 万英镑，和 1860 年差不多，然而在 1913—1914 年，这个数字已攀升到四倍之多。德国同期的海军支出增长更是惊人：由 19 世纪 90 年代中期的每年 9 000 万马克，上升到几近 4 亿马克。[9]

这种庞大开支的后果之一，是它们需要较高税收，或是膨胀性借贷，或是两者都要。但是另一个同样明显但往往为人所忽略的后果，是它们已日渐使祖国的毁灭成为大规模工业的副产品。诺贝尔和卡内基这两位认识到是什么使他们成为炸药和钢铁富豪的资本家，想借着将其部分财富用于和平目的以作为补偿。在这件事上，他们是特例。战争和战争产业的共生现象，不可避免地改变了政府和工业之间的关系。因为，正如恩格斯在 1892 年所说："当战争成为大工业的一支时，大工业遂成为政治上的必要条件。"[10] 相反，政府也成为某些工业分支的当然成分，因为除了政府外，还有谁能为军事工业提供顾客？它所生产的货物不是由市场决定，而是由政府间无休无止的竞争所决定，各国政府都想为自己取得最先进因而也最有效的武器供应。更有甚者，各国政府所要求的武器生产，不只限于当前的实际所需，还得应付未来战争的不时之需。也就是说，它们必须让它们的工业维持远超出和平时期所需的生产能力。

无论如何，各国因此不得不保护强大的国家军备工业，承担其技术发展的大部分成本，并使它们获利。换言之，它们必须保护这些工业不受狂风暴雨袭击，这种狂风暴雨会威胁到航行在自由市场和自由竞争大海上的资本主义企业船只。政府当然也可以自己从事军备制造，而且事实上它们早就这么做了。但是在这个非常时期——或至少就自由英国而言——它们宁可与私人企业进行某种合作。19 世纪 80 年代，私人军火商承担了 1/3 以上的军备合约，19 世纪 90 年代提高到 46%，20 世纪第一个十年更上升至 60%。附带一提，当时政府随时预备给他们 2/3 的保证量。[11] 无怪乎军火工厂几乎全为工业巨子所有，或是工业巨子所投资的。战争和资本集中携手并进。在德国，大炮大王克虏伯在 1873 年雇用了 1.6 万名员工，1890 年增加到 2.4 万人，1900 年更达 4.5 万人左右。当 1912 年第 50 万门克虏伯大炮离开工厂时，克虏伯手下共有 7 万名员工。在英国，阿姆斯特朗（Armstrong）公司在其位于纽卡斯尔的主厂中雇用了 1.2 万人，1914 年时，这个数目增加到 2 万人，超过泰恩塞德（Tyneside）地区所有金属业工人的 40%，这还不包括靠阿姆斯特朗公司转包合约维生的1 500家小工厂员工。这些小工厂也很赚钱。

像美国当代的“军事工业复合体”一样，这些巨大的集中工业，如果没有各政府间的军备竞赛，便会变得一文不值。因此，大家往往想让这些“死亡商人”（和平倡议者喜用的词汇）为英国新闻记者所谓的“钢铁和黄金之战”负责。我们是否可以就此推论说军火工业助长了军备竞赛，有必要时还发明国家劣势或“脆弱之窗”的说法，说利润优厚的契约可以消除这些问题。一家专门制造机关枪的德国工厂，设法在法国《费加罗报》（*Le Figaro*）上登了一则新闻，说法国政府计划拥有加倍的机关枪。德国政府于是在1908—1910年订购了价值4 000万马克的同款武器，使这家工厂的股息由20%提高到32%。[12]一家英国工厂辩称其政府严重低估了德国人重整海军军备的进度，促使英国政府决定把战舰数量加倍，而该公司则从每一艘大型军舰身上获得25万英镑的利润。像维克斯公司（Vickers）代理商希腊人巴兹尔·扎哈罗夫（Basil Zaharoff，后来因第一次世界大战期间为协约国服务而被授予爵位）这类温文尔雅但行为可疑的人，特别注意让列强的军火商只把次要和即将过时的产品卖给近东和拉丁美洲诸国，这些国家随时都愿意购买这样的五金器具。简而言之，现代的国际死亡贸易当时已在热烈进行。

可是，就算科技人员的确大力游说陆军将领和海军舰队司令（这些人对阅兵比对科学更熟悉）购买最新的大炮，以免遭全军覆没的命运，我们也不能就用军火制造商的阴谋来解释世界大战。诚然，1914年倒数前5年，军备的积聚已达可怕程度，因而使形势更具爆炸性。诚然，至少在1914年夏天，动员死亡武力的机械作用已无法节制。但是，使欧洲陷入大战的，并不是这种竞赛式的整军经武，而是当时的国际形势。

2

自 1914 年 8 月迄今，大家从未停止讨论第一次世界大战的起因。为了回答这个问题所用掉的墨水、所消耗的纸张、所牺牲的树木以及忙碌的打字机，比回答历史上任何其他问题都多，甚至比有关法国大革命的讨论更多。随着时间流转，随着国内和国际政治转型，这样的讨论也一次又一次重新掀起。在欧洲刚陷入这场大灾祸之初，好战者便开始自问，为什么国际外交未能阻止战祸发生，并且相互指控，认为对方应为战争负责。反战者也立刻展开他们自己的分析。公布了帝俄秘密文件的 1917 年俄国革命，指控帝国主义应为战争负责。战胜的协约国以“德国应负起全部战争责任”作为 1919 年凡尔赛和会的基调，并且推出汗牛充栋的文件和历史著作来讨论这一主题，然而却是相反的看法居多。第二次世界大战自然使这种讨论再度复活。而若干年后，当德意志联邦共和国的左派历史学急切地想要以强调它们自己对于德国责任的看法，以求与保守和纳粹德国的爱国主义正统学说分道扬镳时，这种讨论又死灰复燃。关于危害世界和平的各种争议，自广岛和长崎的原子弹爆炸以来便从未停止过，而且无可避免地想在过去各次世界大战的渊源与当前国际的展望之间，寻找可能的相似之处。虽然宣传家喜欢与第二次世界大战（慕尼黑）的情形做比较，历史学家却越来越为 20 世纪 80 年代和 20 世第一个十年的相似之处感到不安。因此，第一次世界大战的渊源再一次成为亟待解决且切中时宜的问题。于是，任何想要解释（历史学家在这个时期也非解释不可）第一次世界大战为何爆发的历史学家，都陷身于深广澎湃的海域。

不过，我们至少可以删去历史学家不必回答的问题，而让其工作简化一点儿。其中最主要的是“战争罪责”问题。这是属于道德和政治判断的范围，与历史学家关系不大。如果我们的兴趣在于为什么欧洲长达一个世纪的和平会变成世界大战的时代，那么“是谁之过”这个问题便无关紧要。就好像对于研究为什么斯堪的纳维亚战士会在 10 世纪和 11 世纪征服欧洲无数地区的历史学家来说，征服者威廉（William the Conqueror）在法律上站不站得住脚，也是无关紧要的问题一样。

当然，我们往往能将战争的责任归咎于某些方面。很少有人会否认 20 世纪 30 年代德国的姿态基本上是侵略和扩张主义的，而其敌方的姿态基本上是防御性的。也没有人会否认，本书所述时期的帝国扩张战争，如 1898 年的美西战争和 1899—1902 年的南非战争，是由美国和英国挑起的，而非由其受害者引发。无论如何，每个人都知道，19 世纪的各国政府不管如何注意其公共关系，都将战争视为国际政治正常的偶发事件，而且都相当诚实地承认他们很可能会率先采取军事行动。作战部尚未被普遍委婉地称为国防部。

然而，可以绝对确定的是，1914 年以前，没有任何一个强国的政府想打一场全面的欧洲战争。而且和 19 世纪 50 年代与 60 年代不一样，它们甚至不想与另一个欧洲强国爆发有限的军事冲突。足以说明这个情形的事实是：在与列强的政治野心直接抵触的地方，即在殖民地的征服与瓜分之中，它们的无数冲突往往以某种和平安排来化解，甚至最严重的摩洛哥危机（1906年及1911年）也都解除了。到了1914年前夕，殖民地冲突似乎已不再为互相竞争的列强带来不可解决的问题。这个事实甚至被误用来证明：帝国主义的敌对竞争与第一次世界大战的爆发无关。

当然，列强绝不是爱好和平的，更谈不上反战。即使是在它们的外交部竭力想避免一场公认的灾难时，它们还是不曾放弃打一场欧洲战争的准备，只是有些人看不出来罢了。[雷德尔海军上将（Admiral Raeder）甚至宣称：1914年时，德国的海军参谋部并没有对英国作战的计划。[13]] 20世纪第一个十年，确实没有一个政府想要追求唯有诉诸战争或不断的战争威胁才能达成的目的——如希特勒在20世纪30年代所追求的。当法国的盟国俄国先因战争、继以失败和革命而无法动弹之际，德国的参谋长曾提出乘机进攻法国的主张，但未获批准。德国只是在1904—1905年，利用法国暂时孤立无援的黄金机会，对摩洛哥提出帝国主义的要求。这是一个可以处理的问题，没有人想为此挑起一场大战，实际上也不曾。没有任何一个列强政府想打一场大战，不论它多么有野心、多么轻举妄动和不负责任。当老皇帝约瑟夫在1914年向他注定毁灭的臣民宣布战争爆发的消息时，他曾说道："我并不希望这件事发生。"尽管战火是其政府挑起的，但他这句话却是发自肺腑。

我们最多可以说，在缓缓滑向战争深渊的某一点上，战争似乎已变得不可避免，以至于有些政府决定选择一个最佳或至少不是最不利的时刻率先发动战争。有人认为德国自1912年起便在找寻这一刻，事实上也不可能比这更早。1914年的最后危机，是由一件不相干的暗杀所促成——一位奥地利大公在巴尔干半岛深处的一个偏远城市萨拉热窝被一名学生恐怖分子暗杀。在这个危机中，奥地利当然知道它对塞尔维亚的恐吓，是冒了世界大战的风险；决定支持其盟邦的德国，则使大战的发生几无转圜余地。奥地利的陆军部长在7月7日指出："天平的倾斜对我们不利。"难道不该在它倾斜得更厉害之前动手吗？德国人也是这么想。只有在这个严格的意义上，"战争责任"的问题才略具意义。但是，正如这件事所显示的，1914年夏天的危机和之前的无数次都不一样，所有的强权都将和平一笔勾销，甚至英国也不例外——德国人原本期望英国人会保持中立，以便增加它同时打败法国和俄国的机会。[德国的战略，即1905年的"施里芬计划"（Schlieffen Plan）预计先对法国发动猛烈一击，再转而对付俄国。前者意味着将入侵比利时，而这样一来遂给了英国参战的借口。]除非它们都相信和平已遭到了致命伤，否则即使到了1914年，仍然不会有任何列强愿意向和平挥出致命一拳。

因此，挖掘第一次世界大战根源的问题，并不等于找出"侵略者"的问题。第一次世界大战是根源于一种越来越恶化，而且逐渐超出各国政府控制能力的国际形势。慢慢地，欧洲分成两个对立的列强集团。这种和平时期的对立集团，是首次出现的新产物。其形成基本上是由于欧洲出现了一个统一的德意志帝国，这个帝国是在1864—1871年间以外交和战争牺牲了别国的利益而建立（参见《资本的年代》第四章）。它想要以和平的联盟自保，对抗主要的输家法国，而联盟又适时造成反联盟。联盟本身虽然意味了战争的可能性，却不必然导致战争，甚或更容易发生。事实上，德国首相俾斯麦虽然在1871年后的几乎20年间，是多边外交棋赛众所公认的世界冠军，他却是专心致力于维持列强间的和平，并且十分成功。强权集团只有在联盟的对立变成永久性时，尤其是在它们之间的争执变得无法处理时，才会危及和平。这种情形将在下一个世纪发生。但关键是，为什么发生？

在导致第一次世界大战与可能引发第三次世界大战的国际紧张状态（20世纪80年代，人们还在思考如何避免第三次世界大战）之间，有一个重大差异。自1945年起，关于第三次世界大战的主要敌对国家是美国与苏联一事，人们从不怀疑。但是对19世纪80年代的人们而言，1914年的阵容尚无法预测。当然，某些可能的同盟国家和敌对国家很容易看出来。单凭德国在1871年兼并了法国大片地方（阿尔萨斯-洛林）一事，便可知道德国和法国将互相为敌。德国和奥匈帝国联盟的持久性也不难预测。俾斯麦在1866年后缔结这一联盟，因为新德意志帝国内部的政治均衡，必须仰仗多民族的哈布斯堡王朝的存在。俾斯麦看得非常清楚，一旦哈布斯堡王朝崩解为各个民族碎块，不但会导致中欧和东欧国家制度的瓦解，也将毁灭由普鲁士主宰的“小日耳曼”的基础（参见《资本的年代》第一章第2节）。1871—1914年间最持久的外交组织，便是成立于1882年的“三国同盟”（Triple Alliance）。事实上它是德奥同盟，因为作为第三国的意大利不久便告脱离，最后还在1915年加入了反德阵营。

再者，因其多民族问题而卷进巴尔干诸国动乱，而在1878年占领波斯尼亚-黑塞哥维那（Bosnia-Hercegovina）后又牵涉更深的奥地利，显然在那个地区与俄国敌对。[南方的斯拉夫民族，部分是在奥匈帝国奥地利那一半的统治之下（斯洛文尼亚人，住在达尔马提亚的克罗地亚人），部分是在奥匈帝国匈牙利那一半辖下（克罗地亚人、部分塞尔维亚人），部分是属于帝国共同管辖权之下（波斯尼亚-黑塞哥维那），其余是小型独立王国（塞尔维亚、保加利亚和小公国门的内哥罗），或在土耳其统治下（马其顿）。] 虽然俾斯麦尽可能与俄国维持亲密关系，但是可以预见，德国迟早会被迫在维也纳和圣彼得堡之间做一选择，而且它只能选择维也纳。再者，一旦德国放弃俄国，如 19 世纪 80 年代晚期的情形，俄国便会顺理成章地靠向法国，而 1891 年也果真发生了。甚至在 19 世纪 80 年代，恩格斯就已预料到这样的联盟，而它当然是冲着德国来的。因此，到了 19 世纪 90 年代早期，两个强权集团已在欧洲形成了对峙局面。

不过，这种对峙虽然使国际关系更显紧张，却还不至于使全面欧战势所必然。因为法国和德国争议的问题（即阿尔萨斯-洛林）与奥地利没有什么利害关系，而可能导致奥地利和俄国冲突的问题（也就是俄国在巴尔干半岛的影响力有多大），对德国来说并不重要。俾斯麦曾说：巴尔干半岛不值得牺牲一名波美拉尼亚榴弹兵。法国和奥匈帝国之间没有真正的争执，俄国和德国之间也没有。更有甚者，使德国和法国不和的问题虽然永远存在，大多数法国人却根本不认为那值得一战，而导致奥匈帝国和俄国不和的问题虽然（如 1914 年所示）比较严重，却只是间歇发生。结盟系统之所以转化成定时炸弹，主要是由于下列三项发展：不断改变的国际形势因列强之间的新冲突和新野心而愈发不稳；联合作战的想法使集团对峙更显强固，以及第五个强国英国的介入。（没有人担心意大利的背叛变节。说意大利是一个“强权”，只不过是国家间的客套话。）英国在 1903—1907 年，出乎众人，甚至自己的意料，加入了反德阵营。若想了解第一次世界大战的起源，最好追溯英国和德国之间的这种敌对。

对于英国的敌人和盟邦来说，“三国协约”（Triple Entente）都是令人惊讶的。在过去，英国既没有与普鲁士摩擦的传统，也没有任何永久性冲突的理由，与现在称为德意志帝国的普鲁士也一样。另一方面，自1688年起，在任何欧战之中，英国几乎都是与法国为敌。此时的情形虽然由于法国已不再能主宰欧洲大陆而有所不同，但两国间的摩擦仍然不断增加，主要是因为英法两个帝国主义强国，经常得竞相争取同样的地盘和势力范围。例如，它们因埃及而不睦。英法都垂涎埃及，但是英国占领了埃及，外加法国出资修建的苏伊士运河。在1898年的法绍达（Fashoda）危机中，敌对的英法殖民军队在苏丹的偏远地区对垒，战争似乎会一触即发。在瓜分非洲时，一方的获利往往是建筑在另一方的牺牲之上。至于俄国，在所谓“东方问题”的巴尔干和地中海地带，以及在介于印度和俄属中、西亚之间有欠明确且争执激烈的地区（阿富汗、伊朗以及通往波斯湾的区域），大英帝国与专制俄国向来是死敌。俄国人进入君士坦丁堡和向印度扩张的可能性，对于英国的历届外相而言，都是永远挥之不去的噩梦。这两个国家甚至在英国介入的唯一一场19世纪欧战中交锋（克里米亚战争），迟至19世纪70年代，一场英俄战争的可能性仍然不低。

就英国外交政策的一贯模式来说，与德国作战的可能性太遥远，根本不必考虑。英国外交政策的主旨是维持均势，而与任何欧洲大陆强国缔结永久性联盟的做法，似乎都与这项主旨不符。与法国联盟基本上不大可能，而与俄国联盟更是不可思议。可是，再难以置信的事终究也成为事实：英国同法国、俄国缔结永久联盟以对付德国。英国化解了与俄国之间的所有争论，甚至真的同意让俄国占领君士坦丁堡——这一提议随1917年的俄国革命而消失。然而，这项惊人的转型是如何又为何发生的呢？

它之所以发生，是因为传统的国际外交游戏，其参与者和规则都已改变。首先，它进行的地理范围比以前大得多。以前的敌对和竞争（除了英国以外）大致限于欧洲和邻近地区，现在已是全球化和帝国式的——美洲大部分地方不包括在内，华盛顿的门罗主义使美洲注定成为美利坚帝国扩张的场所。必须排解以免它们恶化为战争的国际纠纷，在 19 世纪 80 年代可能因西非和刚果而起，19 世纪 90 年代晚期可能因中国而起，1906 年和 1911 年因西北非和解体中的奥斯曼帝国而起，它们的机会比因任何非巴尔干欧洲而起的可能性更大。再者，现在又加入了新的游戏者。仍然避免欧洲牵累的美国，如今在太平洋上已是一个积极的扩张主义者；日本则是另一位玩家。事实上，1902 年的英日同盟正是走向三国协约的第一步，因为这个新强国的存在（它不久就说明它事实上可在战争中打败俄国），减轻了俄国对英国的威胁，从而加强了英国的地位，连带促使俄英争执的化解成为可能。

国际权力游戏的全球化，自动改变了英国的处境。此前，它是唯一真正具有世界性政治目标的强国。我们可以毫不夸张地说，在 19 世纪的大半时间里，欧洲在英国外交算盘上的功能便是不要出声，以便英国可以在全球进行经济活动。这便是欧洲均势和“不列颠和平”（Pax Britannica）的结合精义。“不列颠和平”是由唯一一支足以横扫全球、控制世界各大洋各航线的海军所担保的。19 世纪中叶，世界上其他国家的所有海军加起来还比不上英国一国。不过到了 19 世纪末，情况已经不同了。

其次，随着全球性工业资本主义经济的兴起，这种国际游戏所下的赌注也与以前大不相同。这并不表示，用克劳塞维茨

（Clausewitz）的名言来说，此后战争只是以其他方式所做的经济竞争。这个看法是当时历史决定论者感兴趣的，因为他们看到许多由机关枪和炮舰所造成的经济扩张实例。不过，这是过分简化的说法。即使说资本主义发展和帝国主义必须对失控的世界性冲突负责，我们也不能据此断言资本家本身是有意识的好战者。对于商业出版物、商人的私人通信和业务通信，以及银行业、商业和工业代言人所发表的公开宣言的研究显示：大多数商人都认为国际和平对他们有利。事实上，只有当战争不会干扰到日常生活时，它才是可以接受的。而年轻的经济学家凯恩斯（当时尚不是经济学的激进改革者）之所以反对战争，不仅是因为它将造成许多朋友丧生，也因为如此一来，人们便无法依循根据日常生活惯例而制定的经济政策。自然，当时也有一些好斗的经济扩张主义者，但是，自由派新闻记者诺曼·安吉尔（Norman Angell）却几乎确切表达了商业人士的一般意见：认为战争有利于资本，是一种“大错觉”。1912 年，他曾以此为名写了一本书。

由于国际和平是资本家——甚至可能是除了军火制造商以外的实业家——繁荣扩张的必要条件，而自由主义的国际商务和金融交易也有赖于此，商人怎么可能希望打扰国际和平？显然，从国际竞争中获益的人没有抱怨的理由。正如今日渗透世界市场的自由贸易对日本没有什么不好一样，德国工业在 1914 年前对它也很满意。那些遭受损失的人自然会要求他们的政府施行经济保护政策，不过这绝不等于呼吁战争。再说，英国这个最大的潜在的输家甚至抗拒这些要求。虽然英国自 19 世纪 90 年代起的确有点儿畏惧叫阵式的德国竞争，以及德国和美国资金的流入英国国内市场，但英国商人仍然压倒性地支持和平。至于英美关系，我们还可进一步讨论。假设单是经济竞争便可促成战争，那么英美的竞争与敌对理应构成军事冲突的准备条件——两次世界大战间歇期的马克思主义者仍然如此认为。然而，正是在20世纪第一个十年，英国总参谋部已不再为英美战争预做任何防范性措施。自此以后，英美冲突的可能性已完全被排除。

可是，资本主义发展不可避免地将世界朝国际竞争、帝国主义扩张、冲突和战争的方向推进。1870年以后，如历史学家所指出：

> 由垄断到竞争的改变，或许是决定欧洲工商企业的最重要因素。经济增长也就是经济斗争，这种斗争将强者和弱者分开，打消某些人的志气而使另一些人坚强，牺牲古老的国家而鼓励新兴、饥饿的国家。原本深信未来将不断进步的乐观心理，已被不确定的剧痛感——最猛烈的剧痛之感——所取代。凡此种种都强化了竞争，也为日益尖锐的竞争所加强，这两种形式的竞争已经合一。[14]

显然，经济的宇宙已不像19世纪中叶那样，是一个环绕着英国这颗恒星运行的太阳系。如果全球金融和商业的交易仍旧（而且事实上越来越）通过伦敦进行，英国却显然不再是“世界工厂”，也不再是其主要的进口市场。相反，它的相对式微已经很明显。好几个相互竞争的国家工业经济彼此对峙。在这种情形下，经济竞争与各国政治乃至军事行动，已经紧密交织，无法分割。大萧条时期保护主义的复兴，是这一合并的第一个后果。从资本的观点来看，政治支持对于抵挡外国侵略可能是必要的，而在国家工业经济互相竞争的地方，或许也不可或缺。从国家的观点来说，自此以后，经济既是国际势力的基础，也是其准绳。在这个阶段，一个“政治强权”若不同时身兼“经济强国”，是不可思议的。这种转变可以由美国的兴起和帝俄的相对削弱得到说明。

相反，经济势力的转移以及随之改变的政治和军事均衡，难道不会引起国际舞台上的角色重新分配吗？显然，一般德国人是这么认为的。德国令人惊愕的工业增长，赋予它强大的国际分量，这是当年普鲁士所比不上的。在 19 世纪 90 年代的日耳曼民族主义者之间，旧日针对法国的爱国歌曲《莱茵河上的警戒》，迅速为《德国至上》的全球性野心所驾凌。《德国至上》事实上已成为德国的国歌，不过尚未正式化。

经济和政治—军事势力的认同之所以如此危险，不仅是因为敌对国家在世界各地竞逐市场和原料，也因为列强对近东和中东这类经济战略要地的控制权，往往是重叠的。石油外交早在 1914 年前便已是中东政局的一大关键要素，胜利属于英国、法国、西方（尚不包括美国）石油公司和一位亚美尼亚代理商卡洛斯特·古本江（Calouste Gulbenkian），他可赚取 5% 的佣金。相反，德国对奥斯曼帝国的经济和战略渗透，不但使英国人发愁，也促成土耳其在战争中加入德国一方。但是，当时局势的新奇之处在于：借助经济和政治的结合，即使是将那些有争议的地区和平划分为若干“势力范围”，也无法平息国际上的敌对竞争。1871—1889 年间，俾斯麦曾以无与伦比的技巧处理这种敌对竞争。如俾氏所深知的，控制它的关键在于刻意限制目标。只要各国政府能够精确说明其外交目的——例如边界移动、王朝婚姻、从他国获得的“补偿”——便可能通过评估和安排来解决。当然，如俾斯麦本人在1862—1871年间证明的，两者都不排除可控制的军事冲突。

但是，资本主义积累的特色，正是它的无限性。标准石油公司、德意志银行、戴比尔斯钻石公司，其自然疆界是在宇宙的尽头，或其能力所能达到的极限。使传统的世界政治结构日趋不稳定的，正是这种世界新模式。虽然列强仍致力于维持欧洲的均势和稳定，可是出了欧洲，即使是最爱好和平的强国，也会毫不犹疑地向弱国挑战。诚然，它们会非常小心地控制住它们的殖民地冲突。它们似乎从未提供大战的导火线，但却无疑促成了国际好战集团的形成。日后的英、法、俄“三国协约”，便是始于英法在1904年取得的“真诚谅解”（Entente Cordiale），这种“谅解”根本就是帝国主义的交易。法国放弃对埃及的权利，以换取英国支持法国对摩洛哥的特权，摩洛哥这个受害者也是德国觊觎的对象。不过，列强毫无例外都想要扩张和征服。英国的问题是，如何在新侵略者辈出的情况下保住其全球霸业，因此，它的姿态基本上是防御性的。尽管如此，英国也出兵攻打南非各共和国，甚至毫不迟疑地打算与德国共同瓜分葡萄牙的殖民地。在全球性的大洋中，所有的国家都是鲨鱼，而所有的政治家都了解这一点。

但是，使世界局势更为险恶的是，众人不自觉地接受了政治势力理应随经济发展无限增加的观念。19世纪90年代，德国皇帝便据此为他的国家要求“利于发展的空间”。俾斯麦当年也曾提出同样的要求，而他实际上为新德国取得的地位，比普鲁士一向所享有的要强大得多。可是，俾斯麦有能力限定他的野心范围，小心地避免事情失控。而对威廉二世来说，那项要求只是没有内容的口号。它只不过正式提出“比例原则”：一个国家的经济越强大，则其人口越多，其民族与国家在国际上的地位便越高。因此，一个国家应得的地位在理论上是没有限制的。德国民族主义者的口号是："今日德国，明日全世界。"这种无限制的能力论可以表现在政治、文化民族主义与种族偏见的言辞之中。但是这三种言辞的有效公分母是一个统计曲线不断攀升的资本主义经济扩张。没有经济扩张做基础，政治要求根本不具意义。比方说，19世纪波兰知识分子坚信他们（那时尚不存在）的国家在世界上负有救世主的使命，但这是没有什么意义的。

就实际层面而言，虽然德国民族主义的煽动言辞带有浓厚的反英性质，但是当时的危险却不在于德国想要取代英国的全球性地位。相反，危险的根源在于一个全球性的强权需要一支全球性的海军，而德国已从1897年开始建立一支庞大的舰队，这支舰队的另一个附加价值，是它所代表的不再是旧日的德国诸邦，而是统一的新德国。它的军官团不再代表普鲁士的乡绅或其他贵族，而代表新兴中产阶级，也就是新国家。提尔皮茨海军上将（Admiral Tirpitz）是扩张海军的倡议者。他否认德国计划建立一支可以打败英国的海军，它想要的只是一支具有威胁性的海军，足以强迫英国支持德国的全球性，尤其是殖民地要求。此外，一个像德国这么重要的国家，能没有一支与之匹配的海军吗？

但是，从英国的观点来看，德国舰队对英国海军的威胁，不只是单纯的数量压力——当时敌对列强的联合舰队总吨位已超出英国甚多（虽然这样的联合是完全不可能的），英国舰队甚至已无法维持它的最低目标：其海军实力必须超出另外两大强国的总和（"两个列强的标准"）。和其他海军不一样的是，德国舰队的基地全在北海，正对着英国，因此它所针对的目标当然是英国。

依英国看来，德国基本上是一个大陆强权，而如哈尔福德·麦金德（Sir Halford Mackinder）这类地缘政治学者所指出的（1904年），这种陆上强国已比英国这个中型岛屿享有更大优势。海上利益对德国当然是有限的，但大英帝国却完全依赖其海上航线，事实上，它也将（除了印度以外的）各个大陆留给陆上强权国家的军队。即使德国舰队完全不做任何举动，它还是会牵制住英国船只，使英国不容易，乃至不可能控制它认为最关键的海域（例如地中海、印度洋以及大西洋海道）。海军之于德国，不过是国际地位和全球野心的象征，对于大英帝国却是生死攸关的事。美洲海域可以（而在1901年确乎）丢给友善的美国，远东海域可以让给美国和日本，因为在这个阶段，这两个强国似乎只有纯区域性的兴趣，而这些区域都与英国的利益无害。然而，德国海军即使是一支区域性的海军（它并无意永久如此），对于英伦各岛和大英帝国的全球性地位都是一种威胁。由于英国主张维持现状，德国主张改变现状，因此就算德国不是有意，也必然会造成英国的损失。这种紧张状态再加上两国间的工业竞争，无怪乎英国会把德国视为其最危险的潜在敌人。于是，它自然会与法国接近，而一旦俄国的威胁又被日本减少到最低程度，它当然也不忌讳与俄国合作。俄国的失败破坏了英国外交大臣们长久以来视为理所当然的欧洲均势，而在人们的记忆中，这种失衡还是第一次。德国成为欧洲最具军事支配力的强国，而它在工业上的成就早已是欧洲各国畏惧的对象。出人意料的英、法、俄"三国协约"，便是在这种背景下形成的。

由"三国同盟"的形成（1882年）到"三国协约"的建立（1907年），花了几乎1/4世纪。我们无须通过错综复杂的细节，去研究它们的发展。我们只需记住，它们说明了帝国主义这一阶段的国际摩擦是全球性和地方性的，没有人（尤其是没有英国人）知道列强之间的利害、恐惧和野心矛盾会把他们带往哪个方向。而且，虽然许多人都感觉到它们将把欧洲带向大战，但没有一个政府知道该如何应对。大家一再想打破这种集团体系，或者至少超越两个集团，建立或恢复友谊关系（英国与德国、德国与俄国、德国与法国、俄国与奥地利）来抵消它。可是，这两个集团被不具弹性的战略和动员计划所增强，越来越显稳固，而欧洲则在经历一连串国际危机之后，终于失控，滑向了战争。1905 年后，这些危机通常都是诉诸战争威胁来解决的。

自 1905 年起，发生于“资产阶级”社会边缘的新一波革命，造成了国际局势的不稳定，而这种不稳定又为即将爆炸的世界添加了新燃料。1905 年的俄国革命暂时使帝俄陷于瘫痪，从而鼓励德国伸张它对摩洛哥的要求，甚至威胁法国。由于英国支持法国，柏林被迫在 1906 年 1 月的阿尔赫西拉斯（Algeciras）会议上让步，毕竟为了一个纯粹的殖民地问题而挑起一场大战是不符合政治利益的，更何况德国海军自认它还不足以与英国海军作战。两年以后，土耳其革命破坏了列强在近东这个活火山悉心建造的国际均势。奥地利利用这个机会正式兼并波斯尼亚-黑塞哥维那，因而引发了与俄国的冲突，直到德国威胁将在军事上支持奥国，这个危机方告化解。1911 年因摩洛哥而起的第二次国际大危机，基本上与革命无关，完全是帝国主义的野心。德国派遣了一艘炮艇，摆好姿势，打算拿下摩洛哥南方的阿加迪尔港（Agadir），但是由于英国威胁要支持法国作战，德国才被迫撤退。至于英国究竟有没有这个意思，却是无关紧要。

阿加迪尔危机说明两大强国间的任何冲突都会将它们带到战争边缘。当土耳其帝国因1911年意大利攻占利比亚，1912年塞尔维亚、保加利亚和希腊着手将土耳其由巴尔干半岛逐出而逐渐崩溃之际，所有的列强都没有任何举动，其原因或是不愿得罪可能的同盟国意大利（意大利此时尚未表明参加哪一方），或是害怕被巴尔干诸国拖进无法控制的情况中。1914年的发展证明了它们当时的态度是多么正确。它们僵在那儿不动，看着土耳其几乎被逐出欧洲，看着获胜的巴尔干小国继续第二次内战，看着它们在1913年重绘巴尔干地图。列强唯一能做的，是在阿尔巴尼亚成立一个独立国家（1913年），并依惯例由一位德国亲王出任君主。下一次的巴尔干危机是发生在1914年6月28日。这一天，奥地利皇储斐迪南大公（Archduke Franz Ferdinand）前往波斯尼亚首都萨拉热窝进行访问。

使形势更具爆炸性的，是这个时期强权的国内政局不断将其外交政策推进到更危险的地带。如前所述（参见第四章及第十二章），各政权原本运作稳定的政治机器，自1905年便开始吱吱作响。在转化为民主公民的过程中，臣民的动员和反动员，越来越不容易控制，也不容易吸收整合。民主政治本身隐含着一个高风险因素，即使像英国这样的国家也不例外，即真正的外交政策并非国会，甚至自由党内阁所能决定的。使阿加迪尔危机从一次欺诈良机转变为一场冲突的关键，是劳合·乔治的一篇公开演讲，这篇演讲使德国除了作战或退却之外别无选择。然而非民主政治甚至更糟。我们能不能说：1914年7月欧洲悲剧性崩溃的主要原因，是中欧和东欧的民主力量无法成功控制其社会好战分子，以及专制君主不肯将权力交给他忠诚的民主子民，而交给那些不负责任的军事顾问？[15] 最糟糕的是，那些无法解决其内政问题的国家，会不会把赌注压在对外战争的胜利之上，以期借此化解内政难题呢？尤其是当他们的军事顾问建议：既然战争已成定局，现在就是最好的开战时机。

虽然英国和法国也有许多困难，它们的情形显然不同于此。意大利的形势或许是如此，不过幸好意大利的冒险主义不足以发动世界大战。德国的情形是这样吗？历史学家反复不断地争论德国内政对其外交政策的影响。似乎是（如同其他列强的情形），群众性的右翼鼓动激化了军备竞赛，尤其是海军。有人则指出，劳工的不安状态和社会民主党的选举胜利，使得统治精英渴望以国外的成功来平息国内的麻烦。诚然，有许多保守分子，如拉提堡公爵（Duke of Ratibor），认为为了重新建立旧日的秩序，必须打上一仗，而 1864—1871 年的情形便是个好例子。[16] 不过，这或许只能证明平民对于其好战将军的主张会减少一点儿怀疑态度。那么，俄国呢？答案是肯定的。在对政治解放做出适度让步之后于 1905 年重建的沙皇政权，大概认为它最有希望的复兴战略，便是诉诸大俄罗斯民族主义和军事光荣。事实上，如果不是军队坚定热切的效忠，1913—1914 年的形势，会比 1905—1917 年间的任一时刻更容易爆发革命。不过，1914 年的俄国显然不希望战争。只是，借助这几年令德国将领颇感畏惧的军事集结，俄国乃得以在 1914 年筹划一场前几年显然无法进行的战争。

然而，有一个强国不得不用军事赌博来赌它的生存，因为如果不这样它似乎注定会灭亡。这个国家就是奥匈帝国。自 19 世纪 90 年代中叶起，奥匈帝国即受困于越来越棘手的民族问题。在这些问题当中，南部斯拉夫民族的问题似乎最难缠也最危险。

首先，因为他们不仅和帝国境内其他拥有政治组织的民族一样麻烦，一样争先恐后地抢夺好处，而且又因它们分属于实施语言弹性政策的维也纳政府和推行严酷马扎尔化的布达佩斯政府，而使情况更为复杂。匈牙利南部斯拉夫民族的鼓动，不仅蔓延到奥地利，更使这个二元帝国一向不怎么和谐的关系日益恶化。其次，因为奥地利的斯拉夫问题无法与巴尔干政治分开，而且自1878年后，由于奥地利占领了波斯尼亚，两者之间的关系更是纠缠不清。再者，由于当时已有一个独立的南部斯拉夫国家塞尔维亚存在（遑论门的内哥罗，一个荷马式的小高地国家，有抢劫的牧羊人、打抢的盗匪、世俗和宗教首领，这些首领喜好派系斗争和英雄史诗），更足以引诱帝国的南部斯拉夫异议者。最后，因为奥斯曼帝国的崩溃几乎注定了奥匈帝国的厄运，除非它可以明确表示它仍是一个无人胆敢骚扰的巴尔干强国。

一直到他临终之际，刺杀斐迪南大公的加夫里若·普林西普（Gavrilo Prinĉip）都不敢相信他那根小小的火柴会引爆整个世界。1914年的最后危机是如此的不可预知，如此的令人伤痛，而在回顾时又如此的令人难忘，因为它基本上是一个奥地利政治事件——维也纳认为它需要“教训一下塞尔维亚”。当时的国际气氛似乎相当平静。1914年6月，没有任何一国的外交部曾预测到任何麻烦，而且这几十年来，公众人物被刺杀已是平常之事。大体上，甚至没有人会在意一个强权欺压一个麻烦小邻国这类事件。然而，就在萨城事件之后五个多星期，欧战爆发了。从那时到今天，约有5000种书籍企图解释这个显然无法解释的事件（除了西班牙、斯堪的纳维亚、荷兰和瑞士以外，所有欧洲国家最后都卷入其中，日本和美国后来也加入了）。接下来的答案似乎清楚而且无关紧要：德国决定全力支持奥地利，也就是不去平息这场危机。其他国家也无情地跟进。因为到了 1914 年，集团间的任何冲突——期望对方让步的任何冲突——都会将它们带至战争边缘。而只要超越过某一点，不具弹性的军事动员便无法挽回。“制止的措施”已无力再制止，只能毁灭。到了 1914 年，任何事件，无论多么不具目的，甚至是一个无能的学生恐怖分子在欧洲大陆被遗忘一角的行动，只要任何一个锁定在集团和反集团系统中的强权决定把它看得很严重，都可以导致这样的冲突。

简而言之，国际危机和国内危机在 1914 年倒数前几年合流。再度受到社会革命威胁的俄国，饱尝复合帝国解体威胁的奥匈帝国，甚至因两极化和政治划分而受到无法动弹之威胁的德国，全都倾向于军事和军事解决办法。甚至法国也不例外。虽然法国上下一致不情愿付税也不情愿花钱大规模重整军备，1913 年选出的总统却呼吁向德国报仇，并且发表好战言论以回应将军们的意见。这些将军如今带着凶狠的乐观，放弃了防守战略，想要横渡莱茵河进行猛攻。英国人喜欢战舰甚于士兵，海军一直为大众所爱，对自由党而言，它是贸易的保护者，是国家的光荣。和陆军的改革不同，海军的恐吓带有政治上的吸引力。甚至政客当中也很少有人认识到：要与法国联合作战表示要有一支庞大的陆军并且实行征兵制，事实上，他们根本没有认真设想海军和贸易战以外的可能。不过，虽然英国政府到最后仍然主和，或者更准确地说，由于害怕造成自由党政府的分裂而拒绝表明立场，但它却不可能考虑置身于战争之外。幸而德国在施里芬计划中蓄谋已久的入侵比利时之举适时发生，给了伦敦一个道德借口，以采行外交和军事上的必然手段。

但是，除了英国以外，所有的好战者都准备以庞大的征兵部队来进行这场战争，那么欧洲的群众对于这场群众战争，又有什么反应呢？ 1914年8月，甚至在战火燃起之前，1 900万，甚至可能5 000万的武装士兵，已在边界上对峙。[17] 当这些平民被征召到前线时，他们抱着什么样的态度？战争对平民会有什么影响，尤其是在——如某些军事家准确预测的——这场战争不会很快结束的情况下？英国人对这个问题特别敏感，因为他们完全依靠志愿兵去增援他们区区 20 个师的职业军人（法国有 74 个师，德国有 94 个师，俄国有 108 个师）；因为其工人阶级的食物主要是来自海外；因为他们极端害怕封锁；因为在战争前几年政府面临了当时人不曾经历过的社会紧张和骚动；也因为爱尔兰具有爆炸性的形势。自由党首相约翰·莫莱（John Morley）认为："战争的气氛不可能有利于带有类似 1848 年情绪的民主制度下的秩序。"[18]（矛盾的是，对于英国工人阶级可能因战争而挨饿的恐惧，使海军战略家联想到可以用封锁的方式，使其人民挨饿来动摇德国。战争期间，他们的确这样做了，而且相当成功。[19]）但是，其他列强的国内气氛也同样困扰着政府。认为 1914 年各国政府之所以迫不及待参战是为了平息内部的社会危机，是错误的。他们最多只能希望爱国心可使严重的抗拒和不合作减低到最低程度。

在这一点上他们是对的。基于自由、人道和宗教的反战立场，以往在实际层面上向来是可以忽略不计的，虽然除了英国以外，没有任何政府愿意接受其国人以良知为由拒服兵役。总体说来，有组织的劳工和社会主义运动，都激烈反对军国主义和战争，而第二国际甚至在 1907 年致力于发动反战的国际性全面罢工。但是冷静的政客并不把这当一回事，虽然一位右翼狂人在大战开始前几天暗杀了伟大的法国社会主义领袖兼雄辩家饶勒斯，因为饶勒斯竭力想挽救和平。主要的社会主义政党都反对这类罢工，因为几乎没有人相信那是可行的，而且无论如何，如饶勒斯所承认的，“一旦战争爆发，我们便不能再采取进一步行动”。[20] 如前所示，虽然警察小心翼翼地列出反战好斗分子的名单，法国内政部长却甚至不屑于拘捕他们。民族主义最初也不是一个严重的异议因素。简而言之，政府的诉诸武力并未遭遇到有效的阻力。

但是，在一个非常重要的方面，各国政府的预估却发生了错误。和反战者一样，各国政府也对爱国热忱的不寻常高涨意外万分。他们的人民竟以这般热忱投入冲突，在这场冲突中，他们伤亡的人数至少有 2 000 万，这还不包括数以百万计的应生婴儿和死于饥饿、疾病的平民。法国官方原先估计会有 5%—12% 的海陆逃兵，但事实上，1914 年时只有 1.5% 的人躲避征募。英国人的政治反战性格最强，它也深植在自由党、工党与社会主义的传统之中，可是在战争最初的 8 个星期，志愿从军者共有 75 万人，接下来的 8 个月又增加了 100 万人。[21] 德国人如大家所预料的，根本不曾萌生违抗命令的想法。“等到战争结束，而我们数以千计的善良同志骄傲地宣称‘我们曾因英勇作战而获颁勋章’之时，谁还敢说我们不爱祖国？”这句话是出自一位好战的德国社会民主党员之口，那时他刚于 1914 年赢得铁十字勋章。[22] 在奥地利，不只是具有支配性的民族为短暂激昂的爱国情绪所震撼。如奥地利社会主义领袖阿德勒所指出的：“甚至在民族斗争中，战争也仿佛是一种拯救，一种不同事物将临的希望。”[23] 甚至在预计会有 100 万逃兵的俄国，在总数 1 500 万的征募者中，也只有几千人抗命。群众追随着国家旗帜，而遗弃了反战领袖。事实上，至少在公众圈中，反战领袖已所剩无几。1914年时，曾有一段很短的时间，欧洲各民族是以愉快的心情去屠杀他人，也为他人所屠杀。第一次世界大战以后，他们再也不曾如此。

他们为那一刻的来临感到意外，但不再为战争的事实感到意外。欧洲已习惯于战争，就像人们看待暴雨将至的心情。就某种意义来说，战争给当时人带来一种解放和释然的感觉，尤其是对中产阶级年轻人而言。这样想的男人也比女人多得多。不过工人相对缺乏这种感受，农民更是。就像人们期待暴风雨能打破厚密云层，洗净空气，战争意味着肤浅妄动的资产阶级社会即将终止，令人生厌的19世纪渐进主义即将终止，宁静与和平的秩序即将终止。这种秩序是20世纪自由主义的乌托邦，也是尼采公然抨击的对象。它就像在大礼堂等待了很久之后，一出伟大而令人兴奋的历史剧终于开幕；在这出戏中，观众便是演员。战争意味着决定。

人们真的认为它是跨越历史界限、标出文明断代、不只是为教学方便而设定的少数日期吗？或许是的，虽然从1914年留下的记录来看，当时人们普遍认为战争很快便会结束，世界将再度回复到1913年的“常态”。爱国和好斗的年轻人，像投入一种新的自然力量般投入战争，“就像泳者跃进纯净之水”。[24] 即使这是他们的幻想，也显示出一种彻底的改变。认为这场战争是一个时代的终结的感觉，或许在政治世界最为强烈。不过很少有人像19世纪80年代的尼采那样，清楚地察觉到“一个怪异的战争、骚动和爆炸的时代”已经开启，[25] 而左派甚至更少有人能像列宁那样，在诠释的过程中，从里面看到希望。对于社会主义者来说，战争是直接的双重灾祸，因为一个致力于国际主义与和平的运动突然崩溃，以至无能为力，而在统治阶级领导下的民族团结和爱国浪潮，不论如何短暂，都在好战国家横扫所有政党，乃至深具阶级意识的无产阶级。而在旧政权的政治家中，至少有一个人看出了一切都已改变。英国外交大臣爱德华·格雷（Edward Grey）在英德开战那一晚，注视着伦敦白厅（Whitehall）的灯光逐渐熄灭，他不禁叹道："全欧的灯光都要灭去了。我们这一辈子是看不到它再亮起来了。"

自1914年8月起，我们便生活在怪异的战争、骚动和爆炸的世界，即尼采预先宣告过的世界。于是，对于1914年前那个时代的记忆，总是笼罩着一层眷恋薄幕，总在模糊之中将它视为一个充满秩序、和平的黄金时代，前途一片光明的黄金时代。不过，这种对旧日的缅怀，是属于20世纪最后几十年而非最初几十年的。在灯光熄灭之前的历史学家从不曾注意它们。他们全神贯注的，也是本书从头到尾全神贯注的，必然是要了解和说明：和平的时代，充满自信的资产阶级文明、财富日渐增长的时代，以及西方帝国的时代，如何在其体内孕育了战争、革命和危机时代的胚胎。这个胚胎终将使它毁灭。

尾声

我真正是生活在黑暗时代！

“天真”这个字眼是愚蠢，舒展的眉表示冷漠。那些笑逐颜开的人尚未收到可怕的新闻。

——**贝尔托特·布莱希特**（Bertolt Brecht），1937—1938 年[1]

之前的几十年，首次被视为一个不断稳定地向前迈进的漫长、几乎黄金色的时代。正如黑格尔所说，只有当一个时代落幕之后，我们才能开始了解它，因而，只有当我们进入下一个时代，才能让自己承认上一个时代的正面特征。我们现在想要强调这个时代的种种麻烦，我们拿它和以前的时代做强烈对比。

——**艾伯特·O. 赫希曼**（Albert O. Hirschman），1986 年[2]

1

如果1913年前欧洲中产阶级分子提到“大灾难”这个字眼，几乎一定是与少数几个创痛事件有关，与他们漫长但大致平静的一生所涉及的少数创痛事件有关，比方说：1881年维也纳的卡尔剧院（Karl theater）在演出奥芬巴赫（Offenbach）的《霍夫曼的故事》（*Tales of Hoffmann*）时不幸失火，导致1 500人丧生；或是泰坦尼克号（Titanic）邮轮沉没，其受难者也大致是这个数目。影响到穷人生活的更严重灾难——如1908年的墨西拿（Messina）大地震，这次地震比1905年的旧金山地震更严重，却更不受关注——以及永远跟着劳动阶级的生命、肢体和健康的风险，往往仍引不起公众关注。

可是1914年以后，我们可以大致肯定地说：即使是对那些在私生活中最不容易遭遇灾祸的人而言，“大灾难”这个词也一定代表其他更大的不幸事件。克劳斯在他批判性的时事剧中，将第一次世界大战称为“人类文明的末日”。事实虽不至于此，但在1914—1918年前后，曾在欧洲各地以及非欧洲广大世界度过其成年生活的人，都不可能不注意到，时代已经发生了戏剧性改变。

最明显而直接的改变是，世界史如今似乎已变成一连串的震荡动乱和人类剧变。有些人在短短的一生经历过两次世界大战、两次战后的全球革命、一段全球殖民地的革命解放时期、两回大规模的驱逐异族乃至集体大屠杀，以及至少一次严重的经济危机，严重到使人怀疑资本主义那些尚未被革命推翻的部分的前途。这些动乱不但影响到战争地带，更波及距欧洲政治动乱相当遥远的大陆和国家。再没有谁比走过这段历史之人更不相信所谓的进步或不断提高了。一个在1900年出生的人，在他或她还没活到有资格领取退休养老金的年纪，便已经亲身经历过这一切，或借由大众媒体同步经历了这一切。而且，动乱的历史模式还会继续下去。

在1914年前，除了天文学外，唯一以百万计的数字是各国的人口以及生产、商业和金融数据。1914年后，我们已习惯于用这么惊人的单位来计算受难人数，甚至只是局部战争（西班牙、朝鲜半岛、越南）的伤亡人数（较大的战争死伤以千万计），被迫迁移或遭放逐者（希腊人、德国人、印度穆斯林、剥削贫农的富农）的人数，乃至在种族大屠杀中遇难者（亚美尼亚人、犹太人）的数目，当然少不了那些死于饥馑和流行性传染病的人数。由于这些数字往往缺乏精确记录或无法被人们接受，因此引发过不少激烈争辩。但是争辩的焦点不过是多几百万或少几百万。即使是以我们这个世纪世界人口的迅速增长，也不能完全解释这些天文数字，更不能赋予它们正当理由。它们大多数是发生在人口增长速度没那么快的地区。

这种规模的大屠杀远超过19世纪人们的想象范围，当时就算真有类似事件，也一定是发生在进步和“现代文明”范围以外的落后或野蛮世界，而在普遍（虽然程度不等的）进步的影响下，这种行为注定会减少。刚果和亚马孙的暴行，依现代标准来说虽然不算十分残酷，却已使帝国的年代大为震撼［参看康拉德所著《黑暗之心》（*Heart of Darkness*）］，因为它们代表文明人将退回到野蛮。我们今日习以为常的事态——比方说，刑讯再度成为文明国家警察所用的方法之一——如果发生在上一个世纪，不仅会深受舆论攻击，也会被视为回复到野蛮作风，违反了自18世纪中叶以来的历史发展趋势。

1914 年以后，大规模的灾祸和越来越多的野蛮手段，已成为文明世界一个必要的和可以预见的部分，甚至掩盖了工艺技术和生产能力持续而惊人的进步，乃至世界上许多地区人类社会组织无可否认的进步，一直要到 20 世纪第三个 25 年发生了世界经济大跃进，这些进步才不再为人忽略。就人类的物质进步和对自然的了解控制而言，把 20 世纪视为进步的历史似乎比 19 世纪更令人信服。因为，即使欧洲人成百万地死去和逃亡，留下来的人却越来越多，也越来越高大、健康和长寿。他们大多数也生活得更好。但是，我们却有充分理由不再把我们的历史放在进步的轨道上。因为，甚至当 20 世纪的进步已绝对无可否认时，还是有人预测未来不会是一个持续上升的时代，而是可能甚或马上就会大祸临头：另一次更致命的世界大战、生态学上的灾祸、可能毁灭环境的科技胜利，乃至眼前的噩梦可能造成的任何事故。我们这个世纪的经验，已经教会我们活在对天启的期待中。

但是，对于走过这个动乱时代的资产阶级来说，这场灾难似乎不是一个横扫一切的意外剧变或全球性飓风。它似乎特别是冲着他们的社会、政治和道德秩序而来。它的可能后果是资产阶级自由主义无法预防的，也就是群众社会革命。在欧洲，战争不只是造成了莱茵河以东和阿尔卑斯山西麓每一个国家和政权的崩溃和危机，也诞生了一个史无前例的政权，这个政权一步步有系统地将这场崩溃转化为全球资本主义的颠覆、资产阶级的毁灭和社会主义国家的建立。这个政权，便是在沙皇俄国崩溃之后建立的俄国共产党政权。如前所述，在理论上致力于这个目的的无产阶级群众运动，在“已开发”世界的大部分地区均已存在，但拥有议会制度的国家政客，断定它们不可能真正威胁到现状。不过，战争、崩溃和俄国革命加在一起，已经使这个危险步步逼近，而且几乎势不可当。

布尔什维克主义的危险不但主宰了 1917 年俄国革命以后紧接下来那些年的历史，也主宰了自此之后的整个世界历史。它甚至为长期的国际冲突添上内战和意识形态战争的外衣。截至 20 世纪后期，它仍旧（至少是单方面地）支配着超级强权的冲突辞令，虽然只要瞄一眼 20 世纪 80 年代的世界，便知道当时根本不可能爆发单一的全球革命，这场革命据说将打倒国际术语中的“已开发市场经济”；尤其不可能导致一场由单一中心所发动的全球性单一革命，这场革命旨在建立一个整体的、不愿意或不可能与资本主义共存的社会体系。第一次世界大战后的历史，是在列宁真实或想象的阴影中塑造而成的，正如西方 19 世纪的历史，是在法国大革命的阴影中形成一样。这两段历史最后都脱离了覆盖其上的阴影，但并不彻底。正如 1914 年的政客们甚至还在臆测“战前那些年的心情是否和 1848 年相似”一样，20 世纪 80 年代在西方或第三世界任何地方，如果有某一政权被推翻，大家便会对“马克思主义的势力”重新燃起希望或恐惧。

世界并未社会主义化，虽然在 1917—1920 年间，不仅列宁认为它很可能发生，甚至资产阶级的代表人物和统治者，也认为这是必然的趋势。有好几个月，甚至欧洲的资本家，至少是他们思想上的代言人和行政官员，似乎都已放弃希望，静待死亡。因为他们面对着自 1914 年起力量大增的社会主义无产阶级运动，而且在德国、奥地利等国，这类运动已成为该国旧日政权崩溃以后仅存的有组织的支持力量。不管什么都比布尔什维主义好，即使是和平让位。有关社会主义的广泛辩论（主要发生在 1919 年），例如经济应进行多大程度的社会主义化、如何将它社会主义化，应该赋予无产阶级多少新权力等，并不是为了争取时间的战术性举动。它们只是顺势发展的结果，因为这个制度的严重危机时期很短（不论真正的或想象的），根本不需要采取任何剧烈步骤。

由今视昔，我们可以看出当时的惊恐是被过分夸大了。最可能发生世界革命的那个时刻，也不过只在一个异常衰弱和落后的国家里，留下唯一的共产党政权。这个国家的主要资产在于广大的幅员和丰富的资源，这些将在日后使它成为一个政治的超强力量。它也留下了反帝国主义、现代化和农民革命的相当潜力（当时主要在亚洲引起了共鸣），以及追随列宁的 1914 年前的社会主义和劳工运动。在第二次世界大战之前的工业国家，这些共产主义运动通常代表劳工运动的少数派。日后的发展可以证明，"已开发市场经济"的诸经济和社会是相当坚强的。要不然它们不大可能从 30 多年的历史风暴中平安脱身，未曾爆发社会革命。20 世纪到目前为止仍充满了社会革命，在它终结之前可能还有更多。但是已开发的工业社会对它所具有的免疫力，远超过其他社会，只有当革命变成军事失败和征服的副产品时，才有可能在这些国家发生。

因此，虽然有一阵子甚至连维护世界资本主义主要防御工事的人，都认为它行将崩溃，但革命却不曾摧毁它。旧日的秩序战胜了这项挑战。但是在对抗之际，它已将自己（也必须将自己）转化成与 1914 年判然有别的样子。因为，1914 年判然有别以后，资产阶级自由主义在面对杰出自由主义历史学家伊利·阿列维（Elie Halévy）所谓的"世界危机"时，显得完全不知所措。它要不就让位，要不就等着被推翻。否则，它便得同化成某种非布尔什维克、非革命性的“改革式”社会民主政党。1917年后，这样的政党果真在西欧出现，并成为延续社会和政府的主要护卫者，因此遂由反对党变成可能或实际的执政党。简而言之，它可以消失或使人认不出来。但是旧日的形式已无法再存在。

意大利的焦利蒂（参见第五章）是第一种命运的例子。如前所述，他异常成功地“处理了”20世纪第一个十年的意大利政治：安抚并驯服劳工，收买政治上的支持者，有欠光明地处理公务，让步并避免冲突。在其国内战后的社会革命形势中，这些战术已完全不管用。资产阶级社会的稳定重建，是凭借了武装的中产阶级“民族主义”和“法西斯主义”。它们正式向无法凭一己之力酿成革命的劳工运动挑战。（自由主义的）政客支持它们，想要将它们整合进自己的系统之中，但是徒劳无功。1922年法西斯接管政府，此后，民主政治、议会、政党和旧日的自由主义政客均被淘汰。意大利的情形只是许多类似情形中的一个。1920—1939年间，议会民主制度几乎从绝大多数的欧洲国家消失，不论是非共产党国家还是共产党国家。[1939年时，在27个欧洲国家当中，可以称得上是具有代议制民主政治的，只有英国、爱尔兰自由邦、法国、比利时、瑞士、荷兰和4个斯堪的纳维亚国家（芬兰刚刚加入）。除了英国、爱尔兰自由邦、瑞典和瑞士以外，这些民主政体不久均在法西斯德国的占领下或因与法西斯德国联盟而暂时消失。]

之前也讨论过的凯恩斯（参见第七章），是第二种选择的例子。最有趣的是，他实际上终其一生都是英国自由党的支持者并且自视为“受过教育的资产阶级”的一员。在年轻的时候，凯恩斯是一位几近完美的正统派。他正确地意识到：第一次世界大战既毫无意义，也与自由经济和资产阶级文明无法相容。当他在1914年出任战时政府的专业顾问时，他赞成对“正常状态”尽量少加干扰。再者，他认为伟大的（自由党）战时领袖劳合·乔治，就是因为凡事都迁就军事胜利，才把英国带入经济地狱。（他对于抵抗法西斯德国的第二次世界大战，自然会持有不同的态度。）当他看到欧洲大多数地区和他视之为欧洲文明的事物在失败和革命中崩溃，虽然感到十分惊骇，但是并不意外。再一次，他正确地断定：战胜国强加给德国的政治性条约，会妨碍德国（因而也包括欧洲）在自由主义的基础上回复到资本主义的稳定状态。眼看着战前“美好时代”（也就是他和他那批剑桥朋友非常喜欢的时代）无可挽回地步向消亡，凯恩斯遂立志将他可观的才智、创造力和宣传天才，全部投注在寻找一种从资本主义手中挽救资本主义的办法。

因此，他便在经济学上创造了革命。经济学在帝国的年代是与市场经济结合最密切的一门社会科学，而且它也躲掉了其他社会科学明显感受到的危机之感（参见第十章）。危机，首先是政治的危机，而后是经济的危机，便是凯恩斯重新思考自由主义正统学说的基础。他成为主张由国家来管理、控制经济的急先锋，尽管凯恩斯显然献身于资本主义，但他倡议的那种经济如果放在1914年前，必然会被每一个“已开发”工业经济中的每一个财政部视为社会主义的前奏。

我们之所以特别把凯恩斯挑出来讨论，是因为他有系统地提出了一套日后在思想和政治上最具影响力的主张，说明资本社会如想要生存，就必须把整体的经济发展交由资本主义国家控制、管理，乃至计划，如有必要，还得将自己转化为混合式的公／私经济。这种学说在1944年后很受改革派、社会民主与激进民主派的理论家和政府的支持。只要它们（例如斯堪的纳维亚国家）还不曾独创出这样的构想，便会热诚地予以采纳。因为1914年以前的那种自由放任式资本主义已经死亡的教训，大家几乎都已在两次世界大战间歇期的大萧条岁月中领受到了，甚至拒绝为其新理论更换标志的人也领受到了。自20世纪30年代起，整整有40年之久，支持纯粹自由市场经济学的知识分子都是孤立的少数，除了那些支持自由市场经济学的商人。那些商人因为过分关注自身的特殊利益，所以无法在整个体系当中找出最有利于他们的位置。

大家必须接受这个教训，因为20世纪30年代大萧条的替代物，不是市场引发的复苏，而是崩溃。这场崩溃并不是革命分子所希望的资本主义的“最后危机”。但是，它或许是一个基本上借由周期性起伏运作的经济制度有史以来唯一一次真正危及制度本身的经济危机。

因此，从第一次世界大战前夕到第二次世界大战余绪之间的岁月，是一个充满危机和骚动的时期。帝国时代的世界模式在各种蓬勃发展的力量撕扯下宣告崩溃，之前那段漫长的歌舞升平的繁荣，静静地形成了这些蓬勃发展的力量。是什么崩溃了？答案很清楚。崩溃的是自由主义的世界体系，以及19世纪资产阶级社会视之为任何“文明”皆热切渴望的标准。毕竟，这是法西斯主义的时代。在20世纪中叶以前，未来是什么样子尚不清楚，就算新的发展或许可以预料，但也因为它们与人们在骚动时代所习以为常的事物非常不同，以至于人们几乎过了30年的时间才认识到当时发生了什么。

2

后续那个崩溃转型时代并且持续至今天的这段时期，就影响世上一般男女（其数目在工业化世界以史无前例的速度增加）的社会转型而言，或许是人类所经历过的最具革命性的一个时期。自从石器时代以来，世界人口第一次不再由靠农业和家畜维生的人所构成。全球除了撒哈拉以南的非洲和南亚的1/4地区之外，农民在这个阶段都是少数，而在“已开发”国家，更是极少数。这种现象是在短短的一代人之中发生的。于是，世界——不只是旧日的“已开发”国家——已经都市化。包括大规模工业化在内的经济发展，以1914年以前不可思议的方式迈向国际化或在全球进行重新分配。当代的科技，依靠内燃机、晶体管、微型计算机、到处可见的飞机、小小的自行车，已经渗透到地球这颗行星的最偏远角落。甚至在1939年，也很少有人想象到商业会如此没有止境。至少在西方资本主义的“已开发”国家中，社会结构，包括传统的家庭和家族结构在内，已经产生戏剧化动摇。于今回顾，我们可以发现：使19世纪资本主义社会得以运作的事物，多半都是从过去继承或接收过来的，然而其发展的过程又适合将这个过去毁灭。就历史的标准而言，这一切都发生在一个令人难以置信的短时期之内，不超过第二次世界大战期间出生的男女的记忆范围。它们是人类所经历过的最大规模和最不寻常的世界经济扩张的产物。在马克思和恩格斯发表《共产党宣言》之后的100年，他们对于资本主义社会结局的预言似乎已经兑现。但是，尽管他们的信徒已经统一了世上 1/3 的人类，他们所预言的无产阶级将推翻资本主义一事，却未实现。

显然，对这个时期而言，19 世纪的资本主义社会与伴随它的一切，都属于那个不再具有直接决定性的过去。但是，19 世纪和 20 世纪晚期都是这个漫长的革命性转型期的一部分。在 18 世纪的最后 25 年，这种转型的革命性质已可辨认出。历史学家可以注意下面的奇怪巧合：20 世纪的超级繁荣距离 19 世纪的伟大繁荣整整 100 年（1850—1873 年，1950—1973 年），于是，20 世纪晚期的世界经济困境，正好在 19 世纪大萧条之后的 100 年展开。但是，这些事实之间没有任何关联，除非将来有人可从中发现某种有规律性的经济周期，然而这是相当不可能的。要解释困扰 20 世纪 80 年代或 20 世纪 90 年代的事物，我们不需要追溯到 19 世纪 80 年代。

可是，20 世纪晚期的世界仍然是由资产阶级的世纪所塑造，尤其是由本书所探讨的“帝国的年代”所塑造，确确实实地塑造。比方说，日后为 20 世纪第三个 25 年的全球繁荣提供国际架构的世界金融安排，是那些在 1914 年便已成年的人在 20 世纪 40 年代协商出来的。而主宰这些人的历史经验，正是帝国的年代走向崩溃的那 25 年。在 1914 年已经是成人的最后几个重要政治家或国家元首，要到 20 世纪 70 年代方才逝世（例如毛泽东、铁托、佛朗哥、戴高乐）。但更重要的是，今日的世界乃是由帝国的年代及其崩溃留下的历史景观所塑造的。

这些遗产中最明显的一项，是世界被划分为社会主义国家（或以此自称的国家）与非社会主义国家。基于我们在第三章、第五章和第十二章中尝试概述的原因，马克思的思想影响了 1/3

以上人类的生活。不论前人曾对从中国诸海到德国中部的欧亚大陆，外加非洲和南北美洲少数几个地区的未来做过什么样的预测，我们都可相当有把握地说：那些自称实现马克思预言的政权，一直到群众社会主义劳工运动出现之前，皆不曾出现在前人展望的未来之中。它们所呈现的模式和意识形态，接着启发了落后、附属或殖民地区的革命运动。

同样明显的另一项遗产，是世界政治模式的全球化。如果说那些习惯被称作“第三世界”的国家（附带一提，这些国家不赞同“西方列强”），已构成20世纪后期联合国的大多数成员，那是因为它们绝大多数都是帝国时代列强分割世界的遗留物。法国殖民地的丧失大约产生了20个新国家，从大英帝国殖民地衍生出来的国家更多。而至少在非洲（在写作本书之时，非洲有超过50个在名义上独立自主的政治实体），所有的新国家都沿用根据帝国主义协商所划定的疆界。再者，如果不是由于帝国时代的发展，我们很难想象在20世纪晚期，这类国家受过教育的阶级和政府，大多数皆使用英语或法语。

另一项较不明显的遗产，是所有的国家都应以（其本身也以）“民族”来形容。我在前面曾经说过，这不仅是因为“民族”和“民族主义”的意识形态（一项19世纪欧洲的产物）可以充当殖民地解放的意识形态，而殖民地的西化精英分子也的确为了这个目的才将其引进；同时也因为在这段时期，“民族国家”的概念适用于各种大小的类似群体，而不像19世纪中叶的“民族原则”开拓者所认为的那样，只适用于中型或大型的民族。在19世纪晚期以后诞生的大多数国家（而自威尔逊总统之后，也被授予“民族”的地位），几乎都是面积不大、人口不多的国家，而在列强殖民地纷纷丧失之后，更出现许多小国。（20 世纪 80 年代早期，有 12 个非洲国家人口低于 60 万人，其中还有两个不到 10 万人。）就民族主义已渗透到旧日的“已开发”世界之外来说，或者就非欧洲政治已吸收了民族主义而言，帝国时代的传统仍然存在。

帝国时代的余波也同样出现在传统西方家庭关系的转型之中，尤其是在妇女的解放上。无疑，这些转型自 20 世纪中叶起，比之前任何时代的规模都大得多，但事实上，“新女性”一词正是在帝国时代才首次成为一个具有重大意义的现象，而致力于妇女解放的政治和社会群众运动，也是在当时才发展成不可忽视的政治力量，尤其是劳工和社会主义运动。西方的女权运动在 20 世纪 60 年代可能已进入一个崭新而旺盛的阶段，其原因或可归功于妇女（尤其是已婚妇女）大量从事家庭以外的工薪工作。然而，这只是一项重大历史性发展的一个阶段。这项发展可以追溯到本书所述时期，而且从实际层面考虑，也无法追溯得更早。

再者，如本书尝试说明的，今日的大众文化都会特色，从国际性的体育比赛到出版物和电影，多半都是诞生于帝国时代。甚至在技术上，现代媒体也不是全然新创的，而是把引自帝国时代的两种基本发明物——机械性的复制声音和活动影像——使用得更普遍、更精巧。

3

今日我们的生活，有许多方面仍是承继 19 世纪，特别是帝国的年代，或由其所形塑。想要找出这些方面并不困难，读者无疑可举出许多例证。但是回顾19世纪的历史，这便是能有的主要见解吗？老实说，直到今天我们还是很难平心静气地回顾这个世纪，回顾这个由于创造了现代资本主义世界经济，从而创造了世界历史的世纪。对于欧洲人来说，这个时代特别容易使人动感情，因为它是世界史上的欧洲时代。而对英国人来说，它更是独一无二的，因为英国是这个时代的核心，而且不仅限于经济层面。对于北美洲的人来说，在这个世纪，美国不再只是欧洲外围的一部分。对于世界上其他民族来说，在这个时代，其以往的所有历史，不论有多悠久、多杰出，都到了必须停止的时候。1914年后他们将遭遇些什么，回应些什么，都已暗示在第一次工业革命到1914年之间的机遇里。

这是一个改造世界的世纪。它所造成的改变虽比不上20世纪，但是由于这种革命性和持续性的改变在当时是史无前例的新现象，因此显得更为惊人。在回顾之际，这个资产阶级和革命的世纪，似乎是突然上升到我们的视线之内，正好像纳尔逊的作战舰队已准备好随时采取行动，甚至在我们看不见的地方，两者之间的相似性也很高：瘦小、贫苦、满身鞭痕、酒气冲天的军舰水手，靠着生了虫的干面包维生。在回顾中，我们也认识到：那些创造这个时代并且逐渐参与其中的“已开发”西方世界，知道它注定会有不寻常的成就，并认为它必定可以解决所有的人类问题，消除它道路上的所有障碍。

不管是过去还是未来，没有任何一个世纪像19世纪那样，男男女女都对今生抱有那么崇高、那么理想主义的期望：天下太平；由单一语言构筑的世界文化；不仅追求同时也可解答宇宙大多数基本问题的科学；将妇女从其过去的历史中解放出来；借由解放工人进而解放全人类；性解放；富足的社会；一个各尽所能、各取所需的世界。凡此种种，都不仅是革命分子的梦想。顺着进步之路迈向乌托邦理想境界，是这个世纪的基本精神。当王尔德说不包括乌托邦的地图不值得要时，他不是在开玩笑。他是在替自由贸易者科布登（Cobden）和社会主义者傅立叶（Fourier）说话，替格兰特总统（President Grant）和马克思（马克思不排斥乌托邦理想，但不接受它的蓝图）说话；替圣西门（Saint-Simon）说话——圣西门的“工业主义”乌托邦，既不能算是资本主义也不能算是社会主义，因为它兼具两者。19 世纪最典型的乌托邦，其创新之处在于：在其间，历史不会终止。

资产阶级希望通过自由主义的进步，达到一个在物质上、思想上和道德上皆无穷进步的时代。无产阶级或其自命的代言人，则期盼经由革命进入这样的时代。尽管方法不同，但两者的期望是一致的。在这个资产阶级的世纪，最能表达其文化希望，传述其理想之声的艺术家，是像贝多芬这样的人。因为贝多芬是奋斗成功的代表人物，他的音乐征服了命运的黑暗力量，他的合唱交响乐以解放人类精神为极致。

如前所述，在帝国的年代中，曾有一些既深刻又具影响力的声音预言了不同的结果。但大体说来，对于西方多数人而言，这个时代似乎已较任何时刻更接近这个世纪的承诺。自由主义通过物质、教育和文化的改进，实践其承诺；革命承诺的实践则借助了新兴的劳工和社会主义运动，借助了它们的出现，它们所集结的力量，以及它们对未来胜利的坚定信念。如本书所尝试说明的，对某些人而言，帝国的年代是一个不安和恐惧日增的时代。但是，对于生活在资产阶级变动世界中的大多数男男女女而言，它几乎可以确定是一个充满希望的时代。

我们现在可以回顾这一希望。我们现在仍可分享这一希望，但不可能不带着怀疑和不确定的感觉。我们已经看到，有太多乌托邦承诺的实现并未带来预期的结果。我们已经生活在这样的时代，在这个时代的大多数先进国家当中，现代通信意味着运输和能源已消除了城乡的差异。在从前人的观念中，唯有解决了所有问题的社会才可能办到这一点。但是我们的社会显然不是如此。20 世纪已经历了太多的解放运动和社会狂喜，以至对它们的恒久性没有什么信心。我们之所以还存希望，因为人类是喜欢希望的动物。我们甚至还有伟大的希望，因为纵然有相反的外表和偏见，20 世纪在物质和思想进步上（而在道德上和文化进步上则未必）的实际成就，是异常可观而且无法否认的。

我们最大的希望，是为那些从恐惧和匮乏之下解放出来的自由男女，创造一个可以在善良的社会中一道过好日子的世界。我们还可能这样希望吗？为什么不？ 19 世纪告诉我们：对完美社会的渴望，不可能由某种预先划定的设计图（摩门教式、欧文式等）予以满足。即使这样的新设计会是未来的社会蓝本，我们也不可能在今天就知道或决定它将是什么样子。找寻完美社会的目的，不是要让历史停止进行，而是要为所有的男男女女打开其未知和不可知的种种可能性。在这个意义上，对人类而言幸运的是，通往乌托邦之路是畅通无阻的。

但是我们也知道，这条路是可能被阻塞的：被普遍的毁灭所阻塞，被回归野蛮所阻塞，被 19 世纪所热望的希望和价值观的瓦解所阻塞。历史——这一君临 19 世纪和 20 世纪的神力，不再如男男女女过去认为的那样，给予我们坚实的许诺，许诺人类将走入想象中的幸福之地，不论这个地方的确切形貌如何。它更不能保证这种幸福的境界真的会出现。历史的发展可能全然不同。我们知道这点，因为我们是生活在 19 世纪所创造的世界中。而我们也知道，19 世纪的成就虽然巨大，这些成就却非当日所预期或梦想的。

然而，就算我们不再能相信历史所承诺的美好未来，我们也不必认定历史必然走向错误。历史只提出选题，却不对我们的选择预做评估。21 世纪的世界，将是一个比较美好的世界，此中证据确凿，不容人所忽略。如果世人能够避免自我毁灭的愚蠢行为，这个成就获得实现的百分比将更高。然而，这并不等于确定无疑。未来唯一可以确定的事，是它将出乎人们的意料，即使是目光最远大的人的意料。

注释

序曲

1

P. Nora in Pierre Nora (ed), *Les heux de la memoire,* vol I, *La Répubhque* (Paris, 1984), p. xix.

2

G. Barraclough, *An Introduction to Contemporary History* (London, 1964), p. 1.

第一章　百年革命

1

Finlay Peter Dunne, *Mr Dooley Says* (New York, 1910), pp. 46-7.

2

M. Mulhall, *Dictionary of Statistics* (London, 1892 edn), p. 573.

3

P. Bairoch, ‘Les grandes tendances des disparites economiques nationales depuis la Revolution Industnelle’ in *Seventh International Economic History Congress, Edinburgh 1978 Four'A' Themes* (Edinburgh, 1978), pp. 175-86.

4

See V. G. Kiernan, *European Empires from Conquest to Collapse* (London, 1982), pp. 34-6, and D. R. Headrick, *Tools of Empire* (New York, 1981), *passim.*

5

Peter Flora, *State, Economy and Society in Western Europe 1815-1975: A Data Handbook,* I (Frankfurt, London and Chicago, 1983), p. 78.

6

W. W Rostow, *The World Economy History and Prospect* (London, 1978), p. 52.

7

Hilaire Belloc, *The Modern Traveller* (London, 1898), p. vi.

8

P. Bairoch *et al, The Working Population and Its Structure* (Brussels, 1968) for such data.

9

H. L. Webb, *The Development of the Telephone in Europe* (London, 1911).

10

P. Bairoch, *De Jéricho à Mexico Villes et économie dans l'histoire* (Paris, 1985), partie C, *passim* for data.

11

Historical Statistics of the United States, From Colonial Times to 1957 (Washington, 1960), census of 1890.

12

Carlo Cipolla, *Literacy and Development m the West* (Harmondsworth, 1969), p. 76.

13

Mulhall, *op cit,* p. 245.

14

Calculated on the basis *of ibid,* p. 546, *ibid,* p. 549.

15

Ibid, p. 100.

16

Roderick Floud, 'Wirtschaftliche und soziale Einflusse auf die Korpergrossen von Europaern seit 1750', *Jahrbuch fur Wirtschqftsgeschchte* (East Berlin, 1985), 11, pp. 93-118.

17

Georg v. Mayr, *Statistik und Gesellschaftslehre,* II: *Bevolkerungsstatistik,* 2(Tubingen, 1924), p. 427.

18

Mulhall, *op. cit.*, 'Post Office', 'Press', 'Science'.

19

Cambridge Modern History (Cambridge, 1902), Ⅰ, p. 4.

20

John Stuart Mill, *Utilitarianism, On Liberty and Representative Government*(Everyman, edn, 1910), p. 73.

21

John Stuart Mill, 'Civilisation' in *Dissertations and Discussions* (London, n. d.), p. 130.

第二章　经济换挡

1

A. V. Dicey, *Law and Public Opinion in the Nineteenth Century* (London, 1905), p. 245.

2

Cited in E. Maschke, 'German Cartels from 1873-1914' in F. Crouzet, W. H. Chaloner and W. M. Stern (eds.), *Essays in European Economic History* (London, 1969), p. 243.

3

From 'Die Handelskrisen und die Gewerkschaften' , reprinted in *Die langen Wellen der Konjunktur. Beitrage zur Marxistischen Konjunktur-und Knsentheorie von Parvus, Karl Kautsky, Leo Trotski und Ernest Mandel* (Berlin, 1972), p. 26.

4

D. A. Wells, *Recent Economic Changes* (New York, 1889), pp. 1-2.

5

Ibid., p. vi.

6

Alfred Marshall, *Official Papers* (London 1926), pp. 98-9.

7

C. R. Fay, *Cooperation at Home and Abroad* (1908; London, 1948 edn), 1, pp. 49 and 114.

8

Sidney Pollard, *Peaceful Conquest: The Industrialization of Europe 1760-1970* (Oxford, 1981), p. 259.

9

F. X. v. Neumann-Spallart, *Ubersuhten der Weltwirthschaft, Jg. 1881-82* (Stuttgart, 1884), pp. 153 and 185 for the basis of these calculations.

10

P. Bairoch, 'Città/Campagna' in *Enaclopedia Einaudi, III*(Turin, 1977), p 89.

11

See D. Landes, *Revolution in Time* (Harvard, 1983), p. 289.

12

Harvard Encyclopedia of American Ethnic Groups (Cambridge, Mass. , 1980), p. 750.

13

Williams' book was originally a series of alarmist articles published in the imperialist W. E. Henley's *Mew Review.* He was also active in the anti-aliens agitation.

14

C. P. Kindleberger, 'Group Behavior and International Trade' , *Journal of Political Economy,* 59 (Feb. 1951), p. 37.

15

P. Bairoch, *Commerce extirieur et développement économique de i'Europe au XIXe sicle*(Paris-Hague, 1976), pp. 309-11.

16

(Folke Hilgerdt), *Industrialization and Foreign Trade* (League of Nations, Geneva 1945), pp. 13, 132-4.

17

H. W. Macrosty, *The Trust Movement in British Industry* (London, 1907), p. i.

18

William Appleman Williams, *The Tragedy of American Diplomacy* (Cleveland and New York, 1959), p. 44.

19

Bairoch, *De Jéricho* à *Mexico,* p. 288.

20

W. Arthur Lewis, *Growth and Fluctuations 1870-1913* (London, 1978), appen-dix IV.

21

Ibid., p. 275.

22

John R. Hanson Ⅱ, *Trade in Transition: Exports from the Third World 1840-1900* (New York, 1980), p. 55.

23

Sidney Pollard, 'Capital Exports 1870-1914: Harmful or Beneficial?' *Economic History Review,* xxxviii (1985), p. 492.

24

They were *Lloyd's Weekly* and *Le Petit Parisien.*

25

P. Mathias, *Retailing Revolution* (London, 1967).

26

According to the estimates of J. A. Lesourd and Cl. Gérard, *Nouvelle Histoire Économique I: Le XIXe Siècle* (Paris, 1976), p. 247.

第三章　帝国的年代

1

Cited in Wolfgang J. Mommsen, *Max Weber and German Politics 1890-1920*(Chicago, 1984), p. 77.

2

Finlay Peter Dunne, *Mr Dooley's Philosophy* (New York, 1900), pp. 93-4.

3

V. I. Lenin, 'Imperialism, the Latest Stage of Capitalism' , originally published in mid-1917. The later (posthumous) editions of the work use the word 'highest' instead of 'latest'.

4

J. A. Hobson, *Imperialism* (London, 1902), preface; (1938 edn), p. xxvii.

5

Sir Harry Johnston, *A History of the Colonization of Africa by Alien Races* (Cambridge, 1930; first edn 1913), p. 445.

6

Michael Barratt Brown, *The Economics of Imperialism* (Harmondsworth, 1974), p. 175; for the vast and, for our purposes, oversophisticated debate on this subject, see Pollard, 'Capital Exports 1870-1914', *loc. cit.*

7

W. G. Hynes, *The Economics of Empire. Britain, Africa and the Mew Imperialism, 1870-1895* (London, 1979), *passim.*

8

Cited in D. C. M. Platt, *Finance, Trade and Politics: British Foreign Policy, 1815-1914* (Oxford, 1968), pp. 365-6.

9

Max Beer, 'Der neue englische Imperialismus', *Neue* Zeit, xvi (1898), p. 304. More generally, B. Semmel, *Imperialism and Social Reform: English Social-Imperial Thought 1895-1914* (London 1960).

10

J. E. C. Bodley, *The Coronation of Edward VII: A Chapter of European and Imperial History* (London, 1903), pp. 153 and 201.

11

Burton Benedict *et al.*, *The Anthropology of World's Fairs. San Francisco's Panama Pacific International Exposition of 1915*(London and Berkeley, 1983), p. 23.

12

Encyclopedia of Missions (2nd edn New York and London, 1904), appendix iv, pp. 838-9.

13

Dictionnaire de spirituality (Paris, 1979), x, 'Mission', pp. 1398-9.

14

Rudolf Hilferding, *Das Finanzkapital* (Vienna, 1909, 1923 edn), p. 470.

15

P. Bairoch, 'Geographical Structure and Trade Balance of European Foreign Trade from 1800 to 1970', *Journal of European Economic History,* 3 (1974), pp. 557-608, *Commerce extérieur et developpement économique de l'Europe au XlXe siècle,* p. 81.

16

P. J. Cam and A. G. Hopkins, ‘The Political Economy of British Expansion Overseas, 1750-1914’ , *Economic History Review,* xxxiii (1980), pp. 463-90.

17

J. E. Flint, ‘Britain and the Partition of West Africa’ in J. E. Flint and G. Williams (eds), *Perspectives of Empire* (London, 1973), p. 111.

18

C. Southworth, *The French Colonial Venture* (London, 1931), appendix table 7. However, the average dividend for companies operating in French colonies in that year was 4 6 per cent.

19

M. K. Gandhi, *Collected Works,* I 1884-96 (New Delhi, 1958).

20

For the unusually successful, for a while, incursion of Buddhism into western milieux, see Jan Romein, *The Watershed of Two Eras* (Middletown, Conn. , 1978), pp. 501-3, and the export of Indian holy men abroad, largely via champions. drawn from among Theosophists Among them Vivekananda (1863-1902) of ‘Vedanta’ can claim to be the first of the commercial gurus of the modern West.

21

R. H. Gretton, *A Modern History of the English People,* ii, 1899-1910 (London, 1913), p. 25.

22

W. L. Langer, *The Diplomacy of Imperialism, 1800-1902* (New York, 1968 edn), pp. 387 and 448. More generally, H. Gollwitzer, *Die gelbe Gefahr Geschichte eines Schlagworts Studien zum imperiahstischen Denken* (Gottingen, 1962).

23

Rudyard Kipling, ‘Recessional’ in *R Kipling's Verse, Inclusive Edition 1885-1918* (London n d), p. 377.

24

Hobson, *op cit* (1938 edn), p. 314.

25

See H. G. Wells, *The Time Machine* (London, 1895).

26

H. G. v Schulze-Gaevernitz, *Bntischer Imperialisms und enghscher Freihandel zu Beginn des 20 Jahrhunderts*(Leipzig, 1906).

第四章　民主政治

1

Gaetano Mosca, *Elementi di scienza pohtica* (1895), trs as *The Ruling Class* (New York, 1939), pp. 333-4.

2

Robert Skidelsky, *John Maynard Keynes*, I (London, 1983), p. 156.

3

Edward A. Ross, 'Social Control vii Assemblage' , *American Journal of Sociology*, ii (1896-7), p. 830.

4

Among the works which then appeared, Gaetano Mosca (1858-1941), *Elementi di scienza politica*, Sidney and Beatrice Webb, *Industrial Democracy* (1897), M. Ostrogorski (1854-1919), *Democracy and the Organization of Political Parties* (1902), Robert Michels (1876-1936), *Zur Soziologie des Parteiwesens in der modernen Demokratie (Political Parties)* (1911), Georges Sorel (1847-1922), *Reflexions on Violence* (1908).

5

Hilaire Belloc, *Sonnets and Verse* (London 1954), p. 151, 'On a General Election' , Epigram xx

6

David Fitzpatnck, 'The Geography of Irish Nationalism' , *Past & Present*, 78 (Feb 1978), pp. 127-9.

7

H.-J. Puhle, *Pohtische Agrarbewegungen in kapitahstischen Industriegesellschaften* (Gottingen 1975), p. 64.

8

G. Hohorst, J. Kocka and G. A. Ritter, *Sozialgeschichtliches Arbeitsbuch Materiahen zur Statistik des Kaiserreichs 1870-1914*(Munich, 1975), p. 177.

9

Michels, *op cit* (Stuttgart, 1970 edn), part vi, ch 2.

10

R. F. Foster, *Lord Randolph Churchill, A Political Life* (Oxford, 1981), p. 395.

11

C. Benoist, *L'Organisation du suffrage unwersel La crise de l'etat moderne*(Paris, 1897).

12

C. Headlam (ed), *The Milner Papers* (London, 1931-3), 11, p. 291.

13

T. H. S. Escott, *Social Transformations of the Victorian Age* (London, 1897), p. 166.

14

Flora, *op cit,* ch. 5.

15

Calculated from Hohorst, Kocka and Ritter, *op cit,* p. 179.

16

Gary B. Cohen, *The Politics of Ethnic Survival Germans in Prague 1861-1914*(Princeton, 1981), pp. 92-3.

17

Graham Wallas, *Human Nature in Politics* (London, 1908), p. 21.

18

David Cannadine, 'The Context, Performance and Meaning of Ritual: The British Monarchy and the "Invention of Tradition" *c* 1820-1977' in E. J. Hobsbawm and T. Ranger (eds), *The Invention of Tradition* (Cambridge, 1983), pp. 101-64.

19

The distinction comes from Walter Bagehot's *The English Constitution,* first published in the *Fortnightly Review* (1865-67), as part of the debate on the Second Reform Bill, i e on whether to give workers the vote.

20

Rosemonde Sanson, *Les 14 Juillet fite et conscience nationale, 1789-1975*(Paris, 1976), p. 42, on the motives of the Paris authorities in combining popular amusements and public ceremony.

21

Hans-Georg John, *Politik und Turnen die deutsche Turnerschaft als nationale Bewegung im deutschen Kaiserreuh von 1870-1914* (Ahrensberg bei Hamburg, 1976), pp. 36-9.

22

'I believe it will be absolutely necessary that you should prevail on our future masters to learn their letters' (Debate on the Third Reading of the Reform Bill, Parliamentary Debates, 15 July 1867, p. 1549, col I) This is the original version of the phrase which, shortened, became familiar.

23

Cannadine, *op cit,* p. 130.

24

Wallace Evan Davies, *Patriotism Parade*(Cambridge, Mass 1955), pp. 218-22.

25

Maurice Dommanget, *Eugène Pottier, membre de la Commune et chantre de l'Internatio-*

nale (Paris, 1971), p. 138.

26

V. I. Lenin, *State and Revolution,* part 1, section 3.

第五章　世界的工人

1

The labourer Franz Rehbein, remembering in 1911 From Paul Gohre (ed), *Das Leben ernes Landarbeiters* (Munich, 1911), cited in W Emmerich (ed), *Proletansche Lebenslaufe,* 1 (Reinbek 1974), p 280

2

Samuel Gompers, *Labor in Europe and America* (New York and London, 1910), pp. 238-9.

3

Mit uns zieht die neue Zeit Arbeiterkultur in Osterreich 1918-1934 (Vienna, 1981).

4

Sartonus v Waltershausen, *Die italiemschen Wanderarbeiter* (Leipzig, 1903), pp. 13, 20, 22 and 27. I owe this reference to Dirk Hoerder.

5

Bairoch, *De Jéricho* à *Mexico*, pp. 385-6.

6

W. H. Schroder, *Arbeitergeschichte und Arbeiterbewegung Industnearbeit und Organisationsverhalten im ig undfruhen 20 Jahrhundert* (Frankfurt and New York, 1978), pp. 166-7 and 304.

7

Jonathan Hughes, *The Vital Few American Economic Progress and its Protagonists* (London, Oxford and New York, 1973), p. 329.

8

Bairoch, ‘Citta/Campagna’ , p. 91.

9

W. Woytinsky, *Die Welt in Zahlen,* Ⅱ , *Die Arbeit* (Berlin, 1926), p. 17.

10

Warum gibt es in den Vereinigten Staaten ketnen Sozialismus? (Tubingen, 1906).

11

Jean Touchard, *La Gauche en France depuis 1900* (Paris, 1977), p. 62, Luigi Cortesi, *Il Socialismo Itahano tra riforme e nvoluzione Dibatti congressuali del Psi1892-1921*(Bari, 1969), p. 549.

12

Maxime Leroy, *La Coutûme ouvrière* (Pans 1913), 1, p. 387.

13

D. Crew, *Bochum Sozialgeschwhte emer Industnestadt* (Berlin and Vienna 1980), p. 200.

14

Guy Chaumel, *Histoire des chemmots et de leurs syndicats*(Paris, 1948), p. 79, n 22.

15

Crew, *op cit,* pp. 19, 70 and 25.

16

Yves Lequin, *Les Ouvriers de la région lyonnaise,* I, *La Formation de la classe ouvrière régionale* (Lyon 1977), p. 202.

17

The first recorded use of 'big business' *(OED* Supplement 1976) occurs in 1912 in the USA, *'Grossindustrie'* appears earlier, but seems to become common during the Great Depression.

18

Askwith's memorandum is cited in H. Pelling, *Popular Politics and Society* in Late Victorian Britain (London, 1968), p. 147.

19

Maurice Dommanget, *Histoire du Premier Mai* (Paris, 1953), p. 252.

20

W. L. Guttsman, *The German Social-Democratic Party 1875-1933*(London, 1981), p. 96.

21

Ibid, p. 160.

22

Mit uns zieht du neue Zelt Arbeiterkultur in Osterreich 1918-1934 Eine Ausstellung der Osterreichischen Gesellschaft fur Kulturpohtik und des Meidhnger Kulturkreises, 23 Janner-30 August 1981 (Vienna), p. 240.

23

Constitution of the British Labour Party.

24

Robert Hunter, *Socialists at Work* (New York, 1908) p. 2.

25

Georges Haupt, *Programm und Wirkhchkeit Du Internationale Sozialdemokratie vor 1914* (Neuwied, 1970), p. 141.

26

And perhaps even more popular, the anti-clerical Corvin's *Pfaffenspiegel* [H-J Steinberg, *Soziahsmus und deutsche Sozialdemokratie Zur Ideologie der Partei vor dem ersten Weltkneg* [(Hanover, 1967), p 139] The SPD Congress (Parteitag) 1902 observes that only anti-clerical party literature really sells. Thus in 1898 the Manifesto is issued in an edition of 3000, Bebel's *Christenthum und Soziahsmus* in 10, 000 copies, in 1901-4 the Manifesto was issued in 7000 copies, Bebel's *Christenthum* in 57, 000 copies.

27

K. Kautsky, *La Questione Agrana* (Milan, 1959 edn), p. 358. The quotation is at the start of Part ii, 1 *c*.

第六章　挥舞国旗：民族与民族主义

1

I owe this quotation from the Italian writer F. Jovine (1904-1950) to Martha Petrusewicz of Princeton University.

2

H. G. Wells, *Anticipations* (London, 1902, 5th edn), pp. 225-6.

3

Alfredo Rocco, *What Is Nationalism and What Do the Nationalists Want?* (Rome, 1914)

4

See Georges Haupt, Michel Lowy and Claudie Weill, *Les Marxistes et la question natwnale 1848-1914 études et textes* (Paris, 1974).

5

E. Brix, *Die Umgangsprachen in Altosterreich zwischen Agitation und Assimilation Die Sprachenstatistik in den zisleithanischen Volkszahlungen 1880-1910* (Vienna, Cologne and Graz, 1982), p. 97.

6

H. Roos, *A History of Modern Poland* (London 1966), p. 48.

7

Lluis Garcia i Sevilla, 'Llengua, nacio i estat al diccionano de la reial academia espanyola', *L'Avenf*, Barcelona (16 May 1979), pp. 50-5.

8

Hugh Seton-Watson, *Nations and States* (London, 1977), p. 85.

9

I owe this information to Dirk Hoerder.

10

Harvard Encyclopedia of American Ethnic Groups, 'Naturalization and Citizenship' , p. 747.

11

Benedict Anderson, *Imagined Communities: Reflections on the Origins and Spread of Nationalism* (London 1983), pp. 107-8.

12

C. Bobinska and Andrzej Pilch (eds), *Employment-seeking Emigrations of the Poles World-Wide XIXand XX C.* (Cracow, 1975) pp. 124-6.

13

Wolfgang J. Mommsen, *Max Weber and German Politics 1890-1920* (Chicago, 1984), pp. 54 ff.

14

Lonn Taylor and Ingrid Maar, *The American Cowboy*(Washington DC, 1983), PP. 96-8.

15

Hans Mommsen, *Nationalitdtenfrage und Arbeiterbewegung* (Schriften aus dem Karl-Marx-Haus, Trier 1971), pp. 18-19.

16

History of the Hungarian Labour Movement. Guide to the Permanent Exhibition of the Museum of the Hungarian Labour Movement (Budapest, 1983), pp. 31 ff.

17

Marianne Heiberg, 'Insiders/Outsiders; Basque Nationalism' , *Archives Europknnes de Sociologie*, xvi (1975), pp. 169-93.

18

A. Zolberg, 'The Making of Flemings and Walloons: Belgium 1830-1914' , *Journal of Interdisciplinary History*, v (1974), pp. 179-235; H.-J. Puhle, 'Baskischer Nationalisms im spanischen Kontext' in H. A. Winkler (ed.), *Nationalisms in der Welt von Heute* (Gottingen, 1982), especially pp. 60-5.

19

Enciclopedia Italiana, 'Nazionalismo' .

20

Peter Hanak, 'Die Volksmeinung wahrend den letzten Kriegsjahren in Osterreich-Ungarn' in R. G. Plaschka and K. H. Mack (eds.), *Die Auflosung des Habsburgerreiches: Zusammenbruch und Neuorientierung im Donauraum* (Vienna, 1970), pp. 58-67.

第七章　资产阶级的不确定性

1

William James, *The Principles of Psychology* (New York 1950), p. 291. I owe this reference to Sanford Elwitt.

2

H. G. Wells, *Tono-Bungay* (1909; Modern Library edn), p. 249.

3

Lewis Mumford, *The City in History* (New York 1961), p. 495.

4

Mark Girouard, *The Victorian Country House* (New Haven and London, 1979), pp. 208-12.

5

W. S. Adams, *Edwardian Portraits* (London 1957), pp. 3-4.

6

This is a basic theme of Carl E. Schorske, *Fin-de-Siècle Vienna* (London, 1980).

7

Thorstein Veblen, *The Theory of the Leisure Class: An Economic Study* of *Institutions* (1899). Revised edition New York 1959.

8

W. D. Rubinstein, 'Wealth, Elites and the Class Structure of Modern Britain' , *Past & Present,* 76 (Aug. 1977), p. 102.

9

Adolf v. Wilke, *Alt-Berliner Erinnerungen* (Berlin, 1930), pp. 232 f.

10

W. L. Guttsman, *The British Political Elite* (London, 1963), pp. 122-7.

11

Touchard, *op. cit.* , p. 128.

12

Theodore Zeldin, *France, 1848-1945* (Oxford, 1973), i, p. 37; D. C. Marsh, *The Changing Social Structure of England and Wales 1871-1961*(London, 1958), p. 122.

13

G. A. Ritter and J. Kocka, *Deutsche Sozialgeschichte. Dokumente und Skizzen. Band ii 1870-1914* (Munich, 1977), pp. 169-70.

14

Paul Descamps, *L'Éducation dans les écoles Anglaises* (Paris, 1911), p. 67.

15

Zeldin, *op. cit.*, I, pp. 612-13.

16

Ibid., II, p. 250; H.-U. Wehler, *Das deutsche Kaiserreich 1871-1918* (Gottingen, 1973), p. 126; Ritter and Kocka, *op. cit.*, pp. 341-3.

17

Ritter and Kocka, *op. cit.*, pp. 327-8 and 352; Arno Mayer, *The Persistence of the Old Regime: Europe to the Great War* (New York, 1981), p. 264.

18

Hohorst, Kocka and Ritter, *op. cit.*, p. 161; J. J. Mayeur, *Les Débuts de la IIIe République 1871-1898* (Paris, 1973), p. 150; Zeldin, *op. cit.*, 11, p. 330. Mayer, *op. cit.*, p. 262.

19

Ritter and Kocka, op. cit., p. 224.

20

Y. Cassis, *Les Banquiers de la City* à *l'époque Edouardienne 1890-1914* (Geneva, 1984).

21

Skidelsky, *op. cit.*, *I* p. 84.

22

Crew, *op. cit.*, p. 26.

23

G. v. Schmoller, *Was verstehen wir unter dem Mittelstande? Hat er im 19. Jahrhundert zu-oder abgenommen?* (Göttingen, 1907).

24

W. Sombart, *Die deutsche Volkswirthschaft im 19. Jahrhundert und im Anfang des 20. Jahrhunderts* (Berlin, 1903), pp. 534 and 531.

25

Pollard, 'Capital Exports 1870-1914', pp. 498-9.

26

W. R. Lawson, *John Bull and His Schools: A Book for Parents, Ratepayers and Men of Business* (Edinburgh and London, 1908), p. 39. He estimated the 'middle class proper' at *c.* half a million.

27

John R. de S. Honey, *Tom Brown's Universe: The Development of the Victorian Public School*(London, 1977).

28

W. Raimond Baird, *American College Fraternities: A Descriptive Analysis of the Society System of the Colleges of the United States with a detailed account of each fraternity* (New

York 1890), p. 20.

29

Mayeur, *op. cit.*, p. 81.

30

Escott, *op. cit.*, pp. 202-3.

31

The Englishwoman's Tear-Book (1905), p. 171.

32

Escott, *op. cit.*, p. 196.

33

As can be verified from the Victoria County History for that county.

34

Principles of Economics (London 8th edn 1920), p. 59.

35

Skidelsky, *op. cit.*, pp. 55-6.

36

P. Wilsher, *The Pound in Tour Pocket 1870-1970* (London, 1970), pp. 81, 96 and 98.

37

Hughes, *op. cit.*, p. 252.

38

Cited in W. Rosenberg, *Liberals in the Russian Revolution* (Princeton, 1974), pp. 205-12.

39

A. Sartorius v. Waltershausen, *Deutsche Wirtschaftsgeschichte 1815-1914* (2nd edn Jena 1923), p. 521.

40

E. g. in *Man and Superman, Misalliance.*

41

Robert Wohl, *The Generation 0/1914* (London, 1980), pp. 89, 169 and 16.

第八章　新女性

1

H. Nunberg and E. Federn (eds.), *Minutes of the Vienna Psychoanalytical Society,* 1: 1906-1908 (New York, 1962), pp. 199-200.

2

Cited in W. Ruppert (ed.), *Die Arbeiter: Lebensformen, Alltag und Kultur* (Munich, 1986), p. 69.

3

K. Anthony, *Feminism in Germany and Scandinavia* (New York, 1915), p. 231.

4

Handworterbuch der Staatswissenschaften (Jena 1902 edn), 'Beruf, p. 626, and 'Frauenarbeit', p. 1202.

5

Ibid., 'Hausindustrie' , pp. 1148 and 1150.

6

Louise Tilly and Joan W. Scott, *Women, Work and Family* (New York, 1978), p. 124.

7

Handworterbuch, 'Frauenarbeit', pp. 1205-6.

8

For Germany: Hohorst, Kocka and Ritter, *op. cit.*, p 68, n. 8; for Britain, Mark Abrams, *The Condition of the British People 1911-1945* (London, 1946), pp. 60-1; Marsh, *op. cit.*, p. 127.

9

Zeldin, *op. cit.*, II, p. 169.

10

E. Cadbury, M. C. Matheson and G. Shann, *Women's Work and Wages* (London 1906), pp. 49 and 129. The book describes conditions in Birmingham.

11

Margaret Bryant, *The Unexpected Revolution* (London 1979), p. 108.

12

Edmée Charnier, *L'Évolution intellectuelle féminine* (Paris, 1937), pp. 140 and 189. See also H.-J. Puhle, 'Warum gibt es so wenige Historikerinnen?' *Geschichte und Gesellschaft*, 7 Jg. (1981), especially p. 373.

13

Rosa Leviné-Meyer, *Leviné* (London, 1973), p. 2.

14

First translated into English in 1891.

15

Caroline Kohn, *Karl Kraus* (Stuttgart, 1966), p. 259, n. 40; J. Romein, *The Watershed of Two Eras*, p. 604.

16

Donald R. Knight, *Great White City, Shepherds Bush, London: 70th Anniversary, 1908-1978* (New Barnet, 1978), p. 26.

17

I owe this point to a student of Dr S. N. Mukherjee of Sydney University.

18

Claude Willard, *Les Guesdistes* (Paris, 1965), p. 362.

19

G. D. H. Cole, *A History of the Labour Party from 1914* (London, 1948), p. 480; Richard J. Evans, *The Feminists* (London, 1977), p. 162.

20

Woytinsky, *op. cit.*, n, provides the basis for these data.

21

Calculated from *Men and Women of the Time* (1895).

22

For conservative feminism, see also E. Halevy, *A History of the English People in the Nineteenth Century* (1961 edn), vi, p. 509.

23

For these developments see S. Giedion, *Mechanisation Takes Command* (New York, 1948), *passim*; for the quotation, pp. 520-1.

24

Rodelle Weintraub (ed.), *Bernard Shaw and Women* (Pennsylvania State University, 1977), pp. 3-4.

25

Jean Maitron and Georges Haupt (eds.), *Dictionnaire biographique du mouvement ouvrier international: L'Autriche* (Paris, 1971), p. 285.

26

T. E. B. Howarth, *Cambridge Between Two Wars* (London, 1978), p. 45.

27

J. P. Nettl, *Rosa Luxemburg* (London, 1966), 1, p. 144.

第九章　文艺转型

1

Romain Rolland, *Jean Christophe in Paris* (trs. New York, 1915), pp. 120-1.

2

S. Laing, *Modern Science and Modem Thought* (London, 1896), pp. 230-1, originally published 1885.

3

F. T. Marinetti, *Selected Writings*, ed. R. W. Flint (New York, 1971), p. 67.

4

Peter Jelavich, *Munich and Theatrical Modernism: Politics, Playwriting and Performance 1890-1914* (Cambridge, Mass., 1985), p. 102.

5

The word was coined by M. Agulhon, 'La statuomanie et l'histoire', *Ethnologic Française* 3-4 (1978).

6

John Willett, 'Breaking Away', *New York Review of Books,* 28 May 1981, pp. 47-9.

7

The Englishwoman's Year-Book (1905), 'Colonial journalism for women', p. 138.

8

Among the other series which cashed in on the thirst for self-education and culture in Britain, we may mention the Camelot Classics (1886-91), the 300-odd volumes of Cassell's National Library (1886-90 and 1903-7), Cassell's Red Library (1884-90) Sir John Lubbock's Hundred Books, published by Routledge (also publisher of Modern Classics from 1897) from 1891, Nelson's Classics (1907-)-the 'Sixpenny Classics' only lasted 1905-7 and Oxford's World's Classics. Everyman (1906-) deserves credit for publishing a major modern classics, Joseph Conrad's *Nostromo,* in its first fifty titles, between Macaulay's *History of England* and Lockhart's *Life of Sir Walter Scott.*

9

Georg Gottfried Gervinus, Geschichte der poetischen Mationalliteratur der Deutschen, 5 vols. (1836-42).

10

F. Nietzsche, *Der Wille zur Macht in Sdmtliche Werke* (Stuttgart 1965), ix, pp. 65 and 587.

11

R. Hinton Thomas, *Nietzsche in German Politics and Society 1890-1918* (Manchester, 1984), stresses-one might say overstresses-his appeal for libertarians. Nevertheless, and in spite of Nietzsche's dislike of anarchists (cf. *Jenseits von Gut und Böse* in Sämtliche Werke, VII, pp. 114, 125), in French anarchist circles of the 1900s 'on discute avec fougue Stirner, Nietzsche et surtout Le Dantec' [Jean Maitron, *Le Mouvement anarchiste en France* (Paris, 1975) i, p. 421].

12

Eugenia W. Herbert, *Artists and Social Reform France and Belgium 1885-1898* (New Haven, 1961), p. 21.

13

Patrizia Doghani, *La 'Scuola delle Reclute' L'Internazionale Giovanile Socialista dallafine dell'ottocento, alia prima guerra mondiale* (Turin, 1983), p. 147.

14

G. W. Plechanow, *Kunst und Literatur* (East Berlin, 1955), p. 295.

15

J. C. Holl, *La jeune Peinture contemporaine* (Paris, 1912), pp. 14-15.

16

'On the spiritual in art', cited in New York Review of Books, 16 Feb 1984, p. 28.

17

Cited in Romein, *Watershed of Two Eras*, p. 572.

18

Karl Marx, *The Eighteenth Brumaire of Louis Bonaparte.*

19

Max Raphael, *Von Monet zu Picasso Grundzuge einer Aesthehk und Enlwicklung der modernen Malerei* (Munich, 1913).

20

The role of countries with a strong democratic and populist press, and lacking a large middle-class public, in the evolution of the modern political cartoon is to be noted. For the importance of pre-1914 Australia in this connection, see E. J. Hobsbawm, Introduction to Communist Cartoons by 'Espoir' and others (London, 1982), p. 3.

21

Peter Bachlin, *Der Film als Ware* (Basel 1945), p. 214, n. 14.

22

T. Baho (ed), *The American Film Industry* (Madison, Wis 1985), p. 86.

23

G. P. Brunetta, *Storm del cinema itahano1895-1945*(Rome, 1979), p. 44.

24

Bahio, *op cit,* p. 98.

25

Ibid, p. 87, *Mil uns zieht die Neue Zeil,* p. 185.

26

Brunetta, *op cit,* p. 56.

27

Luigi Chianni, 'Cinematography' in *Encyclopedia of World Art* (New York, London and Toronto, 1960), iii, p. 626.

第十章　确定性的基石：科学

1

Laing, *op cit*, p. 51.

2

Raymond Pearl, *Modes of Research in Genetics* (New York, 1915), p. 159. The passage is reprinted from a 1913 lecture.

3

Bertrand Russell, *Our Knowledge of the External World as a Field for Scientific Method in Philosophy* (London, 1952 edn), p. 109.

4

Carl Boyer, *A History of Mathematics* (New York, 1968), p. 82.

5

Bourbaki, *Éléments d'histoire des mathématiques* (Pans, 1960), p. 27. The group of mathematicians publishing under this name were interested in the history of their subject primarily in relation to their own work.

6

Boyer, *op cit*, p. 649.

7

Bourbaki, p. 43.

8

F. Dannemann, *Die Maturwissenschqften in ihrer Entwicklungund ihrem Zusammenhange* (Leipzig and Berlin, 1913), iv, p. 433.

9

Henry Smith Williams, *The Story of Nineteenth-Century Science* (London and New York 1900), p. 231.

10

Ibid, pp. 230-1.

11

Ibid, p. 236.

12

C. C. Gilhspie, *The Edge of Objectivity* (Princeton, 1960), p. 507.

13

Cf. Max Planck, *Scientific Autobiography and Other Papers* (New York, 1949)

14

J. D. Bernal, *Science in History* (London, 1965), p. 630.

15

Ludwig Fleck, *Genesis and Development of a Scientific Fact* (Chicago, 1979, orig. Basel, 1935), pp. 68-9.

16

W. Treue and K. Mauel (eds), *Naturwissenschaft, Technik und Wirtschaftim 19 Jahrhundert,* 2 vols (Gottingen, 1976), 1, pp. 271-4 and 348-56.

17

Nietzsche, *Der Wille zur Macht, book* iv, e g pp. 607-9.

18

C. Webster (ed), *Biology, Medicine and Society 1840-1940* (Cambridge, 1981), p. 225.

19

Ibid, p. 221.

20

As is suggested by the titles of A. Ploetz and F. Lentz, *Deutsche Gesellschaft fur Rassenhygiene* (1905 'German Society for Racial Hygiene'), and the Society's journal *Archiv fur Rassen-und Gesellschaftsbiologie* ('Archives of Racial and Social Biology'), or G. F. Schwalbe's *Zeitschrift fur Morphologie und Anthropologic, Erb-und Rassenbiologie* (1899 'Journal for Morphology, Anthropology, Genetic and Racial Biology') Cf J. Sutter, *L'Euginique Problèmes-Méthodes-Résultats* (Paris, 1950), pp. 24-5.

21

Kenneth M. Ludmerer, *Genetics and American Society: A Historical Appraisal* (Baltimore, 1972), p. 37.

22

Cited in Romein, *op cit*, p. 343.

23

Webster, *op cit*, p. 266.

24

Ernst Mach in *Neue Osterreichische Biographic*, I (Vienna, 1923)

25

J. J. Salomon, *Science and Politics* (London, 1973), p. xiv.

26

Gillispie, *op cit*, p. 499.

27

Nietzsche, *Wille zur Macht*, Vorrede, p. 4.

28

Ibid, aphorisms, p. 8.

29

Bernal *(op cit,* p. 503) estimates that in 1896 there were perhaps 50, 000 persons in the world carrying on 'the whole tradition of science', of whom 15, 000 did research. The number grew from 1901 to 1915 there were in the USA alone *c* 74, 000 first degrees or bachelors in the natural sciences and 2577 doctoral degrees in natural sciences and engineering [D. M. Blank and George J. Stigler, *The Demand and Supply of Scientific Personnel* (New York 1957), pp. 5-6]

30

G. W. Roderick, *The Emergence of a Scientific Society* (London and New York, 1967), p. 48.

31

Frank R. Pfetsch, *Zur Entwicklung der Wissenschaftspohtik in Deutschland 1750-1914* (Berlin, 1974), pp. 340 ff.

32

The prizes have been taken to 1925 so as to allow for some lag in recognizing achievements of the brilliant young in the last pre-1914 years.

33

Joseph Ben-David, 'Professions in the Class Systems of Present-Day Societies', *Current Sociology,* 12 (1963-4), pp. 262-. 9

34

Paul Levy, *Moore G. E. Moore and the Cambridge Apostles*(Oxford, 1981) pp. 309-11.

第十一章　理性与社会

1

Rolland, *op cit,* p. 222.

2

Nunberg and Federn, *op cit,* 11, p. 178.

3

Max Weber, *Gesammelte Aufsatze zur Wissenschaftslehre* (Tubingen, 1968), p. 166.

4

Guy Vincent, *L'Ecole pnmaire frangaise Etude soaologique* (Lyon, 1980), p. 332, n. 779.

5

Vivekananda, *Works*, part iv, cited in *Sedition Committee 1918Report* (Calcutta, 1918), p. 17 n.

6

Anil Seal, *The Emergence of Indian Nationalism* (Cambridge, 1971), p. 249.

7

R. M. Goodridge, 'Nineteenth Century Urbanisation and Religion Bristol and Marseille, 1830-1880', *Sociological Yearbook of Religion in Britain,* I (London, 1969) p. 131.

8

'La bourgeoisie adhere au rationnahsme, l'instituteur au socialisme' Gabriel Le Bras, *Etudes de sociologie réligieuse,* 2 vols (Paris, 1955-6), i, p. 151.

9

A. Fliche and V Martin, *Histoire de l'Église Le pontificat de Pie IX* (2nd edn Paris, 1964), p. 130.

10

S. Bonnet, C. Santini and H. Barthelemy, 'Appartenance politique et attitude religieuse dans I'immigration italienne en Lorraine siderurgique', *Archives de Sociologie des Réligions* 13 (1962), pp. 63-6.

11

R. Duocastella, 'Geographie de la pratique religieuse en Espagne', *Social Compass,* xii (1965), p. 256, A. Leoni, *Sociologia e geografia religiosa di una Diocesi saggio sulla pratica rehgiosa nella Diocesi di Mantova* (Rome, 1952), p. 117.

12

Halevy, *op cit*, V, p. 171.

13

Massimo Salvadon, *Karl Kautsky and the Socialist Revolution* (London, 1979), pp. 23-4.

14

Not to mention the sister of the socialist leader Otto Bauer who, under another name, figures prominently in Freud's case-book See Ernst Glaser, *Im Umfeld des Austromarxismus* (Vienna, 1981), *passim.*

15

For this episode see *Marx-Engels Arckv,* ed D Rjazanov (reprint Erlangen, 1971), ii p. 140.

16

The fullest discussions of the expansion of Marxism are not available in English, cf E. J. Hobsbawm, 'La diffusione del Marxismo, 1890-1905', *Studi Stonci,* xv (1974), pp. 241-69, *Storia del Marxismo,* 11 Il *marxismo nell'età della seconda Internazionale* (Turin, 1979), pp. 6-110, articles by F. Andreucci and E. J. Hobsbawm.

17

E. v Bohm-Bawerk, *Zum Abschluss des Marxschen Systems* (Berlin, 1896), long remained the most powerful orthodox critique of Marx. Bohm Bawerk held cabinet office in Austria three times during this period.

18

Walter Bagehot, *Physics and Politics,* originally published in 1872. The 1887 series was edited by Kegan Paul.

19

Otto Hmtze, 'Über individualistische und kollektivistische Geschichts auffassung' , *Histonsche Zeitschrift,* 78 (1897), p. 62.

20

See in particular the long polemic of G. v Below, 'Die neue histonsche Methode' , *Histonsche Zeitschrift,* 81 (1898), pp. 193-273.

21

Schorske, *op cit,* p. 203.

22

William MacDougall (1871-1938), *An Introduction to Social Psychology*(London, 1908).

23

William James, *Varieties of Religious Belief* (New York, 1963 edn) p. 388.

24

E. Gothein, 'Gesellschaft und Gesellschaftswissenschaft' , in *Handworterbuchder Staatswissenschaften* (Jena, 1900), iv, p. 212.

第十二章　走向革命

1

D. Norman (ed), *Nehru, The First Sixty Years,* 1 (New York, 1965), p. 12.

2

Mary Clabaugh Wright (ed) *China in Revolution, The First Phase* 1900-1915(New Haven, 1968), p. 118.

3

Collected Works, ix, p. 434.

4

Selected Works (London, 1936), iv, pp. 297-304.

5

For a comparison of the two Iranian revolutions, see Nikki R Keddie, 'Iranian Revolutions in Comparative Perspective' , *American Historical Review,* 88 (1983), pp. 579-98.

6

John Lust, 'Les societes secretes, les mouvements populaires et la revolution de 1911' in J. Chesneaux et al (eds), *Mouvements populaires et societés secrètes en Chine aux XIXe et XXe siècles* (Paris, 1970), p. 370.

7

Edwin Lieuwen, *Arms and Politics in Latin America,* (London and New York, 1961 edn), p. 21.

8

For the transition, see chapter 3 of M. N. *Roy's Memoirs* (Bombay, New Delhi, Calcutta, Madras, London and New York 1964)

9

Friednch Katz, *The Secret War in Mexico Europe, The United States and the Mexican Revolution* (Chicago and London, 1981), p. 22.

10

Hugh Seton-Watson, *The Russian Empire 1801-1917* (Oxford, 1967), p. 507.

11

P. I. Lyashchenko, *History of the Russian National Economy* (New York, 1949), pp. 453, 468 and 520.

12

Ibid, pp. 528-9.

13

Michael Futrell, *Northern Underground Episodes of Russian Revolutionary Transport and Communication Through Scandinavia and Finland* (London, 1963), *passim.*

14

M. S. Anderson, *The Ascendancy of Europe 1815-1914.* (London, 1972), p. 266.

15

T. Shanin, *The Awkward Class* (Oxford, 1972), p. 38 n.

16

I follow the arguments of L. Haimson's pathbreaking articles in *Slavic Review,* 23 (1964), pp. 619-42 and 24 (1965), pp. 1-22, 'Problem of Social Stability in Urban Russia 1905-17' .

第十三章　由和平到战争

1

Fürst von Bülow, *Denkwürdigkeiten,* I (Berlin 1930), pp. 415-16.

2

Bernard Shaw to Clement Scott, 1902: G. Bernard Shaw, *Collected Letters, 1898-1910* (London 1972), p. 260.

3

Marinetti, *op. cit.*, p. 42.

4

Leviathan, part 1, ch. 13.

5

Wille Zur Macht, loc. cit., p. 92.

6

Georges Haupt, *Socialism and the Great War: The Collapse of the Second International* (Oxford, 1972), pp. 220 and 258.

7

Gaston Bodart, *Losses of Life in Modern Wars* (Carnegie Endowment for International Peace, Oxford 1916), pp. 153 ff.

8

H. Stanley Jevons, *The British Coal Trade* (London, 1915), pp. 367-8 and 374

9

W. Ashworth, 'Economic Aspects of Late Victorian Naval Administration', *Economic History Review,* xxii (1969), p. 491.

10

Engels to Danielson, 22 Sept. 1892: Marx-Engels *Werke,* xxxviii(Berlin 1968), p. 467.

11

Clive Trebilcock, '"Spin-off" in British Economic History: Armaments and Industry, 1760-1914', *Economic History Review,* xxii (1969), p. 480. 12 Romein, *op. cit.*, p. 124.

12

Admiral Raeder, *Struggle for the Sea* (London, 1959), pp. 135 and 260.

13

David Landes, *The Unbound Prometheus* (Cambridge, 1969), pp. 240-1.

14

D. C. Watt, *A History of the World in the Twentieth Century* (London, 1967), i, p. 220.

15

L. A. G. Lennox (ed.), *The Diary of Lord Bertie of Thame 1914-1918* (London, 1924). pp. 352 and 355.

16

Chris Cook and John Paxon, *European Political Facts 1848-1918* (London, 1978), p. 188.

17

Norman Stone, *Europe Transformed 1878-1918* (London, 1983), p. 331.

18

A. Offner, 'The Working Classes, British Naval Plans and the Coming of the Great War' , *Past & Present,* 107 (May 1985), pp. 204-26, discusses this at length.

19

Haupt, *op. cit.* , p. 175.

20

Marc Ferro, *La Grande Guerre 1914-1918* (Paris, 1969), p. 23.

21

W. Emmerich (ed.), *Proletarische Lebensldufe* (Reinbek, 1975), ii, p. 104.

22

Haupt, *op. cit.* , p. 253 n.

23

Wille zur Macht, p. 92.

24

Rupert Brooke, 'Peace' in *Collected Poems of Rupert Brooke* (London 1915).

25

Wille zur Macht, p. 94.

尾声：我真正是生活在黑暗时代！

1

Bertolt Brecht, 'An die Nachgeborenen' in *Hundert Gedichte 1918-1950* (East Berlin, 1955), p. 314.

2

Albert O. Hirschman, *The Political Economy of Latin American Development: Seven Exercises in Retrospection* (Center for US-Mexican Studies, University of California, San Diego, December 1986), p. 4.

图书在版编目（CIP）数据

年代四部曲．帝国的年代：1875—1914 /（英）艾瑞克·霍布斯鲍姆著；贾士蘅译．-- 北京：中信出版社，2021.4

（中信经典丛书．008）

书名原文：The Age of Empire: 1875-1914

ISBN 978-7-5217-2897-2

Ⅰ．①年… Ⅱ．①艾… ②贾… Ⅲ．①世界史—1875-1914 Ⅳ．① K14

中国版本图书馆 CIP 数据核字（2021）第 039921 号

The Age of Empire: 1875-1914 by Eric Hobsbawm

First published by Weidenfeld & Nicolson Ltd., London

年代四部曲·帝国的年代：1875—1914

（中信经典丛书·008）

著　　者：［英］艾瑞克·霍布斯鲍姆

译　　者：贾士蘅

责任编辑：张静

出版发行：中信出版集团股份有限公司

（北京市朝阳区惠新东街甲 4 号富盛大厦 2 座　邮编　100029）

承 印 者：北京雅昌艺术印刷有限公司

开　　本：880mm × 1230mm　1/32　　印　　张：137.75　　字　　数：3681 千字

版　　次：2021 年 4 月第 1 版　　印　　次：2021 年 4 月第 1 次印刷

京权图字：01-2013-2703

书　　号：ISBN 978-7-5217-2897-2

定　　价：1180.00 元（全 8 册）

扫码免费收听图书音频解读